刘培杰数学工作室出品

俄罗斯数学精品译丛

“十二五”国家重点图书

斯米尔诺夫高等数学

Smirnov Advanced Mathematics (Volume Ⅲ(1))

（第三卷·第一分册）

[俄罗斯] 斯米尔诺夫 著

斯米尔诺夫高等数学编译组 译

HITP

哈爾濱工業大學出版社

HARBIN INSTITUTE OF TECHNOLOGY PRESS

大家書系

黑版贸审字 08-2016-040 号

内容简介

本书系根据苏联国立科学技术理论书籍出版社(Государственное издательство технико-теоретической литературы)出版的斯米尔诺(В. И. Смирнов)著《高等数学教程》(Курс высшей математики)第三卷第一分册1951年第四版译出.原书经苏联高等教育部审定为综合大学数理系教学参考书.

本书适合高等院校相关专业师生参考使用.

图书在版编目(CIP)数据

斯米尔诺夫高等数学.第三卷.第一分册/(俄罗斯)斯米尔诺夫著;斯米尔诺夫高等数学编译组译.—哈尔滨:哈尔滨工业大学出版社,2018.3(2024.8重印)
ISBN 978-7-5603-6608-1

Ⅰ.①斯…　Ⅱ.①斯…②斯…　Ⅲ.①高等数学-高等学校-教材　Ⅳ.①O13

中国版本图书馆CIP数据核字(2017)第088952号

策划编辑　刘培杰　张永芹
责任编辑　李广鑫
封面设计　孙茵艾
出版发行　哈尔滨工业大学出版社
社　　址　哈尔滨市南岗区复华四道街10号　邮编150006
传　　真　0451-86414749
网　　址　http://hitpress.hit.edu.cn
印　　刷　黑龙江艺德印刷有限责任公司
开　　本　787mm×1092mm　1/16　印张19.25　字数348千字
版　　次　2018年3月第1版　2024年8月第4次印刷
书　　号　ISBN 978-7-5603-6608-1
定　　价　58.00元

◎第四版序言

在这一版中,由于补充了新的材料,第三卷分成两部分,第一部分包括全部关于线性代数、二次型理论和群论的材料.在这一部分中主要的补充是关于群论的.在编写这些补充材料的过程中,Д.К.法捷耶夫给了我很大的帮助.特别是关于转动群与劳伦次群单纯性的阐明,按结构常数来建立群与群上的积分[70,81,87,88,89,90]这些部分的材料的说明是属于他的.对于他在这本书的准备工作中所给予的帮助我表示极大的谢意.

В.И.斯米尔诺夫

◎目录

行列式与方程组的解法

第一章

§1 行列式及其性质

1. 行列式的概念

我们从解一个简单的代数问题，即从解一次方程组的问题来开始这一节. 由于对这种问题的研究，我们获得了行列式的重要概念.

让我们从研究一些最简单的特殊情形来开始. 先取具有两个未知数的两个方程所成的方程组：

$$a_{11}x_1+a_{12}x_2=b_1$$
$$a_{21}x_1+a_{22}x_2=b_2$$

未知数的系数 a_{ik} 带有两个指标，第一个指标说明这个系数出现在哪一个方程中，而第二个说明它是哪一个未知数的系数.

大家知道，这方程组的解具有下面的形式：

$$x_1=\frac{b_1a_{22}-a_{12}b_2}{a_{11}a_{22}-a_{12}a_{21}},x_2=\frac{a_{11}b_2-b_1a_{21}}{a_{11}a_{22}-a_{12}a_{21}}$$

再看由具有三个未知数的三个方程所成的方程组：

$$\begin{cases}a_{11}x_1+a_{12}x_2+a_{13}x_3=b_1\\a_{21}x_1+a_{22}x_2+a_{23}x_3=b_2\\a_{31}x_1+a_{32}x_2+a_{33}x_3=b_3\end{cases}$$

这里我们仍用上面的关于系数的标记法，将前两个方程改写成下列形式：

$$a_{11}x_1+a_{12}x_2=b_1-a_{13}x_3$$

$$a_{21}x_1+a_{22}x_2=b_2-a_{23}x_3$$

按上面的公式，由这两个方程解未知数 x_1 与 x_2，即得

$$x_1=\frac{a_{22}(b_1-a_{13}x_3)-a_{12}(b_2-a_{23}x_3)}{a_{11}a_{22}-a_{12}a_{21}}$$

$$x_2=\frac{a_{11}(b_2-a_{23}x_3)-a_{21}(b_1-a_{13}x_3)}{a_{11}a_{22}-a_{12}a_{21}}$$

把这两个表达式代入方程组的最后一个方程中，即得一个仅含未知数 x_3 的方程. 最后解这个方程，即得 x_3 的最终表达式

$$x_3=\frac{a_{11}a_{22}b_3+a_{12}b_2a_{31}+b_1a_{21}a_{32}-a_{11}b_2a_{32}-a_{12}a_{21}b_3-b_1a_{22}a_{31}}{a_{11}a_{22}a_{33}+a_{12}a_{23}a_{31}+a_{13}a_{21}a_{32}-a_{11}a_{23}a_{32}-a_{12}a_{21}a_{33}-a_{13}a_{22}a_{31}} \tag{1}$$

我们来详细地研究一下这表达式的结构. 首先看到，将分母中的属于所要确定的未知数 x_3 的所有系数 a_{i3} 各用常数项 b_i 替换即得分子. 这样，还待阐明的只是组成分母的规律了. 分母不含有常数项而是纯粹由方程组的系数组成的. 先让我们把这些系数按它们在原来方程组中的位置写成一个正方形的表：

$$\begin{Vmatrix}a_{11}&a_{12}&a_{13}\\a_{21}&a_{22}&a_{23}\\a_{31}&a_{32}&a_{33}\end{Vmatrix} \tag{2}$$

这个表含有三行与三列. a_{ik} 这些数叫作它的元素. a_{ik} 的第一个指标表示它所在的行的序数，而第二个则表示它所在的列的序数. 现在写出式(1) 的分母

$$a_{11}a_{22}a_{33}+a_{12}a_{23}a_{31}+a_{13}a_{21}a_{32}-a_{11}a_{23}a_{32}-a_{12}a_{21}a_{33}-a_{13}a_{22}a_{31} \tag{3}$$

我们看到，它由六项组成，其中每一项是(2) 中的三个元素的乘积，而且每个乘积含有每一行和每一列的元素. 实际上，这些乘积具有下面的形式：

$$a_{1p}a_{2q}a_{3r} \tag{4}$$

其中 p,q,r 是整数 1,2,3 的某一个一定的排列. 如此，正如几个第一个指标一样，几个第二个指标也正是整数 1,2,3 的全体，因而乘积(4) 确实含有每行和每列的一个元素. 为要得到式(3) 中的所有的项，只需要在乘积(4) 中就第二个指标 p,q,r 取所有可能的不同的排列. 第二个指标的所有可能的排列显然有以下六种：

$$1,2,3;\quad 2,3,1;\quad 3,1,2;\quad 1,3,2;\quad 2,1,3;\quad 3,2,1 \tag{5}$$

于是，我们即得式(3) 的六项. 但是我们看到，乘积(4) 在式(3) 中出现时，有一些带有正号，而另一些则带有负号. 于是只剩下要说明选择符号所依据的法则

了.如我们所见,带有正号出现的那些乘积(4)的第二个指标形成下列的排列:

$$1,2,3;\quad 2,3,1;\quad 3,1,2 \tag{5_1}$$

而带有负号出现的那些乘积的第二个指标形成下列排列:

$$1,3,2;\quad 2,1,3;\quad 3,2,1 \tag{5_2}$$

现在来说明排列(5_1)与排列(5_2)的区别.在一个排列中,比较每一对数,如果大的在小的前面,则叫作一个逆序.我们来计算(5_1)中诸排列的逆序个数.其中第一个排列没有逆序,就是说逆序的个数为零.再看第二个排列,逐次比较每一数与其后各数的大小,我们看出,这里有两个逆序.即一个是2在1前面,一个是3在1前面.同样,不难看到,(5_1)中的第三个排列含有两个逆序.总之,可以说在(5_1)中的所有排列都含有偶数个逆序.用完全同样的方法来研究(5_2)中的排列,我们看到,它们都含有奇数个逆序.现在,我们可以把表达式(3)中的符号法则叙述如下:乘积(4)中,凡是第二指标形成的排列中逆序数是偶数的,出现在表达式(3)中时,没有任何改变.凡是第二指标形成的排列中逆序数为奇数的,出现在表达式(3)中时,冠以负号.表达式(3)叫作对应于数表(2)的三阶行列式.现在不难把它推广到任何阶行列式的情形.

假定有 n^2 个数被安排在一个 n 行 n 列的正方形的表内:

$$\begin{Vmatrix} a_{11} & a_{12} & \cdots & a_{1n} \\ a_{21} & a_{22} & \cdots & a_{2n} \\ \vdots & \vdots & & \vdots \\ a_{n1} & a_{n2} & \cdots & a_{nn} \end{Vmatrix} \tag{6}$$

这个表内的元素 a_{ik} 是给定的复数,而 i 与 k 分别表示元素 a_{ik} 所在的行与列的序数.从数表(6)组成所有可能的这样的乘积,使得这些乘积恰好含有每行和每列的一个元素,这些乘积具有下面的形式:

$$a_{1p_1}a_{2p_2}\cdots a_{np_n} \tag{7}$$

其中 $p_1,p_2,\cdots,p_n$ 是数 $1,2,\cdots,n$ 的某一个排列.为了要得到所有可能的形式(7)的乘积,我们需要取第二个指标的所有可能的排列.从初等代数得知,这样的排列的总数等于整数 n 的阶乘:

$$1\cdot 2\cdot 3\cdot \cdots \cdot n=n!$$

每个这样的排列,与基本排列

$$1,2,3,\cdots,n$$

来比较,就有一些逆序.

所有那些乘积(7),如果由它们的第二指标所成的排列含有偶数个逆序,则不加任何改变,而所有那些乘积(7),如果由它们的第二指标所成的排列含有奇数个逆序,则加上一个负号.这样得到的所有乘积的和就叫作对应于表(6)的 n 阶行列式.这个和显然含有 $n!$ 项.我们不难将这个定义用公式表出来.为此须引进一些符号. 令 $p_1, p_2, \cdots, p_n$ 为数 $1, 2, \cdots, n$ 的某一个排列. 用符号

$$[p_1, p_2, \cdots, p_n]$$

来记这个排列所含的逆序的个数.

于是,以上所给的对应于表(6)的行列式的定义可写成下面的公式,我们把表(6)用两根竖线夹起来作为行列式的记号:

$$\begin{vmatrix} a_{11} & a_{12} & \cdots & a_{1n} \\ a_{21} & a_{22} & \cdots & a_{2n} \\ \vdots & \vdots & & \vdots \\ a_{n1} & a_{n2} & \cdots & a_{nn} \end{vmatrix} = \sum_{(p_1, p_2, \cdots, p_n)} (-1)^{[p_1, p_2, \cdots, p_n]} a_{1p_1} a_{2p_2} \cdots a_{np_n} \tag{8}$$

等式右端要对第二个指标的所有可能的排列取和,也就是对所有可能的排列 $(p_1, p_2, \cdots, p_n)$ 取和. 如果我们只谈表的本身,而不是讲由它构成的行列式,就把这表写在两双竖线之间.

须注意到,在式(3)中的每个乘积中我们是把它的因子按这样的次序安排的,使得第一个指标恒组成基本排列 1,2,3,因此所有我们的考虑都只涉及由第二个指标所形成的排列. 与此相反,我们也可以把每个乘积中的因子重新安排,使得第二个指标都按上升的次序;此时,式(3)可换写成下面的形式:

$$a_{11}a_{22}a_{33} + a_{31}a_{12}a_{23} + a_{21}a_{32}a_{13} - a_{11}a_{32}a_{23} - a_{21}a_{12}a_{33} - a_{31}a_{22}a_{13} \tag{9}$$

这里第一个指标取所有可能的排列 p, q, r,而且容易验证,式(9)各项的符号法则可用与前面完全同样的说法表述出来,只不过就第一个指标来说罢了. 这就引导我们与和(8)同时来考虑下面这个类似的和

$$\sum_{(p_1, p_2, \cdots, p_n)} (-1)^{[p_1, p_2, \cdots, p_n]} a_{p_1 1} a_{p_2 2} \cdots a_{p_n n} \tag{10}$$

显然,这个和是由与(8)同样的那些项所组成的. 以后我们会看到,它的项的符号法则也是与在和(8)中相同的. 那就是说,与 $n=3$ 的情形一样,和(10)与和(8)是全相同的.

最后,再回到 $n=2$ 的情形,此时表取形式

$$\begin{Vmatrix} a_{11} & a_{12} \\ a_{21} & a_{22} \end{Vmatrix}$$

并且公式(8)给予一个与此表对应的二阶行列式的表达式

$$\begin{vmatrix} a_{11} & a_{12} \\ a_{21} & a_{22} \end{vmatrix} = a_{11}a_{22} - a_{12}a_{21} \tag{11}$$

由上面直接可知,为要阐明行列式的性质,必须对排列的性质有较深的认识. 我们立即转向这个问题.

2. 排列

假设有任意的 n 个元素,把它们按一定的次序排列起来,我们把这叫作由

这 n 个元素形成的一个排列. 首先我们来证明,这样的不同的排列恰有 $n!$ 个. 当 $n=2$ 时,这是显然的,因为两个元素可以形成两个不同的排列. 当 $n=3$ 时,这只要数一下排列(5) 的个数即可直接推知,那里的数 1,2,3 就是元素. 不难知道,(5) 已给出了由三个元素而成的所有可能的排列. 现在用归纳法来证明我们的论断对于任何的正整数 n 总是对的. 假定我们的论断对某一个 n 成立,由此来证明它对于 $n+1$ 个元素也成立. 就是说,假定 n 个元素产生 $n!$ 个排列,让我们来考虑任何的 $n+1$ 个元素产生的排列,把这 $n+1$ 个元素记作:

$$C_1, C_2, \cdots, C_{n+1}$$

首先注意第一个元素为 C_1 的那些排列. 为了要得到所有可能的这样的排列,应当把 C_1 放在第一个位置,然后写下其余 n 个元素的所有可能的排列. 按照假定,这样的排列的个数是 $n!$. 因此,由 $C_1, C_2, \cdots, C_{n+1}$ 形成的以元素 C_1 为首的排列总数是 $n!$. 完全一样,由 $C_1, C_2, \cdots, C_{n+1}$ 形成的以元素 C_2 为首的排列总数也是 $n!$. 总的说来,$C_1, C_2, \cdots, C_{n+1}$ 的不同排列总数等于

$$n!\,(n+1) = 1 \cdot 2 \cdot \cdots \cdot n \cdot (n+1) = (n+1)!$$

这样,就证明了以上的论断.

当然,我们可以把从 1 开始的一些整数取作元素,以后我们就这样来做. 在一个排列中对调两个元素的位置,这样一个动作就叫作一个对换. 显然可直接看出,由某一个排列经过一些对换可以得到任何一个其他的排列. 例如,取四个元素的两个排列

$$1,3,4,2;\quad 2,4,1,3$$

由这里第一个排列经下列一串对换就得到第二个排列:

$$1,3,4,2 \rightarrow 2,3,4,1 \rightarrow 2,4,3,1 \rightarrow 2,4,1,3$$

为了把第一个排列变成第二个排列,这里我们用了三个对换. 如果我们换个方式来施行对换,也可能由其他的方法利用对换把第一个排列变成第二个排列,换句话说,就是把一个排列变成第二个排列所需要的对换的个数并不是一个确定的数. 显然可以用不同数目的对换把一个排列变成另一个排列. 但是对我们重要的是可以证明,对于两个给定的排列. 这些不同的数目或者全是偶数或者全是奇数. 这也就是说这些数目总是有同一的奇偶性,为了说明这一点,我们引进在前一个小节用过的逆序的概念. 试看由 n 个元素 $1,2,\cdots,n$ 形成的排列. 按照递升的次序排列起来的排列

$$1,2,\cdots,n \tag{12}$$

叫作基本排列. 如果一个排列中的两个元素的相互次序是与它们在基本排列 (12) 中的相互次序相反就是说大的在小的左边,这就叫作该排列中的一个逆序. 凡逆序的数目为偶数的排列叫作第一类排列,而逆序数目为奇数的排列叫作第二类排列. 下面这个定理对以下的论述来讲是基本的.

由一个对换而引起的逆序数目的改变是一个奇数.

取定某一个排列

$$a,b,\cdots,k,\cdots,p,\cdots,s \tag{13}$$

并且假设,我们把 k 与 p 的对换施于这个排列,就是说对调这两个元素相互的位置.经过这样的对换之后,元素 k 与 p 对于在 k 之左或在 p 之右的元素的相互位置保持不变.只有这排列中介于 k 与 p 之间的那些元素与 k,p 的相互位置有所改变,当然 k 与 p 的彼此相互位置也有所改变.我们来计算逆序改变的总数.假设在排列(13) 中 k 与 p 之间总共有 m 个元素,并且设这些中间元素与 k 比较得到 α 个顺序与 β 个逆序,又设它们与 p 比较得到 α_1 个顺序与 β_1 个逆序,显然有

$$\alpha+\beta=\alpha_1+\beta_1=m \tag{14}$$

施行对换的结果,顺序变成逆序而且逆序变成顺序.更确切地说,如果元素 k 与某一个中间元素在对换前它是顺序,则在对换后就变成逆序,而且反过来也对,对于元素 p 也是一样.因此,k 与 p 对于中间元素的逆序数目在施用对换之前总是 $\beta+\beta_1$,而在对换之后,总共是 $\alpha+\alpha_1$,就是说逆序数的改变是

$$\gamma=(\alpha+\alpha_1)-(\beta+\beta_1)$$

利用(14),这个数目可改写成

$$\gamma=(\alpha+\alpha_1)-(m-\alpha+m-\alpha_1)=2(\alpha+\alpha_1-m)$$

由此直接推出,这个数 γ 是一个偶数.现在来看元素 k 与 p 的相互位置.如果在对换之前它们作成一个顺序,则在对换之后它们作成一个逆序,而且反过来也对,这就是说,这里的逆序数的改变等于 1.因此,由于对换而引起的逆序改变的总数是一个奇数.

现在来叙述从这个定理所得到的一些推论.

系 Ⅰ 如果写出全部 $n!$ 个排列,并且对于每一个排列施以两个固定元素的对换,例如 1 与 3 的对换.则全部第一类排列都变成第二类排列,反过来也是如此,总的说来,我们仍然得到 $n!$ 个排列的全体.由此直接推出,第一类与第二类排列的数目相等.

系 Ⅱ 任何一个排列都可以由基本排列经过一些对换得到.从上面定理直接推出,凡由基本排列可用偶数个对换得到的那些排列作成第一类,而凡由基本排列可用奇数个对换得到的那些排列则作成第二类.

系 Ⅲ 基本排列的选择完全可以任意.不用排列(12) 而用其他任何一个排列作为基本排列都是可以的,在这种情况下,规定逆序时,自然就应当以该排列与这个基本排列比较,就是说,应当以元素在基本排列中的次序为根据.不难看出,如果我们取第一类中任何一个排列以代替排列(12) 作为基本排列,则原来属于第一类的排列现在依然属于第一类,而原来属于第二类的现在依然属于

第二类.反之,如果我们取第二类中任何一个排列作为基本排列,则原来第二类的排列成为现在的第一类的排列,而第一类的排列成为第二类的排列.

例如,在元素 1,2,3 的六个排列中,我们可以取排列 2,1,3 作为基本排列,则下列排列是第一类排列:

$$2,1,3;\quad 1,3,2;\quad 3,2,1$$

其中的第二个排列有两个逆序;1 在 2 前与 3 在 2 前,而在基本排列中 2 在 1 前且 2 在 3 前.下列的排列是第二类排列:

$$1,2,3;\quad 2,3,1;\quad 3,1,2$$

其中的第一个排列与基本排列 2,1,3 比较有一个逆序,即 1 在 2 前.

根据以上所讲的,我们可以把表达式(8) 中的符号法则叙述如下:如果一个乘积的因子的第二个指标所作成的排列属于第一类,则在这乘积之前冠以正号,如果属于第二类,则在它的前面冠以负号,这里是把排列 $1,2,\cdots,n$ 作为基本排列的.

现在我们来阐明行列式的一个基本性质.在给出行列式的那个表中将第一二两列对调.原来用 a_{ik} 所说的数,调换后仍然用带有同一指标的同一文字来表示.于是,从表(6) 我们得到下面的表:

$$\begin{Vmatrix} a_{12} & a_{11} & a_{13} & \cdots & a_{1n} \\ a_{22} & a_{21} & a_{23} & \cdots & a_{2n} \\ \vdots & \vdots & \vdots & & \vdots \\ a_{n2} & a_{n1} & a_{n3} & \cdots & a_{nn} \end{Vmatrix} \tag{15}$$

根据由公式(8) 所规定的行列式的定义,我们可以求得对应于表(15) 的行列式.在这个表中的列的号码排列如下:$2,1,3,\cdots,n$,于是我们应当把这个排列看作基本排列.它是由原来的基本排列用一个对换而得到的.因此,它原来是属于第二类的.所以原来的第二类排列对于这个新的基本排列而言成了第一类的排列,而且反过来也是如此.因此,对应于表(15) 的行列式就是在公式(8) 中出现的那些项的一个和,但是,由于刚才谈到的第二指标所作成的排列的类的变更,这个新和的各项的符号与和(8) 中相当项的符号相反,就是说,当两列对调时,行列式的值改号.对一二两列对调的情形我们已经证明了这个性质.对于任意两列对调的情形,上述的证明也仍然适用,例如,下面的等式的成立:

$$\begin{vmatrix} 1 & 0 & 3 \\ 2 & 7 & 6 \\ 5 & 3 & 0 \end{vmatrix} = -\begin{vmatrix} 1 & 3 & 0 \\ 2 & 6 & 7 \\ 5 & 0 & 3 \end{vmatrix}$$

第二个行列式是由第一个经二三两列对调而得到的.

现在再说明行列式的一个性质.取定和(8) 中的某一项

$$(-1)^{[p_1,p_2,\cdots,p_n]}a_{1p_1}a_{2p_2}\cdots a_{np_n} \tag{16_1}$$

只要调换上面乘积中的因子，我们可以得到第二个指标的递升排列，这时第一个指标形成某个排列 $q_1,q_2,\cdots,q_n$，上式就可以写成

$$(-1)^{[p_1,p_2,\cdots,p_n]}a_{q_1 1}a_{q_2 2}\cdots a_{q_n n} \tag{16_2}$$

从(16_1) 到(16_2) 的过程可以借一些因子间的对换来完成. 每一个这样的对换不仅是第一个指标所成的排列的对换，同时也是第二个指标所成的排列的对换. 如果从(16_1) 过渡到(16_2) 所需要的对换的个数是偶数，则由此可以推得，排列 $p_1,p_2,\cdots,p_n$ 属于第一类. 因为它既然可借偶数个对换变成基本排列 1，2，…，n，显然可知，它也可借偶数个对换从基本排列得到. 而且，此时排列 q_1，$q_2,\cdots,q_n$ 也属于第一类，因为它是借同样的偶数个对换可从基本排列得到的. 由同样的理由，如果 $p_1,p_2,\cdots,p_n$ 属于第二类，则 $q_1,q_2,\cdots,q_n$ 也属于第二类. 由此推出

$$(-1)^{[p_1,p_2,\cdots,p_n]}=(-1)^{[q_1,q_2,\cdots,q_n]}$$

因此我们有

$$(-1)^{[p_1,p_2,\cdots,p_n]}a_{1p_1}a_{2p_2}\cdots a_{np_n}=(-1)^{[q_1,q_2,\cdots,q_n]}a_{q_1 1}a_{q_2 2}\cdots a_{q_n n}$$

总之，如果我们比较和(8) 与和(10) 的对应项，则可看出，这两个和恰好全相同，在和(10) 中行所起的作用正如在和(8) 中列所起的作用. 由我们的讨论直接推得，如果在表中所有的行用列代替而且所有的列用行代替，但不改变它们的次序，则此表的行列式的值不变.

例如，下列两个三阶行列式相等：

$$\begin{vmatrix}2&3&5\\7&0&1\\2&1&6\end{vmatrix}=\begin{vmatrix}2&7&2\\3&0&1\\5&1&6\end{vmatrix}$$

3. 行列式的基本性质

Ⅰ. 首先叙述刚才证明过的性质 —— 当用列替代行时，行列式的值不变. 以后凡对于列已经证明了的一切结果对于行也都适用，而且反过来也对.

Ⅱ. 在前一个小节中我们看出，两列互换只改变行列式的符号. 这对于行也是一样，就是说，两行(列) 互换，行列式的值只改变它的符号.

Ⅲ. 如果行列式具有两相同的行，则当它们互换之后，一方面行列式没有什么改变，另一方面，根据 Ⅱ，行列式改变符号，那就是说，如用 Δ 表行列式的值，遂有 $\Delta=-\Delta$，即 $\Delta=0$. 总之，如果行列式有两行(或列) 相同，则它的值等于零.

Ⅳ. 变数 $x_1,x_2,\cdots,x_n$ 的没有常数项的一次多项式叫作这些变数的线性齐次函数，就是说它可以表成下面的形式：

$$\varphi(x_1,x_2,\cdots,x_n)=a_1x_1+a_2x_2+\cdots+a_nx_n$$

其中系数 a_i 与 x_n 无关. 这样的函数具有下面两个很明显的性质：

$$\varphi(kx_1,kx_2,\cdots,kx_n)=k\varphi(x_1,x_2,\cdots,x_n)$$

$$\varphi(x_1+y_1,x_2+y_2,\cdots,x_n+y_n)=\varphi(x_1,x_2,\cdots,x_n)+\varphi(y_1,y_2,\cdots,y_n)$$

后一个性质对于任意多组变数的和也成立. 现在回到公式(8),我们看到,和式(8) 中每一项恰好含有每一行的一个元素作为它的因子. 由此得出,行列式是任何一行(或任何一列) 的元素的线性齐次函数.

因此,如果某一行(列) 的所有元素含有一个公共因子,则可把它提到行列式的记号之外.

对应于表(6) 的行列式的值常常记作如我们已经提到过的形式:

$$\begin{vmatrix} a_{11} & a_{12} & \cdots & a_{1n} \\ a_{21} & a_{22} & \cdots & a_{2n} \\ \vdots & \vdots & & \vdots \\ a_{n1} & a_{n2} & \cdots & a_{nn} \end{vmatrix}$$

或者简记作

$$|a_{ik}| \quad (i,k=1,2,\cdots,n)$$

上述的性质对于特殊情形可写成,例如,下面的形式

$$\begin{vmatrix} ka_{11} & ka_{12} & ka_{13} \\ a_{21} & a_{22} & a_{23} \\ a_{31} & a_{32} & a_{33} \end{vmatrix}=k\begin{vmatrix} a_{11} & a_{12} & a_{13} \\ a_{21} & a_{22} & a_{23} \\ a_{31} & a_{32} & a_{33} \end{vmatrix}$$

由上述线性齐次函数的第二个性质得到下面的行列式的性质:如果某一行(列) 的元素是相同数目的诸项的和,则这行列式等于一些行列式的和,和中的每个行列式是将上面提到的那一行(列) 换成单独的一项而得到的. 例如

$$\begin{vmatrix} a & b & c+c' \\ d & e & f+f' \\ g & h & i+i' \end{vmatrix}=\begin{vmatrix} a & b & c \\ d & e & f \\ g & h & i \end{vmatrix}+\begin{vmatrix} a & b & c' \\ d & e & f' \\ g & h & i' \end{vmatrix}$$

我们还要再讲一个,由线性和齐次性得来的一个直接推论. 如果某一行(列) 的元素全等于零,则行列式等于零.

Ⅴ. 如果从表(6) 划去第 i 行和第 k 列,元素 a_{ik} 恰在它们的交叉点上,则剩下$(n-1)$ 行与$(n-1)$ 列. 这$(n-1)$ 行和$(n-1)$ 列作成的$(n-1)$ 阶行列式叫作 n 阶基本行列式的对应于元素 a_{ik} 的子式. 用 Δ_{ik} 来表示这个子式作下面的乘积:

$$A_{ik}=(-1)^{i+k}\Delta_{ik} \tag{17}$$

它叫作元素 a_{ik} 的代数余子式. 现在来证明,这些代数余子式就是在上面所提到的性质中的线性齐次函数的系数,这就是说,对于任意第 i 行下面的公式成立

$$\Delta=A_{i1}a_{i1}+A_{i2}a_{i2}+\cdots+A_{in}a_{in} \quad (i=1,2,\cdots,n) \tag{18}$$

而且对于任意第 k 列 —— 有公式:

$$\Delta = A_{1k}a_{1k} + A_{2k}a_{2k} + \cdots + A_{nk}a_{nk} \quad (k = 1, 2, \cdots, n) \tag{19}$$

其中 Δ 表行列式的值. 换句话说,我们需要证明,如果在和(8) 中我们归并含有某一固定元素 a_{ik} 的所有项,则这个元素的系数应该是由公式(17) 所定义的它的代数余子式 A_{ik}. 先用 B_{ik} 表 a_{ik} 的系数,并且要首先提出,这个系数是一些 $(n-1)$ 个元素的乘积的和,其中第一个乘积已不再含有位于第 i 行以及第 k 列的元素.

首先看 $i = k = 1$ 的情形,在和(8) 中含有元素 a_{11} 的所有的项的和可写成

$$a_{11} \sum_{(p_2, \cdots, p_n)} (-1)^{[1, p_2, \cdots, p_n]} a_{2p_2} \cdots a_{np_n}$$

这里的和数是关于数 $2, 3, \cdots, n$ 作所有可能的排列 $p_2, p_3, \cdots, p_n$ 所得到的项相加而成的. 在完全的排列 $1, p_2, \cdots, p_n$ 中第一个元素 1 对于其余的数而言总是处在顺序的位置. 所以对于逆序的个数我们得到等式

$$[1, p_2, \cdots, p_n] = [p_2, \cdots, p_n]$$

这里对于两种排列都是以升序的排列作为基本排列的. 如此我们得到 a_{11} 的系数的表达式如下:

$$B_{11} = \sum_{(p_2, p_3, \cdots, p_n)} (-1)^{[p_2, \cdots, p_n]} a_{2p_2} \cdots a_{np_n}$$

这个和是与行列式的定义相符合的. 但是将它与原来的行列式比较缺了第一行和第一列. 由此看出

$$B_{11} = \Delta_{11} = (-1)^{1+1}\Delta_{11} = A_{11}$$

就是说,当 $i = k = 1$ 时,我们的论断已经证明了. 现在来看 i 与 k 为任意的情况. 将第 i 行依次与它上面的行调换,使得它最后被移到第一行的位置. 这需要作 $(i-1)$ 个行的调换. 用完全同样的方法,再把第 k 列移到第一列的位置. 经过这样的调换以后,元素 a_{ik} 移到左上角元素 a_{11} 的位置. 第 i 行变成第 1 行,第 k 列变成第 1 列,而其余的行与列的次序不变. 由上面所得到的结果得知,经过刚才的调换以后,a_{ik} 的系数等于 Δ_{ik}. 但是,为了完成这样的调换,必须应用 $(i-1)+(k-1)$ 次行与行以及列与列的调换. 而且每一个这样的调换使行列式添加一个 (-1) 的因子. 因此,总共添加了因子

$$(-1)^{(i-1)+(k-1)} = (-1)^{i+k}$$

所以 B_{ik} 的最后表达式是

$$B_{ik} = \frac{\Delta_{ik}}{(-1)^{i+k}} = (-1)^{i+k}\Delta_{ik} = A_{ik}$$

至此证明完成. 如此,我们证明了公式(18) 与(19). 如果我们在行列式 Δ 中用数 $c_1, c_2, \cdots, c_n$ 依次代替第 i 行的元素而不改变其余的行,则在公式(18) 中因子 A_{is} 不改变而新行列式的值为

$$\Delta' = A_{i1}c_1 + A_{i2}c_2 + \cdots + A_{in}c_n \tag{20}$$

特别是,如果我们令 $c_1, c_2, \cdots, c_n$ 依次等于另一行的元素 $a_{j1}, a_{j2}, \cdots, a_{jn}$,而 $j \neq i$,则行列式 Δ' 的第 i 行与第 j 行相同.因而它的值等于零:$\Delta' = 0$,就是说

$$A_{i1}a_{j1} + A_{i2}a_{j2} + \cdots + A_{in}a_{jn} = 0 \quad (i \neq j) \tag{21_1}$$

把同样的方法用于列,于是有

$$A_{1k}a_{1l} + A_{2k}a_{2l} + \cdots + A_{nk}a_{nl} = 0 \quad (k \neq l) \tag{21_2}$$

公式(19)及(21)说明了一个对于以后很重要的行列式的性质.

如果由某一行(列)的元素各乘以它们的代数余子式,然后把这些乘积加起来,则所得的和等于行列式的值.如果由某一行(列)的元素各乘以另一行(列)的相当元素的代数余子式,然后把这些乘积加起来,则所得的和等于零.

Ⅵ.我们把行列式 Δ 的第二行的元素乘以同一因子 p 之后,把它加到第一行,此时行列式的第一行的元素变成

$$a_{1s} + pa_{2s} \quad (s = 1, 2, \cdots, n)$$

由于性质Ⅳ,新行列式等于两个行列式的和:一个是原来的,另一个是这样的一个行列式,它的第一行的元素是

$$pa_{2s} \quad (s = 1, 2, \cdots, n)$$

而其余各行与原来行列式 Δ 的相当行相同.把第一行的公共因子 p 提出以后,于是第一行与第二行相同,因此,这个行列式的值为零,总的说来,就是如果将某一行(列)乘以一个公共因子,把这结果加到另一行(列),则所得到的行列式的值仍与原来的行列式的值相等.

现在来讲一些以后要用到的记号.与以前一样,假设给了一个正方形的表(6),且令 l 为不超过 n 的正整数.由表(6)中的带有号码 $p_1, p_2, \cdots, p_l$ 的 l 行与带有号码 $q_1, q_2, \cdots, q_l$ 的 l 列所组成的 l 阶行列式用下面的记号来表示:

$$A\begin{pmatrix} p_1, p_2, \cdots, p_l \\ q_1, q_2, \cdots, q_l \end{pmatrix} = \begin{vmatrix} a_{p_1q_1} & a_{p_1q_2} & \cdots & a_{p_1q_l} \\ a_{p_2q_1} & a_{p_2q_2} & \cdots & a_{p_2q_l} \\ \vdots & \vdots & & \vdots \\ a_{p_lq_1} & a_{p_lq_2} & \cdots & a_{p_lq_l} \end{vmatrix} \tag{22}$$

在这里通常把任何一个数 a 本身就叫作对应于这个数的一阶行列式,即 $A\begin{pmatrix} p \\ q \end{pmatrix} = a_{pq}$.正整数 $p_1, p_2, \cdots, p_l$ 与 $q_1, q_2, \cdots, q_l$ 可以不必按照 p_s 与 q_s 的上升的次序安排.如果这两个数列皆是按照上升次序排列的,则行列式(22)叫作行列式(8)的一个 l 阶子式.行列式(22)可以从行列式(8)去掉 $(n-l)$ 行与 $(n-l)$ 列而得到.假设这些被去掉的行与列的号码按上升次序写出是:$r_1, r_2, \cdots, r_{n-l}$

与 $s_1, s_2, \cdots, s_{n-l}$. 则子式

$$A\begin{bmatrix} r_1, r_2, \cdots, r_{n-l} \\ s_1, s_2, \cdots, s_{n-l} \end{bmatrix}$$

叫作子式(22)的余子式,而表达式

$$(-1)^{p_1+p_2+\cdots+p_l+q_1+q_2+\cdots+q_l} A\begin{bmatrix} r_1, r_2, \cdots, r_{n-l} \\ s_1, s_2, \cdots, s_{n-l} \end{bmatrix} \tag{22_1}$$

叫作子式(22)的代数余子式. 对于单独的元素 a_{ik}, 这个代数余子式的定义与原来的定义(17)一致.

代数余子式(22_1)记作

$$A'\begin{bmatrix} p_1, p_2, \cdots, p_l \\ q_1, q_2, \cdots, q_l \end{bmatrix}$$

它被给定的行列式(22)完全决定,就是说,被给定的行的号码序列 $p_1, p_2, \cdots, p_l$ 以及列的号码序列 $q_1, q_2, \cdots, q_l$ 完全决定.

我们固定行的号码. 行列式 Δ 的值显然是这些行的元素的 l 次齐次多项式, 行列式 Δ 可表成下式,它是可以证明的(拉普拉斯定理):

$$\Delta = \sum_{q_1 < q_2 < \cdots < q_l} A\begin{bmatrix} p_1, p_2, \cdots, p_l \\ q_1, q_2, \cdots, q_l \end{bmatrix} A'\begin{bmatrix} p_1, p_2, \cdots, p_l \\ q_1, q_2, \cdots, q_l \end{bmatrix} \tag{23}$$

这里的和数是对从数列 $1, 2, \cdots, n$ 取出的所有可能上升的数列 $q_1, q_2, \cdots, q_l$ 求和. 在和(23)中项的总数等于从 n 个元素中取 l 个的组合总数:

$$C_n^l = \frac{n(n-1)\cdots(n-l+1)}{l!}$$

这是因为数 q_s 在和(23)中已被规定了按上升的次序排列, q_s 的次序因此在计算和(23)的项的总数时不起任何作用. 当 $l=1$ 时, $A\begin{bmatrix} p_1 \\ q_1 \end{bmatrix} = a_{p_1 q_1}$, 公式(23)即变成当 $i=p_1$ 时的公式(18). 公式(23)可以说是将 Δ 按行展开. 如果我们将 Δ 按列展开,即可得到与(23)类似的公式. 这是容易作出的,以后我们将不利用公式(23)而且不打算证明它.

4. 行列式的计算

二阶行列式的计算是很简单的. 先写出表而且暂时画上实线与虚线如下:

$$\begin{Vmatrix} a_{11} & a_{12} \\ a_{21} & a_{22} \end{Vmatrix}$$

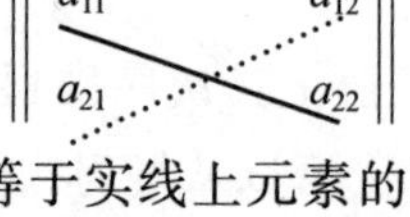

按照公式(11),则行列式的值等于实线上元素的乘积减去虚线上元素的乘积.

再看三阶行列式. 在公式(3)中我们写出了三阶行列式的展开的形式. 不

难验证,它可以用下面的方法作出来:先把决定行列式的表写出,然后在它下面把第一与第二两行重写一次.

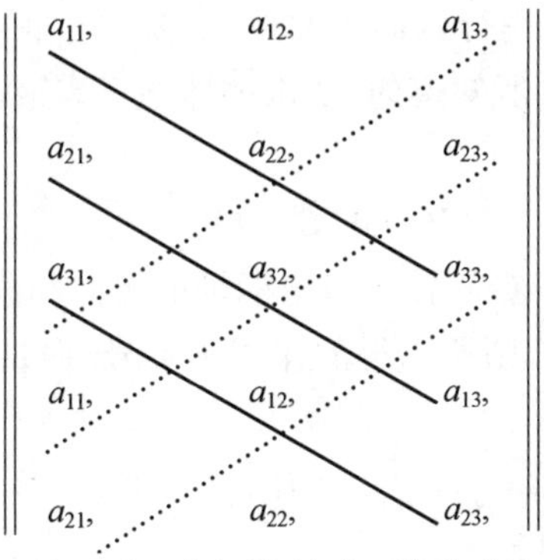

于是我们得到一个具有六根对角线的表,其中每一根对角线把三个元素连成一组.取位于实对角线上三元素的乘积而不改号,取位于虚对角线上元素的乘积而加上负号.然后把这六个积加起来即得行列式的值(沙鲁斯法则).

这样的法则不能推广到较高阶的行列式.因此,为了缩短计算,必须另想办法.例如,利用在前一小节所提到的行列式性质 Ⅵ 是有效的.我们用一个例子来说明这一点.取四阶行列式

$$\Delta=\begin{vmatrix} 3 & 5 & 1 & 0 \\ 2 & 1 & 4 & 5 \\ 1 & 7 & 4 & 2 \\ -3 & 5 & 1 & 1 \end{vmatrix}$$

我们把第三行乘以(－2)加到第二行;此外,把第三行的3倍加到第四行,再从第一行减去第三行的3倍.这样一来,根据刚才提到的性质,原来行列式即被化成下面的等值的行列式,其中第一列有三个零

$$\Delta=\begin{vmatrix} 0 & -16 & -11 & -6 \\ 0 & -13 & -4 & 1 \\ 1 & 7 & 4 & 2 \\ 0 & 26 & 13 & 7 \end{vmatrix}$$

于是,按第一列展开,根据公式(19),得到:

$$\Delta=\begin{vmatrix} -16 & -11 & -6 \\ -13 & -4 & 1 \\ 26 & 13 & 7 \end{vmatrix}$$

把第三列的4倍加到第二列,然后把第三列的13倍加到第一列.就得到:

$$\Delta=\begin{vmatrix} -94 & -35 & -6 \\ 0 & 0 & 1 \\ 117 & 41 & 7 \end{vmatrix}=-\begin{vmatrix} -94 & -35 \\ 117 & 41 \end{vmatrix}=94\times 41-35\times 117=-241$$

5. 例

Ⅰ. 假设需要计算一个平行六面体的体积，从一个顶点出发的它的三边是向量 $\boldsymbol{A},\boldsymbol{B}$ 与 $\boldsymbol{C}$. 如［Ⅱ，105］所知道的，所求的体积可表成向量 $\boldsymbol{A}$ 与向量积 $(\boldsymbol{B}\times\boldsymbol{C})$ 的数量积：

$$V=\boldsymbol{A}(\boldsymbol{B}\times\boldsymbol{C}) \tag{24}$$

在这里，如果向量 $\boldsymbol{A},\boldsymbol{B},\boldsymbol{C}$ 的转向与坐标轴的转向相同，则所求得的体积带正号，如果两者的转向相反，则所求得的体积带负号. 向量积 $(\boldsymbol{B}\times\boldsymbol{C})$ 的三分量为

$$B_yC_z-B_zC_y,B_zC_x-B_xC_z,B_xC_y-B_yC_x$$

因此，公式(24) 中的数量积为

$$A_x(B_yC_z-B_zC_y)+A_y(B_zC_x-B_xC_z)+A_z(B_xC_y-B_yC_x)$$

不难看出，这个和就是一个三阶行列式，即

$$\begin{vmatrix} A_x & B_x & C_x \\ A_y & B_y & C_y \\ A_z & B_z & C_z \end{vmatrix} \tag{25}$$

这个行列式等于零即表示体积等于零，换句话说，即表示三向量共面，就是说，它们在一个平面上. 如果我们把行列式中的两行(列) 调换，例如第一行与第二行调换，则原来的次序 $\boldsymbol{A},\boldsymbol{B},\boldsymbol{C}$ 换成另外的次序 $\boldsymbol{B},\boldsymbol{A},\boldsymbol{C}$. 这样一来，如果原来次序的向量与坐标轴有相同的转向，则现在它们与坐标轴有相反的转向，而且反过来也对. 与此相当的是行列式的值改变它的符号.

如果用类似的方法在平面 XY 上去考察分量为 (A_x,A_y) 与 (B_x,B_y) 的两个向量，则由这两个向量作成的平行四边形的面积等于二阶行列式

$$P=\begin{vmatrix} A_x & B_x \\ A_y & B_y \end{vmatrix}$$

现在来考察三角形，它的顶点坐标为

$$M_1(x_1,y_1),M_2(x_2,y_2),M_3(x_3,y_3)$$

取向量 $\boldsymbol{A}=\overrightarrow{M_1M_2}$ 与 $\boldsymbol{B}=\overrightarrow{M_1M_3}$，它们的分量各为

$$\overrightarrow{M_1M_2}(x_2-x_1,y_2-y_1),\overrightarrow{M_1M_3}(x_3-x_1,y_3-y_1)$$

于是上述三角形的面积即可表成

$$P=\frac{1}{2}\begin{vmatrix} x_2-x_1 & x_3-x_1 \\ y_2-y_1 & y_3-y_1 \end{vmatrix}$$

不难证明，上述二阶行列式可换写成三阶行列式，而且可以把公式用下面的形式写出来：

$$P=\frac{1}{2}\begin{vmatrix} x_1 & x_2 & x_3 \\ y_1 & y_2 & y_3 \\ 1 & 1 & 1 \end{vmatrix}$$

这个行列式等于零是三点 M_1,M_2,M_3 在一直线上的条件.换句话说,通过两已知点 (x_1,y_1) 与 (x_2,y_2) 的直线方程可以写成下面的形式:

$$\begin{vmatrix} x & x_1 & x_2 \\ y & y_1 & y_2 \\ 1 & 1 & 1 \end{vmatrix}=0$$

Ⅱ.利用行列式,不难作出某些几何轨迹的方程.例如,求通过三个已知点 (x_1,y_1),(x_2,y_2) 与 (x_3,y_3) 的圆的方程.容易看出,借助于四阶行列式,这个方程可写成下面的形式:

$$\begin{vmatrix} x^2+y^2 & x_1^2+y_1^2 & x_2^2+y_2^2 & x_3^2+y_3^2 \\ x & x_1 & x_2 & x_3 \\ y & y_1 & y_2 & y_3 \\ 1 & 1 & 1 & 1 \end{vmatrix}=0 \tag{26}$$

实际上,只要按第一列展开,就可看出上述方程是一个二次方程,其中 x^2 与 y^2 的系数相同而且缺乘积 xy 这一项,就是说,方程(26)表示一个圆.最后,如果我们在这个方程中作代换 $x=x_k$ 与 $y=y_k(k=1,2,3)$,则行列式中的第一列将与另外的某一列相同,因此方程即被满足,就是说,这个圆确实通过这三个已知点.需要注意的是,如果这三个已知点在一直线上,则在方程(26)中 (x^2+y^2) 的系数变成零,因此方程不再表示一个圆而是一根直线.

完全一样,在具有坐标轴 OX,OY,OZ 的空间内,通过三个已知点 (x_1,y_1,z_1),(x_2,y_2,z_2) 与 (x_3,y_3,z_3) 的平面的方程可以用四阶行列式写成下面的形式:

$$\begin{vmatrix} x & x_1 & x_2 & x_3 \\ y & y_1 & y_2 & y_3 \\ z & z_1 & z_2 & z_3 \\ 1 & 1 & 1 & 1 \end{vmatrix}=0 \tag{27}$$

如果三个已知点在一直线上,则方程(27)变成恒等式 $0=0$.

Ⅲ.现在来看一个 n 阶行列式 D_n,它的每一行是由某一个数的零次幂直到 $(n-1)$ 次幂所组成:

$$D_n=\begin{vmatrix} x_1^{n-1} & x_1^{n-2} & \cdots & x_1 & 1 \\ x_2^{n-1} & x_2^{n-2} & \cdots & x_2 & 1 \\ \vdots & \vdots & & \vdots & \vdots \\ x_n^{n-1} & x_n^{n-2} & \cdots & x_n & 1 \end{vmatrix} \tag{28}$$

当 $n=1$ 和 2 时，即有

$$D_1=1, D_2=x_1-x_2$$

为了展开行列式 D_3，在行列式的第一行内我们用 x 替换 x_1. 于是得到下面的行列式：

$$D_3(x)=\begin{vmatrix} x^2 & x & 1 \\ x_2^2 & x_2 & 1 \\ x_3^2 & x_3 & 1 \end{vmatrix}$$

如按第一行展开时，即可看到，$D_3(x)$ 是 x 的二次多项式. 如果在行列式中施行代换 $x=x_2$ 或 $x=x_3$，则第一行即分别与第二行或第三行相同，因而行列式的值为零，就是说二次三项式 $D_3(x)$ 具有两根 x_2 与 x_3，因而可写成

$$D_3(x)=A_3(x-x_2)(x-x_3)$$

其中 A_3 是 x^2 的系数，也就是行列式 $D_3(x)$ 的元素 x^2 的代数余子式，x^2 是在行列式的左上角，因此得到

$$A_3=\begin{vmatrix} x_2 & 1 \\ x_3 & 1 \end{vmatrix}$$

就是说，A_3 等于由数 x_2 与 x_3 组成的行列式 D_2. 最后得到：

$$D_3(x)=(x_2-x_3)(x-x_2)(x-x_3)$$

作代换 $x=x_1$，我们即得到将 D_3 表成三因式乘积的表达式：

$$D_3=\begin{matrix}(x_1-x_2)(x_1-x_3) \\ (x_2-x_3)\end{matrix}$$

用完全类似的方法，在有了 D_3 的表达式以后，即可得到 D_4 的表达式. 它是六个因式的乘积：

$$D_4=\begin{matrix}(x_1-x_2)(x_1-x_3)(x_1-x_4) \\ (x_2-x_3)(x_2-x_4) \\ (x_3-x_4)\end{matrix}$$

完全一样，对于任意 n 我们得到下面的 D_n 的表达式：

$$D_n=\begin{matrix}(x_1-x_2)(x_1-x_3)\cdots(x_1-x_n) \\ (x_2-x_3)\cdots(x_2-x_n) \\ \vdots \\ (x_{n-1}-x_n)\end{matrix} \tag{29}$$

平常我们把它叫作范德蒙德行列式.

上述表达式与行列式的基本定义有一个有趣的关系. 任意一个 n 阶行列式可以写成

$$\begin{vmatrix} x_{1n} & x_{1n-1} & \cdots & x_{11} \\ x_{2n} & x_{2n-1} & \cdots & x_{21} \\ \vdots & \vdots & & \vdots \\ x_{nn} & x_{nn-1} & \cdots & x_{n1} \end{vmatrix} \tag{30}$$

在它里面我们纯粹形式地将 x_{ik} 换成x_i^{k-1}. 经过这样的代换以后，行列式(30) 显然化成了范德蒙德行列式(28). 由此直接得出下面的用以表达行列式(30) 的那个和的形成法则：先把表达式(29) 的括号解开，然后把所得到的每一项中的每一个幂 x_k^{s-1} 都用 x_{ks} 代换，而且，如果在这样的项中当某一个数 x_k 不出现时，则在该项中应添上因子 x_k^0，然后把它用 x_{k1} 代换. 经过这样的代换以后，由表达式(29) 得来的这个和可以用作行列式的定义.

Ⅳ. 现在来看一个以后与我们有关系的表达式：

$$\Delta(x)=\begin{vmatrix} a_{11}+x & a_{12} & a_{13} & \cdots & a_{1n} \\ a_{21} & a_{22}+x & a_{23} & \cdots & a_{2n} \\ a_{31} & a_{32} & a_{33}+x & \cdots & a_{3n} \\ \vdots & \vdots & \vdots & & \vdots \\ a_{n1} & a_{n2} & a_{n3} & \cdots & a_{nn}+x \end{vmatrix} \tag{31}$$

把它按文字 x 的幂展开. 为此，首先把(31) 换写成下式：

$$\Delta(x)=\begin{vmatrix} a_{11}+x & a_{12}+0 & a_{13}+0 & \cdots & a_{1n}+0 \\ a_{21}+0 & a_{22}+x & a_{23}+0 & \cdots & a_{2n}+0 \\ a_{31}+0 & a_{32}+0 & a_{33}+x & \cdots & a_{3n}+0 \\ \vdots & \vdots & \vdots & & \vdots \\ a_{n1}+0 & a_{n2}+0 & a_{n3}+0 & \cdots & a_{nn}+x \end{vmatrix} \tag{32}$$

这个行列式的每一列都是两项的和，只要屡次应用行列式的性质 Ⅳ，我们即可把它换写成 2^n 个行列式的和，其中每个行列式的每一列都是单项的. 如果在表达式(32) 的所有的列中去掉第二项，则我们得到在 $\Delta(x)$ 的展开式中的常数项，就是不含 x 的项：

$$\Delta=\begin{vmatrix} a_{11} & a_{12} & \cdots & a_{1n} \\ a_{21} & a_{22} & \cdots & a_{2n} \\ \vdots & \vdots & & \vdots \\ a_{n1} & a_{n2} & \cdots & a_{nn} \end{vmatrix} \tag{33}$$

反之，如果在所有的列中去掉第一项，则得到多项式 $\Delta(x)$ 的最高次项，就是

$$\begin{vmatrix} x & 0 & 0 & \cdots & 0 \\ 0 & x & 0 & \cdots & 0 \\ 0 & 0 & x & \cdots & 0 \\ \vdots & \vdots & \vdots & & \vdots \\ 0 & 0 & 0 & \cdots & x \end{vmatrix}=x^n$$

现在来看上述多项式中间的项.假设在行列式(32)的第 $p_1,p_2,\cdots,p_s$ 这些列中我们取第二项而在其余的列中取第一项,这时号码为 $p_k(k=1,2,\cdots,s)$ 的每一列的元素除去一个元素外其余全是0,这个非零元素就是 x,它位于主对角线上,就是说,它在具有相同号码的行与列的交点上.将这样得到的行列式依次按第 $p_1,p_2,\cdots,p_s$ 列的元素展开时,我们从这些列就得到因子 x^s 而且依次划去了带有号码 $p_1,p_2,\cdots,p_s$ 的行以及带有相同号码的列.每一次这样划掉以后,对应元素的代数余子式恰好就是行列式的子式.因为它是由划去同号码的行与列而得到的.这样一来,对于列的号码 $p_k(k=1,2,\cdots,s)$ 的任意一种取法,如上得到的行列式的值是 x^s 的一个单项式,它的系数等于从基本行列式(33)划去一些行与列以后所得到的一个$(n-s)$阶行列式.这些被划掉的行与列相交于主对角元素 $a_{p_1p_1},a_{p_2p_2},\cdots,a_{p_sp_s}$.我们用记号 $\Delta^{p_1p_2\cdots p_s}_{p_1p_2\cdots p_s}$ 来表示这个$(n-s)$阶行列式.通常把这种行列式叫作行列式 Δ 的$(n-s)$阶主子式.当数 $p_1,p_2,\cdots,p_s$ 就各种方式选取时,结果就得到多项式 $\Delta(x)$ 中 x^s 项的系数,这个系数等于所有可能的$(n-s)$阶主子行列式的和,就是

$$\Delta(x)=x^n+S_1x^{n-1}+S_2x^{n-2}+\cdots+S_{n-1}x+S_n$$

其中 S_k 等于行列式Δ 的所有k 阶主子式的和,特别是,$S_n=\Delta$.系数 S_k 更可详细地写出如下:

$$S_k=\sum_{p_1<p_2<\cdots<p_{n-k}}^{(1,2,\cdots,n)}=\Delta^{p_1p_2\cdots p_{n-k}}_{p_1p_2\cdots p_{n-k}}=\sum_{q_1<q_2<\cdots<q_k}\begin{vmatrix}a_{q_1q_1} & a_{q_1q_2} & \cdots & a_{q_1q_k}\\ a_{q_2q_1} & a_{q_2q_2} & \cdots & a_{q_2q_k}\\ \vdots & \vdots & & \vdots\\ a_{q_kq_1} & a_{q_kq_2} & \cdots & a_{q_kq_k}\end{vmatrix}\tag{34}$$

这里的和数是对从n个数$1,2,\cdots,n$中取k个数$q_1,q_2,\cdots,q_k$的所有可能组合所得到的行列式相加而成的,而且 $q_1,q_2,\cdots,q_k$ 是按照上升次序排列的.假如我们在表达式(34)中令每一个 q_j 独立地取从1到 n 的值,则在排列 $q_1,q_2,\cdots,q_k$ 中,整数的排列次序不只是上升的,而且所有其他可能的排列都要出现.精确地说,在由 q_j 独立地取$1,2,\cdots,n$所得到的和数中每一个上升的数列产生$k!$个排列.现在应该注意的是,在公式(34)中每个行列式的值并不因任何两个数 q_i 与 q_j 的调换而改变.实际上,例如如果我们调换 q_1 与 q_2,则等于在该行列式中把第一与第二行调换同时把第一与第二列调换,因此不影响行列式的值.所以,从上面得出:如果在表达式(34)中我们令 q_j 独立地取从1到 n 的值,然后对它们作和数,则和数(34)中每一项恰好重复$k!$次,由此,我们可以将系数 S_k 的表达式写成下式:

$$S_k=\frac{1}{k!}\sum_{q_1=1}^{n}\sum_{q_2=1}^{n}\cdots\sum_{q_k=1}^{n}A\begin{pmatrix}q_1,q_2,\cdots,q_k\\ q_1,q_2,\cdots,q_k\end{pmatrix}\tag{35}$$

6. 关于行列式乘法的定理

在这一小节中我们来证明两个同阶行列式的乘积的公式.

假定有两个 n 阶行列式：

$$\Delta = | a_{ik} |_1^n \tag{36_1}$$

与

$$\Delta_1 = | b_{ik} |_1^n \tag{36_2}$$

令

$$c_{ik} = \sum_{s=1}^{n} a_{is} b_{sk} \quad (i,k=1,2,\cdots,n) \tag{37}$$

作一个以 c_{ik} 为元素的新的行列式. 我们来证明这个行列式等于行列式(36_1)与(36_2)的积. 先证明 $n=2$ 的情形. 参照公式(37)，根据(3)中的性质Ⅳ，将新的行列式 $| c_{ik} |_1^2$ 展成一些行列式的和，则得

$$\begin{vmatrix} c_{11} & c_{12} \\ c_{21} & c_{22} \end{vmatrix} = \begin{vmatrix} a_{11}b_{11}+a_{12}b_{21} & a_{11}b_{12}+a_{12}b_{22} \\ a_{21}b_{11}+a_{22}b_{21} & a_{21}b_{12}+a_{22}b_{22} \end{vmatrix} =$$

$$\begin{vmatrix} a_{11}b_{11} & a_{11}b_{12} \\ a_{21}b_{11} & a_{21}b_{12} \end{vmatrix} + \begin{vmatrix} a_{11}b_{11} & a_{12}b_{22} \\ a_{21}b_{11} & a_{22}b_{22} \end{vmatrix} +$$

$$\begin{vmatrix} a_{12}b_{21} & a_{11}b_{12} \\ a_{22}b_{21} & a_{21}b_{12} \end{vmatrix} + \begin{vmatrix} a_{12}b_{21} & a_{12}b_{22} \\ a_{22}b_{21} & a_{22}b_{22} \end{vmatrix}$$

当从每一列中提出共同的因子以后，发现第一与第四两行列式各含有相同的列，因此它们皆等于零. 只要调换第三个行列式的列，即得到所要证明的等式：

$$\begin{vmatrix} c_{11} & c_{12} \\ c_{21} & c_{22} \end{vmatrix} = b_{11}b_{22} \begin{vmatrix} a_{11} & a_{12} \\ a_{21} & a_{22} \end{vmatrix} + b_{12}b_{21} \begin{vmatrix} a_{12} & a_{11} \\ a_{22} & a_{21} \end{vmatrix} =$$

$$b_{11}b_{22} \begin{vmatrix} a_{11} & a_{12} \\ a_{21} & a_{22} \end{vmatrix} - b_{12}b_{21} \begin{vmatrix} a_{11} & a_{12} \\ a_{21} & a_{22} \end{vmatrix} =$$

$$\begin{vmatrix} a_{11} & a_{12} \\ a_{21} & a_{22} \end{vmatrix} (b_{11}b_{22} - b_{12}b_{21}) =$$

$$\begin{vmatrix} a_{11} & a_{12} \\ a_{21} & a_{22} \end{vmatrix} \cdot \begin{vmatrix} b_{11} & b_{12} \\ b_{21} & b_{22} \end{vmatrix}$$

在阶数 n 为一般的情形，应用[3]中性质Ⅳ，即得

$$| c_{ik} |_1^n = \sum_{s_1,s_2,\cdots,s_n} \begin{vmatrix} a_{1s_1}b_{s_1 1} & a_{1s_2}b_{s_2 1} & \cdots & a_{1s_n}b_{s_n n} \\ a_{2s_1}b_{s_1 1} & a_{2s_2}b_{s_2 2} & \cdots & a_{2s_n}b_{s_n n} \\ \vdots & \vdots & & \vdots \\ a_{ns_1}b_{s_1 1} & a_{ns_2}b_{s_2 2} & \cdots & a_{ns_n}b_{s_n n} \end{vmatrix} \tag{38}$$

其中和号下的变数 $s_1,s_2,\cdots,s_n$ 取整数值 $1,2,\cdots,n$. 这个和的每一项可写成

$$b_{s_1 1}b_{s_2 2}\cdots b_{s_n n}\begin{vmatrix} a_{1s_1} & a_{1s_2} & \cdots & a_{1s_n} \\ a_{2s_1} & a_{2s_2} & \cdots & a_{2s_n} \\ \vdots & \vdots & & \vdots \\ a_{ns_1} & a_{ns_2} & \cdots & a_{ns_n} \end{vmatrix} \tag{39}$$

如果在某一项中的 $s_1,s_2,\cdots,s_n$ 有相同的，则该项中的行列式有相同的列，因此该项即等于零. 所以我们只需考虑这样的项，就是其中 s_k 彼此不等的那些项. 此时，$s_1,s_2,\cdots,s_n$ 表示数 $1,2,\cdots,n$ 的某个排列. 将表达式(39) 乘以因子 $(-1)^{[s_1,s_2,\cdots,s_n]}$ 两项，并不改变原来的值，于是这个式子可以写成两个因子的乘积：

$$(-1)^{(s_1,s_2,\cdots,s_n)}\begin{vmatrix} a_{1s_1} & a_{1s_2} & \cdots & a_{1s_n} \\ a_{2s_1} & a_{2s_2} & \cdots & a_{2s_n} \\ \vdots & \vdots & & \vdots \\ a_{ns_1} & a_{ns_2} & \cdots & a_{ns_n} \end{vmatrix}(-1)^{(s_1,s_2,\cdots,s_n)}b_{s_1 1}b_{s_2 2}\cdots b_{s_n n}$$

在第一个因子里，借一些对换即可把排列 $s_1,s_2,\cdots,s_n$ 变成排列 $1,2,\cdots,n$. 对于每一次对换，$(-1)^{[s_1,s_2,\cdots,s_n]}$ 与上面写出的行列式都各改一次号，所以整个第一个因子不改变. 这样一来，表达式(39) 可以写成下式

$$\begin{vmatrix} a_{11} & a_{12} & \cdots & a_{1n} \\ a_{21} & a_{22} & \cdots & a_{2n} \\ \vdots & \vdots & & \vdots \\ a_{n1} & a_{n2} & \cdots & a_{nn} \end{vmatrix}(-1)^{[s_1,s_2,\cdots,s_n]}b_{s_1 1}b_{s_2 2}\cdots b_{s_n n}$$

因此，和(38) 即可写成下式：

$$|c_{ik}|_1^n=\Delta\sum_{(s_1,s_2,\cdots,s_n)}(-1)^{[s_1,s_2,\cdots,s_n]}b_{s_1 1}b_{s_2 2}\cdots b_{s_n n}$$

其中和数是对于数 $1,2,\cdots,n$ 的所有排列求和. 这个和等于行列式 Δ_1，就是说，$|c_{ik}|_1^n=\Delta\Delta_1$，这就是所要证的. 关于 c_{ik} 的公式(37) 可表述如下：行列式 Δ 的第 i 行的元素与第二个行列式的第 k 列的相当元素相乘，然后把这些乘积相加起来所得的和数就是 c_{ik}. 我们知道，在一个行列式中将行与列调换，行列式的值仍不改变. 于是，上述的行与列相乘的法则可以用其他三种法则的任一种来替代：行与行、或列与列、或列与行相乘的法则. 类似的定理对于任意 n 阶行列式皆成立.

最后叙述定理如下：假设有两个 n 阶行列式：

$$|a_{ik}| \text{ 与 } |b_{ik}|$$

作新的行列式

$$|c_{ik}|$$

它的元素是按照下列任一种公式计算出来的：

$$c_{ik}=\sum_{s=1}^{n}a_{is}b_{sk} \tag{40_1}$$

$$c_{ik}=\sum_{s=1}^{n}a_{is}b_{ks}\quad (i,k=1,2,\cdots,n) \tag{40_2}$$

$$c_{ik}=\sum_{s=1}^{n}a_{si}b_{sk} \tag{40_3}$$

$$c_{ik}=\sum_{s=1}^{n}a_{si}b_{ks} \tag{40_4}$$

于是,行列式 $|c_{ik}|$ 的值等于行列式 $|a_{ik}|$ 与 $|b_{ik}|$ 的值的乘积.

例 基本行列式

$$\Delta=|a_{ik}|$$

同时,我们来考虑它的元素的代数余子式作元素的行列式

$$|A_{ik}|$$

按照上述定理中的行与行相乘的公式,将乘积 $|a_{ik}|\cdot|A_{ik}|$ 表示成行列式,这个行列式的元素就是

$$c_{ik}=\sum_{s=1}^{n}a_{is}A_{ks}$$

按照行列式的性质 V,我们得到：

$$c_{ik}=0 \text{ 当 } i\neq k, c_{ii}=\Delta$$

就是说

$$|a_{ik}|\cdot|A_{ik}|=\begin{vmatrix}\Delta & 0 & 0 & \cdots & 0\\ 0 & \Delta & 0 & \cdots & 0\\ 0 & 0 & \Delta & \cdots & 0\\ \vdots & \vdots & \vdots & & \vdots\\ 0 & 0 & 0 & \cdots & \Delta\end{vmatrix}$$

或者,不难看出

$$|a_{ik}|_1^n|A_{ik}|_1^n=\Delta^n, \text{即 } \Delta|A_{ik}|_1^n=\Delta^n$$

当 Δ 不等于零时,可从两端消去 Δ,得

$$|A_{ik}|_1^n=\Delta^{n-1} \tag{41}$$

如果元素 $a_{ik}=a_{ik}^{(0)}$ 使得行列式 Δ 等于零,则可以这样选择 a_{ik} 的值使得一方面 a_{ik} 与 $a_{ik}^{(0)}$ 可任意接近而另一方面使得行列式 Δ 的值不等于零. 对于这样的值 a_{ik},公式(41) 总是成立的,因此,当令 $a_{ik}\to a_{ik}^{(0)}$ 时取极限,这公式当 $a_{ik}=a_{ik}^{(0)}$ 时也成立,就是说,这公式当 $\Delta=0$ 时也成立. 如果将 Δ 与 A_{ik} 用元素 a_{ik} 表出,则公式(41) 是元素 a_{ik} 的一个恒等式.

7. 长方形表

以后我们将会遇到这样的一种数表，其中行与列的数目可能是不相同的. 现在来考虑这种较为普遍的表：

$$\begin{Vmatrix} a_{11} & a_{12} & \cdots & a_{1n} \\ a_{21} & a_{22} & \cdots & a_{2n} \\ \vdots & \vdots & & \vdots \\ a_{m1} & a_{m2} & \cdots & a_{mn} \end{Vmatrix} \tag{42}$$

它含有 m 行与 n 列，而 m 与 n 可能不同也可能相同. 从表中去掉某些行与列，使得剩下的行与列的数目相等，我们就可以把剩下的行与列组成一个行列式. 这样得到的行列式叫作含于表(42) 内的行列式. 这些行列式可能具有的最大的阶数显然等于 m 与 n 两数中的较小的一个，而这些行列式的最小的阶数等于一，并且一阶行列式就是表(42) 中的元素本身. 假定所有含于表中的 l 阶行列式全等于零. 不难看出，所有含于表中的$(l+1)$ 阶行列式也就全等于零. 实际上，每一个这样的$(l+1)$ 阶行列式可以表成它的某一行元素与这些元素的代数余子式乘积的和. 但是代数余子式与表中某一 l 阶行列式至多相差一个符号. 由是，它们全等于零，所以所有$(l+1)$ 阶行列式全等于零. 既然所有$(l+1)$ 阶行列式等于零，则如上可证所有$(l+2)$ 阶行列式也全等于零，依此类推，那么，如果含于表中的某一确定的阶的所有行列式全等于零，则所有该表的较高阶的行列式也全等于零.

现在引进对于将来很重要的关于表的秩这个概念，或如一般所说的，关于矩阵(42) 的秩的概念. 表(42) 中的所有不等于零的行列式的阶的最大者叫作该表的秩，就是说，如果表的秩为 k，则在含于表中的 k 阶行列式中至少有一个不等于零，而表中的所有$(k+1)$ 阶行列式全等于零.

假设除了表(42) 外还有一个 n 行 m 列的表：

$$\begin{Vmatrix} b_{11} & b_{12} & \cdots & b_{1m} \\ b_{21} & b_{22} & \cdots & b_{2m} \\ \vdots & \vdots & & \vdots \\ b_{n1} & b_{n2} & \cdots & b_{nm} \end{Vmatrix} \tag{43}$$

作 m^2 个数

$$c_{ik} = \sum_{s=1}^{n} a_{is} b_{sk} \quad (i,k = 1,2,\cdots,m) \tag{44}$$

以这些数 c_{ik} 作元素所组成的正方表通常叫作长方表(42) 与(43) 的乘积.

下列定理是关于行列式乘法定理的一个推广：

定理　如果 $m \leqslant n$，则

$$|c_{ik}|_1^m=\sum_{r_1<r_2<\cdots<r_m}A\begin{pmatrix}1 & 2 & \cdots & m\\ r_1 & r_2 & \cdots & r_m\end{pmatrix}B\begin{pmatrix}r_1 & r_2 & \cdots & r_m\\ 1 & 2 & \cdots & m\end{pmatrix} \tag{45}$$

这个包含着所有这样的项，在每一项中的 $r_1,r_2,\cdots,r_m$ 都是从数 $1,2,\cdots,n$ 取出来的，而且适合累加号下的不等式. 如果 $m>n$，则行列式 $|c_{ik}|_1^m$ 等于零.

记号 $A\begin{pmatrix}1 & 2 & \cdots & m\\ r_1 & r_2 & \cdots & r_m\end{pmatrix}$ 与 $B\begin{pmatrix}r_1 & r_2 & \cdots & r_m\\ 1 & 2 & \cdots & m\end{pmatrix}$ 的意义在[3] 中已经说明过了. 其中第二个记号所表示的行列式是由表(43) 中位于 $r_1,r_2,\cdots,r_m$ 各行与 $1,2,\cdots,m$ 各列上的元素所组成. 当 $m=n$ 时，公式(45) 中的和仅包含 $r_1=1$，$r_2=2,\cdots,r_m=m$ 的这一项，此时公式(45) 就变成了关于行列式乘积的定理.

先看 $m<n$ 的情形. 公式(45) 的证明与关于行列式乘法定理的证明是类似的. 与(38)(39) 相仿，在这里我们有

$$|c_{ik}|_1^m=\sum_{s_1,s_2,\cdots,s_m}A\begin{pmatrix}1 & 2 & \cdots & m\\ s_1 & s_2 & \cdots & s_m\end{pmatrix}b_{s_1 1}b_{s_2 2}\cdots b_{s_m m} \tag{46}$$

其中每一个 s_k 要取 $1,2,\cdots,n$ 诸值，并且凡有相等的 s_k 出现的那些项都可以不写，因为这些项全等于零. 从数 $1,2,\cdots,n$ 中取任何一个固定数列 $r_1<r_2<\cdots<r_m$，而且从和(46) 中提出那一些项，其中每项的 $s_1,s_2,\cdots,s_m$ 恰是这 m 个数 $r_1,r_2,\cdots,r_m$ 的一个排列. 这样我们就得到和(46) 的一部分：

$$\sum_{(t_1,t_2,\cdots,t_m)}A\begin{pmatrix}1 & 2 & \cdots & m\\ t_1 & t_2 & \cdots & t_m\end{pmatrix}b_{t_1 1}b_{t_2 2}\cdots b_{t_m m} \tag{47}$$

其中和数是对于数 $r_1,r_2,\cdots,r_m$ 的所有排列 $t_1,t_2,\cdots,t_m$ 求和. 将和(47) 中每一项乘以 $(-1)^{[t_1,t_2,\cdots,t_m]}$ 两次，完全与在[6] 中所作的一样，我们同样证明，这个和等于

$$A\begin{pmatrix}1 & 2 & \cdots & m\\ r_1 & r_2 & \cdots & r_m\end{pmatrix}B\begin{pmatrix}r_1 & r_2 & \cdots & r_m\\ 1 & 2 & \cdots & m\end{pmatrix}$$

我们只要把这种乘积对所有可能的取法 $r_1<r_2<\cdots<r_m$ 相加起来，就得到公式(46) 中右端的全部，也就是证明了公式(45). 最后，假设 $m>n$. 此时我们在表(42) 中添上完全由零组成的 $(m-n)$ 列，而在表(43) 中添上完全由零组成的 $(m-n)$ 行. 如果在这样添加以后，不是按公式(44) 而是按下面的公式来计算 c_{ik}：

$$c_{ik}=\sum_{s=1}^{m}a_{is}b_{sk}\quad (i,k=1,2,\cdots,m) \tag{48}$$

则我们仍然得到原来的值 c_{ik}，因为在(48) 的右端所添加的部分等于零. 另一方面，在上述添加以后，表(42) 与(43) 即变成正方表，而与它们对应的行列式都等于零. 因此，按照关于行列式乘法的定理，行列式 $|c_{ik}|_1^m$ 等于零，定理即完全证明.

附注 如果有两个长方表各有 m 行与 n 列，则当按照行与行相乘的公式：

$$c_{ik}=\sum_{s=1}^{n}a_{is}b_{ks}\quad(i,k=1,2,\cdots,m)$$

即得行列式 $|c_{ik}|_1^m$，它的值当 $m>n$ 时等于零，当 $m<n$ 时由下列公式表出：

$$|c_{ik}|_1^m=\sum_{r_1<r_2<\cdots<r_m}A\begin{pmatrix}1 & 2 & \cdots & m\\ r_1 & r_2 & \cdots & r_m\end{pmatrix}B\begin{pmatrix}1 & 2 & \cdots & m\\ r_1 & r_2 & \cdots & r_m\end{pmatrix}$$

系 假设有两个 n 阶方表，它们分别由元素 a_{ik} 及 b_{ik} 组成，而数 c_{ik} 是按照公式(44)来规定的，现在我们把行列式 $|c_{ik}|_1^n$ 的子式 $C\begin{pmatrix}p_1 & p_2 & \cdots & p_l\\ q_1 & q_2 & \cdots & q_l\end{pmatrix}$ 用行列式 $|a_{ik}|_1^n$ 及 $|b_{ik}|_1^n$ 的子式表达出来. 不难看出，作成子式 $C\begin{pmatrix}p_1 & p_2 & \cdots & p_l\\ q_1 & q_2 & \cdots & q_l\end{pmatrix}$ 的方表是下列两长方表的乘积：

$$\begin{Vmatrix}a_{p_1 1} & a_{p_1 2} & \cdots & a_{p_1 n}\\ a_{p_2 1} & a_{p_2 2} & \cdots & a_{p_2 n}\\ \vdots & \vdots & & \vdots\\ a_{p_l 1} & a_{p_l 2} & \cdots & a_{p_l n}\end{Vmatrix}\text{与}\begin{Vmatrix}b_{1q_1} & b_{1q_2} & \cdots & b_{1q_l}\\ b_{2q_1} & b_{2q_2} & \cdots & b_{2q_l}\\ \vdots & \vdots & & \vdots\\ b_{nq_1} & b_{nq_2} & \cdots & b_{nq_l}\end{Vmatrix}$$

应用刚才证明过的定理，我们得到所要求的表达式：

$$C\begin{pmatrix}p_1 & p_2 & \cdots & p_l\\ q_1 & q_2 & \cdots & q_l\end{pmatrix}=\sum_{r_1<r_2<\cdots<r_l}A\begin{pmatrix}p_1 & p_2 & \cdots & p_l\\ r_1 & r_2 & \cdots & r_l\end{pmatrix}B\begin{pmatrix}r_1 & r_2 & \cdots & r_l\\ q_1 & q_2 & \cdots & q_l\end{pmatrix}\tag{49}$$

其中 r_k 取数 $1,2,\cdots,n$ 的值. 设 R_A,R_B,R_C 分别为表 $\|a_{ik}\|_1^n$，$\|b_{ik}\|_1^n$ 与 $\|c_{ik}\|_1^n$ 的秩. 譬如说，如果 $R_A<n$ 而且在公式(49)中令 $l>R_A$，则所有 $A\begin{pmatrix}p_1 & p_2 & \cdots & p_l\\ r_1 & r_2 & \cdots & r_l\end{pmatrix}$ 根据 R_A 的定义全等于零，因此，所有 $C\begin{pmatrix}p_1 & p_2 & \cdots & p_l\\ q_1 & q_2 & \cdots & q_l\end{pmatrix}$ 全等于零. 由此推出，$R_C<l$，即 $R_C\leqslant R_A$. 如果表 $\|a_{ik}\|_1^n$ 的秩等于 n，则显然有 $R_C\leqslant R_A$，或 $R_C\leqslant n$. 同样可证 $R_C\leqslant R_B$. 将来我们还要证明，如果行列式 $|b_{ik}|_1^n\neq 0$，则 $R_C=R_A$，而且如果 $|a_{ik}|_1^n\neq 0$，则 $R_C=R_B$.

§2 方程组的解法

8. 克莱姆定理

在行列式的概念建立以后，并且也阐明了它的基本性质，我们现在转到这个概念对于解线性方程组的应用.首先让我们考虑基本的情形,就是方程与未知数的数目相等的情形.含有 n 个方程和 n 个未知数的方程组可用下列形式写出来:

$$\begin{cases}a_{11}x_1+a_{12}x_2+\cdots+a_{1n}x_n=b_1\\ a_{21}x_1+a_{22}x_2+\cdots+a_{2n}x_n=b_2\\ \vdots\\ a_{n1}x_1+a_{n2}x_2+\cdots+a_{nn}x_n=b_n\end{cases}\tag{1}$$

其中系数的记法正如我们在[1]中对于具有三个未知数的三个方程的情形所引用过的一样.我们先作一个假定,就是假定方程组的行列式,即相当于由方程组的系数 a_{ik} 组成的表的行列式,不等于零

$$\Delta=|a_{ik}|\neq 0\tag{2}$$

将方程组(1)的两端乘以这行列式的第 k 列元素的代数余子式,就是说,将方程组的第一个方程的两端乘以 A_{1k},第二个乘以 A_{2k},依此类推.然后把这样得到的方程加起来.如果我们得到这样一个方程,它的右端是和数

$$A_{1k}b_1+A_{2k}b_2+\cdots+A_{nk}b_n$$

而它的左端每个未知数 x_l 的系数由下列的和数表示:

$$A_{1k}a_{1l}+A_{2k}a_{2l}+\cdots+A_{nk}a_{nl}\quad(l=1,2,\cdots,n)$$

这些和数当 $l\neq k$ 时等于零,而当 $l=k$ 时等于Δ,就是说,我们得到下列形式的方程

$$\Delta\cdot x_k=A_{1k}b_1+A_{2k}b_2+\cdots+A_{nk}b_n$$

对于每个指标 k 都这样作,我们就由方程组(1)得到新方程组

$$\Delta\cdot x_k=A_{1k}b_1+A_{2k}b_2+\cdots+A_{nk}b_n\quad(k=1,2,\cdots,n)\tag{3}$$

不难证明,反转来,方程组(1)也可以从方程组(3)推出来.实际上,以 a_{lk} 乘方程(3)的两端,然后(按 k)从 1 到 n 相加起来.仍然利用行列式的性质 V,就得到下面这方程

$$\Delta\cdot(a_{l1}x_1+a_{l2}x_2+\cdots+a_{ln}x_n)=\Delta\cdot b_l\tag{4}$$

因 $\Delta\neq 0$,可从方程两端将Δ消去,由此即得方程组(1)中的第 l 个方程,而且对于任意的 l(当然 l 只能取 1 到 n 的值)都可这样作.于是方程组(1)与(3)是等价的,就是说,它们的解全同.因此我们解方程组(3)即等于解方程组(1).方程组(3)显然有解而且只有一解,可由下列公式计算出来:

$$x_k=\frac{A_{1k}b_1+A_{2k}b_2+\cdots+A_{nk}b_n}{\Delta}\quad(k=1,2,\cdots,n)\tag{5}$$

必须注意到,按照[3]中所述,上述表达式中的分子是这样的行列式,就是在行列式Δ中将第 k 列的元素,也就是将 x_k 的系数 a_{ik} 用常数项 b_i 替换所得到的行列式.因此我们得到下面的定理.

克莱姆定理　如果方程组(1)的行列式Δ不等于零,则这个方程组有一个确定的解,它可由公式(5)表达出来.按照这个公式每个未知数的值可表成两个行列式的商,而分母就是方程组的行列式Δ,分子就是在行列式Δ中将该未知数的每个系数用相当的常数项替换所得的行列式.

当方程的个数很多时,克莱姆定理用起来不方便,而用其他的近似的实际办法来解具有多个未知数的多个方程的方程组,现在不准备去讲它.

9. 方程组的普遍情形

现在来考虑具有n个未知数的m个方程的普遍情形:

$$\begin{cases}X_1=a_{11}x_1+a_{12}x_2+\cdots+a_{1k}x_k+a_{1,k+1}x_{k+1}+\cdots+a_{1n}x_n=b_1\\X_2=a_{21}x_1+a_{22}x_2+\cdots+a_{2k}x_k+a_{2,k+1}x_{k+1}+\cdots+a_{2n}x_n=b_2\\\qquad\vdots\\X_k=a_{k1}x_1+a_{k2}x_2+\cdots+a_{kk}x_k+a_{k,k+1}x_{k+1}+\cdots+a_{kn}x_n=b_k\\X_{k+1}=a_{k+1,1}x_1+a_{k+1,2}x_2+\cdots+a_{k+1,k}x_k+a_{k+1,k+1}x_{k+1}+\cdots+\\\qquad a_{k+1,n}x_n=b_{k+1}\\X_m=a_{m1}x_1+a_{m2}x_2+\cdots+a_{mk}x_k+a_{m,k+1}x_{k+1}+\cdots+a_{mn}x_n=b_m\end{cases}\tag{6}$$

为了以后书写简短起见,我们用X_s代表第s个方程的左端.这方程组的系数a_{ik}作成一个长方表,假设k是它的秩.只要调换行的次序和列的次序,就说改变方程的号码和未知数的号码,我们就可将表中的某一个不等于零的k阶行列式移到表的左上角.这个k阶行列式叫作方程组的主行列式.它取下面的形式:

$$\Delta=\begin{vmatrix}a_{11}&a_{12}&\cdots&a_{1k}\\a_{21}&a_{22}&\cdots&a_{2k}\\\vdots&\vdots&&\vdots\\a_{k1}&a_{k2}&\cdots&a_{kk}\end{vmatrix}\tag{7}$$

然后从主行列式出发,在主行列式下方和右方添加一行和一列,这一行是最后$(m-k)$个方程中任一个的系数而这一列是方程组的常数项,这样就得到$(m-k)$个$(k+1)$阶行列式,这些行列式叫作方程组的特征行列式.更确切地说,特征行列式的定义如下:

$$\Delta_{k+s}=\begin{vmatrix}a_{11}&a_{12}&\cdots&a_{1k}&b_1\\a_{21}&a_{22}&\cdots&a_{2k}&b_2\\\vdots&\vdots&&\vdots&\vdots\\a_{k1}&a_{k2}&\cdots&a_{kk}&b_k\\a_{k+s,1}&a_{k+s,2}&\cdots&a_{k+s,k}&b_{k+s}\end{vmatrix}\quad(k+s=k+1,k+2,\cdots,m)\tag{8}$$

如果$k=m$,就是说,秩等于方程的数目,则根本没有特征行列式.除了特征

行列式,同时还要看另外的一些行列式,那就是在特征行列式中将最后的由常数项构成的一列换成方程的左端:

$$\begin{vmatrix} a_{11} & a_{12} & \cdots & a_{1k} & X_1 \\ a_{21} & a_{22} & \cdots & a_{2k} & X_2 \\ \vdots & \vdots & & \vdots & \vdots \\ a_{k1} & a_{k2} & \cdots & a_{kk} & X_k \\ a_{k+s,1} & a_{k+s,2} & \cdots & a_{k+s,k} & X_{k+s} \end{vmatrix} \tag{9}$$

最后这些行列式除了已知系数 a_{ik} 外还含有未知数 x_j. 但是不难证明,行列式(9) 恒等于零. 实际上,这些行列式的最后一列的元素,根据

$$X_i = a_{i1}x_1 + a_{i2}x_2 + \cdots + a_{in}x_n$$

是由 n 项组成的,因此,按照[3] 中性质 Ⅳ,每个行列式(9) 可表成具有下列形式的项的和:

$$\begin{vmatrix} a_{11} & a_{12} & \cdots & a_{1k} & a_{1j} \\ a_{21} & a_{22} & \cdots & a_{2k} & a_{2j} \\ \vdots & \vdots & & \vdots & \vdots \\ a_{k1} & a_{k2} & \cdots & a_{kk} & a_{kj} \\ a_{k+s,1} & a_{k+s,2} & \cdots & a_{k+s,k} & a_{k+s,j} \end{vmatrix} \cdot x_j$$

不难证明,这个式子中作为 x_j 的系数的行列式等于零. 实际上,如果 $j \leqslant k$,则这行列式的最后一列与前面的某一列相同. 如果 $j > k$,则该行列式是一个含于表(5) 中的 $(k+1)$ 阶行列式,因而它等于零,这是由于假定了该表的秩为 k 的缘故. 根据行列式的性质 Ⅳ,从特征行列式减去一个恒等于零的行列式(9),我们就可以将特征行列式表成下面的形式:

$$\Delta_{k+s} = \begin{vmatrix} a_{11} & a_{12} & \cdots & a_{1k} & b_1 - X_1 \\ a_{21} & a_{22} & \cdots & a_{2k} & b_2 - X_2 \\ \vdots & \vdots & & \vdots & \vdots \\ a_{k1} & a_{k2} & \cdots & a_{kk} & b_k - X_k \\ a_{k+s,1} & a_{k+s,2} & \cdots & a_{k+s,k} & b_{k+s} - X_{k+s} \end{vmatrix}$$

$$(k+s = k+1, k+2, \cdots, m) \tag{10}$$

在这个写法中 Δ_{k+s} 只是在形式上看起来依赖于 x_j. 现在假设方程组(6) 有某一解:

$$x_1 = x_1^{(0)}, x_2 = x_2^{(0)}, \cdots, x_n = x_n^{(0)}$$

把 $x_j = x_j^{(0)}$ 代入行列式(10) 的最后一列,最后一列就全变成零,就是说,所有特征行列式必须全等于零.

定理 Ⅰ 方程组(6) 至少有一解的必要条件是,所有的特征行列式(8) 全等于零.

现在来证明这条件的充分性，并且给出一个寻找方程组的全部解的方法．于是，假设所有的特征行列式全等于零．我们把这些特征行列式写成形式(10)，然后按最后一列元素展开．不难看出，元素$(b_{k+s}-X_{k+s})$的代数余子式等于主行列式，它不为零．于是即可把所有特征行列式全等于零这个条件写成下面的形式：

$$a_1^{(k+s)}(b_1-X_1)+a_2^{(k+s)}(b_2-X_2)+\cdots+a_k^{(k+s)}(b_k-X_k)+$$
$$\Delta(b_{k+s}-X_{k+s})=0\quad(k+s=k+1,k+2,\cdots,m)\tag{11}$$

其中$a_p^{(q)}$都是数字系数，对于我们是无关紧要的．

现在假设，方程组的头k个方程有某一解．然后把这一解代入恒等式(11)．这时所有的差数

$$b_1-X_1,b_2-X_2,\cdots,b_k-X_k$$

变成零，而且(11)的最后一项也变成零：

$$\Delta\cdot(b_{k+s}-X_{k+s})=0$$

由于$\Delta\neq0$，即得

$$b_{k+s}-X_{k+s}=0\quad(k+s=k+1,k+2,\cdots,m)$$

这就是说，证明了下面的结果：如果所有特征行列式等于零，则方程组的头k个方程的任一解也适合其余的方程．因此，在这种情形下，我们只需要去解前k个方程即可．

先将这些方程中号码大于k的未知数移到等式的右端去，于是这些方程即取下列形式

$$\begin{cases}a_{11}x_1+a_{12}x_2+\cdots+a_{1k}x_k=b_1-a_{1,k+1}x_{k+1}-\cdots-a_{1n}x_n\\a_{21}x_1+a_{22}x_2+\cdots+a_{2k}x_k=b_2-a_{2,k+1}x_{k+1}-\cdots-a_{2n}x_n\\\quad\vdots\\a_{k1}x_1+a_{k2}x_2+\cdots+a_{kk}x_k=b_k-a_{k,k+1}x_{k+1}-\cdots-a_{kn}x_n\end{cases}\tag{12}$$

将(12)看作求解$x_1,x_2,\cdots,x_k$的方程组．已知它的行列式不等于零，按照克莱姆公式，可得一个确定的解．只是要注意，这方程组的常数项含有未知数$x_{k+1},\cdots,x_n$，这些未知数的值可以任意给定．由克莱姆公式直接得到，方程组(12)的解可写成

$$x_j=\alpha_j+\beta_{k+1}^{(j)}x_{k+1}+\beta_{k+2}^{(j)}x_{k+2}+\cdots+\beta_n^{(j)}x_n\quad(j=1,2,\cdots,k)\tag{13}$$

其中α_s与$\beta_p^{(q)}$是数字系数而$x_{k+1},x_{k+2},\cdots,x_n$看成任意的．由上面讨论可知，在所有特征行列式全为零的情形下，这些公式给出了方程组(6)的一般解．

定理Ⅱ　如果所有特征行列式全为零，则只需解含有原方程组的主行列式的那些方程，而且对系数组成主行列式的那些未知数来求解．这个解可根据克莱姆公式得到而且可将未知数中的k个表成其余$(n-k)$个未知数的线性函数(13)，这$(n-k)$个未知数的值是完全任意的，其中k表示系数矩阵的秩．这样

就得到方程(6) 的所有的解.

比较定理 Ⅰ 与 Ⅱ,即得:

定理 Ⅲ 方程组(6) 有解的必要与充分条件是该方程组的所有特征行列式全等于零.

必须注意,当 $k=n$ 时,就是说,当秩等于未知数的个数时,则在公式(13) 的右端不含有 x_j,因此所有从 x_1 到 x_n 的值完全确定.

定理 Ⅳ 方程组有一解而且只有一解的必要且充分的条件是,所有特征行列式全等于零而且它的系数矩阵的秩等于未知数的个数.

必须注意,所有上面的讨论显然在方程的个数等于未知数的个数时也适用,即 $m=n$ 的情形也适用.

例 考虑具有三个未知数的四个方程所成的方程组:

$$\begin{cases}x-3y-2z=-1\\2x+y-4z=3\\x+4y-2z=4\\5x+6y-10z=10\end{cases}$$

先写出由系数所组成的表:

$$\begin{Vmatrix}1 & -3 & -2\\2 & 1 & -4\\1 & 4 & -2\\5 & 6 & -10\end{Vmatrix}$$

不难验证,所有含于表中的三阶行列式全等于零,但是位于左上角的二阶行列式不等于零.所以可以把它看作主行列式,于是方程组的秩等于二.作特征行列式.现在的情形有两个:

$$\Delta_3=\begin{vmatrix}1 & -3 & -1\\2 & 1 & 3\\1 & 4 & 4\end{vmatrix}=0,\Delta_4=\begin{vmatrix}1 & -3 & -1\\2 & 1 & 3\\5 & 6 & 10\end{vmatrix}=0$$

这两个都等于零,因此,所给的方程组是相容的,所以由头两个方程解 x 与 y 就行了,此时须把 z 移到右端

$$x-3y=2z-1$$
$$2x+y=4z+3$$

得到下列形式的解:

$$x=\frac{\begin{vmatrix}2z-1 & -3\\4z+3 & 1\end{vmatrix}}{\begin{vmatrix}1 & -3\\2 & 1\end{vmatrix}}=2z+\frac{8}{7}$$

$$y=\frac{\begin{vmatrix}1 & 2z-1\\ 2 & 4z+3\end{vmatrix}}{\begin{vmatrix}1 & -3\\ 2 & 1\end{vmatrix}}=\frac{5}{7}$$

其中 z 是任意的.

10. 齐次方程组

如果方程组的常数项 b_i 全等于零，则方程组叫作齐次的. 如果这种齐次方程组有特征行列式，则因最后一列全由零组成，它们全等于零. 十分显然，任何齐次方程组有一组解

$$x_1=x_2=\cdots=x_n=0$$

以后我们把这组解叫作零解. 齐次方程组的基本问题是，它有没有非零解，而且如果有，则所有这种解的集合将是怎样的. 首先看方程的个数等于未知数的个数的情形. 此时方程组取下列形式：

$$\begin{cases}a_{11}x_1+a_{12}x_2+\cdots+a_{1n}x_n=0\\ a_{21}x_1+a_{22}x_2+\cdots+a_{2n}x_n=0\\ \quad\vdots\\ a_{n1}x_1+a_{n2}x_2+\cdots+a_{nn}x_n=0\end{cases}\tag{14}$$

如果这个方程组的行列式不等于零，则按照克莱姆定理，这方程组有一个确定的解，而且在这种情形下就是零解. 如果方程组的行列式等于零，则由系数组成的表的秩 k 小于未知数的个数，因此，$(n-k)$ 个未知数的值完全可以任意，由此即得到一个非零解的无穷集合，这样我们得到下面这基本定理.

定理 Ⅰ 方程组(14)有非零解的必要且充分条件是，它的行列式等于零.

我们比较从非齐次方程组(1)以及从齐次方程组(14)所得到的结果. 如果方程组的行列式不等于零，则非齐次方程组(1)有一个确定的解，而齐次方程组只有零解. 如果方程组的行列式等于零，则齐次方程组(14)有非零解，但是在这种条件下，一般说来，非齐次方程组未必有解，因为，它有解的必要条件是，它的常数项必须是这样选择的，使得它的所有特征行列式全变成零. 对这些结果作一个平行的比较在以后将起重大的作用. 在物理学中，当考虑自有振动的问题时就会遇到齐次方程组，而当考虑强迫振动的问题时就会遇到非齐次方程组，上面说到的行列式等于零的情形，对齐次方程组来说它将表征自有振动的存在，而对非齐次方程组来说它将表征共振的现象.

我们现在来详细研究方程组(14)当它的基本行列式等于零时的解. 设 k 为它的系数组成的表的秩，于是显然 $k<n$. 根据前小节证明的定理，我们应该取 k 个含有主行列式的方程而且对 k 个未知数来求解. 不失去普遍性，可假定这 k 个

未知数就是 $x_1,\cdots,x_k$. 这样得到的解可写成:

$$x_j=\beta_{k+1}^{(j)}x_{k+1}+\cdots+\beta_n^{(j)}x_n\quad(j=1,2,\cdots,k)\tag{15}$$

其中 $\beta_p^{(q)}$ 是确定的数字系数而 $x_{k+1},\cdots,x_n$ 可取任意的值.

从方程组(14) 的线性与齐次性,直接得到这个方程组的解的一个一般的性质,这个性质可以叫作解的累加(наложение) 原则,那就是,如果我们已有方程组的某些解:

$$x_s=x_s^{(1)};x_s=x_s^{(2)};x_s=x_s^{(3)};\cdots;x_s=x_s^{(l)}\quad(s=1,2,\cdots,n)\tag{16}$$

则把它们分别乘上任意常数,然后加起来,其结果仍然是方程组的解

$$x_s=C_1x_s^{(1)}+C_2x_s^{(2)}+C_3x_s^{(3)}+\cdots+C_lx_s^{(l)}\quad(s=1,2,\cdots,n)$$

就像我们对于线性微分方程所做的一样[Ⅱ,26],解(16) 叫作线性无关,如果没有任何一组不全为零的值 C_i,使得下面等式对于每一个 s 成立:

$$\sum_{i=1}^{l}C_ix_s^{(i)}=0$$

不难作出这样的$(n-k)$ 个线性无关的解,使得由它们乘上任意常数然后加起来,可得到方程组的全部的解. 实际上,我们回过去看给出一般解的公式(15),根据这些公式用下述方法作出$(n-k)$ 个解:令 $x_{k+1}=1$ 而其余的 x_{k+s} 为零,即得第一解;令 $x_{k+2}=1$ 而其余的 x_{k+s} 为零,即得第二解,如此作下去,最后令 $x_n=1$ 而其余的 x_{k+s} 为零,即得第$(n-k)$ 个解. 不难看出,这样作出来的解是线性无关的,因为其中每一解总是在某一未知数上取 1 的值而其余的解则在这同一未知数上皆取零的值. 将得到的解记成下面的形式:

$$x_s=x_s^{(k+1)};x_s=x_s^{(k+2)};\cdots;x_s=x_s^{(m)}\quad(s=1,2,\cdots,n)$$

现在取方程组(14) 的任何一解. 它可以从公式(15) 当 $x_{k+1},\cdots,x_n$ 取某一组值而得到:

$$x_{k+1}=\gamma_{k+1};x_{k+2}=\gamma_{k+2};\cdots;x_n=\gamma_n$$

显然,这个解是上面作出的$(n-k)$ 个解的线性组合,就是说

$$x_s=\gamma_{k+1}x_s^{(k+1)}+\gamma_{k+2}x_s^{(k+2)}+\cdots+\gamma_nx_s^{(n)}\quad(s=1,2,\cdots,n)$$

我们再回头来研究齐次方程组(14) 的解,而且指出,不管你怎样选取线性无关解,它们的最大数恒等于$(n-k)$.

现在来看 n 个未知数的 m 个方程的一般情形,如果 $m<n$,则秩 k 由于它不超过 m,必定小于 n,因而有$(n-k)$ 个未知数可以是任意的. 就是说,如果齐次方程的个数小于未知数的个数,则方程组有非零解.

一般地 $k\leqslant n$,并且当 $k=n$ 时,方程组只有零解.

11. 线性型

求解线性方程组的问题与线性型组的讨论有密切的关系. 所谓 n 个变数

$x_1, x_2, \cdots, x_n$ 的线性型就是指这些变数的线性齐次函数. 假设有 m 个这样的线性型

$$y_s = a_{s1}x_1 + a_{s2}x_2 + \cdots + a_{sn}x_n \quad (s = 1, 2, \cdots, m) \tag{17}$$

如果有 m 个常数 $\alpha_1, \alpha_2, \cdots, \alpha_m$ 存在，它们不全是零，使得下面的关于变数 x_1，$x_2, \cdots, x_m$ 的恒等式成立：

$$\alpha_1 x_1 + \alpha_2 x_2 + \cdots + \alpha_m x_m = 0$$

则这些线性型叫作线性相关. 反之，如果这样的常数不存在，则线性型(17) 叫作线性无关. 在上述恒等式中所有变数 x_l 的系数应全为零. 因此，上述恒等式实际上与下面的 n 个等式作成的组等价：

$$\alpha_1 a_{11} + \alpha_2 a_{21} + \cdots + \alpha_m a_{m1} = 0$$
$$\alpha_2 a_{12} + \alpha_2 a_{22} + \cdots + \alpha_m a_{m2} = 0$$
$$\vdots$$
$$\alpha_1 a_{1n} + \alpha_2 a_{2n} + \cdots + \alpha_m a_{mn} = 0$$

当且仅当这个关于 $\alpha_1, \alpha_2, \cdots, \alpha_m$ 的齐次方程组只有零解的时候，线性型 y_s 才是线性无关的. 由上面得到的结果可以得出关于线性型的线性相关性的一串推论. 如果 $m > n$，则上述齐次方程组一定有非零解，因此，线性型是线性相关的. 为了使线性型是无关的必要且充分的条件就是，由系数 a_{pq} 作成的表的秩等于线性型的个数 m. 如果 $m = n$，就是说，如果线性型的个数等于变数的个数，则它们线性无关的必要且充分的条件是，由系数 a_{pq} 作成的正方$(m = n)$表的行列式不等于零. 在这种情形我们就说，我们有一个线性无关的线性型的完全组. 如果 $m \leqslant n$ 而且线性型(17) 是线性无关(就是 $k = m$)，则对于 y_s 的任意值，方程组(17) 对那些系数恰好作成一个不等于零的 k 阶行列式的变数是可解的，那就是说，线性无关的型可以取 y_s 的值的任何一个集合. 如果 $k = m = n$，则所有变数 x_l 的值可由给定的 y_s 值决定.

现在假定 $k < m$，只要把型 y_s 及变数 x_l 的号码适当改换一下，就可使在表 a_{pq} 中位于左上角的 k 阶行列式不等于零. 此时，头 k 个型 $y_1, y_2, \cdots, y_k$ 是线性无关的，而其余的每一个型 y_{k+t} 皆可用头 k 个型线性地表出. 实际上，由于头 k 个型的系数作成的表的秩为 k，因此它等于型的个数，所以这些型是线性无关的. 如果取定$(k+1)$ 个型 $y_1, y_2, \cdots, y_k, y_{k+1}$，则它们的系数所作成的表的秩仍然等于 k，因而小于型的个数，就是说，这些型是线性相关的. 也就是说，有不全为零的常数 β_s 存在，使得

$$\beta_1 y_1 + \cdots + \beta_k y_k + \beta_{k+1} y_{k+1} = 0$$

在这个关系中系数 β_{k+1} 必定不等于零，因为前 k 个型 $y_1, y_2, \cdots, y_k$ 原来就是线性无关的. 由是我们得到把 y_{k+1} 表成头 k 个型的线性表达式：

$$y_{k+1} = -\frac{\beta_1}{\beta_{k+1}} y_1 - \frac{\beta_2}{\beta_{k+1}} y_2 - \cdots - \frac{\beta_k}{\beta_{k+1}} y_k$$

数 k 叫作线性型组(17) 的秩. 这个数等于系数表的秩,另一方面,它又等于线性型组(17) 的线性无关型的数目的最大数.

假定我们有 k 个线性无关型 $y_1,y_2,\cdots,y_k$ 而 $k<n$. 可以认为位于表 a_{pq} 的左上角的 k 阶行列式不等于零. 不难看出,可以把这 k 个型补充成 n 个线性无关型的完全组. 实际上,只要假设:

$$y_{k+1}=x_{k+1};\cdots;y_n=x_n$$

这样得到的 n 个型的行列式是:

$$\begin{vmatrix} a_{11} & a_{12} & \cdots & a_{1k} & a_{1,k+1} & \cdots & a_{1n} \\ a_{21} & a_{22} & \cdots & a_{2k} & a_{2,k+1} & \cdots & a_{2n} \\ \vdots & \vdots & & \vdots & \vdots & & \vdots \\ a_{k1} & a_{k2} & \cdots & a_{kk} & a_{k,k+1} & \cdots & a_{kn} \\ 0 & 0 & \cdots & 0 & 1\quad 0 & \cdots & 0 \\ 0 & 0 & \cdots & 0 & 0\quad 1 & \cdots & 0 \\ \vdots & \vdots & & \vdots & \vdots\quad \vdots & & \vdots \\ 0 & 0 & \cdots & 0 & 0\quad 0 & \cdots & 1 \end{vmatrix}$$

首先按最后一行展开,然后按倒数第二行展开,如此类推,我们看出,此行列式的值等于它的右上角的 k 阶行列式,就是说,它不等于零. 因此,型 y_1,$y_2,\cdots,y_n$ 确实是线性无关的. 这样,任何的线性无关型组恒可补充成线性无关的完全的线性型组.

12. n 维向量空间

让我们来对上面得到的结果给一个几何的说法,这种说法以后会用到的. 为了这个目的我们引入 n 维空间中的向量概念,那就是,把在一定次序下的 n 个数(复数) 的集合叫作向量. 因此,每个向量 $\boldsymbol{x}$ 由 n 个复数所作成的序列来决定,而其中每个复数叫作这个向量的一个分量:$\boldsymbol{x}(x_1,x_2,\cdots,x_n)$. 所有这样的向量的集合组成 n 维向量空间 R_n.

两个向量在而且只有在它们的相当分量都相等时才认为相等. 就是说,如果有两个向量 $\boldsymbol{u}(u_1,u_2,\cdots,u_n)$ 与 $\boldsymbol{v}(v_1,v_2,\cdots,v_n)$,则向量 $\boldsymbol{u}=\boldsymbol{v}$ 与数量等式 $u_1=v_1,u_2=v_2,\cdots,u_n=v_n$ 是等价的. 我们来定义向量的运算 —— 向量与数的乘法以及向量的加法. 向量与一个数的乘法定义为这个向量的所有分量与这个数的乘法,就是说,如果向量 $\boldsymbol{x}$ 具有分量$(x_1,x_2,\cdots,x_n)$,则向量 $k\boldsymbol{x}$ 就有分量$(kx_1,kx_2,\cdots,kx_n)$. 向量的加法定义为分量的相加,就是说,如果有两个向量 $\boldsymbol{x}(x_1,x_2,\cdots,x_n)$ 与 $\boldsymbol{y}(y_1,y_2,\cdots,y_n)$,则按定义,和 $\boldsymbol{x}+\boldsymbol{y}$ 具有分量$(x_1+y_1,x_2+y_2,\cdots,x_n+y_n)$. 分量全等于零的向量$(0,0,\cdots,0)$ 叫作零向量. 用 $\boldsymbol{\theta}$ 来表这个向量. 显然,对于任意向量 $\boldsymbol{x}$ 我们有 $\boldsymbol{\theta}=0\boldsymbol{x}$ 以及 $\boldsymbol{x}+\boldsymbol{\theta}=\boldsymbol{x}$. 向量的减法定义

为：向量 $\boldsymbol{x}-\boldsymbol{y}$ 具有分量 $(x_1-y_1, x_2-y_2, \cdots, x_n-y_n)$. 显然有 $\boldsymbol{x}-\boldsymbol{x}=\boldsymbol{\theta}$ 与 $\boldsymbol{x}-\boldsymbol{y}=\boldsymbol{x}+(-1)\boldsymbol{y}$，就是说，减去向量 $\boldsymbol{y}$ 相当于加上一个用 (-1) 乘 $\boldsymbol{y}$ 而得到的向量. 以后我们常常有必要写向量等式. 每个这样的等式相当于 n 个数量等式，这 n 个数量等式表示向量等式两端的对应分量相等. 以后我们不用 $\boldsymbol{\theta}$ 这个记号来表示零向量，但是必须记得，如果在向量等式的一端是零，则这个零应该看作零向量. 从上述定义直接得到加法与乘法的一些普通的性质：

$$\boldsymbol{x}+\boldsymbol{y}=\boldsymbol{y}+\boldsymbol{x};\boldsymbol{x}+(\boldsymbol{y}+\boldsymbol{z})=(\boldsymbol{x}+\boldsymbol{y})+\boldsymbol{z}$$

$$(k_1+k_2)\boldsymbol{x}=k_1\boldsymbol{x}+k_2\boldsymbol{x};k(\boldsymbol{x}+\boldsymbol{y})=k\boldsymbol{x}+k\boldsymbol{y};k_1(k_2\boldsymbol{x})=(k_1k_2)\boldsymbol{x}$$

因此，在一个任意多项的和中我们可以变换项的次序，而且也可以用括弧把项分成一些群. 从等式 $\boldsymbol{x}+\boldsymbol{y}=\boldsymbol{z}$ 得到 $\boldsymbol{x}=\boldsymbol{z}-\boldsymbol{y}$ 与 $\boldsymbol{y}=\boldsymbol{z}-\boldsymbol{x}$，反之，从 $\boldsymbol{x}-\boldsymbol{y}=\boldsymbol{z}$ 得到 $\boldsymbol{x}=\boldsymbol{y}+\boldsymbol{z}$.

现在引进向量的线性相关与线性无关的概念. 向量

$$\boldsymbol{x}^{(1)}, \boldsymbol{x}^{(2)}, \cdots, \boldsymbol{x}^{(l)} \tag{18}$$

叫作线性相关，如果有这样的不全为零的常数 $C_1, C_2, \cdots, C_l$ 存在，使得

$$C_1\boldsymbol{x}^{(1)}+C_2\boldsymbol{x}^{(2)}+\cdots+C_l\boldsymbol{x}^{(l)}=0 \tag{19}$$

如果这样的常数不存在，则向量(18) 叫作线性无关. 用 $(x_1^{(j)}, x_2^{(j)}, \cdots, x_n^{(j)})$ 表示向量 $\boldsymbol{x}^{(j)}$ 的分量. 条件(19) 显然相当于未知数 $C_1, C_2, \cdots, C_l$ 的 n 个方程所作成的方程组：

$$\begin{cases} x_1^{(1)}C_1+x_1^{(2)}C_2+\cdots+x_1^{(l)}C_l=0 \\ x_2^{(1)}C_1+x_2^{(2)}C_2+\cdots+x_2^{(l)}C_l=0 \\ \quad\vdots \\ x_n^{(1)}C_1+x_n^{(2)}C_2+\cdots+x_n^{(l)}C_l=0 \end{cases} \tag{20}$$

利用前面得到的关于齐次方程组的结果，不难得出一串的推论，而且反转来用这些推论给那些结果一个几何的解释. 首先假定，$l>n$，就是说，向量的个数大于空间的维数. 此时，在齐次方程组(20) 中方程的个数小于未知数的个数，因此，方程组对于未知数 C_j 来讲一定有非零解，就是说，我们的向量一定是线性相关的，换句话说，线性无关的向量的个数至多等于空间的维数. 现在来考虑 $l=n$ 的情形. 此时，方程组(20) 含有相同个数的方程和未知数，因此，在而且只有在它的行列式等于零的时候，方程组才有非零解，就是说，在 n 维空间内如果有 n 个向量而且把这些向量的 n^2 个分量作成一个行列式，作的方法是，把每个向量的分量放在一定的列里而且使分量的号码与行的号码一致，则向量线性无关的必要且充分的条件是这个行列式不等于零. 这个行列式的值类似于在实的三维空间中平行六面体的体积.

我们可以把任意一个 n 阶行列式 $|b_{ik}|$ 的每列的元素 $(b_{1k}, b_{2k}, \cdots, b_{nk})$ 看作某一个向量 $\boldsymbol{b}^{(k)}$ 的分量，这样，行列式的值便是 n 个向量 $\boldsymbol{b}^{(1)}, \boldsymbol{b}^{(2)}, \cdots, \boldsymbol{b}^{(n)}$ 的函

数. 这个行列式等于零与这些向量是线性相关的事实是一回事.

当把行列式的值当作向量 $\boldsymbol{b}^{(k)}$ 的函数看时,我们把它记作

$$|b_{ik}|=\Delta(\boldsymbol{b}^{(1)},\boldsymbol{b}^{(2)},\cdots,\boldsymbol{b}^{(n)})$$

如果我们回忆起,当两列对换时,行列式的值改号,我们因此可以断定,如果对换两个元的位置,则函数 Δ 仅仅改号. 这样的函数通常叫作反对称函数,例如,不难看出在[5] 中考察过的范德蒙德行列式 D_n 就是元 $x_1,\cdots,x_n$ 的一个反对称函数.

现在回过来看方程组(20) 而且考察在 $l\leqslant n$ 的假定下向量 $\boldsymbol{x}^{(1)},\boldsymbol{x}^{(2)},\cdots,\boldsymbol{x}^{(l)}$ 的线性无关的问题. 用 k 表示由分量 $x_p^{(q)}$ 组成的表的秩. 如果 $k=l$,则方程组仅有零解,就是说,向量是线性无关的. 如果 $k<l$,则方程组一定有非零解,就是说,向量线性无关的必要且充分的条件是,向量的个数等于由它们的分量所组成的表的秩. 现在假定 $k<l$,就是说,向量线性相关. 从这些向量中抽出这样 k 个向量(这是可以用一些方法办到的),使得它们的分量组成的表含有一个不等于零的 k 阶行列式. 根据上面的证明,这些向量是线性无关的. 不难看出,其余的每个向量都可以表成这些向量的线性组合. 实际上,设 $\boldsymbol{x}^{(1)},\boldsymbol{x}^{(2)},\cdots,\boldsymbol{x}^{(k)}$ 为线性无关的向量. 再添加任何一个其他的向量 $\boldsymbol{x}^{(k+s)}$,就得到$(k+1)$ 个线性相关的向量,这是因为由分量组成的表的秩 k 小于向量的个数 $l=k+1$. 于是,就有不全为零的常数 $C_i(i=1,2,\cdots,k,k+s)$ 存在,使得

$$C_1\boldsymbol{x}^{(1)}+C_2\boldsymbol{x}^{(2)}+\cdots+C_k\boldsymbol{x}^{(k)}+C_{k+s}\boldsymbol{x}^{(k+s)}=0$$

此时,一定要 $C_{k+s}\neq 0$,因为,否则,向量 $\boldsymbol{x}^{(1)},\boldsymbol{x}^{(2)},\cdots,\boldsymbol{x}^{(k)}$ 将变成线性相关的了. 从上述等式得到

$$\boldsymbol{x}^{(k+s)}=-\frac{C_1}{C_{k+s}}\boldsymbol{x}^{(1)}-\frac{C_2}{C_{k+s}}\boldsymbol{x}^{(2)}-\cdots-\frac{C_k}{C_{k+s}}\boldsymbol{x}^{(k)}$$

就是说,$\boldsymbol{x}^{(k+s)}$ 可表成 $\boldsymbol{x}^{(1)},\boldsymbol{x}^{(2)},\cdots,\boldsymbol{x}^{(k)}$ 的线性组合. 设 $\boldsymbol{x}^{(1)},\boldsymbol{x}^{(2)},\cdots,\boldsymbol{x}^{(n)}$ 为任何 n 个线性无关的向量. 作为这样的向量的例,我们可以提出下列 n 个向量:

$$(1,0,\cdots,0);(0,1,0,\cdots,0);\cdots;(0,0,0,\cdots,1) \tag{21}$$

如果我们随便取一个向量 $\boldsymbol{x}$,则这$(n+1)$ 个向量 $\boldsymbol{x}^{(1)},\boldsymbol{x}^{(2)},\cdots,\boldsymbol{x}^{(n)},\boldsymbol{x}$ 与上面我们所知道的一样,一定线性相关:

$$C_1\boldsymbol{x}^{(1)}+C_2\boldsymbol{x}^{(2)}+\cdots+C_n\boldsymbol{x}^{(n)}+C\boldsymbol{x}=0$$

而且常数 C 一定不等于零,因为,否则向量 $\boldsymbol{x}^{(1)},\boldsymbol{x}^{(2)},\cdots,\boldsymbol{x}^{(n)}$ 将变成相关的了. 由此推得,任意一个向量 $\boldsymbol{x}$ 可用 n 个线性无关的向量表示出来:

$$\boldsymbol{x}=\alpha_1\boldsymbol{x}^{(1)}+\alpha_2\boldsymbol{x}^{(2)}+\cdots+\alpha_n\boldsymbol{x}^{(n)}\quad\left(\alpha_s=-\frac{C_s}{C}\right) \tag{22}$$

不难看出,$\boldsymbol{x}$ 用 $\boldsymbol{x}^{(1)},\boldsymbol{x}^{(2)},\cdots,\boldsymbol{x}^{(n)}$ 所表达的表达式是唯一的,实际上,如果除了上面的表达式以外还存在另外的表达式:

$$\boldsymbol{x}=\beta_1\boldsymbol{x}^{(1)}+\beta_2\boldsymbol{x}^{(2)}+\cdots+\beta_n\boldsymbol{x}^{(n)}$$

其中有某一个系数 β_s 与对应的 α_s 不同，于是，只要将 $\boldsymbol{x}$ 的这两个表达式逐项相减，我们即得

$$(\alpha_1-\beta_1)\boldsymbol{x}^{(1)}+(\alpha_2-\beta_2)\boldsymbol{x}^{(2)}+\cdots+(\alpha_n-\beta_n)\boldsymbol{x}^{(n)}=0$$

这就是说，向量 $\boldsymbol{x}^{(1)},\boldsymbol{x}^{(2)},\cdots,\boldsymbol{x}^{(n)}$ 将变成线性相关的了. 如果将向量(21) 取作向量 $\boldsymbol{x}^{(1)},\boldsymbol{x}^{(2)},\cdots,\boldsymbol{x}^{(n)}$，于是公式(22) 中的系数 α_s 显然与向量 $\boldsymbol{x}(x_1,x_2,\cdots,x_n)$ 的分量 x_s 全同. 在一般情形下，只要把 $\boldsymbol{x}^{(1)},\boldsymbol{x}^{(2)},\cdots,\boldsymbol{x}^{(n)}$ 取作基本单位向量，系数 α_s 也可以叫作向量 $\boldsymbol{x}$ 的分量. 如今数 α_s 取所有可能的复数，我们就得到 n 维空间所有的向量. 现在假设有 k 个线性无关的向量

$$\boldsymbol{x}^{(1)},\boldsymbol{x}^{(2)},\cdots,\boldsymbol{x}^{(k)} \tag{23}$$

这里 $k<n$. 令 C_s 表示任意常数，由公式

$$\boldsymbol{y}=C_1\boldsymbol{x}^{(1)}+C_2\boldsymbol{x}^{(2)}+\cdots C_k\boldsymbol{x}^{(k)} \tag{23_1}$$

所得出的向量集合叫作一个 k 维子空间 L_k. 和上面一样，可以证明，属于 L_k 的每一个向量都可以用 $\boldsymbol{x}^{(1)},\boldsymbol{x}^{(2)},\cdots,\boldsymbol{x}^{(k)}$ 唯一地表达出来. 换句话说，向量(23) 生成子空间 L_k.

我们注意，如果某一个向量 $\boldsymbol{z}$ 属于 L_k，就是说，它可表成形式(23_1)，则对于任意常数 c，向量 $c\boldsymbol{z}$ 同样也可表成形式(23_1)，即同样属于 L_k. 同理，如果 $\boldsymbol{z}^{(1)}$ 与 $\boldsymbol{z}^{(2)}$ 属于 L_k，则它们的和 $\boldsymbol{z}^{(1)}+\boldsymbol{z}^{(2)}$ 也属于 L_k. 彼此可以直接推出更普遍的性质：如果某些向量 $\boldsymbol{z}^{(1)},\boldsymbol{z}^{(2)},\cdots,\boldsymbol{z}^{(p)}$ 属于 L_k，则它们的任意一个线性组合 $\gamma_1\boldsymbol{z}^{(1)}+\gamma_2\boldsymbol{z}^{(2)}+\cdots+\gamma_p\boldsymbol{z}^{(p)}$ 仍然属于 L_k.

设在 L_k 随便取 m 个向量：

$$y^{(s)}=C_1^{(s)}\boldsymbol{x}^{(1)}+C_2^{(s)}\boldsymbol{x}^{(2)}+\cdots+C_k^{(s)}\boldsymbol{x}^{(k)}\quad(s=1,2,\cdots,m) \tag{24}$$

由于向量(23) 的线性无关性，下列关系

$$\alpha_1\boldsymbol{y}^{(1)}+\alpha_2\boldsymbol{y}^{(2)}+\cdots+\alpha_m\boldsymbol{y}^{(m)}=0$$

就相当于 $\alpha_1,\alpha_2,\cdots,\alpha_m$ 的 k 个齐次方程所成的方程组：

$$\alpha_1C_q^{(1)}+\alpha_2C_q^{(2)}+\cdots+\alpha_mC_q^{(m)}=0\quad(q=1,2,\cdots,k)$$

如果这方程组有非零解，则向量(24) 是线性相关的. 特别地，如果 $m>k$，则它一定有非零解，这就是说，在由向量(23) 生成的子空间内的任何一个向量集合，如果它包含多于 k 个的向量，则它是一个线性相关的向量集合. 从此直接推出，一个子空间，如果它是由线性无关的向量(23) 所生成的，则它不可能由个数比 k 少的 l 个线性无关的向量 $\boldsymbol{z}^{(1)},\cdots,\boldsymbol{z}^{(l)}$ 生成. 实际上，假如它可由 $\boldsymbol{z}^{(1)},\cdots,\boldsymbol{z}^{(l)}$ 生成. 按刚才的结论，一方面，在这子空间中不能有多于 l 个的线性无关的向量存在，而另一方面，又有数目多于 l 的 k 个线性无关的向量(23) 属于它. 如果我们取任何 k 个属于 L_k 的线性无关的向量 $\boldsymbol{u}^{(1)},\boldsymbol{u}^{(2)},\cdots,\boldsymbol{u}^{(k)}$，则按上述的意义它们生成同一个子空间 L_k.

实际上，按照子空间的定义，每一个线性组合

$$C_1\boldsymbol{u}^{(1)}+C_2\boldsymbol{u}^{(2)}+\cdots+C_k\boldsymbol{u}^{(k)}$$

属于 L_k，另一方面，在 L_k 中任取一向量 $\boldsymbol{y}$. 由于向量 $\boldsymbol{u}^{(1)},\cdots,\boldsymbol{u}^{(k)}$ 与 $\boldsymbol{y}$ 都属于 L_k，它们必是线性相关的

$$\beta_1\boldsymbol{u}^{(1)}+\beta_2\boldsymbol{u}^{(2)}+\cdots+\beta_k\boldsymbol{u}^{(k)}+\gamma\boldsymbol{y}=0$$

因为 $\boldsymbol{u}^{(1)},\cdots,\boldsymbol{u}^{(k)}$ 是线性无关的，系数 γ 必须不等于零，就是说，L_k 内每个向量 $\boldsymbol{y}$ 恒可用 $\boldsymbol{u}^{(1)},\cdots,\boldsymbol{u}^{(k)}$ 表示，也就是，向量 $\boldsymbol{u}^{(1)},\cdots,\boldsymbol{u}^{(k)}$ 确实生成 L_k. 如果在公式(24)中 $m=k$ 而且系数 $C_p^{(q)}$ 作成的行列式不等于零，则 $\boldsymbol{y}^{(1)},\cdots,\boldsymbol{y}^{(k)}$ 是 L_k 中的线性无关的向量. 在一般情形下不难证明，由公式(24)给出的线性无关的向量的数目等于表 $C_p^{(q)}$ 的秩.

在前面我们看到，如果向量 $\boldsymbol{z}$ 属于某一个子空间 L，则对于任意常数 c，向量 $c\boldsymbol{z}$ 也属于 L，并且，如果 $\boldsymbol{z}^{(1)}$ 与 $\boldsymbol{z}^{(2)}$ 属于 L，则 $(\boldsymbol{z}^{(1)}+\boldsymbol{z}^{(2)})$ 也属于 L. 我们有可能给子空间以新的定义. 如果一个向量集合 L 具有下述的性质：若 $\boldsymbol{z}$ 属于 L，则 $c\boldsymbol{z}$ 也属于 L，而且若 $\boldsymbol{z}^{(1)}$ 与 $\boldsymbol{z}^{(2)}$ 属于 L，则 $(\boldsymbol{z}^{(1)}+\boldsymbol{z}^{(2)})$ 也属于 L，于是向量集合 L 叫作一个子空间. 由此直接推出，属于 L 的向量的每个线性组合仍属于 L. 刚才我们看到，用以构成子空间的新定义的那些性质是作为推论从原来的定义推出来的. 现在来证明它的反面，从新定义也可以推出原来的定义，就是说，这两个定义是等价的.

在 L 中任取一个向量 $\boldsymbol{x}^{(1)}$，按 L 的定义，对于任意常数 C_1，向量 $C_1\boldsymbol{x}^{(1)}$ 仍属于 L. 如果所有 $C_1\boldsymbol{x}^{(1)}$ 已经取尽了 L 的全部向量，则我们得到在原来意义下的子空间 L_1. 如若不然，L 一定含有某一个与 $\boldsymbol{x}^{(1)}$ 线性无关的向量 $\boldsymbol{x}^{(2)}$ 对于任意的 C_1 与 C_2，向量 $C_1\boldsymbol{x}^{(1)}+C_2\boldsymbol{x}^{(2)}$ 属于 L. 如果所有向量 $C_1\boldsymbol{x}^{(1)}+C_2\boldsymbol{x}^{(2)}$ 取尽了 L 的全部向量，则在原来的意义下 L 就是某一个 L_2. 如若不然，L 一定含有某一个向量 $\boldsymbol{x}^{(3)}$，使得 $\boldsymbol{x}^{(1)},\boldsymbol{x}^{(2)},\boldsymbol{x}^{(3)}$ 线性无关. 如此继续下去，在加进有限多个线性无关的向量 $\boldsymbol{x}^{(s)}$ 以后，我们即可取完 L 的全部向量，因为多于 n 个的线性无关的向量是不存在的. 这些向量 $\boldsymbol{x}^{(s)}$ 的总数 k 表示子空间 L 的维数. 如果 $k=n$，则 L 与整个的 n 维空间重合.

我们提出一个与子空间的构成有关的情形. 假设向量 $\boldsymbol{x}^{(1)},\boldsymbol{x}^{(2)},\cdots,\boldsymbol{x}^{(k)}$ 线性相关. 此时我们仍然说，公式(23_1)定义某一个空间 L. 假设在这些向量中前 l 个 $\boldsymbol{x}^{(1)},\boldsymbol{x}^{(2)},\cdots,\boldsymbol{x}^{(l)}$ 线性无关而其余每一个向量 $\boldsymbol{x}^{(l+1)},\cdots,\boldsymbol{x}^{(k)}$ 可写成前面 l 个向量的线性组合. 此时由公式(23_1)定义的向量集合显然与由下面的公式定义的向量集合相同：

$$\boldsymbol{y}=C_1\boldsymbol{x}^{(1)}+C_2\boldsymbol{x}^{(2)}+\cdots+C_l\boldsymbol{x}^{(l)}$$

这就是说，由线性相关的向量 $\boldsymbol{x}^{(1)},\boldsymbol{x}^{(2)},\cdots,\boldsymbol{x}^{(k)}$ 所生成的子空间具有维数 $l(l<k)$.

我们来考察实的三维空间而且规定所有向量都是从某一固定的点 O(原

点）出发的. 在现在的情形 $n=3$. 当 $k=1$ 时，子空间 L_1 是通过原点 O 的某一直线，而 L_2 是通过原点 O 的某一平面.

13. 数量积

先规定一种记法. 如果 α 是某一个复数，我们用 $\bar{\alpha}$ 表示与 α 共轭的复数并且用 $|\alpha|$ 表示 α 的模，即有 $\alpha\bar{\alpha}=|\alpha|^2$. 如果 α 是实的，则 $\bar{\alpha}=\alpha$ 并且 $|\alpha|^2=\alpha^2$. 现在引进一个新的，对以后很重要的概念.

定义 两个向量

$$\boldsymbol{x}(x_1,x_2,\cdots,x_n) \text{ 与 } \boldsymbol{y}(y_1,y_2,\cdots,y_n)$$

的数量积的定义为下列的和数：

$$\sum_{s=1}^{n} x_s\bar{y}_s$$

我们以后用记号 $(\boldsymbol{x},\boldsymbol{y})$ 表示数量积，即有

$$(\boldsymbol{x},\boldsymbol{y})=\sum_{s=1}^{n} x_s\bar{y}_s,\ (\boldsymbol{y},\boldsymbol{x})=\sum_{s=1}^{n} y_s\bar{x}_s$$

由是得到

$$(\boldsymbol{y},\boldsymbol{x})=\overline{(\boldsymbol{x},\boldsymbol{y})}$$

如果两个向量的数量积等于零，则它们叫作互相垂直或互相正交. 因为零的共轭复数仍然是零，在正交的情况下数量积中向量的次序是无关紧要的. 不难看出，零向量与任何一个向量正交.

从数量积的定义直接得到它的如下的性质：

$$(\alpha\boldsymbol{x},\boldsymbol{y})=\alpha(\boldsymbol{x},\boldsymbol{y});\ (\boldsymbol{x},\alpha\boldsymbol{y})=\bar{\alpha}(\boldsymbol{x},\boldsymbol{y})$$

其中 α 是一个数量因子. 此外还有：

$$(\boldsymbol{x}+\boldsymbol{y},\boldsymbol{z})=(\boldsymbol{x},\boldsymbol{z})+(\boldsymbol{y},\boldsymbol{z})$$
$$(\boldsymbol{x},\boldsymbol{y}+\boldsymbol{z})=(\boldsymbol{x},\boldsymbol{y})+(\boldsymbol{x},\boldsymbol{z})$$

并且这个分配律对于任意多项的和仍然成立. 从它顺便可以得到：

$$(\boldsymbol{x}+\boldsymbol{y},\boldsymbol{u}+\boldsymbol{v})=(\boldsymbol{x},\boldsymbol{u})+(\boldsymbol{x},\boldsymbol{v})+(\boldsymbol{y},\boldsymbol{u})+(\boldsymbol{y},\boldsymbol{v})$$

作向量 $\boldsymbol{x}(x_1,x_2,\cdots,x_n)$ 与它自身的数量积：

$$(\boldsymbol{x},\boldsymbol{x})=\sum_{s=1}^{n} x_s\bar{x}_s=\sum_{s=1}^{n}|x_s|^2$$

如此我们得到一个实数，这个实数，当向量 $\boldsymbol{x}$ 不等于零向量 $(0,0,\cdots,0)$ 时是正的. 当 $\boldsymbol{x}$ 为零向量时等于零. 实数 $(\boldsymbol{x},\boldsymbol{x})$ 的平方根（正值）叫作向量 $\boldsymbol{x}$ 的模或它的长. 用 $|\boldsymbol{x}|$ 表这个模，它可以写成：

$$|\boldsymbol{x}|^2=(\boldsymbol{x},\boldsymbol{x})=\sum_{s=1}^{n}|x_s|^2,\ |\boldsymbol{x}|=\sqrt{(\boldsymbol{x},\boldsymbol{x})}=\sqrt{\sum_{s=1}^{n}|x_s|^2}$$

等式 $|\boldsymbol{x}|=0$ 即相当于 $\boldsymbol{x}$ 是零向量. 假设有三个正交的向量 $\boldsymbol{x}$，$\boldsymbol{y}$ 与 $\boldsymbol{z}$，即

$$(\boldsymbol{x},\boldsymbol{y})=0;(\boldsymbol{x},\boldsymbol{z})=0;(\boldsymbol{y},\boldsymbol{z})=0$$

如果应用数量积的分配律并且注意上述等式,我们即得

$$(\boldsymbol{x}+\boldsymbol{y}+\boldsymbol{z},\boldsymbol{x}+\boldsymbol{y}+\boldsymbol{z})=(\boldsymbol{x},\boldsymbol{x})+(\boldsymbol{y},\boldsymbol{y})+(\boldsymbol{z},\boldsymbol{z})$$

或

$$|\boldsymbol{x}+\boldsymbol{y}+\boldsymbol{z}|^2=|\boldsymbol{x}|^2+|\boldsymbol{y}|^2+|\boldsymbol{z}|^2$$

这个公式表达了商高定理①. 它对于任意多项仍然成立. 成立的理由主要在于这些向量两两正交. 我们来证明,如果向量 $\boldsymbol{x}^{(1)},\boldsymbol{x}^{(2)},\cdots,\boldsymbol{x}^{(l)}$ 两两正交而且每一个都不是零向量,则它们是线性无关的. 实际上,假设

$$\sum_{s=1}^{l}C_s\boldsymbol{x}^{(s)}=0$$

我们来证明,所以 C_s 皆等于零. 按数量积的乘法,用 $\boldsymbol{x}^{(k)}$ 乘上面等式的两端,其中 k 取数 $1,2,\cdots,l$ 中的任何一数,即得

$$\sum_{s=1}^{l}C_s(\boldsymbol{x}^{(s)},\boldsymbol{x}^{(k)})=0$$

由于向量 $\boldsymbol{x}^{(s)}$ 两两正交,当 $s\neq k$ 时 $(\boldsymbol{x}^{(s)},\boldsymbol{x}^{(k)})=0$,于是上面等式化成 $C_k(\boldsymbol{x}^{(k)},\boldsymbol{x}^{(k)})=0$,即 $C_k|\boldsymbol{x}^{(k)}|^2=0$,由于 $|\boldsymbol{x}^{(k)}|^2>0$,由是推得 $C_k=0$,而且这对于任一 k 皆成立.

14. 齐次方程组的几何解释

让我们来考察齐次方程组

$$\begin{cases}a_{11}x_1+a_{12}x_2+\cdots+a_{1n}x_n=0\\a_{21}x_1+a_{22}x_2+\cdots+a_{2n}x_n=0\\\quad\vdots\\a_{n1}x_1+a_{n2}x_2+\cdots+a_{nn}x_n=0\end{cases}\tag{25}$$

引进向量:

$$\boldsymbol{a}^{(1)}(\bar{a}_{11},\bar{a}_{12},\cdots,\bar{a}_{1n});\cdots;\boldsymbol{a}^{(n)}(\bar{a}_{n1},\bar{a}_{n2},\cdots,\bar{a}_{nn})\tag{26}$$

此时方程组(25)可以写成下面这种简短的形式:

$$(\boldsymbol{x},\boldsymbol{a}^{(1)})=0;\cdots;(\boldsymbol{x},\boldsymbol{a}^{(n)})=0\tag{27}$$

这就是说,问题归结到寻找与所有向量 $\boldsymbol{a}^{(j)}$ 垂直的那些向量 $\boldsymbol{x}$. 如果行列式 $|a_{ik}|$ 不等于零,则在数值上与它共轭的行列式 $|\bar{a}_{ik}|$ 也不等于零. 在这种情形向量 $\boldsymbol{a}^{(j)}$ 线性无关,因此方程组(27) 只有零解,就是说,同时与 n 个线性无关的向量垂直(在 n 维空间内) 的向量(除零向量外) 是不存在的.

现在来考察其他的情形,即方程组(25) 的行列式等于零的情形. 假设方程

---

① 译者注:原文为毕达哥拉斯定理.

组的秩等于 k. 如果作出由系数的共轭数组成的表，则含于其内的行列式就值来说是与含于表 $|a_{ik}|$ 内的相当的行列式共轭的. 因而共轭表的秩仍然是 k，因此，按前面的证明，在向量 $\boldsymbol{a}^{(j)}$ 中有 k 个线性无关的向量，而其余的每一个向量是它们的线性组合. 不失普遍性，可设这 k 个线性无关向量为

$$\boldsymbol{a}^{(1)},\cdots,\boldsymbol{a}^{(k)} \tag{28}$$

而对于其余每一个向量我们有表达式

$$\boldsymbol{a}^{(k+s)}=\beta_1^{(k+s)}\boldsymbol{a}^{(1)}+\cdots+\beta_k^{(k+s)}\boldsymbol{a}^{(k)}\quad (k+s=k+1,k+2,\cdots,n)$$

其中 $\beta_p^{(q)}$ 为数字系数. 从上面的关系直接可以推出，如果 $\boldsymbol{x}$ 垂直于向量(28)，则它同时也垂直于所有的向量 $\boldsymbol{a}^{(j)}$. 实际上

$$(\boldsymbol{x},\boldsymbol{a}^{(k+s)})=\sum_{i=1}^{k}(\boldsymbol{x},\bar{\beta}_k^{(k+s)}\boldsymbol{a}^{(i)})$$

而且所有的和等于零，因为等式右端的和数中每一项都是零. 这样一来，只需解头 k 个方程作成的方程组就够了，如通常一样可设不等于零的 k 阶行列式位于左上角，对于待求的向量 $\boldsymbol{x}$ 我们应用在[12]中叙述的方法得到 $(n-k)$ 个线性无关的解 $\boldsymbol{x}^{(1)},\cdots,\boldsymbol{x}^{(n-k)}$，而任一个解皆可表成这 $(n-k)$ 个向量的线性组合. 在现在的情形，由公式

$$\boldsymbol{y}=C_1\boldsymbol{a}^{(1)}+\cdots+C_k\boldsymbol{a}^{(k)}$$

其中 C_i 为任意常数，所确定的全部向量组成一 k 维空间 L_k，它是整个 n 维空间的一个子空间. 完全一样，求得的向量 $\boldsymbol{x}^{(1)},\cdots,\boldsymbol{x}^{(n-k)}$ 生成一 $(n-k)$ 维子空间 M_{n-k}. 子空间 M_{n-k} 与 L_k 在下述的意义下互相垂直，即 M_{n-k} 中每一个向量垂直于 L_k 中每一个向量(反之也如此)，子空间 M_{n-k} 是由所有满足方程(27)的向量作成的，也就是，它由所有垂直于向量 $\boldsymbol{a}^{(1)},\cdots,\boldsymbol{a}^{(k)}$ 的向量作成的. 不难看出，这 n 个向量 $\boldsymbol{a}^{(1)},\cdots,\boldsymbol{a}^{(k)},\boldsymbol{x}^{(1)},\cdots,\boldsymbol{x}^{(n-k)}$ 线性无关. 实际上，假设它们之间存在有一个关系

$$(C_1\boldsymbol{a}^{(1)}+\cdots+C_k\boldsymbol{a}^{(k)})+(d_1\boldsymbol{x}^{(1)}+\cdots+d_{n-k}\boldsymbol{x}^{(n-k)})=0 \tag{29}$$

头一个括弧给出 L_k 中某一个向量 $\boldsymbol{a}$，而第二个括弧给出 M_{n-k} 中某一个向量 $\boldsymbol{x}$，遂有 $\boldsymbol{a}+\boldsymbol{x}=0$，或 $\boldsymbol{a}=-\boldsymbol{x}$，但是向量 $\boldsymbol{a}$ 与 $\boldsymbol{x}$ 互相正交，由是可知，向量 $\boldsymbol{a}$ 与它自身垂直，换句话说，$(\boldsymbol{a},\boldsymbol{a})=0$ 或 $|\boldsymbol{a}|=0$，由此推得，向量 $\boldsymbol{a}$ 是一个零向量；同样可知 $\boldsymbol{x}$ 也是一个零向量，于是

$$C_1\boldsymbol{a}^{(1)}+\cdots+C_k\boldsymbol{a}^{(k)}=0,d_1\boldsymbol{x}^{(1)}+\cdots+d_{n-k}\boldsymbol{x}^{(n-k)}=0$$

但是向量 $\boldsymbol{a}^{(1)},\cdots,\boldsymbol{a}^{(k)}$ 按假设是线性无关的，因此，所有常数 C_s 必须等于零；同理，所以常数 d_s 也必须等于零. 这样一来，在关系(29)中所有系数都必须等于零，就是说，向量 $\boldsymbol{a}^{(1)},\cdots,\boldsymbol{a}^{(k)},\boldsymbol{x}^{(1)},\cdots,\boldsymbol{x}^{(n-k)}$ 确是线性无关的.

每一个向量 $\boldsymbol{x}$ 可唯一地表成下面的形式：

$$\boldsymbol{x}=(\gamma_1\boldsymbol{a}_1^{(1)}+\cdots+\gamma_k\boldsymbol{a}^{(k)})+(\delta_1\boldsymbol{x}^{(1)}+\cdots+\delta_{n-k}\boldsymbol{x}^{(n-k)})$$

而且头一个括弧中的向量属于 L_k 而第二个属于 M_{n-k}. 包含在 M_{n-k} 中的向量是方程组(27) 的所有可能的解,因此,对于任何的线性无关解的完全组,它的向量的数目总是 $(n-k)$,即是 M_{n-k} 的维数. 总结上面对齐次方程组的研究,使我们得到下述重要的结果:

如果有一个 k 维的子空间 $L_k(k<n)$,则与这个子空间正交的所有向量组成一个 $(n-k)$ 维的子空间 M_{n-k},而且 R_n 中每个向量 $\boldsymbol{x}$ 都可表成 L_k 中某一向量 $\boldsymbol{y}$ 与 M_{n-k} 中某一个向量 $\boldsymbol{z}$ 的和:$\boldsymbol{x}=\boldsymbol{y}+\boldsymbol{z}$.

我们来证明,这样的表示法是唯一的. 假定除上述表示法外还有一种:$\boldsymbol{x}=\boldsymbol{u}+\boldsymbol{v}$, 其中 $\boldsymbol{u}$ 属于 L_k 而 $\boldsymbol{v}$ 属于 M_{n-k}. 需要证明,$\boldsymbol{u}=\boldsymbol{y}$ 与 $\boldsymbol{v}=\boldsymbol{z}$. 我们有 $\boldsymbol{y}+\boldsymbol{z}=\boldsymbol{u}+\boldsymbol{v}$, 从而 $\boldsymbol{y}-\boldsymbol{u}=\boldsymbol{v}-\boldsymbol{z}$. 差 $\boldsymbol{y}-\boldsymbol{u}$ 属于 L_k 而差 $\boldsymbol{v}-\boldsymbol{z}$ 属于 M_{n-k},由此推出,向量 $\boldsymbol{y}-\boldsymbol{u}$ 与它自身正交,即 $(\boldsymbol{y}-\boldsymbol{u},\boldsymbol{y}-\boldsymbol{u})=0$ 或 $|\boldsymbol{y}-\boldsymbol{u}|=0$,从而 $\boldsymbol{y}-\boldsymbol{u}=0$,即 $\boldsymbol{y}=\boldsymbol{u}$. 此时从 $(\boldsymbol{y}-\boldsymbol{u},\boldsymbol{y}-\boldsymbol{u})=0$ 或 $|\boldsymbol{y}-\boldsymbol{u}|=0$,从而 $\boldsymbol{y}-\boldsymbol{u}=0$,即 $\boldsymbol{y}=\boldsymbol{u}$. 此时从 $\boldsymbol{y}-\boldsymbol{u}=\boldsymbol{v}-\boldsymbol{z}$ 推出 $\boldsymbol{v}=\boldsymbol{z}$. 表示法 $\boldsymbol{x}=\boldsymbol{y}+\boldsymbol{z}$ 中的向量 $\boldsymbol{y}$ 叫作向量 $\boldsymbol{x}$ 在空间 L_k 内的射影. 在上述表示法中向量 $\boldsymbol{y}$ 与 $\boldsymbol{z}$ 互相正交. 按照商高定理有 $|\boldsymbol{x}|^2=|\boldsymbol{y}|^2+|\boldsymbol{z}|^2$,从而推出 $|\boldsymbol{y}|\leqslant|\boldsymbol{x}|$,而且等号在而且只有在 $\boldsymbol{z}$ 为零向量时才能成立,就是说,等号在而且只有在 $\boldsymbol{x}$ 属于 L_k 时才能成立,此时有 $\boldsymbol{y}=\boldsymbol{x}$. 同理,$|\boldsymbol{z}|\leqslant|\boldsymbol{x}|$,而且等号只有在 $\boldsymbol{x}$ 与 L_k 正交的时候,即 $\boldsymbol{z}=\boldsymbol{x}$ 的时候才能成立. 子空间 L_k 与 M_{n-k} 通常叫作互余正交子空间. 如果 $k=n$,则 L_n 是整个 R_n 而 M_0 变成了一个零向量.

假设我们有一个以前讲过的实的三维空间,且令 $k=2$,于是 $n-k=3-2=1$. 子空间 L_2 是某一个过原点 O 的平面 P,而 M_1 是过原点 O 且垂直于 P 的直线 K. 每一个向量可以唯一地表成两个向量的和,其一位于平面 P 上而另一位于直线 K 上. 在方程的个数等于未知数的个数这一情形下,对于齐次方程组的解我们已给予几何的解释. 对于一般的情形,我们可以完全一样地来讨论. 在这种情形下,向量 $\boldsymbol{a}^{(s)}$ 的个数不必等于 n. 这个附注对于下一小节也适合.

15. 非齐次方程组的情形

让我们来考虑非齐次方程组:

$$\begin{cases}a_{11}x_1+a_{12}x_2+\cdots+a_{1n}x_n=b_1\\a_{21}x_1+a_{22}x_2+\cdots+a_{2n}x_n=b_2\\\qquad\vdots\\a_{n1}x_1+a_{n2}x_2+\cdots+a_{nn}x_n=b_n\end{cases}\tag{30}$$

它可以解释为寻求适合方程组

$$(\boldsymbol{x},\boldsymbol{a}^{(1)})=b_1,\cdots,(\boldsymbol{x},\boldsymbol{a}^{(n)})=b_n\tag{31}$$

的向量 $\boldsymbol{x}(x_1,\cdots,x_n)$ 的问题,而 $\boldsymbol{a}^{(1)},\cdots,\boldsymbol{a}^{(n)}$ 为已知向量(26).

如果方程组的行列式不等于零，则应用克莱姆法则即可得到一确定的解. 假设方程组的行列式等于零而它的系数作成的表的秩等于 k，并且假设位于左上角的 k 阶行列式不等于零. 与方程组(30) 一道，我们写出一个齐次方程组，它的系数是将原来方程组的系数的行列互换，然后将所有系数代以它的共轭复数而得来的. 如此得到的方程组具有形式：

$$\begin{cases}\bar{a}_{11}y_1+\bar{a}_{21}y_2+\cdots+\bar{a}_{n1}y_n=0\\ \bar{a}_{12}y_1+\bar{a}_{22}y_2+\cdots+\bar{a}_{n2}y_n=0\\ \qquad\vdots\\ \bar{a}_{1n}y_1+\bar{a}_{2n}y_2+\cdots+\bar{a}_{nn}y_n=0\end{cases}\tag{32}$$

它的系数表的秩仍然是 k 而且位于左上角的 k 阶行列式仍然不等于零. 这齐次方程组叫作与方程组(30) 相关联的齐次方程组. 以前讲过，它的一般解是 $(n-k)$ 个解(向量) 的线性组合，而这 $(n-k)$ 个解，譬如说，可以从头 k 个方程按照克莱姆定理对 $y_1,\cdots,y_k$ 求解而得到，解的时候可令其余的 y_{k+s} 等于零，而只有一个等于 1. 当令 $y_{k+1}=1$ 时我们即得方程组：

$$\begin{aligned}&\bar{a}_{11}y_1+\bar{a}_{21}y_2+\cdots+\bar{a}_{k1}y_k=-\bar{a}_{k+1,1}\\ &\bar{a}_{12}y_1+\bar{a}_{22}y_2+\cdots+\bar{a}_{k2}y_k=-\bar{a}_{k+1,2}\\ &\qquad\vdots\\ &\bar{a}_{1k}y_1+\bar{a}_{2k}y_2+\cdots+\bar{a}_{kk}y_k=-\bar{a}_{k+1,k}\end{aligned}$$

解这个方程组而且取这个解的共轭值，即得

$$\bar{y}_m=-\frac{\Delta'_m}{\Delta'}\quad(m=1,2,\cdots,k)\tag{33}$$

$$\bar{y}_{k+1}=1,\bar{y}_{k+2}=\bar{y}_{k+3}=\cdots=\bar{y}_n=0$$

其中

$$\Delta'=\begin{vmatrix}a_{11}&a_{21}&\cdots&a_{k1}\\ a_{12}&a_{22}&\cdots&a_{k2}\\ \vdots&\vdots&&\vdots\\ a_{1k}&a_{2k}&\cdots&a_{kk}\end{vmatrix}\neq 0$$

而 Δ'_m 是将 Δ' 中第 m 列用 $a_{k+1,1},\cdots,a_{k+1,k}$ 替换而得来的. 现在来决定由刚才解方程组(32) 得到的向量 $\boldsymbol{y}$ 与向量 $\boldsymbol{b}(b_1,b_2,\cdots,b_n)$ 垂直的条件. 这条件是

$$(\boldsymbol{b},\boldsymbol{y})=-\sum_{m=1}^{k}\frac{\Delta'_m}{\Delta'}b_m+b_{k+1}=0$$

或

$$-\sum_{m=1}^{k}\Delta'_m b_m+\Delta' b_{k+1}=0\tag{34}$$

如在行列式 Δ'_m 中将行列互换，然后经 $(k-m)$ 个行的对换把第 m 行换到最后一

行的位置，于是我们即得

$$-\Delta'_m=\begin{vmatrix} a_{11} & a_{12} & \cdots & a_{1k} \\ \vdots & \vdots & & \vdots \\ a_{m-1,1} & a_{m-1,2} & \cdots & a_{m-1,k} \\ a_{m+1,1} & a_{m+1,2} & \cdots & a_{m+1,k} \\ \vdots & \vdots & & \vdots \\ a_{k1} & a_{k2} & \cdots & a_{kk} \\ a_{k+1,1} & a_{k+1,2} & \cdots & a_{k+1,k} \end{vmatrix}\cdot(-1)^{k+1+m}$$

这恰好是下面的特征行列式的元素 b_m 的代数余子式：

$$\Delta_{k+1}=\begin{vmatrix} a_{11} & a_{12} & \cdots & a_{1k} & b_1 \\ \vdots & \vdots & & \vdots & \vdots \\ a_{k1} & a_{k2} & \cdots & a_{kk} & b_k \\ a_{k+1,1} & a_{k+1,2} & \cdots & a_{k+1,k} & b_{k+1} \end{vmatrix}$$

条件(34) 恰好表示这特征行列式等于零. 同理，对于 $y_{k+s}=1$ 我们得到条件 $\Delta_{k+s}=0$. 因此，我们得到下面的结果：如果方程组(30) 的行列式等于零，则这方程组有解的必要且充分的条件为，向量$(b_1,\cdots,b_n)$ 与关联的齐次方程组(32) 的解所成的所有向量正交.

方程组(30) 的一般解是这方程组的任何一个特别解与其对应的齐次方程组的一般解之和，而所谓对应的齐次方程组是在方程组(30) 中将所有 b_j 换成零而得到的. 这个齐次方程组的一般解将含有$(n-k)$ 个任意常数.

最后再来说出关于线性方程组的基本定理的一个几何解释，这个解释在以后是重要的. 假设给出含有 n 个未知数的 n 个线性型：

$$\begin{gathered} y_1=a_{11}x_1+\cdots+a_{1n}x_n \\ \vdots \\ y_n=a_{n1}x_1+\cdots+a_{nn}x_n \end{gathered}$$

我们假定 x_s 可以取任意的复数值而把$(y_1,\cdots,y_n)$ 看作某一向量的分量. 如果行列式 $|a_{ik}|$ 不等于零，则对于任意值 y_k 我们得到确定的值 x_k，因而上面的公式给予我们整个 n 维空间 $\boldsymbol{y}$. 现在假定，表 $|a_{ik}|$ 的秩 r 小于 n. 不失普遍性，可以把位于左上角的 r 阶行列式看作不等于零. 此时，关于线性方程组的基本定理告诉我们：由上面公式所确定的值$(y_1,\cdots,y_n)$ 的集合具有这样的性质，即 $y_1,\cdots,y_r$ 的值可以任意，但是，如果这些 y_i 的值一经取定，则 $y_{r+1},\cdots,y_n$ 的值即跟着完全决定，即这些值是根据特征行列式等于零的条件而得到的. 用几何的话来说，意思就是，上面的公式确定一 r 维子空间而且它可由如下得到的 r 个向量生成：令某一个 $y_s(s=1,2,\cdots,r)$ 为 1 而令其余的全为零. 那么，如果表 $|a_{ik}|$ 的秩为 r，则上面公式给出一个向量$(y_1,\cdots,y_n)$，而这些向量确定一个 r 维子空间.

上面我们所考虑的是线性型的个数等于变数 x_s 的个数的情形. 现在看一般情形

$$
\begin{gathered}
y_1=a_{11}x_1+\cdots+a_{1n}x_n\\
\vdots\\
y_m=a_{m1}x_1+\cdots+a_{mn}x_n
\end{gathered}
$$

在这种情形下,这个公式对于任意的 x_s 确定一个包含在 m 维空间内的子空间,它的维数等于表 $|a_{ik}|$ 的秩. 证明与前面的完全一样.

16. 格拉姆行列式、阿达马不等式

假设取 m 个向量:

$$
\boldsymbol{x}^{(s)}(x_1^{(s)},x_2^{(s)},\cdots,x_n^{(s)})\quad(s=1,2,\cdots,n)
$$

作一个以数量积 $(\boldsymbol{x}^{(i)},\boldsymbol{x}^{(k)})$ 为元素的 m 阶行列式并且引进下面的记号:

$$
G(\boldsymbol{x}^{(1)},\boldsymbol{x}^{(2)},\cdots,\boldsymbol{x}^{(m)}=|\boldsymbol{x}^{(i)},\boldsymbol{x}^{(k)}|_1^m=
$$

$$
\begin{vmatrix}
(\boldsymbol{x}^{(1)},\boldsymbol{x}^{(1)}) & (\boldsymbol{x}^{(1)},\boldsymbol{x}^{(2)}) & \cdots & (\boldsymbol{x}^{(1)},\boldsymbol{x}^{(m)})\\
(\boldsymbol{x}^{(2)},\boldsymbol{x}^{(1)}) & (\boldsymbol{x}^{(2)},\boldsymbol{x}^{(2)}) & \cdots & (\boldsymbol{x}^{(2)},\boldsymbol{x}^{(m)})\\
\vdots & \vdots & & \vdots\\
(\boldsymbol{x}^{(m)},\boldsymbol{x}^{(1)}) & (\boldsymbol{x}^{(m)},\boldsymbol{x}^{(2)}) & \cdots & (\boldsymbol{x}^{(m)},\boldsymbol{x}^{(m)})
\end{vmatrix}\tag{35}
$$

这个行列式叫作向量

$$
\boldsymbol{x}^{(1)},\boldsymbol{x}^{(2)},\cdots,\boldsymbol{x}^{(m)}
$$

的格拉姆行列式.

现在分成下面三种情况来讨论:

$$
m=n,m<n\text{ 与 }m>n
$$

上面行列式的一般项为

$$
(\boldsymbol{x}^{(i)},\boldsymbol{x}^{(k)})=\sum_{s=1}^{n}x_s^{(i)}\overline{x}_s^{(k)}
$$

当 $m=n$ 时行列式(35) 等于下列行列式的乘积

$$
\begin{vmatrix}
x_1^{(1)} & x_2^{(1)} & \cdots & x_n^{(1)}\\
x_1^{(2)} & x_2^{(2)} & \cdots & x_n^{(2)}\\
\vdots & \vdots & & \vdots\\
x_1^{(n)} & x_2^{(n)} & \cdots & x_n^{(n)}
\end{vmatrix},
\begin{vmatrix}
\overline{x}_1^{(1)} & \overline{x}_1^{(2)} & \cdots & \overline{x}_1^{(n)}\\
\overline{x}_2^{(1)} & \overline{x}_2^{(2)} & \cdots & \overline{x}_2^{(n)}\\
\vdots & \vdots & & \vdots\\
\overline{x}_n^{(1)} & \overline{x}_n^{(2)} & \cdots & \overline{x}_n^{(n)}
\end{vmatrix}
$$

这里的乘法是应用行与列相乘的法则,注意行列式的值并不因行列互换而改变,由此可知第二个因子与第一个因子是共轭的复数,所以格拉姆行列式(35) 当 $m=n$ 时等于行列式 $|x_k^{(i)}|_1^n$ 的模的平方,而行列式 $|x_k^{(i)}|_1^n$ 系由向量 $\boldsymbol{x}^{(1)}$,$\boldsymbol{x}^{(2)},\cdots,\boldsymbol{x}^{(n)}$ 的分量 $x_k^{(i)}$ 作为元素所组成的. 因此,行列式(35) 当上述向量线性无关时取正值,当它们线性相关时等于零[12]. 当 $m\neq n$ 时我们有两个长方表:

$$\left\| \begin{matrix} x_1^{(1)} & x_2^{(1)} & \cdots & x_n^{(1)} \\ x_1^{(2)} & x_2^{(2)} & \cdots & x_n^{(2)} \\ \vdots & \vdots & & \vdots \\ x_1^{(m)} & x_2^{(m)} & \cdots & x_n^{(m)} \end{matrix} \right\| \tag{36_1}$$

与

$$\left\| \begin{matrix} \overline{x}_1^{(1)} & \overline{x}_1^{(2)} & \cdots & \overline{x}_1^{(m)} \\ \overline{x}_2^{(1)} & \overline{x}_2^{(2)} & \cdots & \overline{x}_2^{(m)} \\ \vdots & \vdots & & \vdots \\ \overline{x}_n^{(1)} & \overline{x}_n^{(2)} & \cdots & \overline{x}_n^{(m)} \end{matrix} \right\| \tag{36_2}$$

与行列式(35)对应的表是上面两个表的乘积[7].由于[7]的定理,行列式(35)当 $m > n$ 时等于零.但是在这种情形下向量 $\boldsymbol{x}^{(1)},\boldsymbol{x}^{(2)},\cdots,\boldsymbol{x}^{(m)}$ 是线性相关的[12].当 $m < n$ 时,由于刚才提到的定理

$$G(\boldsymbol{x}^{(1)},\boldsymbol{x}^{(2)},\cdots,\boldsymbol{x}^{(m)}) = \sum_{r_1<r_2<\cdots<r_m} X\begin{pmatrix} 1 & 2 & \cdots & m \\ r_2 & r_2 & \cdots & r_m \end{pmatrix} Y\begin{pmatrix} r_1 & r_2 & \cdots & r_m \\ 1 & 2 & \cdots & m \end{pmatrix}$$

其中 $X\begin{pmatrix} 1 & 2 & \cdots & m \\ r_1 & r_2 & \cdots & r_m \end{pmatrix}$ 表示表(36_1)中的子式,而 $Y\begin{pmatrix} r_1 & r_2 & \cdots & r_m \\ 1 & 2 & \cdots & m \end{pmatrix}$ 表示表(36_2)中的子式.与上面一样,$Y\begin{pmatrix} r_1 & r_2 & \cdots & r_m \\ 1 & 2 & \cdots & m \end{pmatrix}$ 与 $X\begin{pmatrix} 1 & 2 & \cdots & m \\ r_2 & r_2 & \cdots & r_m \end{pmatrix}$ 是共轭的复数,因而上面公式可换写成下面的形式

$$G(\boldsymbol{x}^{(1)},\boldsymbol{x}^{(2)},\cdots,\boldsymbol{x}^{(m)}) = \sum_{r_1<r_2<\cdots<r_m} \left| X\begin{pmatrix} 1 & 2 & \cdots & m \\ r_1 & r_2 & \cdots & r_m \end{pmatrix} \right|^2 \tag{37}$$

如果向量 $\boldsymbol{x}^{(1)},\boldsymbol{x}^{(2)},\cdots,\boldsymbol{x}^{(m)}$ 线性无关,则表(36_1)的秩等于 m[12],因而在等式(37)右端的那些大于或等于零的项中至少有一项是正的.如果上述的向量是线性相关的,则表(36_1)的秩小于 m,因而所有含于这个表中的 m 阶行列式皆等于零,于是从(37)即可推出,这情形下 $G(\boldsymbol{x}^{(1)},\boldsymbol{x}^{(2)},\cdots,\boldsymbol{x}^{(m)})=0$.所以,总结所考虑的三种情形:$m=n,m>n$ 与 $m<n$ 的结果,我们得到下列的一般的定理.

定理 格拉姆行列式 $G(\boldsymbol{x}^{(1)},\boldsymbol{x}^{(2)},\cdots,\boldsymbol{x}^{(m)})$,当向量 $\boldsymbol{x}^{(1)},\boldsymbol{x}^{(2)},\cdots,\boldsymbol{x}^{(m)}$ 线性无关时,是正的,而当这些向量线性相关时等于零.

现在我们再来证明一个关于格拉姆行列式的公式.首先规定一些记号.假设 $\boldsymbol{x}$ 是 R_n 中的任意一个向量,而且对于它有如下的分解式:$\boldsymbol{x}=\boldsymbol{y}+\boldsymbol{z}$,其中 $\boldsymbol{y}$ 属于由向量 $\boldsymbol{x}^{(1)},\boldsymbol{x}^{(2)},\cdots,\boldsymbol{x}^{(m)}$ 生成的子空间,而 $\boldsymbol{z}$ 是一个与这子空间正交的向量.我们要来证明的公式就是

$$G(\boldsymbol{x}^{(1)},\boldsymbol{x}^{(2)},\cdots,\boldsymbol{x}^{(m)},\boldsymbol{x}) = |\boldsymbol{z}|^2 G(\boldsymbol{x}^{(1)},\boldsymbol{x}^{(2)},\cdots,\boldsymbol{x}^{(m)}) \tag{38}$$

如果注意到等式:

$$(\boldsymbol{x}^{(s)},\boldsymbol{x}) = (\boldsymbol{x}^{(s)},\boldsymbol{y});(\boldsymbol{x},\boldsymbol{x}^{(s)}) = (\boldsymbol{y},\boldsymbol{x}^{(s)})$$

这是从 $\boldsymbol{z}$ 与所有 $\boldsymbol{x}^{(s)}$ 正交这一性质而来的，以及公式 $(\boldsymbol{x},\boldsymbol{x})=(\boldsymbol{y},\boldsymbol{y})+(\boldsymbol{z},\boldsymbol{z})$[13]，于是

$$G(\boldsymbol{x}^{(1)},\boldsymbol{x}^{(2)},\cdots,\boldsymbol{x}^{(m)}\boldsymbol{x})=$$

$$\begin{vmatrix}(\boldsymbol{x}^{(1)},\boldsymbol{x}^{(1)}) & (\boldsymbol{x}^{(1)},\boldsymbol{x}^{(2)}) & \cdots & (\boldsymbol{x}^{(1)},\boldsymbol{x}^{(m)}) & (\boldsymbol{x}^{(1)},\boldsymbol{y})\\ (\boldsymbol{x}^{(2)},\boldsymbol{x}^{(1)}) & (\boldsymbol{x}^{(2)},\boldsymbol{x}^{(2)}) & \cdots & (\boldsymbol{x}^{(2)},\boldsymbol{x}^{(m)}) & (\boldsymbol{x}^{(2)},\boldsymbol{y})\\ \vdots & \vdots & & \vdots & \vdots\\ (\boldsymbol{x}^{(m)},\boldsymbol{x}^{(1)}) & (\boldsymbol{x}^{(m)},\boldsymbol{x}^{(2)}) & \cdots & (\boldsymbol{x}^{(m)},\boldsymbol{x}^{(m)}) & (\boldsymbol{x}^{(m)},\boldsymbol{y})\\ (\boldsymbol{y},\boldsymbol{x}^{(1)}) & (\boldsymbol{y},\boldsymbol{x}^{(2)}) & \cdots & (\boldsymbol{y},\boldsymbol{x}^{(m)}) & (\boldsymbol{y},\boldsymbol{y})+(\boldsymbol{z},\boldsymbol{z})\end{vmatrix}$$

将最后一行的元素换写成：

$$(\boldsymbol{y},\boldsymbol{x}^{(1)})+0,(\boldsymbol{y},\boldsymbol{x}^{(2)})+0,\cdots,(\boldsymbol{y},\boldsymbol{x}^{(m)})+0,(\boldsymbol{y},\boldsymbol{y})+(\boldsymbol{z},\boldsymbol{z})$$

然后根据[3]中性质 Ⅳ，将上面行列式换写两个行列式的和：

$$G(\boldsymbol{x}^{(1)},\boldsymbol{x}^{(2)},\cdots,\boldsymbol{x}^{(m)},\boldsymbol{x})=G(\boldsymbol{x}^{(1)},\boldsymbol{x}^{(2)},\cdots,\boldsymbol{x}^{(m)},\boldsymbol{y})=$$

$$\begin{vmatrix}(\boldsymbol{x}^{(1)},\boldsymbol{x}^{(1)}) & (\boldsymbol{x}^{(1)},\boldsymbol{x}^{(2)}) & \cdots & (\boldsymbol{x}^{(1)},\boldsymbol{x}^{(m)}) & (\boldsymbol{x}^{(1)},\boldsymbol{y})\\ (\boldsymbol{x}^{(2)},\boldsymbol{x}^{(1)}) & (\boldsymbol{x}^{(2)},\boldsymbol{x}^{(2)}) & \cdots & (\boldsymbol{x}^{(2)},\boldsymbol{x}^{(m)}) & (\boldsymbol{x}^{(2)},\boldsymbol{y})\\ \vdots & \vdots & & \vdots & \vdots\\ (\boldsymbol{x}^{(m)},\boldsymbol{x}^{(1)}) & (\boldsymbol{x}^{(m)},\boldsymbol{x}^{(2)}) & \cdots & (\boldsymbol{x}^{(m)},\boldsymbol{x}^{(m)}) & (\boldsymbol{x}^{(m)},\boldsymbol{y})\\ 0 & 0 & \cdots & 0 & |\boldsymbol{z}|^2\end{vmatrix} \tag{39}$$

向量 $\boldsymbol{y}$ 属于由向量 $\boldsymbol{x}^{(1)},\boldsymbol{x}^{(2)},\cdots,\boldsymbol{x}^{(m)}$ 所生成的子空间，也就是，$\boldsymbol{y}$ 可表成 $\boldsymbol{x}^{(s)}$ 的线性组合，所以根据上面证明过的定理：

$$G(\boldsymbol{x}^{(1)},\boldsymbol{x}^{(2)},\cdots,\boldsymbol{x}^{(m)},\boldsymbol{y})=0$$

将式(39)中的行列式按最后一行展开，我们即得公式(38).

从这个公式直接得到下面等式

$$G(\boldsymbol{x}^{(1)},\boldsymbol{x}^{(2)},\cdots,\boldsymbol{x}^{(m)},\boldsymbol{x})\leqslant|\boldsymbol{x}|^2G(\boldsymbol{x}^{(1)},\boldsymbol{x}^{(2)},\cdots,\boldsymbol{x}^{(m)}) \tag{40}$$

必须指出，如果向量 $\boldsymbol{x}^{(s)}$ 线性相关，则

$$G(\boldsymbol{x}^{(1)},\boldsymbol{x}^{(2)},\cdots,\boldsymbol{x}^{(m)},\boldsymbol{x})=G(\boldsymbol{x}^{(1)},\boldsymbol{x}^{(2)},\cdots,\boldsymbol{x}^{(m)})=0$$

如果 $\boldsymbol{x}^{(s)}$ 线性无关，则在不等式(40)中，在而且只有 $\boldsymbol{y}=0$ 时，即 $\boldsymbol{x}$ 与所有 $\boldsymbol{x}^{(s)}$ 正交的时候，等号才能成立.

如果我们反复应用不等式(40)于原来的格拉姆行列式 $G(\boldsymbol{x}^{(1)},\boldsymbol{x}^{(2)},\cdots,\boldsymbol{x}^{(m)})$，则得到它的一个估值：

$$G(\boldsymbol{x}^{(1)},\boldsymbol{x}^{(2)},\cdots,\boldsymbol{x}^{(m)})\leqslant|\boldsymbol{x}^{(1)}|^2|\boldsymbol{x}^{(2)}|^2\cdots|\boldsymbol{x}^{(m)}|^2 \tag{41}$$

这里应该注意到 $G(\boldsymbol{x}^{(1)})=|\boldsymbol{x}^{(1)}|^2$.

式(41)中的等号在而且只有在向量两两正交时才能成立. 这里我们假定向量中没有一个是零向量. 不等式(41)使得我们有可能对任意的行列式的值做一个估计. 假设 Δ 是具有元素 a_{ik} 的 n 阶行列式. 将这个行列式的第 i 行元素 $(a_{i1},a_{i2},\cdots,a_{in})$ 看作 R_n 中某一个向量 $\boldsymbol{x}^{(i)}$ 的分量. 用与 a_{ik} 共轭的 $\bar{a}_{ik}$ 为元素作

一新行列式,它显然等于$\overline{\Delta}$.按行与行相乘的法则作行列式Δ与$\overline{\Delta}$的乘积,即得格拉姆行列式$G(\boldsymbol{x}^{(1)},\boldsymbol{x}^{(2)},\cdots,\boldsymbol{x}^{(n)})$,它的值按照行列式的乘法定理等于$\Delta\overline{\Delta}$,也即等于$|\Delta|^2$.然后应用不等式(41),我们得到关于行列式的模的一个估值,即阿达马不等式:

$$|\Delta|^2 \leqslant \sum_{k=1}^{n}|a_{1k}|^2 \cdot \sum_{k=1}^{n}|a_{2k}|^2 \cdot \cdots \cdot \sum_{k=1}^{n}|a_{nk}|^2 \tag{42}$$

如果行列式Δ的元素为实数,则上式可写成:

$$\Delta^2 \leqslant \sum_{k=1}^{n}a_{1k}^2 \cdot \sum_{k=1}^{n}a_{2k}^2 \cdot \cdots \cdot \sum_{k=1}^{n}a_{nk}^2 \tag{43}$$

如果对于行列式Δ的元素有下面的估值:

$$|a_{ik}| \leqslant M \quad (i,k=1,2,\cdots,n)$$

则显然有

$$\sum_{k=1}^{n}|a_{ik}|^2 \leqslant nM^2$$

根据(42)即得估值:

$$|\Delta| \leqslant n^{\frac{n}{2}}M^n \tag{44}$$

根据上面的叙述,(42)中的等号在而且只有在向量$\boldsymbol{x}^{(i)}$两两正交的时候才能成立.

我们还可以得到关于格拉姆行列式的其他估值.这是根据一个由推广不等式(40)而得来的新不等式.

假设文字X,Y,Z各表由R_n中一些向量作成的序列.刚才提到的不等式(40)的一个推广就是

$$G(X,Y,Z)\cdot G(X) \leqslant G(X,Z)\cdot G(X,Y) \tag{45}$$

在这个不等式中可以允许向量序列是空的,所谓空的向量序列就是不含有任何向量的序列.如果W是这样一个序列,则假定$G(W)=1$.

根据这个不等式我们可以得到下面的格拉姆行列式的另一估值:

$$G(\boldsymbol{x}^{(1)},\boldsymbol{x}^{(2)},\cdots,\boldsymbol{x}^{(m)}) \leqslant \left[\prod_{k=1}^{m}G(\boldsymbol{x}^{(1)},\cdots,\boldsymbol{x}^{(k-1)},\boldsymbol{x}^{(k)},\cdots,\boldsymbol{x}^{(m)})\right]^{\frac{1}{m-1}}$$

其中$\prod$是乘积记号.反复应用这个不等式可以导出新的不等式,使得其中的格拉姆行列式含有数目更少的向量.在所有这些不等式中,在而且只有在和向量两两正交的时候,等号才能成立.刚才提到的格拉姆行列式的估值是M.K.法格得到的(苏联科学院学报,1946年,卷LIV No9).

17.常系数线性微分方程组

现在我们把既得的结果应用于常系数线性微分方程组的积分问题.这样的

方程组可写成

$$\begin{cases} x'_1 = a_{11}x_1 + a_{12}x_2 + \cdots + a_{1n}x_n \\ x'_2 = a_{21}x_1 + a_{22}x_2 + \cdots + a_{2n}x_n \\ \qquad\vdots \\ x'_n = a_{n1}x_1 + a_{n2}x_2 + \cdots + a_{nn}x_n \end{cases} \tag{46}$$

其中 x_j 为待求的 t 的函数，x'_j 为它的微商，a_{ik} 为给定的常数. 我们来求下列形状的解：

$$x_1 = b_1 e^{\lambda t}; x_2 = b_2 e^{\lambda t}; \cdots; x_n = b_n e^{\lambda t} \tag{47}$$

把它们代入方程组(46) 并且消去因子 $e^{\lambda t}$，就得到一个用以决定常数 $b_1, b_2, \cdots, b_n$ 的方程组

$$\begin{cases} (a_{11} - \lambda)b_1 + a_{12}b_2 + \cdots + a_{1n}b_n = 0 \\ a_{21}b_1 + (a_{22} - \lambda)b_2 + \cdots + a_{2n}b_n = 0 \\ \qquad\vdots \\ a_{n1}b_1 + a_{n2}b_2 + \cdots + (a_{nn} - \lambda)b_n = 0 \end{cases} \tag{48}$$

因为，对于未知数 b_j 我们应当得到非零解，因而上述方程组的行列式必须等于零，就是说，我们得到关于常数的方程：

$$\begin{vmatrix} a_{11} - \lambda & a_{12} & \cdots & a_{1n} \\ a_{21} & a_{22} - \lambda & \cdots & a_{2n} \\ \vdots & \vdots & & \vdots \\ a_{n1} & a_{n2} & \cdots & a_{nn} - \lambda \end{vmatrix} = 0 \tag{49}$$

这样的方程通常叫作特征方程. 当我们考察无阻力的力学体系的振动时，在系数表为对称的，即 $a_{ik} = a_{ki}$ 而且系数皆为实数的这一特别情形下，这个方程是大家都知道的，当以后考察微小振动时我们还要说到它. 现在我们大体上来研究一下这个方程组. 方程(49) 是一个最高项为 $(-\lambda)^n$ 的 n 次代数方程. 如果这方程有 n 个不同的根

$$\lambda = \lambda_1; \cdots; \lambda = \lambda_n$$

那么，把 $\lambda = \lambda_j$ 的每一个值代入到方程组(48) 的系数中，我们即得 n 个关于对应的未知数 $b_1, \cdots, b_n$ 的齐次方程组，而且它们的行列式皆为零，因而有可能得到这些未知数的非零解. 因此，按照公式(47) 我们得到方程(46) 的 n 个线性无关的解，而且它们的线性组合给出方程组(46) 的一般积分. 如果特征方程(49) 有重根，则求解的问题变得比较复杂，就是说，方程(49) 的每一个 k 重根应该相当于方程组(46) 的 k 个线性无关的解，其中有一解一定属于(47) 的形式，而其余的解，一般说来，还包含一个 t 的多项式因子. 但是，在现在的情形，与一个常系数方程[Ⅱ,40] 有不同的地方，就是在对应于上述重根的解中，可以有多于一

个的解(甚至是全部的解)都取(47)的形式.在这里我们不想详细地研究这种情形,因为,以后利用复变函数的理论,可用别的方法求解方程组(47).

现在回过来看在我们的问题中起基础作用的特征方程(49).当 n 大的时候,求解这个方程,甚至于是求它的近似解,有实际的困难,这程困难系由如下的情况所引起,即要求的未知数 λ 不是在某一行或一列,而是在对角线上,如将这方程的左端按 λ 的幂展开,那就需要在[4]中提到的大量的计算.现在我们来叙述一个变形方法,将方程(49)化成实际计算较为便利的形式,在这种形式中 λ 只在一列出现.这个方法是院士 A. H. 克雷罗夫给出的.可以在他的著作《在技术问题中确定物质体系的微小振动的频率的方程的数值解法》(苏联科学院学报,1931年)中找到.

作一个待求诸量的线性组合

$$\xi=\alpha_{01}x_1+\alpha_{02}x_2+\cdots+\alpha_{0n}x_n \tag{50}$$

其中 α_{0j} 为用任何方式取定的数字系数.将方程(50)对 t 求微商 n 次,每求一次微商之后,即用方程组(46)中的表达式代入等式右端的微商 x'_j.这样我们得到 $(n+1)$ 个方程:

$$\begin{cases}\xi=\alpha_{01}x_1+\alpha_{02}x_2+\cdots+\alpha_{0n}x_n\\ \xi'=\alpha_{11}x_1+\alpha_{12}x_2+\cdots+\alpha_{1n}x_n\\ \qquad\vdots\\ \xi^{(n-1)}=\alpha_{n-1,1}x_1+\alpha_{n-1,2}x_2+\cdots+\alpha_{n-1,n}x_n\\ \xi^{(n)}=\alpha_{n1}x_1+\alpha_{n2}x_2+\cdots+\alpha_{nn}x_n\end{cases} \tag{51}$$

假设由前 n 个方程的系数 α_{ik} 所组成的行列式不等于零.此时由前 n 个方程可以把 x_j 用 $\xi,\xi',\cdots,\xi^{(n-1)}$ 表达出来,然后将这些表达式代入最后一个方程中,于是即得一个 ξ 的 n 阶方程.借助行列式,我们也可以直接从 $(n+1)$ 个方程消去 x_j.实际上,把这些方程改写成下面方程

$$\begin{gathered}\xi x_0+\alpha_{01}x_1+\alpha_{02}x_2+\cdots+\alpha_{0n}x_n=0\\ \xi' x_0+\alpha_{11}x_1+\alpha_{12}x_2+\cdots+\alpha_{1n}x_n=0\\ \vdots\\ \xi^{(n)}x_0+\alpha_{n1}x_1+\alpha_{n2}x_2+\cdots+\alpha_{nn}x_n=0\end{gathered}$$

其中 $x_0=-1$,就可以把这 $(n+1)$ 个方程看作关于量 $x_0,x_1,\cdots,x_n$ 的齐次方程组.

上面这方程组的行列式必须等于零,于是我们就得到消去 x_j 后的要求的结果

$$\begin{vmatrix}\xi & \alpha_{01} & \alpha_{02} & \cdots & \alpha_{0n}\\ \xi' & \alpha_{11} & \alpha_{12} & \cdots & \alpha_{1n}\\ \vdots & \vdots & \vdots & & \vdots\\ \xi^{(n)} & \alpha_{n1} & \alpha_{n2} & \cdots & \alpha_{nn}\end{vmatrix}=0 \tag{52}$$

我们来求这个方程的取下面形式的解：

$$\xi = e^{\lambda t}$$

把这个解代入行列式(52)的第一列而且把因子 $e^{\lambda t}$ 提到行列式记号之外，然后消去这个因子，我们即得到一个决定 λ 的方程：

$$\begin{vmatrix} 1 & \alpha_{01} & \alpha_{02} & \cdots & \alpha_{0n} \\ \lambda & \alpha_{11} & \alpha_{12} & \cdots & \alpha_{1n} \\ \vdots & \vdots & \vdots & & \vdots \\ \lambda^n & \alpha_{n1} & \alpha_{n2} & \cdots & \alpha_{nn} \end{vmatrix} = 0 \tag{53}$$

不难证明，在上述的假设下，方程(53)与方程(49)具有相同的根.实际上，假设 $\lambda = \lambda_0$ 为方程(53)的某一根，于是方程(52)即有下列形式的解：

$$\xi = Ce^{\lambda_0 t} \tag{54}$$

其中 C 为任意常数.此时，由方程组(51)的前 n 个方程，我们得到 x_j 的一解，其形式如[47]而 $\lambda = \lambda_0$，这就是说，$\lambda = \lambda_0$ 是方程(49)的一个根.反之，如果 $\lambda = \lambda_0$ 是方程(49)的一个根，则我们对 x_j 有形式如(47)的一解，而 $\lambda = \lambda_0$，其中 b_j 为数字常数而且不全为零.把这些 x_j 的表达式代入方程组(51)的第一个中，我们即得 ξ 的形式为(54)的一解，而且这个解一定不等于零.假如不然，我们将有

$$\xi = \xi' = \cdots = \xi^{(n-1)} = 0$$

由是，根据方程组(51)的前 n 个方程，直接得到

$$x_1 = x_2 = \cdots = x_n = 0$$

所以，方程(49)的每个根确实为方程(53)的根.这样一来，根据我们的上述假设.方程(53)与方程(49)有完全一样的根.这个方法对于数字的例子的应用以及对于用于我们的假设不成立的情形的考察，在上面提到的院士 A. H. 克雷罗夫的著作中可以找到.

如果让公式(50)取 $\xi = x_1$ 的形式，则只需要最简单的计算.在这种情形下，方程(53)将取下面的形式：

$$\begin{vmatrix} 1 & 1 & 0 & \cdots & 0 \\ \lambda_1 & \alpha_{11} & \alpha_{12} & \cdots & \alpha_{1n} \\ \vdots & \vdots & \vdots & & \vdots \\ \lambda^n & \alpha_{n1} & \alpha_{n2} & \cdots & \alpha_{nn} \end{vmatrix} = 0$$ ①

不看方程组(46)我们来考虑下面的二阶方程组：

---

① 对于特征方程的变换，A. 丹尼列夫斯基曾经给过一个简单而适用的方法(数学论3集，卷2，1期).

$$\begin{cases} x''_1 = a_{11}x_1 + a_{12}x_2 + \cdots + a_{1n}x_n \\ x''_2 = a_{21}x_1 + a_{22}x_2 + \cdots + a_{2n}x_n \\ \vdots \\ x''_n = a_{n1}x_1 + a_{n2}x_2 + \cdots + a_{nn}x_n \end{cases} \tag{55}$$

这样的方程组在力学中时常遇见.如果要求它的下列形式的解

$$x_j = b_j\cos(\lambda t + \varphi)$$

则我们得到关于 λ 的方程:

$$\begin{vmatrix} a_{11}+\lambda^2 & a_{12} & \cdots & a_{1n} \\ a_{21} & a_{22}+\lambda^2 & \cdots & a_{2n} \\ \vdots & \vdots & & \vdots \\ a_{n1} & a_{n2} & \cdots & a_{nn}+\lambda^2 \end{vmatrix} = 0 \tag{56}$$

常数 b_j 可以由类似于(48)的方程组来决定,而 φ 是任意的.

最后,我们来看方程组:

$$\begin{cases} x''_1 = a_{11}x_1 + \cdots + a_{1n}x_n + c_{11}x'_1 + \cdots + c_{1n}x'_n \\ x''_2 = a_{21}x_1 + \cdots + a_{2n}x_n + c_{21}x'_1 + \cdots + c_{2n}x'_n \\ \vdots \\ x''_n = a_{n1}x_1 + \cdots + a_{nn}x_n + c_{n1}x'_1 + \cdots + c_{nn}x'_n \end{cases} \tag{57}$$

这个方程组含有一阶微商.如果我们仍然求形式如(47)的解,则我们得到下面的特征方程:

$$\begin{vmatrix} a_{11}+c_{11}\lambda-\lambda^2 & a_{12}+c_{12}\lambda & \cdots & a_{1n}+c_{1n}\lambda \\ a_{21}+c_{22}\lambda & a_{22}+c_{22}\lambda-\lambda^2 & \cdots & a_{2n}+c_{2n}\lambda \\ \vdots & \vdots & & \vdots \\ a_{n1}+c_{n1}\lambda & a_{n2}+c_{n2}\lambda & \cdots & a_{nn}+c_{nn}\lambda-\lambda^2 \end{vmatrix} = 0 \tag{58}$$

如引入补充的未知数

$$x_{n+1} = x'_1, x_{n+2} = x'_2, \cdots, x_{2n} = x'_n \tag{59}$$

则方程组(57)化成 $2n$ 个一阶方程,其中 n 个方程可以从方程组(57)做如下的替换

$$x''_j = x'_{n+j} \text{ 与 } x'_j = x_{n+j} \quad (j = 1, 2, \cdots, n)$$

而得到,而其余 n 个则是方程(59).

18. 函数行列式

假设有 n 个变数 $x_1, x_2, \cdots, x_n$ 的 n 个函数

$$\varphi_1(x_1, x_2, \cdots, x_n); \varphi_2(x_1, x_2, \cdots, x_n); \cdots; \varphi_n(x_1, x_2, \cdots, x_n) \tag{60}$$

这些函数对于变数 x_s 的函数行列式定义为这样一个 n 阶行列式,其元素系

按公式：$a_{ik}=\dfrac{\partial\varphi_i}{\partial x_k}$ 计算而得来的. 对于函数行列式我们引用一个特别的记号：

$$\frac{D(\varphi_1,\cdots,\varphi_n)}{D(x_1,\cdots,x_n)}=\begin{vmatrix}\dfrac{\partial\varphi_1}{\partial x_1} & \dfrac{\partial\varphi_1}{\partial x_2} & \cdots & \dfrac{\partial\varphi_1}{\partial x_n}\\ \dfrac{\partial\varphi_2}{\partial x_1} & \dfrac{\partial\varphi_2}{\partial x_2} & \cdots & \dfrac{\partial\varphi_2}{\partial x_n}\\ \vdots & \vdots & & \vdots\\ \dfrac{\partial\varphi_n}{\partial x_1} & \dfrac{\partial\varphi_n}{\partial x_2} & \cdots & \dfrac{\partial\varphi_n}{\partial x_n}\end{vmatrix} \tag{61}$$

讲重积分换元法则时[Ⅱ,57 与 60]，我们曾经见过这样的行列式. 如果我们在平面上施行换元：

$$x=\varphi(u,v);y=\psi(u,v) \tag{62}$$

它将点(u,v)变到点(x,y)，则函数行列式

$$\frac{D(\varphi,\psi)}{D(u,v)} \tag{63}$$

的绝对值为在点变换(62)下在指定的点(u,v)的面积改变的系数，这里我们假定，在应用点变换(62)的区域内，函数(62)对于变数u与v的偏微商是连续的以及行列式(63)不等于零. 用同样的方法，如果在三维空间内有一个点变换：

$$x=\varphi(q_1,q_2,q_3);y=\psi(q_1,q_2,q_3);z=\omega(q_1,q_2,q_3)$$

它把坐标为(q_1,q_2,q_3)的点变到点(x,y,z)，而区域(V_1)变到区域(V)，则在三重积分下的换元公式取下列形式[Ⅱ,60]：

$$\iiint_{(V)}f(x,y,z)\,\mathrm{d}x\mathrm{d}y\mathrm{d}z=\iiint_{(V_1)}f(\varphi,\psi,\omega)\mid D\mid \mathrm{d}q_1\mathrm{d}q_2\mathrm{d}q_3$$

其中

$$D=\frac{D(\varphi,\psi,\omega)}{D(q_1,q_2,q_3)}$$

而$\mid D\mid$为在由点(q_1,q_2,q_3)到点(x,y,z)的变换下在指定的点的体积改变的系数.

完全一样，我们也可以考虑一个只含一个自变数的函数：

$$u=f(x)$$

把它看作坐标轴OX上的点变换，它把横坐标为x的点变到横坐标为u的点. 此时，微商的绝对值$\mid f'(x)\mid$显然是在指定的点的直线长度改变的系数. 上述的一切结果可以推广到n维空间内点变换情形以及n重积分的换元.

就二维与三维的情形所阐明的函数行列式与微商之间的相似性还以一些属于形式的性质之间的某些相似性作为它的推论. 这是我们现在要来证明的.

假设有函数组

$$\varphi_1(y_1,\cdots,y_n),\cdots,\varphi_n(y_1,\cdots,y_n)$$

而且假设 $y_1,\cdots,y_n$ 不是自变数而它们本身是 $x_1,\cdots,x_n$ 的函数,以至归根到底函数 φ_i 就是变数 x_i 的函数,我们可以作三个函数行列式:

$$\frac{D(\varphi_1,\cdots,\varphi_n)}{D(y_1,\cdots,y_n)};\frac{D(\varphi_1,\cdots,\varphi_n)}{D(x_1,\cdots,x_n)};\frac{D(y_1,\cdots,y_n)}{D(x_1,\cdots,x_n)}$$

这些函数行列式的元素分别是

$$\frac{\partial\varphi_i}{\partial y_k};\frac{\partial\varphi_i}{\partial x_k};\frac{\partial y_i}{\partial x_k}$$

但是按照复合函数的微分法则,我们有

$$\frac{\partial\varphi_i}{\partial x_k}=\frac{\partial\varphi_i}{\partial y_1}\cdot\frac{\partial y_1}{\partial x_k}+\cdots+\frac{\partial\varphi_i}{\partial y_n}\cdot\frac{\partial y_n}{\partial x_k}$$

如按照行与列相乘的公式来应用关于行列式乘法的定理,我们得到表达函数行列式的第一个性质的等式:

$$\frac{D(\varphi_1,\cdots,\varphi_n)}{D(x_1,\cdots,x_n)}=\frac{D(\varphi_1,\cdots,\varphi_n)}{D(y_1,\cdots,y_n)}\cdot\frac{D(y_1,\cdots,y_n)}{D(x_1,\cdots,x_n)}\tag{64}$$

这个等式类似于一个自变数的复合函数的微分法则.

我们还要来说明函数行列式的另一个性质. 函数组 φ_i 可以看作从变数 x_i 到新变数 φ_i 的变换:

$$\varphi_i=\varphi_i(x_1,\cdots,x_n)\quad(i=1,2,\cdots,n)\tag{65}$$

首先来注意一个特殊情形,即所谓恒等变换的情形:

$$\varphi_1=x_1;\varphi_2=x_2;\cdots;\varphi_n=x_n$$

它的函数行列式为

$$\begin{vmatrix}1&0&0&\cdots&0\\0&1&0&\cdots&0\\0&0&1&\cdots&0\\\vdots&\vdots&\vdots&&\vdots\\0&0&0&\cdots&1\end{vmatrix}=1$$

现在,方程(65) 可以对 x_i 来解,使得 x_i 借 φ_i 表达出来:

$$x_i=x_i(\varphi_1,\cdots,\varphi_n)\quad(i=1,2,\cdots,n)\tag{66}$$

变换(66) 自然地叫作(65) 的逆变换. 如果把表达式(66) 代入等式(65) 的右端,则得到恒等式 $\varphi_1=\varphi_1;\cdots;\varphi_n=\varphi_n$,或者换句话说,得到恒等变换. 现在将公式(64) 应用于这个特殊情形,这时必须认为 $y_i=x_i$ 与 $x_i=\varphi_i$,可是在公式(64) 的左端我们得到恒等变换的函数行列式:

$$\frac{D(\varphi_1,\cdots,\varphi_n)}{D(\varphi_1,\cdots,\varphi_n)}=\frac{D(\varphi_1,\cdots,\varphi_n)}{D(x_1,\cdots,x_n)}\cdot\frac{D(x_1,\cdots,x_n)}{D(\varphi_1,\cdots,\varphi_n)}$$

或

$$\frac{D(\varphi_1,\cdots,\varphi_n)}{D(x_1,\cdots,x_n)}\cdot\frac{D(x_1,\cdots,x_n)}{D(\varphi_1,\cdots,\varphi_n)}=1\tag{67}$$

就是说,变换以及其逆变换的函数行列式的乘积等于 1. 这个性质类似于一个自变数的函数的反函数的微商的性质.

现在来阐明函数

$$\varphi_1(x_1,\cdots,x_n);\varphi_2(x_1,\cdots,x_n);\cdots;\varphi_n(x_1,\cdots,x_n)$$

对于变数 x_s 的函数行列式

$$\frac{D(\varphi_1,\varphi_2,\cdots,\varphi_n)}{D(x_1,x_2,\cdots,x_n)} \tag{68}$$

恒等于零这个条件的意义. 假设这些函数是被一个函数关系联结着:

$$F(\varphi_1,\cdots,\varphi_n)=0 \tag{69}$$

这里等式(69) 是关于自变数 x_j 的恒等式. 求它对所有自变数的微商,于是得到 n 个恒等式:

$$\begin{cases}\dfrac{\partial F}{\partial \varphi_1}\cdot\dfrac{\partial \varphi_1}{\partial x_1}+\cdots+\dfrac{\partial F}{\partial \varphi_n}\cdot\dfrac{\partial \varphi_n}{\partial x_1}=0\\ \qquad\vdots\\ \dfrac{\partial F}{\partial \varphi_1}\cdot\dfrac{\partial \varphi_1}{\partial x_n}+\cdots+\dfrac{\partial F}{\partial \varphi_n}\cdot\dfrac{\partial \varphi_n}{\partial x_n}=0\end{cases} \tag{70}$$

我们可以把这 n 个恒等式看作下列 n 个量

$$\frac{\partial F}{\partial \varphi_1},\cdots,\frac{\partial F}{\partial \varphi_n}$$

的线性方程,而且显然这些量不可能同时恒等于零,因为,不然的话,F 将不含有任何一个函数 φ_i. 因此,齐次方程组(70) 的行列式必须等于零,也就是说,函数行列式(68) 等于零. 那么,从函数关系(69) 的存在推出函数行列式(68) 恒等于零. 它的逆定理也是可以证明的,但我们这里不证明它. 总之,函数行列式(68) 恒等于零是这些函数 $\varphi_i(x_1,\cdots,x_n)$ 之间有一个函数关系的必要且充分的条件①.

作为例子我们来看三个含有自变数 x_1,x_2,x_3 的函数:

$$\varphi_1=x_1^2+x_2^2+x_3^2;\varphi_2=x_1+x_2+x_3;\varphi_3=x_1x_2+x_1x_3+x_2x_3 \tag{71}$$

不难验算,它们之间有下列关系存在:

$$\varphi_2^2-\varphi_1-2\varphi_3=0$$

作出关于函数组(71) 的函数行列式:

$$\frac{D(\varphi_1,\varphi_2,\varphi_3)}{D(x_1,x_2,x_3)}=\begin{vmatrix}2x_1 & 2x_2 & 2x_3\\ 1 & 1 & 1\\ x_2+x_3 & x_1+x_3 & x_1+x_2\end{vmatrix}$$

① 注意,我们对于方程组(70) 的讨论是形式的. 严格说来,并不是一个证明.

读者自己可以证明这个行列式恒等于零.

19. 隐函数

在卷 Ⅰ 中我们曾经证明关于由一个方程确定的隐函数的存在定理[Ⅰ,159]. 现在我们把这个定理推广到方程组的情形. 先把上述已经证过的定理表述如下:设 $x=x_0, y=y_0$ 是方程

$$F(x,y)=0 \tag{72}$$

的解,而且设 $F(x,y)$ 与它的一阶偏微商在 $x=x_0, y=y_0$ 以及在所有充分逼近这点的值 x,y 是连续的,最后,假设偏微商 $F'_y(x,y)$ 在 $x=x_0, y=y_0$ 不等于零. 则方程(72) 对于充分逼近 x_0 的值 x 确定一个唯一的函数 $y(x)$,它是连续的,具有微商,而且满足条件 $y(x_0)=y_0$. 如我们提到过的,完全一样地可以证明,一个具有解 $x=x_0, y=y_0, z=z_0$ 的方程

$$F(x,y,z)=0$$

在函数 $F(x,y,z)$ 以及它的一阶偏微商在上述的值的邻域为连续而且 $F'_z(x_0,y_0,z_0)\neq 0$ 的条件下,确定一个唯一的函数 $z(x,y)$,它在 $x=x_0, y=y_0$ 的邻域连续,具有对 x 及 y 的偏微商而且满足条件 $z(x_0,y_0)=z_0$. 现在来考察两个方程的组

$$\varphi(x,y,z)=0;\psi(x,y,z)=0 \tag{73}$$

假设这方程组有解 $x=x_0, y=y_0, z=z_0$,函数 $\varphi(x,y,z)$,$\psi(x,y,z)$ 以及它的偏微商在上述值的邻域内连续,而且函数行列式

$$\frac{D(\varphi,\psi)}{D(y,z)}=\begin{vmatrix}\frac{\partial\varphi}{\partial y} & \frac{\partial\varphi}{\partial z}\\ \frac{\partial\psi}{\partial y} & \frac{\partial\psi}{\partial z}\end{vmatrix}=\frac{\partial\varphi}{\partial y}\frac{\partial\psi}{\partial z}-\frac{\partial\varphi}{\partial z}\frac{\partial\psi}{\partial y} \tag{74}$$

在变数取上述值时不等于零. 于是,方程组(73) 对于充分逼近 x_0 的值确定一个唯一的函数组 $y(x)$,$z(x)$,它们连续,具有一级微商而且满足条件 $y(x_0)=y_0$,$z(x_0)=z_0$.

因为表达式(74) 在 $x=x_0, y=y_0, z=z_0$ 不等于零,则在$\frac{\partial\psi}{\partial y}$与$\frac{\partial\psi}{\partial z}$中至少有一个不等于零. 譬如说,假设$\frac{\partial\psi}{\partial z}$在变数取上述值时不等于零. 按照上述定理,(73) 中第二个方程唯一地确定一个函数 $z(x,y)$. 把这个函数代入方程组中第一个方程中,得到一个两个变数 x 与 y 的函数:

$$\varphi[x,y,z(x,y)]=0 \tag{75}$$

为了证明本定理,我们只需证明,方程(75) 的左端对 y 的偏微商在 $x=x_0, y=y_0$ 不等于零,这个偏微商表成

$$\left(\frac{\partial\varphi}{\partial y}\right)=\frac{\partial\varphi}{\partial y}+\frac{\partial\varphi}{\partial z}\cdot\frac{\partial z}{\partial y} \tag{76}$$

其中$\left(\frac{\partial\varphi}{\partial y}\right)$为函数 $\varphi(x,y,z)$ 对 y 的全微商. 函数 $z(x,y)$ 是(73) 中第二个方程的解,所以下式

$$\psi[x,y,z(x,y)]=0$$

是一个恒等式.

由这个恒等式对 y 求微商:

$$\frac{\partial\psi}{\partial y}+\frac{\partial\psi}{\partial z}\cdot\frac{\partial z}{\partial y}=0 \tag{77}$$

在(76) 的两端乘以$\frac{\partial\psi}{\partial z}$,在恒等式(77) 的两端乘以$\frac{\partial\varphi}{\partial z}$,然后相加,经过初等变换之后,于是我们得到

$$\frac{\partial\psi}{\partial z}\cdot\left(\frac{\partial\varphi}{\partial y}\right)=\frac{D(\varphi,\psi)}{D(y,z)}$$

当 $x=x_0,y=y_0$ 时,函数 $z(x,y)$ 的值为 z_0,而且常变数取上述值时,$\frac{\partial\psi}{\partial z}$与(74) 都不等于零,因而$\left(\frac{\partial\varphi}{\partial y}\right)$也不等于零. 所以,方程(75) 确定一个唯一的函数 $y(x)$. 把它代入 $z(x,y)$,于是得到作为 x 的函数看的 z. 这个证明不仅对于一个自变数 x 而且对于多个自变数仍然有效.

关于隐函数的普遍定理是:假设由 n 个方程作成的组:

$$F_1(x_1,\cdots,x_m,y_1,\cdots,y_n)=0;\cdots;F_n(x_1,\cdots,x_m,y_1,\cdots,y_n)=0 \tag{78}$$

有一个解

$$x_k=x_k^{(0)},y_l=y_l^{(0)}\quad\begin{pmatrix}k=1,\cdots,m\\ l=1,\cdots,n\end{pmatrix} \tag{79}$$

假设 F_l 在值(79) 的邻域内为连续函数而且具有连续的一阶偏微商,而且最后假设函数行列式

$$\frac{D(F_1,\cdots,F_n)}{D(y_1,\cdots,y_n)}=\begin{vmatrix}\frac{\partial F_1}{\partial y_1} & \frac{\partial F_1}{\partial y_2} & \cdots & \frac{\partial F_1}{\partial y_n}\\ \frac{\partial F_2}{\partial y_1} & \frac{\partial F_2}{\partial y_2} & \cdots & \frac{\partial F_2}{\partial y_n}\\ \vdots & \vdots & & \vdots\\ \frac{\partial F_n}{\partial y_1} & \frac{\partial F_n}{\partial y_2} & \cdots & \frac{\partial F_n}{\partial y_n}\end{vmatrix} \tag{80}$$

在值(79) 不等于零. 于是,当 x_k 充分逼近 $x_k^{(0)}$ 时,方程组(78) 确定唯一的函数组 $y_l(x_1,\cdots,x_m)$,它们连续,具有一阶微商而且满足条件 $y_l(x_1^{(0)},\cdots,x_m^{(0)})=$

$y_l^{(0)}$.

我们来证明这个定理.假设这定理对于$(n-1)$个方程的组成立(当$n=1$和2时,它确实成立),我们来证明它对于n个方程的组也成立.把行列式(80)按第一行元素展开,即可推知,在这些元素的代数余子式中至少有一个在值(79)不等于零,因为行列式本身在值(79)按假设不等于零.只要适当改换函数的号码,则我们可以认为元素$\frac{\partial F_1}{\partial y_1}$的代数余子式不等于零.这个代数余子式是函数$F_2,\cdots,F_n$对于变数$y_2,\cdots,y_n$的函数列行式.按照上面的假定,方程

$$F_2(x_1,\cdots,x_m,y_1,\cdots,y_n)=0;\cdots;F_n(x_1,\cdots,x_m,y_1,\cdots,y_n)=0 \tag{81}$$

唯一地确定函数组

$$y_2=\varphi_2(x_1,\cdots,x_m,y_1);\cdots;y_n=\varphi_n(x_1,\cdots,x_m,y_1) \tag{82}$$

把这些函数代入(78)的第一个方程,得到方程

$$F_1(x_1,\cdots,x_m,y_1,\varphi_2,\cdots,\varphi_n)=0 \tag{83}$$

由此即可决定y_1.现在需要证明的只是,这个方程的左端对于y_1的全微商在值(79)不等于零.这个微商表成

$$\left(\frac{\partial F_1}{\partial y_1}\right)=\frac{\partial F_1}{\partial y_1}+\sum_{s=2}^{n}\frac{\partial F_1}{\partial \varphi_s}\frac{\partial \varphi_s}{\partial y_1} \tag{84}$$

把函数(82)代入(81)中方程的左端,然后对y_1求微商,即得下列恒等式:

$$\frac{\partial F_l}{\partial y_l}+\sum_{s=2}^{n}\frac{\partial F_l}{\partial \varphi_s}\frac{\partial \varphi_s}{\partial y_1}=0 \quad (l=2,\cdots,n) \tag{85}$$

用$A_1,A_2,\cdots,A_n$依次表行列式(80)的第一列元素的代数余子式.将(84)乘以A_1,(85)乘以A_l,然后从前者减去后者的诸恒等式.这样我们得到等式:

$$A_1\left(\frac{\partial F_1}{\partial y_1}\right)=\sum_{l=2}^{n}\frac{\partial F_l}{\partial y_1}A_l+\sum_{s=2}^{n}\left[\sum_{l=1}^{n}\frac{\partial F_1}{\partial \varphi_s}A_l\right]\frac{\partial \varphi_s}{\partial y_1}$$

在右端的第一个和即行列式(80),为简便起见我们用D来表它,而第二部分括弧中对l所作的和数却是D中不是第一列的任何其他一列元素与第一列相当元素的代数余子式的乘积的和,而此和为零.此时必须注意,对φ_s求微商即等于对y_s求微商.因此,上面的等式变成

$$A_1\left(\frac{\partial F_1}{\partial y_1}\right)=D$$

在值(79)D与A_1皆不等于零.由此可知,方程(83)左端对y_1的微商也不等于零,因而这个方程确定唯一的函数$y_1(x_1,\cdots,x_m)$.将它代入函数(82),最后即得到需要的结果.

关于隐函数的定理的一个特殊情形是关于函数组的反演的定理.设有方程

$$y_k=f_k(x_1,\cdots,x_n) \quad (k=1,2,\cdots,n) \tag{86}$$

假设函数f_k以及它的一阶偏微商在值$x_k=x_k^{(0)}(k=1,2,\cdots,n)$的邻域连续而

且对于这些值函数行列式

$$\frac{D(f_1,\cdots,f_n)}{D(x_1,\cdots,x_n)} \tag{87}$$

不等于零. 于是,方程(86)唯一地确定一组在值 $y_k^{(0)}=f_k(x_1^{(0)},\cdots,x_n^{(0)})$ 的邻域作为 $y_1,\cdots,y_n$ 的函数看的 $x_k(y_1,\cdots,y_n)$,而且这些函数连续,具有一阶微商,并适合条件 $x_k(y_1^{(0)},\cdots,y_n^{(0)})=x_k^{(0)}$.

为了证明这个定理,只需考虑方程

$$f_k(x_1,\cdots,x_n)-y_k=0\quad(k=1,2,\cdots,n)$$

并且应用关于隐函数的定理,不过在现在的情形下的 y_l 有如在那里的 x_k 的作用.

如果 f_k 为变数 x_k 的线性齐次函数,则方程组(86)取形式

$$y_k=a_{k1}x_1+a_{k2}x_2+\cdots+a_{kn}x_n$$

行列式(87)在现在的情形化为系数 a_{ik} 的行列式 $|a_{ik}|$,克莱姆定理给出这方程有唯一解的可能性.

第二章 线性变换和二次型

20. 三维空间中的坐标变换

如下类型的变换叫作 n 个变数的线性变换：

$$\begin{cases} x'_1 = a_{11}x_1 + a_{12}x_2 + \cdots + a_{1n}x_n \\ x'_2 = a_{21}x_1 + a_{22}x_2 + \cdots + a_{2n}x_n \\ \quad\vdots \\ x'_n = a_{n1}x_n + a_{n2}x_2 + \cdots + a_{nn}x_n \end{cases} \tag{1}$$

这个变换可以解释为从 n 维空间的某一向量$(x_1,x_2,\cdots,x_n)$到另一个向量$(x'_1,x'_2,\cdots,x'_n)$的转换. 又可以把$(x_1,x_2,\cdots,x_n)$看作 n 维空间中点的坐标，那么变换(1) 就是从一点到另一点的转换.

还可以对(1) 做另外的解释，就是：把$(x_1,x_2,\cdots,x_n)$和$(x'_1,x'_2,\cdots,x'_n)$看作同一向量的分量(同一点的坐标)，而是坐标轴的选择不同. 这样，公式(1) 就给出了在由一个坐标系到另一个坐标系的转换中分量(坐标) 变换的公式. 以前我们已经不只一次地遇到过对于 $n=2$ 和 $n=3$ 的形式为(1) 的式子.

在这一章的第一部分将对于形式为(1) 的线性变换进行详尽的研究. 为了清楚起见，我们先讨论实的三维空间，然后再进入一般的 n 维空间和复分量的情形. 在三维空间的情形中我们从对于一个最简单的情形的讨论开始，就是变换(1) 对应于从一套直角坐标轴到另一套直角坐标轴的转换的情形. 以坐标原点作起点画向量，显然，我们可以把(x_1,x_2,x_3)看作是向量的分量或者是它的终点的坐标.

从解析几何中知道，直角坐标变换的公式具有如下的形式：

$$\begin{cases}x_1'=a_{11}x_1+a_{12}x_2+a_{13}x_3\\x_2'=a_{21}x_1+a_{22}x_2+a_{23}x_3\\x_3'=a_{31}x_1+a_{32}x_2+a_{33}x_3\end{cases}\tag{2}$$

这里 a_{ik} 是新坐标轴和旧坐标轴夹角的余弦，它们由下面的表确定：

	X_1	X_2	X_3
X_1'	a_{11}	a_{12}	a_{13}
X_2'	a_{21}	a_{22}	a_{23}
X_3'	a_{31}	a_{32}	a_{33}

(3)

我们知道，在这个情形下系数的表(3) 有以下这样的性质，每一行和每一列元素的平方和等于 1 而且两个不同的行或不同的列相当元素的积的和等于零. 行列式

$$|a_{ik}|$$

的值显然是等于[5] 一个长方体的体积，它的棱的方向是沿着新的坐标轴而长度为 1，这就是说，假如这两个坐标系的转向是一致的，这个行列式的值等于 1；假如转向相反，它等于 -1. 表示从(x_1',x_2',x_3') 到(x_1,x_2,x_3) 的逆转换的变换显然是：

$$\begin{cases}x_1=a_{11}x_1'+a_{21}x_2'+a_{31}x_3'\\x_2=a_{12}x_1'+a_{22}x_2'+a_{32}x_3'\\x_3=a_{13}x_1'+a_{23}x_2'+a_{33}x_3'\end{cases}\tag{2_1}$$

换句话说，把(2) 的系数表中行和列简单地对换一下，就得到了与(2) 相逆的变换. 这个逆变换的行列式显然就等于变换(2) 的行列式.

现在我们来证明，假如变换(2) 满足一个条件，那么就可以推出来上面所说的它的系数的性质，而这个条件是从这个问题的几何的实质中直接得到的，也就是 —— 我们提出下面这个问题：找出所有的形式为(2) 的实变换，使得

$$x_1'^2+x_2'^2+x_3'^2=x_1^2+x_2^2+x_3^2\tag{4}$$

问题的这种提法使我们有可能把上面所考虑的变换推广到任何维数的空间的情形中去. 现在来证明，我们新的问题所要求的变换和我们上面所考虑的变换是一样的，这就是说，我们要来证明，条件(4) 可以化成上面所说的系数 a_{ik} 之间的关系. 把表达式(2) 代入(4) 的左边，去括号让平方项的系数等于 1，不同变数的积的系数等于零，我们正好得到六个关系式：

$$a_{1k}a_{1l}+a_{2k}a_{2l}+a_{3k}a_{3l}=\delta_{kl}\quad(k,l=1,2,3)\tag{5}$$

其中

$$\delta_{kl}=0 \quad 当 k \neq l, 而 \delta_{kk}=1 \tag{6}$$

这就是说,每一列元素的平方和等于 1,不同的列的相当元素乘积的和等于零. 这些条件通常叫作关于列的正交条件. 从这里一下子就得到,每一列的元素是某一个方向的方向余弦,并且对应于不同的列的方向是互相正交的. 从这里可以直接推出,在这个情形下的变换(2) 是和上面所考虑的变换是一样的,并且正交性这个性质不但对于列成立,对于行也成立.

公式(2) 我们可以不解释成在不变的空间中坐标的变换,而是看成对于一个不变的坐标系空间的变换. 首先我们假定变换的行列式等于 $+1$,这就是说,两个坐标系有相同的转向. 这样,我们可以让空间作为一个刚硬的整体带着坐标轴(X_1', X_2', X_3') 一起绕原点转动,使得这些坐标轴和坐标轴(X_1, X_2, X_3) 重合,至于坐标轴(X_1, X_2, X_3) 在转动的过程中我们看作不动的,并且对于它我们取每一点在转动前以及转动后的坐标. 假如某一点 M 在转动前的坐标是(x_1, x_2, x_3),在转动之后它占了一个新的位置 M',坐标为(x_1', x_2', x_3'). 既然点 M 是和坐标轴(X_1', X_2', X_3') 一起运动的,而且运动之后(X_1', X_2', X_3') 和(X_1, X_2, X_3) 是重合了,所以点 M' 对于坐标轴(X_1, X_2, X_3) 的坐标(x_1', x_2', x_3') 就等于点 M 在转动前对于坐标轴(X_1', X_2', X_3') 的坐标. 因此我们看出,在行列式为 $+1$ 的情形中公式(2) 是表示空间实行转动的结果中任何一点坐标的变换.

现在我们假定,行列式 $|a_{ik}|$ 等于 -1. 代替变换(2) 我们来看下面这个变换

$$x_i''=-a_{i1}x_1-a_{i2}x_2-a_{i3}x_3 \quad (i=1,2,3)$$

它的系数仍然有性质(5),不过系数的行列式等于 $+1$ 了,这就是说,这个变换相当于空间绕原点的一个转动. 为了得到坐标(x_1', x_2', x_3'),我们必须再作一个变换:

$$x_1'=-x_1'';x_2'=-x_2'';x_3'=-x_3''$$

而这样一个所有的坐标符号的改变是一个对于原点的对称变换. 于是,在行列式为 -1 的情形,变换(2) 是相当于空间绕原点的一个转动再继之以一个对于原点的对称变换.

在上面我们看到,九个系数 a_{ik} 要适合六个关系(5). 因此,它们应当可以由三个独立的参数表示出来. 对于空间绕原点转动的情形我们来举一种选择参数的方法.

我们引进两个坐标系:一个是 X_1', X_2', X_3',它是不动的,对于它们取所有的坐标,另一个是 X_1, X_2, X_3,它是和转动的空间固定地连在一起的. 为了要确定转动,我们必须确立三个参数,它们规定第二个坐标系对于第一个坐标系的位置. 设 ON(图 1) 是平面 $X_1'OX_2'$ 和平面 X_1OX_2 的交线. 在这条直线上取一个一定的方向,设 α 是$\angle X_1'ON$,它是由 OX_1'算起的. 再引进角 $\beta=\angle X_3'OX_3$ 和 $\gamma=$

$\angle NOX_1$. 这三个角完全表现了第二个坐标系对于第一个坐标系的位置，这就是说，完全表现了所施行的转动. 我们用符号$\{\alpha,\beta,\gamma\}$来表示它. 由上面直接可以知道，我们的运动是连续施行的三个运动的结果：(1) 绕轴 X'_3 转角度 α；(2) 绕轴 X'_1 的新的位置转角度 β；(3) 绕新的轴 X_3 转角度 γ. 这三个角通常叫作尤拉角. 我们指出，对于这三个角我们可以写出它们的变化区间

$$0 \leqslant \alpha < 2\pi; 0 \leqslant \beta < \pi; 0 \leqslant \gamma < 2\pi$$

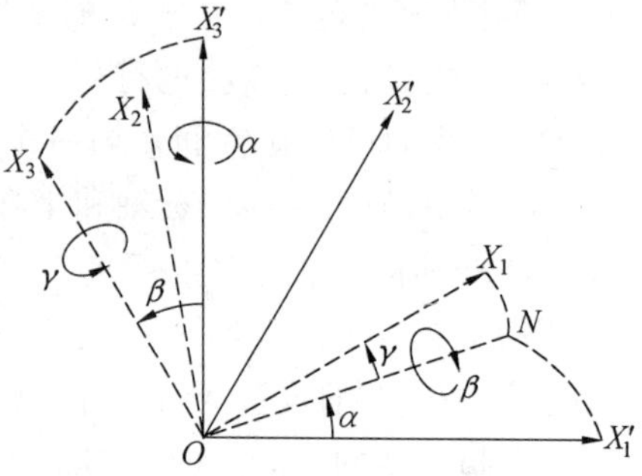

图 1

如果 $\beta=0$，那么运动$\{\alpha,\beta,\gamma\}$就变成了简单地绕轴 X_3 转角度 $\alpha+\gamma$，在这个意义下对任意的 δ 我们有

$$\{\alpha,0,\gamma\}=\{\alpha+\delta,0,\gamma-\delta\}$$

这个情况指出了在某些情形下对应于空间绕原点的转动的参数$\{\alpha,\beta,\gamma\}$不是唯一的. 同一个运动可以对应于不同的参数值. 不难得出把系数 a_{ik} 表成角 α,β,γ 的三角函数的公式[参看 62]. 在以下我们还要有其他的参数的选择法来表现空间绕原点的转动，并且还会谈到尤拉角.

21. 实三维空间的一般线性变换

现在我们来讨论形式为(2) 的带有任意系数的实的线性变换，不过我们始终假定变换的行列式不等于零

$$|a_{ik}| \neq 0 \tag{7}$$

在这个情形下变换通常叫作正规变换. 假如它不满足条件(5)，它是相当于一个空间的变形[Ⅱ,113]. 我们要注意，在变换(2) 中它的系数所成的表是可以作为变换的特征的，它完全规定了以任意一个分量为(x_1,x_2,x_3)的向量到一个新的分量为(x'_1,x'_2,x'_3)的向量的转换的法则. 这样一个系数表我们用一个字母来代表

$$\boldsymbol{A}=\begin{bmatrix} a_{11} & a_{12} & a_{13} \\ a_{21} & a_{22} & a_{23} \\ a_{31} & a_{32} & a_{33} \end{bmatrix} \tag{8}$$

它又叫作一个矩阵.表(8)我们用 $D(\mathbf{A})$ 来表示.这是一个确定的数目.变换(2)我们用符号写成下面的形式:

$$\boldsymbol{x}'=\boldsymbol{A}\boldsymbol{x} \tag{9}$$

这里 $\boldsymbol{x}'$ 是分量为 (x_1',x_2',x_3') 的一个向量,$\boldsymbol{x}$ 是分量为 (x_1,x_2,x_3) 的一个向量.

使每个向量保持不变的变换叫作恒等变换.和它相当的矩阵是

$$\begin{bmatrix}1 & 0 & 0\\ 0 & 1 & 0\\ 0 & 0 & 1\end{bmatrix} \tag{10}$$

这个通常叫作单位表,或者单位矩阵,以符号 $\boldsymbol{I}$ 来代表.

由于 $D(\mathbf{A})\neq 0$,我们可以从方程(2)解出 (x_1,x_2,x_3),而得到公式:

$$\begin{cases}x_1=\dfrac{A_{11}}{D(\mathbf{A})}x_1'+\dfrac{A_{21}}{D(\mathbf{A})}x_2'+\dfrac{A_{31}}{D(\mathbf{A})}x_3'\\ x_2=\dfrac{A_{12}}{D(\mathbf{A})}x_1'+\dfrac{A_{22}}{D(\mathbf{A})}x_2'+\dfrac{A_{32}}{D(\mathbf{A})}x_3'\\ x_3=\dfrac{A_{13}}{D(\mathbf{A})}x_1'+\dfrac{A_{23}}{D(\mathbf{A})}x_2'+\dfrac{A_{33}}{D(\mathbf{A})}x_3'\end{cases} \tag{11}$$

这里 A_{ik} 是在行列式 $D(\mathbf{A})$ 中元素 a_{ik} 的代表余子式.这个线性变换通过叫作(2)的逆变换,如果变换(2)的矩阵是用 $\mathbf{A}$ 来表示,那么变换(11)的矩阵就用 $\mathbf{A}^{-1}$ 来表示.现在我们引入关于两个变换的乘积或者两个矩阵的乘积的概念,这对于以后的讨论是很重要的.假定我们有两个线性变换,一个从 (x_1,x_2,x_3) 到 (x_1',x_2',x_3'):

$$\begin{cases}x_1'=a_{11}x_1+a_{12}x_2+a_{13}x_3\\ x_2'=a_{21}x_1+a_{22}x_2+a_{23}x_3\\ x_3'=a_{31}x_1+a_{32}x_2+a_{33}x_3\end{cases}\quad \text{或者 } \boldsymbol{x}'=\boldsymbol{A}\boldsymbol{x} \tag{12}$$

另一个从 (x_1',x_2',x_3') 到 (x_1'',x_2'',x_3''):

$$\begin{cases}x_1''=b_{11}x_1'+b_{12}x_2'+b_{13}x_3'\\ x_2''=b_{21}x_1'+b_{22}x_2'+b_{23}x_3'\\ x_3''=b_{31}x_1'+b_{32}x_2'+b_{33}x_3'\end{cases}\quad \text{或者 } \boldsymbol{x}''=\boldsymbol{B}\boldsymbol{x}' \tag{13}$$

先从 (x_1,x_2,x_3) 到 (x_1',x_2',x_3') 再从 (x_1',x_2',x_3') 到 (x_1'',x_2'',x_3'') 这样的相继转换可以由一个直接从 (x_1,x_2,x_3) 到 (x_1'',x_2'',x_3'') 的转换来代替,它仍旧是一个线性变换

$$x_k''=c_{k1}x_1+c_{k2}x_2+c_{k3}x_3\quad(k=1,2,3) \tag{14}$$

后面这个线性变换叫作变换(12)和(13)的乘积,这里指出两个变换施行的次序是极为重要的,把表达式(12)代入公式(13)的右边,我们就得到公式(14).由此立即得到用相乘的变换的表的元素来表示这两个变换的乘积的表的

元素 c_{ik} 的表达式：

$$c_{ik}=\sum_{s=1}^{3}b_{is}a_{sk}\quad(i,k=1,2,3)\tag{15}$$

变换(14) 通常用下面的方式来写：

$$\boldsymbol{x}''=\boldsymbol{BAx}\tag{16}$$

元素为 c_{ik} 的矩阵$\boldsymbol{C}$,其中 c_{ik} 是根据公式(15) 得到的,叫作矩阵 $\boldsymbol{A}$ 和$\boldsymbol{B}$ 的乘积,并且写成下面的形式：

$$\boldsymbol{C}=\boldsymbol{BA}\tag{17}$$

而就变换施行的次序来说,这里必须把乘积看成是从右到左. 注意一下关于行列式相乘的定理和公式(15),我们对于变换的行列式就可以写出一个明显的等式

$$D(\boldsymbol{C})=D(\boldsymbol{B})D(\boldsymbol{A})\tag{18}$$

这就是说,变换乘积的行列式等于这两个变换行列式的乘积. 不难证明下面的关系,这关系具有简单的几何意义

$$\boldsymbol{AA}^{-1}=\boldsymbol{A}^{-1}\boldsymbol{A}=\boldsymbol{I}\tag{19}$$

此外我们还要注意,以求逆变换的手续我们知道 $\boldsymbol{A}^{-1}$ 的逆变换就是变换 $\boldsymbol{A}$. 因为对于 x'_k来解方程组(11) 我们显然仍旧得到公式(2). 这件事实可以写成下面的形式：

$$(\boldsymbol{A}^{-1})^{-1}=\boldsymbol{A}\tag{20}$$

变换乘积的概念可以推广到任意多个因子的情形,这就是:相继施行矩阵为 $\boldsymbol{A}$,$\boldsymbol{B}$ 和 $\boldsymbol{C}$ 的变换的结果是一个矩阵为 $\boldsymbol{D}$ 的新变换：

$$\boldsymbol{D}=\boldsymbol{CBA}\tag{21}$$

如果矩阵 $\boldsymbol{A}$,$\boldsymbol{B}$ 和 $\boldsymbol{C}$ 的元素是

$$a_{ik},b_{ik}\ 和\ c_{ik}$$

那么它们的乘积矩阵 $\boldsymbol{D}$ 的元素可根据下面的公式来决定：

$$d_{ik}=\sum_{p,q=1}^{3}c_{iq}b_{qp}a_{pk}\tag{22}$$

事实上,根据(15) 对于矩阵 $\boldsymbol{E}=\boldsymbol{BA}$ 的元素我们有公式

$$e_{ik}=\sum_{p=1}^{3}b_{iq}a_{pk}$$

以及对于矩阵 $\boldsymbol{CE}$ 我们有公式

$$d_{ik}=\sum_{q=1}^{3}c_{iq}e_{qk}$$

这正好就是公式(22). 在以后我们常常用符号

$$\{\boldsymbol{A}\}_{ik}$$

来代表矩阵 $\boldsymbol{A}$ 的元素.

一般说来,矩阵的乘积不服从交换律,这就是说,它随着因子的交换而改变,也就是说,一般地 $\boldsymbol{AB} \neq \boldsymbol{BA}$,但是,不难看出,它服从结合律,这就是说,因子能够归并成组:

$$\boldsymbol{C}(\boldsymbol{BA}) = (\boldsymbol{CB})\boldsymbol{A} \tag{23}$$

在左边,我们是把矩阵 $\boldsymbol{A}$ 用 $\boldsymbol{B}$ 乘,然后把所得的结果乘以矩阵 $\boldsymbol{C}$. 在右边,我们是首先把矩阵 $\boldsymbol{B}$ 用 $\boldsymbol{C}$ 乘,然后再把矩阵 $\boldsymbol{A}$ 用刚才乘得的结果来乘. 不难看出,在两种情形下最后乘积中所得到的矩阵的元素都是用公式(22) 表示. 事实上,对于左边在上面已经证明了. 至于右边,连续做上面所说的乘法,我们就有:

$$\{\boldsymbol{CB}\}_{ik} = \sum_{q=1}^{3} \{\boldsymbol{C}\}_{iq} \{\boldsymbol{B}\}_{qk}$$

和

$$\{(\boldsymbol{CB})\boldsymbol{A}\}_{ik} = \sum_{r=1}^{3} \{\boldsymbol{CB}\}_{ip} \{\boldsymbol{A}\}_{pk} = \sum_{p,q=1}^{3} \{\boldsymbol{C}\}_{iq} \{\boldsymbol{B}\}_{qp} \{\boldsymbol{A}\}_{pk}$$

这个显然就是用我们新的符号所表示的(22).

我们再来指出线性变换的一种重要的类型,也就是来考虑变换

$$x'_1 = k_1 x_1; x'_2 = k_2 x_2; x'_3 = k_3 x_3 \tag{24}$$

它们就是沿着坐标轴的伸长,并且系数 k_1, k_2, k_3 就表示这个伸长(或者缩短)的数值. 这种变换的矩阵显然有下面的形式:

$$\begin{bmatrix} k_1 & 0 & 0 \\ 0 & k_2 & 0 \\ 0 & 0 & k_3 \end{bmatrix}$$

这就是说,所有在重对角线以外的元素全是零. 这种矩阵叫作对角矩阵,我们用符号

$$[k_1, k_2, k_3]$$

来代表它.

特别地,如果这些数目全相同,也就是说,$k_1 = k_2 = k_3 = k$,那么这个变换就是把向量的全部分量用同一个数 k 去乘,显然,这就是中心为坐标原点的相似变换. 每个向量不改变方向(我们假定 $k > 0$),只是长度改变,并且它的长度是乘上 k 倍. 这样一个变换我们简单地表示成

$$\boldsymbol{x}' = k\boldsymbol{x}$$

这就是说,把数 k 看成是矩阵的一个特殊情形,就是重对角线上有相同元素 k 的对角矩阵

$$\begin{bmatrix} k & 0 & 0 \\ 0 & k & 0 \\ 0 & 0 & k \end{bmatrix} \tag{25}$$

利用(15) 不难看出,这样矩阵的乘积就变成平常数的相乘,这就是说:

$$[k,k,k][l,l,l]=[kl,kl,kl]$$

一般地也很容易验算,对于对角矩阵,简单的乘法规则成立:

$$[k_1,k_2,k_3][l_1,l_2,l_3]=[k_1l_1,k_2l_2,k_3l_3] \tag{26}$$

这就是说,两个沿着坐标轴的伸长是相当于一个伸长,它的系数等于那两个伸长的相当系数的乘积. 从公式(26) 顺便可以知道,两个对角矩阵的乘积不因因子次序互换而改变. 利用以对角矩阵(25) 来表示数以及公式(15),不难看出,乘积 $k\boldsymbol{A}$ 就是矩阵 $\boldsymbol{A}$ 的所有的元素用数 k 来乘. 这个乘积与因子的次序无关,这就是说

$$\{k\boldsymbol{A}\}_{ik}=\{\boldsymbol{A}k\}_{ik}=k\{\boldsymbol{A}\}_{ik} \tag{27}$$

以上我们把基本的线性变换(2) 看作空间的变形,它把分量为(x_1,x_2,x_3) 的向量变到一个分量为(x_1',x_2',x_3') 的新向量. 当然,如我们前面已经指出的,也可以把这个变换解释为点的变换,它把坐标为(x_1,x_2,x_3) 的点变到坐标为(x_1',x_2',x_3') 的点.

在定义向量的分量时我们可以用任意的坐标系,换句话说,可以用任意的基本单位向量,这就是说,我们可以取任意三个不共面的向量 $\boldsymbol{i},\boldsymbol{j},\boldsymbol{k}$ 作为基础向量(作为基本单位向量),这时候我们知道,对于任何一个向量都有一个唯一的表示[Ⅱ,102]:

$$\boldsymbol{x}=x_1\boldsymbol{i}+x_2\boldsymbol{j}+x_3\boldsymbol{k} \tag{28}$$

数 x_1,x_2,x_3 就叫作向量 $\boldsymbol{x}$ 在所取的坐标系中的分量,这个坐标系是由基本单位向量 $\boldsymbol{i},\boldsymbol{j},\boldsymbol{k}$ 决定的. 现在我们的问题是研究基本单位向量的不同的选择对于线性变换的形式的影响.

严格一些说就是,假如在由基本单位向量 $\boldsymbol{i},\boldsymbol{j},\boldsymbol{k}$ 决定的坐标系中某一个线性变换有(12) 的形式,那么在另外一个由基本单位向量 $\boldsymbol{i}_1,\boldsymbol{j}_1,\boldsymbol{k}_1$ 决定的坐标系中,这个同一个线性变换将是什么样子? 假定新的基本单位向量是由下面的公式用旧的表示:

$$\begin{cases}\boldsymbol{i}_1=t_{11}\boldsymbol{i}+t_{12}\boldsymbol{j}+t_{13}\boldsymbol{k}\\ \boldsymbol{j}_1=t_{21}\boldsymbol{i}+t_{22}\boldsymbol{j}+t_{23}\boldsymbol{k}\\ \boldsymbol{k}_1=t_{31}\boldsymbol{i}+t_{32}\boldsymbol{j}+t_{33}\boldsymbol{k}\end{cases} \tag{29}$$

这里要注意,由系数 t_{ik} 组成的行列式一定不为 0. 否则,向量 $\boldsymbol{i}_1,\boldsymbol{j}_1,\boldsymbol{k}_1$ 就是线性相关的,也就是说是共面的. 在新的坐标系中由公式(28) 确定的向量就有新的分量

$$y_1\boldsymbol{i}_1+y_2\boldsymbol{j}_1+y_3\boldsymbol{k}_1$$

首先,我们来建立用这个向量以前的分量表示新分量的公式. 把新基本单位向量的表达式(29) 代进去,我们得到:

$$\sum_{s=1}^{3} y_s(t_{s1}\boldsymbol{i}+t_{s2}\boldsymbol{j}+t_{s3}\boldsymbol{k})=x_1\boldsymbol{i}+x_2\boldsymbol{j}+x_3\boldsymbol{k}$$

比较 $\boldsymbol{i},\boldsymbol{j},\boldsymbol{k}$ 的系数,就得到用新分量表示旧分量的公式:

$$\begin{cases}x_1=t_{11}y_1+t_{21}y_2+t_{31}y_3\\x_2=t_{12}y_1+t_{22}y_2+t_{32}y_3\\x_3=t_{13}y_1+t_{23}y_2+t_{33}y_3\end{cases}\tag{30}$$

我们看到,这个变换的表和变换(29)的表所差的只是行列的互换.事实上,在(29)的表的每一列里第一个指标不变,而在(30)的表里是第二个指标不变.如果用 $\boldsymbol{T}$ 来代表变换(29)的表,我们就用 $\boldsymbol{T}^{(*)}$ 来代表变换(30)的表,把它叫作 $\boldsymbol{T}$ 的转置.我们可以把公式(30)比较简短地写成下面的形式:

$$(x_1,x_2,x_3)=\boldsymbol{T}^{(*)}(y_1,y_2,y_3)\tag{31}$$

这里 (x_1,x_2,x_3) 是代表向量在旧系中的三个分量,而 (y_1,y_2,y_3) 是在新系中的分量.反过来,用旧的分量来表示新的分量的表达式是

$$(y_1,y_2,y_3)=\boldsymbol{T}^{(*)-1}(x_1,x_2,x_3)$$

这里 $\boldsymbol{T}^{(*)-1}$ 是与 $\boldsymbol{T}^{(*)}$ 相逆的线性变换.$\boldsymbol{T}^{(*)-1}$ 通常叫作 $\boldsymbol{T}$ 的逆步变换.为了写起来简便起见,我们用一个特别的字母来代表与它相对应的表

$$\boldsymbol{U}=\boldsymbol{T}^{(*)-1}\tag{32}$$

这样一来,我们可以说,当基础单位向量根据公式(29)变化的时候,每个向量的分量经受一个表为 $\boldsymbol{U}$ 的线性变换,它由公式(32)确定.因此,在变换(9)中出现的两个向量 $\boldsymbol{x}(x_1,x_2,x_3)$ 和 $\boldsymbol{x}'(x_1',x_2',x_3')$,在基本单位向量变换之后,将要有另外的分量,它们由下面的公式决定:

$$(y_1,y_2,y_3)=\boldsymbol{U}(x_1,x_2,x_3);(y_1',y_2',y_3')=\boldsymbol{U}(x_1',x_2',x_3')\tag{33}$$

这样一来,我们的问题就是要建立分量 (y_1,y_2,y_3) 和 (y_1',y_2',y_3') 之间的线性关系.我们可以按照下面的办法把向量 (y_1,y_2,y_3) 转换成向量 (y_1',y_2',y_3'):首先把向量 (y_1,y_2,y_3) 变到向量 (x_1,x_2,x_3),这个根据(33)是用表 $\boldsymbol{U}^{-1}$.然后从向量 (x_1,x_2,x_3) 变到向量 (x_1',x_2',x_3'),这个用变换(9)的表,最后再用变换的表 $\boldsymbol{U}$ 把向量 (x_1',x_2',x_3') 变到向量 (y_1',y_2',y_3').最后我们就有下面这个形式的线性变换:

$$\boldsymbol{y}'=\boldsymbol{U}\boldsymbol{A}\boldsymbol{U}^{-1}\boldsymbol{y}\tag{34}$$

这个变换称为与变换(9)相似的变换,它的矩阵 $\boldsymbol{U}\boldsymbol{A}\boldsymbol{U}^{-1}$ 叫作 $\boldsymbol{A}$ 的相似矩阵.

我们把所得的结果叙述如下.如果公式(33)是表示向量的分量由于基础单位向量的改变而引起的线性变换,那么所有的空间的线性变换,它在旧的基础单位向量下的形式是:

$$\boldsymbol{x}'=\boldsymbol{A}\boldsymbol{x}$$

在新的坐标系中就有以下的形式：

$$y'=UAU^{-1}y$$

22. 共变的和逆变的仿射向量

我们假定，线性变换(9) 是简单地表示从一个笛卡儿坐标系到另一个的转换，就是说，它的系数就是根据表(3) 决定的方向余弦. 在这个情形下，如在[20] 中所看到的，转置表$\mathbf{A}^{(*)}$和表$\mathbf{A}^{-1}$是一样的，因此，逆步的表$\mathbf{A}^{(*)-1}$就和基本表$\mathbf{A}$是一样的，这就是说

$$\mathbf{A}^{(*)}=\mathbf{A}^{-1};\mathbf{A}^{(*)-1}=\mathbf{A} \tag{35}$$

如果考虑方向和长度都不变的向量. 我们就可以断言，它的分量是根据和坐标变换一样的公式(9) 来变换，这就是说：

$$\begin{cases}x'_1=a_{11}x_1+a_{12}x_2+a_{13}x_3\\x'_2=a_{21}x_1+a_{22}x_2+a_{23}x_3\\x'_3=a_{31}x_1+a_{32}x_2+a_{33}x_3\end{cases} \tag{36}$$

因此我们可以说，在任一个固定的笛卡儿坐标系下一个向量是被三个数完全决定，在从一个笛卡儿坐标系转换到另一个的时候，这三个数(向量的分量) 根据和坐标变换相同的公式(36) 来变换. 现在我们假定，我们所考虑的不仅是从一个笛卡儿坐标系到另一个的转换，而是一般的所有可能的行列式不为零的坐标的线性变换，我们知道，这就相当于任意选择三个不共面的向量作为基础单位向量. 和以前一样，在考虑变换(36) 的表$\mathbf{A}$的同时，还要考虑逆步的表$\mathbf{V}=\mathbf{A}^{(*)-1}$. 在一般的情形下它们是不同的，因此在任意的坐标的线性变换下我们就可能有两种向量的定义. 第一，我们可以把向量定义为三个数，在从一个坐标系转换到另一个的时候，这三个数根据和坐标变换相同的公式来变换，这就是说，根据公式

$$(x'_1,x'_2,x'_3)=\mathbf{A}(x_1,x_2,x_3) \tag{37}$$

而变换.

这种向量我们叫作逆变的仿射向量，而且有时候我们把一般的线性变换(36) 叫作仿射变换. 另外，我们又可以如此定义向量，使得在任一个线性变换之下它的分量经受一个相应的逆步变换，就是

$$(x'_1,x'_2,x'_3)=\mathbf{V}(x_1,x_2,x_3) \tag{38}$$

这种向量叫作共变的仿射向量.

在两种情形下，只要有了一个向量在无论哪一个坐标系中的分量，我们就有在所有其他的从上面这一个坐标系经过任意的仿射变换所得到的坐标系中的它的分量. 我们来举几个这两种向量的例子. 首先，联结空间中两点的有向线段显然是逆变向量，因为它的分量在上面所说的意义下(它两个端点坐标之差)

显然是根据和坐标变换相同的公式来变换. 我们再来举一个逆变向量的例子. 假定点的坐标(x_1, x_2, x_3)是某一个参数t的函数并且定义速度向量,它的分量是

$$\left(\frac{\mathrm{d}x_1}{\mathrm{d}t}, \frac{\mathrm{d}x_2}{\mathrm{d}t}, \frac{\mathrm{d}x_3}{\mathrm{d}t}\right)$$

把基本公式(36) 对t微分,我们立刻看出速度向量也是逆变向量.

现在来举共变向量的例子. 考虑某一个空间中点的函数$f(x_1, x_2, x_3)$,并在任一个坐标系下定义一个向量,称为这个函数的梯度,它由下面的分量决定:

$$\frac{\partial f}{\partial x_1}, \frac{\partial f}{\partial x_2}, \frac{\partial f}{\partial x_3}$$

根据复合函数求微商的法则及公式(36),我们有

$$\frac{\partial f}{\partial x_3} = a_{1s}\frac{\partial f}{\partial x'_1} + a_{2s}\frac{\partial f}{\partial x'_2} + a_{3s}\frac{\partial f}{\partial x'_3} \quad (s = 1, 2, 3)$$

这就是说,梯度在坐标系(x_1, x_2, x_3)下的分量根据表为$\mathbf{A}^{(*)}$的线性变换被梯度在坐标系(x'_1, x'_2, x'_3)下的分量表示出来,因此,在坐标系(x'_1, x'_2, x'_3)下的分量就是根据表为$\mathbf{A}^{(*)-1} = \mathbf{V}$的线性变换被在坐标系$(x_1, x_2, x_3)$下的分量表示出来,这就是说,函数的梯度确实是一个共变向量.

不难把公式(37) 和(38) 用新坐标对旧坐标以及旧坐标对新坐标的偏微商来表示. 我们要引进一些在向量论中常用的记号,它们和以前的记号有些不同. 对于逆变向量的分量我们把指标写在上面,对于共变向量写在下面. 按照这个规则,坐标的指标也写在上面.

变换(36) 的系数按照下面的方法可以表成偏微商的形式:

$$a_{ik} = \frac{\partial x'^{(i)}}{\partial x^{(k)}} \tag{39}$$

逆步矩阵$\mathbf{V}$的元素是:

$$V_{ik} = \frac{A_{ik}}{D(\mathbf{A})}$$

矩阵$(\mathbf{A}^{-1})^{(*)}$有相同的元素,这就是说

$$\mathbf{A}^{(*)-1} = (\mathbf{A}^{-1})^{(*)}$$

也就是,要以先变为逆矩阵,然后再把行列互换. 在变到逆矩阵时,系数c_{ik}是$\frac{\partial x^{(i)}}{\partial x'^{(k)}}$,转置之后,对于矩阵$\mathbf{V}$的元素我们就得到表达式:

$$V_{ik} = \frac{\partial x^{(k)}}{\partial x'^{(i)}} \tag{40}$$

设$u^{(s)}$是逆变向量在坐标$x^{(k)}$下的分量,$u'^{(s)}$是在坐标$x'^{(s)}$下的分量. 按照定义我们有

$$u'^{(i)}=\sum_{s=1}^{3}\frac{\partial x'^{(i)}}{\partial x^{(s)}}u^{(s)}\quad (i=1,2,3) \tag{41}$$

同样地对于共变向量按照定义可得

$$u'_i=\sum_{s=1}^{3}\frac{\partial x^{(s)}}{\partial x'^{(i)}}u_s\quad (i=1,2,3) \tag{42}$$

我们要注意,我们不但在坐标的线性变换时可以用这个确定向量的分量的公式,就是在更广的变换,一组坐标被另一组用任意的,一般是非线性的函数表示时,也可以用这个公式.

我们再来指出定义共变向量的另一个方法,而逆变向量仍旧定义为这样的向量,就是它的分量按照和坐标相同的公式来变换.于是,假设我们有一个逆变向量 $\boldsymbol{u}^{(s)}$ 和一个共变向量 $\boldsymbol{v}_s$.

做乘积的和:

$$u^{(1)}v_1+u^{(2)}v_2+u^{(3)}v_3 \tag{43}$$

不难看出,如果 $\boldsymbol{u}^{(s)}$ 和 $\boldsymbol{v}_s$ 分别按照公式(41) 和(42) 来变,这个和是保持不变的,或如平常所说的,它是一个纯量.

事实上,利用复合函数求微商的法则我们立刻就有:

$$\sum_{s=1}^{3}\boldsymbol{u}'^{(s)}\boldsymbol{v}'_s=\sum_{s=1}^{3}\left[\sum_{k=1}^{3}\frac{\partial x'^{(s)}}{\partial x^{(k)}}\boldsymbol{u}^{(k)}\right]\left[\sum_{l=1}^{3}\frac{\partial x^{(l)}}{\partial x'^{(s)}}\boldsymbol{v}_l\right]=$$
$$u^{(1)}v_1+u^{(2)}v_2+u^{(3)}v_3$$

因此,按照上面所说的办法定义了逆变向量之后,我们就可以从保持表达式(43) 不变这个要求来定义共变向量的变化规则.如果把上一节所做的计算再逐字地做一遍,我们就得出,在表达式(43) 不变性的假定下,分量 v_s 所经受的变性变换必须是分量 $u^{(s)}$ 所经受的变换的逆步变换.我们留给读者去证明,在任意的坐标变换下(不仅是线性的),速度向量总是逆变向量,而函数的梯度总是共变向量.

最后,关于逆变向量和共变向量之间的差异我们指出一件事实,在上面它们的差异只是纯形式地用从一个坐标系到另一个坐标系的转换公式来定义的.假设 $\boldsymbol{x}$ 是一个给定了长度和方向的向量.在有了基本单位向量之后,我们按公式(28) 作这个向量的分量.现在我们称这些分量为逆变分量,并把公式(28) 写成

$$\boldsymbol{x}=x^{(1)}\boldsymbol{i}+x^{(2)}\boldsymbol{j}+x^{(3)}\boldsymbol{k} \tag{44}$$

向量 $\boldsymbol{x}$ 在单位向量 $\boldsymbol{i}$ 上的直角投影的大小再乘上 $\boldsymbol{i}$ 的长度我们叫作 $\boldsymbol{x}$ 在 $\boldsymbol{i}$ 上的共变分量,对其余两个单位向量我们同样地定义.这样一来,对每一个单位向量组我们都有三个共变分量(x_1,x_2,x_3).可以证明,在由一个坐标系变到另一个坐标系时它们像共变向量的分量一样地变.事实上,我们可以证明,不过不打

算在这里证明,在这个情形下表达式

$$x^{(1)}x_1+x^{(2)}x_2+x^{(3)}x_3$$

给出向量 $\boldsymbol{x}$ 长度的平方,因而在单位向量变换时是不变的.

23. 张量的概念

现在我们来讨论向量概念的一个推广,这里开始时只考虑坐标的线性变换.假设在某一个坐标系中给出了九个数:

$$b_{ik}\quad (i,k=1,2,3)$$

作下面这样子的表达式:

$$\sum_{i,k=1}^{3} b_{ik}u^{(i)}v^{(k)} \tag{45}$$

这里 $u^{(i)}$ 和 $v^{(k)}$ 是两个逆变向量的分量.在转换到一个新的坐标系之后,在表达式(45)中我们可以以新的分量 $u'^{(i)}$ 和 $v'^{(k)}$ 来表示 $u^{(i)}$ 和 $v^{(k)}$,这样一来,表达式(45)就变为

$$\sum_{i,k=1}^{3} b_{ik}u^{(i)}v^{(k)}=\sum_{i,k=1}^{3} b'_{ik}u'^{(i)}v'^{(k)} \tag{46}$$

因此在新的坐标系中我们就有元素为 b'_{ik} 的九个数的表.这样一个根据表达式(45)的不变性要求在任意坐标系中所定义的表叫作一个二阶共变张量.同样地,取两个共变向量 u_i 和 v_k 并作表达式

$$\sum_{i,k=1}^{3} b^{(i,k)}u_i v_k \tag{47}$$

在某一个坐标系中给出九个数的表 $b^{(i,k)}$,我们根据表达式(47)不变性的要求可得出任意坐标系中九个数的表.这就给出所谓二阶逆变张量.最后,取一个逆变向量 $\boldsymbol{u}^{(i)}$ 和一个共变向量 $\boldsymbol{v}_k$ 并作表达式

$$\sum_{i,k=1}^{3} b_i^{(k)}\boldsymbol{u}^{(i)}\boldsymbol{v}_k \tag{48}$$

我们用同样的方法可得到二阶混合张量的概念.

现在我们来指出,在有了坐标的线性变换(36)的系数之后,如果得出用一个张量在旧坐标系中的分量来表示它在新坐标系中的分量的公式.首先讨论二阶共变张量的情形.逆变向量在旧坐标系中的分量 $u^{(i)}$ 和 $v^{(k)}$ 是按照表为 $\boldsymbol{A}^{-1}$ 的线性变换而被它在新坐标系中的分量 $u'^{(i)}$ 和 $v'^{(k)}$ 所表示,以 $\{\boldsymbol{A}^{-1}\}_{ik}$ 表这个表的元素,我们就有

$$u^{(i)}=\sum_{k=1}^{3}\{\boldsymbol{A}^{-1}\}_{ik}u'^{(k)};v^{(i)}=\sum_{k=1}^{3}\{\boldsymbol{A}^{-1}\}_{ik}v'^{(k)}$$

代入表达式(48)并决定乘积 $u'^{(i)}v'^{(k)}$ 前的系数,我们就得到张量在新坐标系中的分量 b'_{ik} 表达式:

$$b'_{ik}=\sum_{p,q=1}^{3}b_{pq}\{\boldsymbol{A}^{-1}\}_{pi}\{\boldsymbol{A}^{-1}\}_{qk} \tag{49}$$

对于二阶逆变张量的情形，同样地，我们把共变向量的分量 u_i 和 v_k 以它们的新分量表示.根据其变向量的定义，u_i'是按照表$\boldsymbol{A}^{(*)-1}$ 由 u_i 表示，因而 u_i 按照表 $\boldsymbol{A}^{(*)}$ 由 u_i'表示，它是 $\boldsymbol{A}$ 的转置，v_i 也一样，这就是说

$$u_i=\sum_{k=1}^{3}\{\boldsymbol{A}\}_{ki}u'_k;v_i=\sum_{k=1}^{3}\{\boldsymbol{A}\}_{ki}v'_k$$

代入表达式(47)，即得二阶逆变张量分量变换的公式：

$$b'^{(i,k)}=\sum_{p,q=1}^{3}b^{(p,q)}\{\boldsymbol{A}\}_{ip}\{\boldsymbol{A}\}_{kq} \tag{50}$$

相同地，对于二阶混合张量的分量我们有下面的变换公式：

$$b'^{(k)}_i=\sum_{p,q=1}^{3}b^{(q)}_p\{\boldsymbol{A}^{-1}\}_{pi}\{\boldsymbol{A}\}_{kq} \tag{51}$$

如果我们用偏微商

$$\frac{\partial x'^{(i)}}{\partial x^{(k)}}\quad 和\quad \frac{\partial x^{(i)}}{\partial x'^{(k)}}$$

来表示线性变换的系数并把它们代入以上的公式中去，我们就得到在任意的坐标变换下二阶张量的变换公式.完全类似地可以定义高于二阶的张量的概念，不过我们不打算在这里讨论.

以前我们一直在讨论在某一个坐标系下表示三维空间的线性变换的表.假设这个表是

$$\boldsymbol{B}$$

并且假定我们按公式

$$(y_1,y_2,y_3)=\boldsymbol{A}(x_1,x_2,x_3)$$

做了一个坐标的仿射变换，这里 $\boldsymbol{A}$ 是一个行列式不为 0 的表.以前已经证明过，在新的坐标系中我们的空间变换的表是

$$\boldsymbol{ABA}^{-1}$$

不难看出，这样一个表的变换和上面所说的二阶混合张量的变换是一致的.事实上，应用表相乘的法则，我们就得到下面的公式

$$\{\boldsymbol{BA}^{-1}\}_{qi}=\sum_{p=1}^{3}\{\boldsymbol{B}\}_{qp}\{\boldsymbol{A}^{-1}\}_{pi}$$

进一步得出

$$\{\boldsymbol{A}(\boldsymbol{BA})^{-1}\}_{ki}=\sum_{p=1}^{3}\{\boldsymbol{A}\}_{kq}\{\boldsymbol{BA}^{-1}\}_{qi}=\sum_{p,q=1}^{3}\{\boldsymbol{B}\}_{qp}\{\boldsymbol{A}^{-1}\}_{pi}\{\boldsymbol{A}\}_{kq}$$

如果以 $b^{(i)}_k$ 来代替$\{\boldsymbol{B}\}_{ik}$，我们所得的正好就是公式(51).因此，空间线性变换的表是一个二阶混合张量.

我们再来举出一些特殊形式的张量. 假定共变张量在某一个坐标系中有下面的性质：

$$b_{ik}=b_{ki}\quad(i,k=1,2,3)\tag{52}$$

不难看出,在任意其他的坐标系中它也有这个性质. 事实上,按照(49)：

$$b'_{ki}=\sum_{p,q=1}^{3}b_{pq}\{\boldsymbol{A}^{-1}\}_{pk}\{\boldsymbol{A}^{-1}\}_{qi}$$

或者根据(52)

$$b'_{ki}=\sum_{p,q=1}^{3}b_{qp}\{\boldsymbol{A}^{-1}\}_{pk}\{\boldsymbol{A}^{-1}\}_{qi}$$

或者,改变求和的指标：

$$b'_{ki}=\sum_{p,q=1}^{3}b_{pq}\{\boldsymbol{A}^{-1}\}_{qk}\{\boldsymbol{A}^{-1}\}_{pi}$$

由此立即看出,b'_{ki}确实等于b'_{ik}. 这样的张量叫作对称共变张量. 对称逆变张量的定义是完全一样的. 同样地,如果在某一个坐标系中 $b_{ik}=-b_{ki}$ 或者 $b^{(i,k)}=-b^{(k,i)}$,那么在任意其他的坐标系中也一定这样,这样的张量叫作扭对称的. 对于混合张量这种情况是不成立的,例如,关系 $b_i^{(k)}=b_k^{(i)}$ 在坐标变换下不是不变的. 现在我们转入某一些特殊张量的讨论.

24. 仿射正交张量的例子

在下面的例子里我们把坐标变换限制为只是我们在[20]中所讨论的那一种,它们是对应于从一个笛卡儿坐标系到另一个的转换. 这种变换通常叫作三维空间的正交变换. 我们知道,对于它们逆步变换 $\boldsymbol{A}^{(*)-1}$ 和 $\boldsymbol{A}$ 是一样的,因此共变张量和逆变张量的差别消失了. 对于这样的坐标变换显然地我们就只有一个二阶张量的概念. 如果我们和以前一样,用$\{\boldsymbol{A}\}_{ik}$ 来表示坐标正交变换的系数,对于二阶张量的变换我们就有下面的公式：

$$b'_{ik}=\sum_{p,q=1}^{3}b_{pq}\{\boldsymbol{A}\}_{ip}\{\boldsymbol{A}\}_{kq}\tag{53}$$

它从上节的公式可以直接得到. 我们把表 $\|b_{ik}\|$ 的每一列的元素看作某一个向量的分量. 这样一来我们就有了三个向量

$$\boldsymbol{b}^{(1)}(b_{11},b_{21},b_{31});\boldsymbol{b}^{(2)}(b_{12},b_{22},b_{32});\boldsymbol{b}^{(3)}(b_{13},b_{23},b_{33})$$

我们说,其中的第一个对应于轴 X_1,第二个对应于轴 X_2,第三个对应于轴 X_3. 现在按照下面的公式相应于任一个方向(n) 作一向量 $\boldsymbol{b}^{(n)}$

$$\boldsymbol{b}^{(n)}=\cos(n,x_1)\boldsymbol{b}^{(1)}+\cos(n,x_2)\boldsymbol{b}^{(2)}+\cos(n,x_3)\boldsymbol{b}^{(3)}\tag{54}$$

现在我们任取一个笛卡儿坐标系(x'_1,x'_2,x'_3) 来代替以前的(x_1,x_2,x_3),并且相应于新坐标轴的方向我们按照公式(54) 作向量

$$\boldsymbol{b}'^{(k)}=\cos(x'_k,x_1)\boldsymbol{b}^{(1)}+\cos(x'_k,x_2)\boldsymbol{b}^{(2)}+\cos(x'_k,x_3)\boldsymbol{b}^{(3)}\tag{55}$$

如果考虑这些向量在新坐标轴 x_1', x_2', x_3'上的投影，和表 $\|b_{ik}\|$ 相似，我们就有一个九个数的表 $\|b'_{ik}\|$. 我们来证明，这个新表的元素恰好是按照二阶张量分量变换的公式被元素 b_{ik} 所表示. 事实上，譬如我们来考虑元素 b'_{12}. 根据定义，它是向量 $\boldsymbol{b}'^{(2)}$ 在新轴 x_1'上的分量. 公式(55) 给出：

$$\boldsymbol{b}'^{(2)}=\cos(x_2',x_1)\boldsymbol{b}^{(1)}+\cos(x_2',x_2)\boldsymbol{b}^{(2)}+\cos(x_2',x_3)\boldsymbol{b}^{(3)} \tag{56}$$

从这里看出，$\boldsymbol{b}'^{(2)}$ 是向量 $\boldsymbol{b}^{(i)}$ 的线性函数，因此，为了求 b'_{12}，只需要在公式(56) 的右边把向量 $\boldsymbol{b}^{(i)}$ 分别换成它们在轴 x_1'上的投影就行了，这就是说，把这些向量换成下面的表达式：

$\boldsymbol{b}^{(i)}$ 换成 $b_{1i}\cos(x_1',x_1)+b_{2i}\cos(x_1',x_2)+b_{3i}\cos(x_1',x_3)\quad(i=1,2,3)$

此外，我们注意，根据表(2)：

$$\cos(x_i',x_k)=a_{ik}=\{\boldsymbol{A}\}_{ik}$$

在公式(56) 的右边用这些表达式代替上面提到的向量，即得

$$b'_{12}=\sum_{p,q=1}^{3}b_{pq}\{\boldsymbol{A}\}_{1p}\{\boldsymbol{A}\}_{2q}$$

这个正好和公式(53) 一样. 因此我们可以得出结论，如果对于三个互相垂直的方向我们确定了三个向量 $\boldsymbol{b}^{(1)},\boldsymbol{b}^{(2)},\boldsymbol{b}^{(3)}$，并且按照公式(54) 对于任意的方向 (n) 我们定义一个向量，那么给出向量 $\boldsymbol{b}'^{(k)}\,(k=1,2,3)$ 在轴 $x'^{(k)}$ 上投影的九个数的表就在任意一个笛卡儿坐标系中定义一个二阶仿射正交张量，这就是说，对于所有可能的正交变换定义了一个二阶张量.

我们要注意，当我们说 $\boldsymbol{b}^{(1)}$ 对应于某一个轴 x_1 的方向，这并不意味着 $\boldsymbol{b}^{(1)}$ 和轴 x_1 必须有相同的方向. 重要的只是公式(54)，它使每一个方向 (n) 都有一个向量 $\boldsymbol{b}^{(n)}$ 与之对应，一般说来，$\boldsymbol{b}^{(n)}$ 的方向和 (n) 是不同的.

现在我们来举两个仿射正交张量的例子. 第一个是弹性学中所熟知的张力张量. 我们来考虑一个变形了的弹性体，在它的一个固定点 M 装一个无穷小的面积 $d\sigma$，法线的方向是 (n). 在弹性学中我们知道，由法线方向定义的那一面的弹性介质作用在上面所说的面积上的等于某一个与法线方向 (n) 有关的向量 $\boldsymbol{b}^{(n)}$ 和面积 $d\sigma$ 的数值的乘积. 从弹性体中划出一个无穷小的四面体，由于考虑它的平衡条件，我们就得出公式(54)，由此直接推知，张力是一个二阶张量. 在任一个笛卡儿坐标系中这个张量将被九个数的表 $\|b_{ik}\|$ 所刻画，并且，如在弹性学中所证明的，这个张量是对称的，即 $b_{ik}=b_{ki}$. 换句话说，作用在与轴 x_k 垂直的面积上的张力在轴 x_i 上的投影等于作用在与轴 x_i 垂直的面积上的张力在轴 x_k 上的投影.

我们现在来看张量的另一个例子. 考虑某一个向量场 $\boldsymbol{C}(M)$. 如果取了某一个笛卡儿坐标系 (x_1,x_2,x_3) 并取场 (c_1,c_2,c_3) 的分量对坐标的微商，那么我们得到下面这九个量的表：

$$\begin{Vmatrix} \frac{\partial c_1}{\partial x_1} & \frac{\partial c_1}{\partial x_2} & \frac{\partial c_1}{\partial x_3} \\ \frac{\partial c_2}{\partial x_1} & \frac{\partial c_2}{\partial x_2} & \frac{\partial c_2}{\partial x_3} \\ \frac{\partial c_3}{\partial x_1} & \frac{\partial c_3}{\partial x_2} & \frac{\partial c_3}{\partial x_3} \end{Vmatrix} \tag{57}$$

对于任一方向(n)，我们定义与这个方向对应的向量微商$\frac{\partial \boldsymbol{c}}{\partial n}$，这样，在表(57)的第$k$列的元素就是对应于轴$x_k$的方向的向量的分量.对于任一方向$(n)$我们就有公式[Ⅱ;108]

$$\frac{\partial c_i}{\partial n}=\cos\langle n,x_1\rangle\frac{\partial c_i}{\partial x_1}+\cos\langle n,x_2\rangle\frac{\partial c_i}{\partial x_2}+\cos\langle n,x_3\rangle\frac{\partial c_i}{\partial x_3}\quad (i=1,2,3)$$

这就是说，我们所定义的表是一个二阶张量.这个张量一般说来既不是对称的，也不是扭对称的.不过，如果我们把两个表的和了解为相当元素的相加，那么不难把它表成一个对称的和一个扭对称的张量之和.

首先我们来作一些一般性的讨论.由公式(53)的线性可以推知，如果$\| b_{ik} \|$和$\| c_{ik} \|$是两个张量，那么和$\| b_{ik}+c_{ik} \|$也是张量.并且，这个公式在指标交换之后仍旧是成立的，即

$$b'_{ki}=\sum_{p,q=1}^{3} b_{qp}\{\boldsymbol{A}\}_{ip}\{\boldsymbol{A}\}_{kq}$$

这就是说，如果某一个对所有的坐标系定义的表是一个张量，那么这个表的转置也是张量.现在假定我们有了某一个张量$\| b_{ik} \|$.

我们可以把它表成和的形式：

$$\| b_{ik} \| = \left\| \frac{b_{ik}+b_{ki}}{2} \right\| + \left\| \frac{b_{ik}-b_{ki}}{2} \right\|$$

第一部分显然是一个对称张量，而第二部分是扭对称的.

把这种分解应用到表(57)所定义的张量，我们得到它的对称的部分是

$$\begin{Vmatrix} \frac{\partial c_1}{\partial x_1} & \frac{1}{2}\left(\frac{\partial c_1}{\partial x_2}+\frac{\partial c_2}{\partial x_1}\right) & \frac{1}{2}\left(\frac{\partial c_1}{\partial x_3}+\frac{\partial c_3}{\partial x_1}\right) \\ \frac{1}{2}\left(\frac{\partial c_1}{\partial x_2}+\frac{\partial c_2}{\partial x_1}\right) & \frac{\partial c_2}{\partial x_2} & \frac{1}{2}\left(\frac{\partial c_2}{\partial x_3}+\frac{\partial c_3}{\partial x_2}\right) \\ \frac{1}{2}\left(\frac{\partial c_1}{\partial x_3}+\frac{\partial c_3}{\partial x_1}\right) & \frac{1}{2}\left(\frac{\partial c_2}{\partial x_3}+\frac{\partial c_3}{\partial x_2}\right) & \frac{\partial c_3}{\partial x_3} \end{Vmatrix} \tag{58}$$

如果整个的介质有一个变形而$\overrightarrow{MC}$是位移向量，这就是说，介质的点M按这个向量移动，那么表(58)就是所谓的变形张量.这个张量的扭对称部分是：

$$
\left\|\begin{matrix}
0 & \frac{1}{2}\left(\frac{\partial c_1}{\partial x_2}-\frac{\partial c_2}{\partial x_1}\right) & \frac{1}{2}\left(\frac{\partial c_1}{\partial x_3}-\frac{\partial c_3}{\partial x_1}\right) \\
\frac{1}{2}\left(\frac{\partial c_2}{\partial x_1}-\frac{\partial c_1}{\partial x_2}\right) & 0 & \frac{1}{2}\left(\frac{\partial c_2}{\partial x_3}-\frac{\partial c_3}{\partial x_2}\right) \\
\frac{1}{2}\left(\frac{\partial c_3}{\partial x_1}-\frac{\partial c_1}{\partial x_3}\right) & \frac{1}{2}\left(\frac{\partial c_3}{\partial x_2}-\frac{\partial c_2}{\partial x_3}\right) & 0
\end{matrix}\right\| \tag{59}
$$

以前我们对于线性齐次变形的特殊情形已经做过张量的分解[Ⅱ;113]并且看到,在那个情形下扭对称部分相应于空间作为一个整体(没有变形)绕一根轴的转动.

25. n 维复空间的情形

现在我们转到 n 维空间的一般情形.以前我们已经讲过[12] n 个数,实数或者复数的叙列就是这样一个空间中的向量:

$$\boldsymbol{x}(x_1,x_2,\cdots,x_n)$$

其中这些数叫作向量 $\boldsymbol{x}$ 的分量.这里我们是假定,这个空间是取下面这一组基本单位向量:

$$\boldsymbol{a}^{(1)}(1,0,\cdots,0);\boldsymbol{a}^{(2)}(0,1,\cdots,0);\cdots;\boldsymbol{a}^{(n)}(0,0,\cdots,1)$$

使得

$$\boldsymbol{x}=x_1\boldsymbol{a}^{(1)}+x_2\boldsymbol{a}^{(2)}+\cdots+x_n\boldsymbol{a}^{(n)} \tag{60}$$

向量相等的条件以及它们简单的运算我们在[12]中已定义过了.

从向量 $\boldsymbol{x}(x_1,x_2,\cdots,x_n)$ 到向量 $\boldsymbol{y}(y_1,y_2,\cdots,y_n)$ 按公式:

$$y_i=a_{i1}x_1+a_{i2}x_2+\cdots+a_{in}x_n\quad(i=1,2,\cdots,n) \tag{61}$$

的一个转换叫作 n 维空间的一个线性变换,或者用符号表示为

$$\boldsymbol{y}=\mathbf{A}\boldsymbol{x} \tag{62}$$

这里 $\mathbf{A}$ 是变换的表 $\| a_{ik} \|_1^n$.如果它的行列式 $D(\mathbf{A})$ 不为零,那么变换(62)叫作非奇异的变换,而矩阵 $\mathbf{A}$ 叫作非奇异的矩阵(表).在这个情形下,对 x_i 解方程(61),我们就得到与(61)或者(62)相逆的变换:

$$\boldsymbol{x}=\mathbf{A}^{-1}\boldsymbol{y} \tag{63}$$

这里表 $\mathbf{A}^{-1}$ 的元素是

$$\{\mathbf{A}^{-1}\}_{ik}=\frac{A_{ki}}{D(\mathbf{A})} \tag{64}$$

其中 $D(\mathbf{A})$ 是表 $\mathbf{A}$ 的行列式,A_{ik} 是元素 a_{ik} 的代数余子式.

再者,与以前[21]相仿,我们定义两个变换的乘积,两个变换

$$\boldsymbol{y}=\mathbf{A}\boldsymbol{x},\boldsymbol{z}=\mathbf{B}\boldsymbol{y}$$

的连续施行相当于一个线性变换

$$\boldsymbol{z}=\mathbf{B}\mathbf{A}\boldsymbol{x}$$

它就叫作变换 $\boldsymbol{A}$ 和 $\boldsymbol{B}$ 的乘积，它的表按下面的公式决定：

$$\{\boldsymbol{BA}\}_{ik}=\sum_{s=1}^{n}\{\boldsymbol{B}\}_{is}\{\boldsymbol{A}\}_{sk} \tag{65}$$

这个乘积一般说来是与因子的次序有关的，也就是说，除去特殊情形，一般地我们有

$$\boldsymbol{BA}\neq\boldsymbol{AB}$$

不难把乘积的定义推广到任意多个因子的情形，并且结合律成立，就是说，因子可以任意结合

$$(\boldsymbol{CB})\boldsymbol{A}=\boldsymbol{C}(\boldsymbol{BA}) \tag{66}$$

逆变换适合下列关系：

$$\boldsymbol{AA}^{-1}=\boldsymbol{A}^{-1}\boldsymbol{A}=\boldsymbol{I};(\boldsymbol{A}^{-1})^{-1}=\boldsymbol{A} \tag{67}$$

这里我们用符号 $\boldsymbol{I}$ 代表所谓单位矩阵，在它里面主对角线上的元素等于1，而其余的元素全是零. 与这个矩阵对应的是恒等变换

$$y_i=x_i\quad(i=1,2,\cdots,n)$$

和以前一样，我们定义 n 阶的对角矩阵：

$$[k_1,k_2,\cdots,k_n]=\begin{bmatrix}k_1&0&0&\cdots&0\\0&k_2&0&\cdots&0\\0&0&k_3&\cdots&0\\\vdots&\vdots&\vdots&&\vdots\\0&0&0&\cdots&k_n\end{bmatrix} \tag{68}$$

与它对应的变换是：

$$y_i=k_ix_i\quad(i=1,2,\cdots,n)$$

对角矩阵的乘积与因子的次序无关，它由下面的公式决定：

$$[k_1,k_2,\cdots,k_n][l_1,l_2,\cdots,l_n]=[l_1,l_2,\cdots,l_n][k_1,k_2,\cdots,k_n]=$$
$$[k_1l_1,k_2l_2,\cdots,k_nl_n]$$

在特殊情形 $k_1=k_2=\cdots=k_n=k$ 下我们得到矩阵

$$[k,k,\cdots,k]=\begin{bmatrix}k&0&0&\cdots&0\\0&k&0&\cdots&0\\0&0&k&\cdots&0\\\vdots&\vdots&\vdots&&\vdots\\0&0&0&\cdots&k\end{bmatrix} \tag{69}$$

它相当于把向量的所有分量全用数 k 来乘. 根据以前所说的，我们将把矩阵(69) 就简单地看作是数 k，这就是说，把数 k 看作矩阵的特殊情形. 利用公式(65) 不难看出，数 k，把它看作矩阵(69)，与任意矩阵的乘积是与因子的次序无关的，并且就相当于把矩阵 $\boldsymbol{A}$ 所有的元素全用数 k 来乘：

$$\{(k,k,\cdots,k)\boldsymbol{A}\}_{ik}=\{k\boldsymbol{A}\}_{ik}=k\{\boldsymbol{A}\}_{ik} \tag{70}$$

现在假设我们取作基本单位向量的不是上面所说的向量 $\boldsymbol{a}^{(k)}$，而是新的向量 $\boldsymbol{b}^{(k)}$，它们按下面的公式被 $\boldsymbol{a}^{(k)}$ 表示：

$$\begin{aligned}
\boldsymbol{b}^{(1)}&=t_{11}\boldsymbol{a}^{(1)}+t_{12}\boldsymbol{a}^{(2)}+\cdots+t_{1n}\boldsymbol{a}^{(n)}\\
\boldsymbol{a}^{(2)}&=t_{21}\boldsymbol{a}^{(1)}+t_{22}\boldsymbol{a}^{(2)}+\cdots+t_{2n}\boldsymbol{a}^{(n)}\\
&\vdots\\
\boldsymbol{a}^{(n)}&=t_{n1}\boldsymbol{a}^{(1)}+t_{n2}\boldsymbol{a}^{(2)}+\cdots+t_{nn}\boldsymbol{a}^{(n)}
\end{aligned} \tag{71}$$

而且由元素 t_{ik} 组成的行列式不为零. 这样，向量 $\boldsymbol{a}^{(k)}$ 反过来也可以被向量 $\boldsymbol{b}^{(k)}$ 线性表示，并且向量 $\boldsymbol{a}^{(k)}$ 的每一个线性组合都同时是向量 $\boldsymbol{b}^{(k)}$ 的线性组合，反过来也对. 换句话说，作为基本单位向量，向量 $\boldsymbol{b}^{(k)}$ 和向量 $\boldsymbol{a}^{(k)}$ 生成同一个空间. 如果某一个向量 $\boldsymbol{x}$ 在单位向量 $\boldsymbol{a}^{(k)}$ 所决定的坐标系中的分量是$(x_1,x_2,\cdots,x_n)$，那么在单位向量 $\boldsymbol{b}^{(k)}$ 所决定的坐标系中它就要有另外的分量$(x'_1,x'_2,\cdots,x'_n)$，它们由前者按照变换(71) 的逆步线性变换表示，这个可以写成：

$$(x'_1,x'_2,\cdots,x'_n)=\boldsymbol{T}^{(*)-1}(x_1,x_2,\cdots,x_n) \tag{72}$$

这里表 $\boldsymbol{T}^{(*)}$ 是对应于变换(71) 的表 $\boldsymbol{T}$ 的转置.

如果我们有一个空间的变换，它在前一个坐标系中由公式(62) 表示，那么在新的坐标系中这同一个变换就由下面的公式表示：

$$\boldsymbol{y}'=\boldsymbol{UAU}^{-1}\boldsymbol{x}' \tag{73}$$

这里

$$\boldsymbol{U}=\boldsymbol{T}^{(*)-1}$$

表

$$\boldsymbol{UAU}^{-1}$$

称为和表 $\boldsymbol{A}$ 是相似的.

在以上的讨论中基本的概念是向量和矩阵的概念. 我们注意，有时候可以把向量 $\boldsymbol{x}(x_1,x_2,\cdots,x_n)$ 看成矩阵，这个矩阵的某一列，究竟是哪一列没有关系，是数$(x_1,x_2,\cdots,x_n)$，而其余的元素全是零. 譬如我们假定向量的分量放在第一列. 这样一来，我们的向量就可以表成矩阵的形式：

$$\begin{bmatrix} x_1 & 0 & \cdots & 0\\ x_2 & 0 & \cdots & 0\\ \vdots & \vdots & & \vdots\\ x_n & 0 & \cdots & 0\end{bmatrix}$$

有时候，这样的只有一列含有不为零的元素的矩阵，用下面的符号来表示：

$$\begin{bmatrix} x_1\\ x_2\\ \vdots\\ x_n\end{bmatrix}=\begin{bmatrix} x_1 & 0 & \cdots & 0\\ x_2 & 0 & \cdots & 0\\ \vdots & \vdots & & \vdots\\ x_n & 0 & \cdots & 0\end{bmatrix} \tag{74}$$

现在我们来证明,线性变换(62)可以写成换矩(74)和矩阵 $\mathbf{A}$ 的乘积的形式.事实上,把矩阵(74)用矩阵 $\mathbf{A}$ 按规则(65)来乘并注意到矩阵(74)只有第一列的元素不为零,我们就得到乘积的矩阵,其中也只有第一列的元素不为零,并且不难看出这些元素就是:

$$y_i = a_{i1}x_1 + a_{i2}x_2 + \cdots + a_{in}x_n$$

这就是说,它们正好就给出线性变换(62).因此我们可以把这个变换写成形式:

$$\begin{pmatrix} y_1 \\ y_2 \\ \vdots \\ y_n \end{pmatrix} = \mathbf{A}\begin{pmatrix} x_1 \\ x_2 \\ \vdots \\ x_n \end{pmatrix} \tag{75}$$

式中右边是两个矩阵的乘积.

在这一节的最后,我们再指出一些 n 维向量空间的向量的运算所满足的一般法则

$$\boldsymbol{x}+\boldsymbol{y}=\boldsymbol{y}+\boldsymbol{x};(\boldsymbol{x}+\boldsymbol{y})+\boldsymbol{z}=\boldsymbol{x}+(\boldsymbol{y}+\boldsymbol{z})$$

如果 $\boldsymbol{x}$ 和 $\boldsymbol{y}$ 是任意两个向量,那么分量为$(y_k - x_k)$的向量 $\boldsymbol{z}=\boldsymbol{y}-\boldsymbol{x}$ 是适合条件 $\boldsymbol{x}+\boldsymbol{z}=\boldsymbol{y}$ 的唯一的一个向量.

设 a 和 b 是任意的数,我们有

$$(a+b)\boldsymbol{x}=a\boldsymbol{x}+b\boldsymbol{x};a(b\boldsymbol{x})=(ab)\boldsymbol{x};a(\boldsymbol{x}+\boldsymbol{y})=a\boldsymbol{x}+a\boldsymbol{y}$$

对于1我们有 $1\boldsymbol{x}=\boldsymbol{x}$,以及 $0\boldsymbol{x}=0$,这里在右边的0是代表全部分量是零的向量.

26. 矩阵计算的基础

在前一节用到的公式中,矩阵是作为一个新的符号被引入的,对于它我们可以施行一些和在平常的数上所施行的运算相似的运算.这一点使我们很自然地想到要建立一个新的代数,它适用于矩阵这种符号.换句话说,我们要把矩阵看作数的一种新的形式,看作某一种超复数.以前我们利用两个实数建立了一种新的数,就是形式为 $a+b\mathrm{i}$ 的复数,和这个一样,现在我们利用 n^2 个复数 a_{ik},把它们排成一个方的表,来建立一种新的数的概念 —— 矩阵.不过我们必须指出它们之间重大的差别.这就是,我们知道,对于表示复数的字母我们可以施行所有代数中对实数来说为大家所熟知的运算.对于矩阵我们得到一个代数,它和我们熟悉的复数的代数有重大的差别.造成这个差别的主要因素是乘法的非交换性,这就是说,乘法的结果依赖于因子的次序.现在我们来确立矩阵代数的一些基本规则,而且在许多方面我们是以前面把矩阵看作线性变换的表所得到的一些结果作为指导的.

在以下各处,如果不特别声明,我们将认为所有的矩阵都有相同的阶 n.如

果 $\boldsymbol{A}$ 是这样一个矩阵，那么和以前一样，我们用 $\{\boldsymbol{A}\}_{ik}$ 来表示它的元素.

两个矩阵 $\boldsymbol{A}$ 和 $\boldsymbol{B}$ 认为是相等的当且仅当

$$\{\boldsymbol{A}\}_{ik}=\{\boldsymbol{B}\}_{ik}\quad(i,k=1,2,\cdots,n)\tag{76}$$

即，它们相当的元素全相等.

矩阵的加法按下面的公式定义：

$$\{\boldsymbol{A}+\boldsymbol{B}\}_{ik}=\{\boldsymbol{A}\}_{ik}+\{\boldsymbol{B}\}_{ik}\tag{77}$$

即，归结于相当元素的相加.

乘积按下面的公式定义：

$$\{\boldsymbol{BA}\}_{ik}=\sum_{s=1}^{n}\{\boldsymbol{B}\}_{is}\{\boldsymbol{A}\}_{sk}\tag{78}$$

如以前知道的，一般地

$$\boldsymbol{BA}\neq\boldsymbol{AB}$$

但是结合律成立[21]：

$$(\boldsymbol{CB})\boldsymbol{A}=\boldsymbol{C}(\boldsymbol{BA})\tag{79}$$

乘积的行列式等于相乘矩阵的行列式的乘积

$$\boldsymbol{D}(\boldsymbol{BA})=\boldsymbol{D}(\boldsymbol{B})\boldsymbol{D}(\boldsymbol{A})\tag{80}$$

分配律也显然成立

$$(\boldsymbol{A}+\boldsymbol{B})\boldsymbol{C}=\boldsymbol{AC}+\boldsymbol{BC}\quad\text{和}\quad\boldsymbol{C}(\boldsymbol{A}+\boldsymbol{B})=\boldsymbol{CA}+\boldsymbol{CB}\tag{81}$$

我们再来指出乘法的一个特点，就是，虽然所有的因子全不为零，矩阵的乘积可能等于零，这就是说，等于一个所有元素全为零的矩阵，我们举两个相同的二阶矩阵的乘积作为例子

$$\begin{bmatrix}0&0\\1&0\end{bmatrix}\cdot\begin{bmatrix}0&0\\1&0\end{bmatrix}=\begin{bmatrix}0&0\\0&0\end{bmatrix}$$

完全和上一节一样，如果 $\boldsymbol{A}$ 是非奇异矩阵，这就是说，如果 $D(\boldsymbol{A})\neq0$，我们引入逆矩阵 $\boldsymbol{A}^{-1}$ 的概念. 如果 $\boldsymbol{C}=\boldsymbol{BA}$，$R_{\boldsymbol{A}}$，$R_{\boldsymbol{B}}$ 和 $R_{\boldsymbol{C}}$ 分别是矩阵 $\boldsymbol{A}$，$\boldsymbol{B}$ 和 $\boldsymbol{C}$ 的秩，那么我们知道，$R_{\boldsymbol{C}}\leqslant R_{\boldsymbol{A}}$[7]. 如果 $\boldsymbol{B}$ 是非奇异的矩阵，那么 $\boldsymbol{A}=\boldsymbol{B}^{-1}\boldsymbol{C}$，和以上一样我们又可以断定 $R_{\boldsymbol{A}}\leqslant R_{\boldsymbol{C}}$，因此 $R_{\boldsymbol{C}}=R_{\boldsymbol{A}}$，这就是说，在矩阵 $\boldsymbol{A}$ 被一个非奇异矩阵 $\boldsymbol{B}$ 乘（右边或者左边）的时候，它的秩不变. 对于单位矩阵 $\boldsymbol{I}$ 关系式

$$\boldsymbol{BI}=\boldsymbol{IB}=\boldsymbol{B}\tag{82}$$

成立，式中 $\boldsymbol{B}$ 是任意的矩阵.

不难看出，矩阵 $\boldsymbol{A}^{-1}$ 是方程

$$\boldsymbol{AX}=\boldsymbol{I}\quad\text{和}\quad\boldsymbol{XA}=\boldsymbol{I}\tag{83}$$

的唯一的解，其中 $\boldsymbol{I}$ 是单位矩阵. 实际上，譬如在第一个方程的左边乘上 $\boldsymbol{A}^{-1}$ 并且应用(79)和(67)，我们就得到 $\boldsymbol{X}=\boldsymbol{A}^{-1}$，对第二个方程也一样. 我们指出，如果 $D(\boldsymbol{A})=0$，那么方程(83)一定没有解，这就是说，矩阵 $\boldsymbol{A}$ 没有逆. 事实上，作为方

程(83) 的推论我们有：

$$D(\boldsymbol{A})D(\boldsymbol{X})=1$$

这个和条件 $D(\boldsymbol{A})=0$ 相违背.

我们还可以回想一下前一节所引入的对角矩阵的概念，以及每一个数 k 都可以看作是矩阵的特殊情形. 而且不难引入关于矩阵的正整数方次的概念

$$\boldsymbol{A}^p=\boldsymbol{A}\cdot\boldsymbol{A}\cdot\cdots\cdot\boldsymbol{A}$$

矩阵的负整数方次作为逆矩阵的正整数方次引入，这就是说

$$\boldsymbol{A}^{-p}=(\boldsymbol{A}^{-1})^p \tag{84}$$

显然地，我们有

$$\boldsymbol{A}^{-p}=(\boldsymbol{A}^p)^{-1},\text{即 }\boldsymbol{A}^{-p}\boldsymbol{A}^p=\boldsymbol{A}^p\boldsymbol{A}^{-p}=\boldsymbol{I} \tag{85}$$

两个矩阵的商的符号

$$\frac{\boldsymbol{A}}{\boldsymbol{B}}$$

没有确定的意义. 我们可以有两种解释——或者作为乘积 $\boldsymbol{AB}^{-1}$，或者作为乘积 $\boldsymbol{B}^{-1}\boldsymbol{A}$，而且这两个乘积一般说来是不同的，只有在它们相等的特殊情形下，商的符号才有确定的意义.

其次，关于相似矩阵的概念也是一个基本的概念，它在上一节已经引入. 我们指出一些公式，它们是很容易被证明的：

$$(\boldsymbol{CBA})^{-1}=\boldsymbol{A}^{-1}\boldsymbol{B}^{-1}\boldsymbol{C}^{-1} \tag{86}$$

$$\boldsymbol{CBAC}^{-1}=(\boldsymbol{CBC}^{-1})(\boldsymbol{CAC}^{-1}) \tag{87}$$

如果用 $\boldsymbol{A}^{(*)}$ 表示矩阵 $\boldsymbol{A}$ 的转置矩阵，那么下面的公式也成立：

$$(\boldsymbol{CBA})^{(*)}=\boldsymbol{A}^{(*)}\boldsymbol{B}^{(*)}\boldsymbol{C}^{(*)} \tag{88}$$

它利用乘法的定义是不难验算的. 我们再引进两个新的符号. 我们用来代表一个矩阵，它的元素是矩阵 $\boldsymbol{A}$ 的元素的共轭数，即

$$\{\overline{\boldsymbol{A}}\}_{ik}=\overline{\{\boldsymbol{A}\}_{ik}} \tag{89}$$

而且这里和平常一样，我们用符号 $\bar{\alpha}$ 来表示复数 α 的共轭数. 最后，我们用 $\widetilde{\boldsymbol{A}}$ 来代表一个矩阵，它是由矩阵 $\boldsymbol{A}$ 把行列互换再把元素换成共轭数而得出的，即

$$\{\widetilde{\boldsymbol{A}}\}_{ik}=\overline{\{\boldsymbol{A}\}_{ki}} \tag{90}$$

矩阵 $\widetilde{\boldsymbol{A}}$ 有时称为和矩阵 $\boldsymbol{A}$ 是共轭的或者是厄米特共轭的(厄米特是 19 世纪后半叶的一个法国数学家). 不难核算公式

$$\widetilde{\boldsymbol{CBA}}=\widetilde{\boldsymbol{A}}\widetilde{\boldsymbol{B}}\widetilde{\boldsymbol{C}} \tag{91}$$

不难核算下面这个简单的公式：

$$(\boldsymbol{A}^{(*)})^{-1}=(\boldsymbol{A}^{-1(*)})$$

即，矩阵求逆的符号和转置的符号可以互换次序，这一点我们在以前[20]已经提到过.

我们再指出一个以后有用的公式.由关系式(67)直接推出

$$D(\boldsymbol{A})D(\boldsymbol{A}^{-1})=1$$

即

$$D(\boldsymbol{A}^{-1})=D(\boldsymbol{A})^{-1} \tag{92}$$

换句话说,逆矩阵的行列式等于原来矩阵的行列式值的逆.

我们再引进准对角矩阵的概念,它是对角矩阵的推广.我们以一个特殊的情形来阐明这个概念.假设有一个七阶矩阵:

$$\begin{bmatrix} b_{11} & b_{12} & b_{13} & 0 & 0 & 0 & 0 \\ b_{21} & b_{22} & b_{23} & 0 & 0 & 0 & 0 \\ b_{31} & b_{32} & b_{33} & 0 & 0 & 0 & 0 \\ 0 & 0 & 0 & c_{11} & c_{12} & 0 & 0 \\ 0 & 0 & 0 & c_{21} & c_{22} & 0 & 0 \\ 0 & 0 & 0 & 0 & 0 & d_{11} & d_{12} \\ 0 & 0 & 0 & 0 & 0 & d_{21} & d_{22} \end{bmatrix}$$

我们用$\boldsymbol{B}$代表元素为b_{ik}的三阶矩阵,$\boldsymbol{C}$和$\boldsymbol{D}$代表元素为c_{ik}和d_{ik}的二阶矩阵.前面的七阶矩阵就叫作一个结构为$\{3,2,2\}$的准对角矩阵并用符号

$$[\boldsymbol{B},\boldsymbol{C},\boldsymbol{D}]$$

表示.

一般地假设,一个n阶矩阵的由元素a_{ii}组成的主对角线被分成m部分,其中第一部分包含前k_1个元素,第二部分包含接下去的k_2个元素,等等,使$k_1+k_2+\cdots+k_m=n$.我们可以把前k_1个元素看成某一个k_1阶矩阵$\boldsymbol{X}_1$的主对角线;接下去的k_2个元素看成某一个k_2阶矩阵$\boldsymbol{X}_2$的主对角线,等等.假定说矩阵$\boldsymbol{A}$所有的不属于$\boldsymbol{X}_s$这些矩阵的元素全为零.矩阵$\boldsymbol{A}$就叫作结构为$\{k_1,k_2,\cdots,k_m\}$的准对角矩阵并以下面的形式来表示:

$$\boldsymbol{A}=[\boldsymbol{X}_1,\boldsymbol{X}_2,\cdots,\boldsymbol{X}_m]$$

对于相同结构的矩阵的运算规则就特别简单.我们将给出相应的一些公式,不过不予证明.它们根据运算的定义可以很简单地被验证.对于结构相同的矩阵的加法我们有公式

$$[\boldsymbol{X}_1,\boldsymbol{X}_2,\cdots,\boldsymbol{X}_m]+[\boldsymbol{Y}_1,\boldsymbol{Y}_2,\cdots,\boldsymbol{Y}_m]=$$
$$[\boldsymbol{X}_1+\boldsymbol{Y}_1,\boldsymbol{X}_2+\boldsymbol{Y}_2,\cdots,\boldsymbol{X}_m+\boldsymbol{Y}_m] \tag{93}$$

这里所谓结构相同就是说每一个矩阵$\boldsymbol{X}_s$的阶数都和相当的矩阵$\boldsymbol{Y}_s$的阶数相等.同样地对于乘法和乘方我们有

$$[\boldsymbol{X}_1,\boldsymbol{X}_2,\cdots,\boldsymbol{X}_m][\boldsymbol{Y}_1,\boldsymbol{Y}_2,\cdots,\boldsymbol{Y}_m]=[\boldsymbol{X}_1\boldsymbol{Y}_1,\boldsymbol{X}_2\boldsymbol{Y}_2,\cdots,\boldsymbol{X}_m\boldsymbol{Y}_m] \tag{94}$$

$$[\boldsymbol{X}_1,\boldsymbol{X}_2,\cdots,\boldsymbol{X}_m]^p=[\boldsymbol{X}_1^p,\boldsymbol{X}_2^p,\cdots,\boldsymbol{X}_m^p] \tag{95}$$

式中p是任意的正整数或负整数,而且如果p是负整数,当然就必须要求行列

式 $D(\boldsymbol{X}_s)$ 全不为零.

矩阵$[\boldsymbol{X}_1,\boldsymbol{X}_2,\cdots,\boldsymbol{X}_m]$是相同结构的矩阵来变换的规则可以表成下式：

$$[\boldsymbol{Y}_1,\boldsymbol{Y}_2,\cdots,\boldsymbol{Y}_m][\boldsymbol{X}_1,\boldsymbol{X}_2,\cdots,\boldsymbol{X}_m][\boldsymbol{Y}_1,\boldsymbol{Y}_2,\cdots,\boldsymbol{Y}_m]^{-1}=$$
$$[\boldsymbol{Y}_1\boldsymbol{X}_1\boldsymbol{Y}_1^{-1},\boldsymbol{Y}_2\boldsymbol{X}_2\boldsymbol{Y}_2^{-1},\cdots,\boldsymbol{Y}_m\boldsymbol{X}_m\boldsymbol{Y}_m^{-1}] \tag{96}$$

我们来指出那些被准对角矩阵所引起的线性变换的几何意义.为了简单起见我们来考虑上面所举的那个7阶准对角矩阵,它的结构是$\{3,2,2\}$.我们来看对应于这个矩阵的线性变换.如果在原来的向量$(x_1,\cdots,x_7)$中我们有

$$x_4=x_5=x_6=x_7=0$$

那么在变换之后的向量中显然也有

$$y_4=y_5=y_6=y_7=0$$

这就是说,由前三个基础单位向量所生成的子空间中的每一个向量在变换之后仍然属于这个子空间,并且这个变换就由三阶矩阵 $\boldsymbol{B}$ 决定.对于由下两个单位向量所生成的子空间以及由最后两个单位向量所生成的子空间也一样.

在这里我们重提一下,所谓由向量 $\boldsymbol{x}^{(1)},\boldsymbol{x}^{(2)},\cdots,\boldsymbol{x}^{(l)}$ 所生成的子空间就是指所有的由公式

$$c_1\boldsymbol{x}^{(1)}+c_2\boldsymbol{x}^{(2)}+\cdots+c_l\boldsymbol{x}^{(l)}$$

所定义的向量的集合,式中 $c_1,c_2,\cdots,c_l$ 是任意常数.

27. 矩阵的特征数与化矩阵成标准形式

相似的矩阵在(76)的意义下当然是不一定相等的,不过从几何的观点来看它们在下面这一方面是等价的,就是,它们可以看作是在不同的坐标系中体现空间的同一个线性变换.现在我们来找这一些矩阵的不变量,这就是说,找出这样一些由矩阵的元素组成的表达式,它们对于所有相似的矩阵都有相同的值.有一个不变量是不难做的.这就是矩阵的行列式.事实上,如果 $\boldsymbol{A}$ 是一个矩阵,$\boldsymbol{UAU}^{-1}$ 是它的一个相似的矩阵,而且 $\boldsymbol{U}$ 是任一个行列式不为零的矩阵.由(80)和(92)我们就有

$$D(\boldsymbol{UAU}^{-1})=D(\boldsymbol{U})D(\boldsymbol{A})D(\boldsymbol{U}^{-1})=D(\boldsymbol{U})D(\boldsymbol{A})D(\boldsymbol{U})^{-1}=D(\boldsymbol{A})$$

为了建立其他的不变量,我们做某一个参数 λ 的一个 n 次多项式 $\varphi(\lambda)$,它等于把矩阵 $\boldsymbol{A}$ 的所有对角线上的项全减去参数 λ 所得出的矩阵的行列式,即

$$\varphi(\lambda)=\begin{vmatrix} a_{11}-\lambda & a_{12} & \cdots & a_{1n} \\ a_{21} & a_{22}-\lambda & \cdots & a_{2n} \\ \vdots & \vdots & & \vdots \\ a_{n1} & a_{n2} & \cdots & a_{nn}-\lambda \end{vmatrix} \tag{97}$$

这里 a_{ik} 是矩阵 $\boldsymbol{A}$ 的元素.或者我们可以把它写成:

$$\varphi(\lambda)=D(\boldsymbol{A}-\lambda)=D(\boldsymbol{A}-\lambda\boldsymbol{I}) \tag{98}$$

因为根据以前的约定,λ 或 $\lambda \boldsymbol{I}$ 都是主对角线上的元素全是 λ 的对角矩阵. 用 $\boldsymbol{UAU}^{-1}$ 来代 $\boldsymbol{A}$ 并注意到任何矩阵和数 λ 都是可交换的,因而 $\boldsymbol{U}\lambda\boldsymbol{U}^{-1}=\lambda$,我们就有:

$$D(\boldsymbol{UAU}^{-1}-\lambda)=D[\boldsymbol{U}(\boldsymbol{A}-\lambda)\boldsymbol{U}^{-1}]=D(\boldsymbol{A}-\lambda)$$

从而

$$D(\boldsymbol{UAU}^{-1}-\lambda)=D(\boldsymbol{A}-\lambda) \tag{99}$$

这样我们看到,对于矩阵 $\boldsymbol{UAU}^{-1}$ 所做的多项式(97) 和对于矩阵 $\boldsymbol{A}$ 所做的多项式是一样的. 换句话说,多项式(97) 所有的系数对于相似的矩阵全是不变量. 这个多项式的首项系数很容易看出是等于$(-1)^n$. 我们特别指出它的两个系数,就是常数项和$(-1)^{n-1}\lambda^{n-1}$ 的系数. 第一个显然就是行列式,这个不变量前面已经提过. 至于$(-1)^{n-1}\lambda^{n-1}$ 的系数,利用[5] 的结果,我们看出它就等于对角线上的元素的和. 这个和通常叫作矩阵的迹并用下面的符号表示:

$$\mathrm{Sp}(\boldsymbol{A})=\{\boldsymbol{A}\}_{11}+\{\boldsymbol{A}\}_{22}+\cdots+\{\boldsymbol{A}\}_{nn}=a_{11}+a_{22}+\cdots+a_{nn}$$

这里 Sp 是德国字"Spur" 的前两个字母,它的意思俄文是"след"(迹)(法文是"trace"). 于是,相似的矩阵有相同的行列式和相同的迹.

现在我们写下方程

$$D(\boldsymbol{A}-\lambda)=0 \tag{100}$$

这叫作矩阵 $\boldsymbol{A}$ 的特征方程,而它的根叫作矩阵 $\boldsymbol{A}$ 的特征值或者固有值. 根据以上所讲的我们可以说,相似的矩阵有相同的特征数. 在以前我们已经看到过形式为(100) 的方程.

我们现在提出下面这个问题:是否能够找到一个矩阵 $\boldsymbol{V}$,以它作相似变换把矩阵 $\boldsymbol{A}$ 变到矩阵 $\boldsymbol{V}^{-1}\boldsymbol{AV}$,使得后面这个矩阵是对角矩阵. 从空间线性变换的观点来看,就是,是否能选择这样一个坐标系,使得在原来的坐标系下由矩阵 $\boldsymbol{A}$ 所确定的线性变换在这个新的坐标系下简单地变成 $y_k=\lambda_k x_k$ 这种形式的变换. 应当注意,我们把相似矩阵写成形式 $\boldsymbol{V}^{-1}\boldsymbol{AV}$ 而不是以前的形式 $\boldsymbol{VAU}^{-1}$,当然,这个没有什么大关系.

我们可以把我们的条件写成下面的形式:

$$\boldsymbol{V}^{-1}\boldsymbol{AV}=[\lambda_1,\lambda_2,\cdots,\lambda_n] \tag{101}$$

这里所要求的是矩阵 $\boldsymbol{V}$ 的元素和数 λ_k. 把等式两边从左边用 $\boldsymbol{V}$ 相乘,显然可以把这个条件改写成:

$$\boldsymbol{AV}=\boldsymbol{V}[\lambda_1,\lambda_2,\cdots,\lambda_n] \tag{102}$$

根据公式(65) 我们决定等式两边的元素,并使两边指标同为 i 和 k 的元素相等. 这样一来,我们就得到 n^2 个方程:

$$\sum_{s=1}^{n} a_{is}v_{sk}=v_{ik}\lambda_k$$

其中 a_{is} 和 v_{ik} 是矩阵 **A** 和 **V** 的元素.

固定第二个指标 k 并且让 $i=1,2,\cdots,n$,我们得到 n 个方程,其中只包含矩阵 **V** 第 k 列的元素 $v_{1k},v_{2k},\cdots,v_{nk}$ 和数 λ_k:

$$\sum_{s=1}^{n} a_{is} v_{sk} = v_{ik}\lambda_k \quad (i=1,2,\cdots,n) \tag{103}$$

如果我们把元素$(v_{1k},v_{2k},\cdots,v_{nk})$看成是某一个向量 $\boldsymbol{v}^{(k)}$ 的分量,那么上面的等式就可以写成一个向量方程:

$$\boldsymbol{A}\boldsymbol{v}^{(k)} = \lambda_k \boldsymbol{v}^{(k)} \tag{104}$$

这样一来,我们看到,求一个把矩阵 **A** 化成对角形式的矩阵 **V** 的问题就变成了求一个向量 $\boldsymbol{v}^{(k)}$ 的问题,这个向量经过由矩阵 **A** 所决定的线性变换之后只差一个纯量倍数. 这个事实是近代量子力学的一个事实的代数缩影,就是海森堡的矩阵力学基本上和史列丁格尔的波动力学是一回事. 根据矩阵力学的观点,主要的问题是化一个矩阵(无限的)成对角形式. 至于波动力学,其中基本的问题是找这样一个向量(在无限维空间中),它经过某一个线性变换之后只差一个纯量倍数. 上面的说法我们所以叫作一个代数缩影是因为限制于有限维空间,我们的问题就成了一个纯粹代数的问题. 在较为复杂的无限维空间的情形中我们就要超出通常代数的范围而需要用到分析的工具. 所有这些问题以后我们将更详细地说明,并且我们会看到,在所考虑的有限维空间的情形中为了物理上的应用我们把矩阵 **A** 限制为一种特殊类型(厄米特矩阵,其中 $a_{ik}=\overline{a}_{ik}$)就够了,同时矩阵 **U** 也必须是一定的类型(**U** 矩阵,它的定义将在下面给出). 现在我们是考虑任意有限矩阵的一般的问题,并且只引出最后的结果,而不做完全的证明. 对于在应用中有兴趣的问题将给以完全的解决.

我们来解方程组(103)或者(104). 把它完全写出来我们就有

$$\begin{cases}(a_{11}-\lambda_k)v_{1k}+a_{12}v_{2k}+\cdots+a_{1n}v_{nk}=0\\ a_{21}v_{1k}+(a_{22}-\lambda_k)v_{2k}+\cdots+a_{2n}v_{nk}=0\\ \qquad\vdots\\ a_{n1}v_{1k}+a_{n2}v_{2k}+\cdots+(a_{nn}-\lambda_k)v_{nk}=0\end{cases} \tag{105}$$

为了得到一个不为零的解$(v_{1k},\cdots,v_{nk})$,它的充分必要条件是所写的方程组的行列式等于零,这就是说,充分必要条件是 λ_k 为特征方程的一个根. 我们只详细研究这个方程有不同的根的情形. 用$\lambda_1,\lambda_2,\cdots,\lambda_n$代表这些根. 用第一个根 λ_1 代方程组(105)中的 λ_k,我们就可以得到矩阵 **V** 第一列的元素,在这里我们不考虑 v_1 究竟有多少种选择这个问题. 我们随便选择方程组的一个解,只要它不为零就行了. 同样地,在方程组(105)的系数中让 $\lambda_k=\lambda_2$,我们就可以决定矩阵 **V** 的第二列的元素,这样一直到第 n 列. 等式(105)和(105)是一回事,为了回到基本的等式(101),我们只需证明矩阵 **V** 有逆矩阵 $\boldsymbol{V}^{-1}$,这就是说,**V** 的行列式不为零. 我们用反证法来证明. 假定说它等于零. 从[12] 中我们知道，这就相当于说在矩阵 $\boldsymbol{V}$ 的列向量 $\boldsymbol{v}^{(k)}$ 之间有一个线性关系：

$$C_1\boldsymbol{v}^{(1)}+C_2\boldsymbol{v}^{(2)}+\cdots+C_n\boldsymbol{v}^{(n)}=0$$

这里系数 C_k 不全为零. 在等式两边作 $(n-1)$ 次由矩阵 $\boldsymbol{A}$ 所决定的变换. 利用(104)，我们就有 n 个等式：

$$\begin{aligned}&C_1\boldsymbol{v}^{(1)}+C_2\boldsymbol{v}^{(2)}+\cdots+C_n\boldsymbol{v}^{(n)}=0\\&\lambda_1C_1\boldsymbol{v}^{(1)}+\lambda_2C_2\boldsymbol{v}^{(2)}+\cdots+\lambda_nC_n\boldsymbol{v}^{(n)}=0\\&\qquad\vdots\\&\lambda_1^{n-1}C_1\boldsymbol{v}^{(1)}+\lambda_2^{n-1}C_2\boldsymbol{v}^{(2)}+\cdots+\lambda_n^{n-1}C_n\boldsymbol{v}^{(n)}=0\end{aligned}$$

注意到向量 $C_k\boldsymbol{v}^{(k)}$ 不全为零，我们可以断言，这个方程组的行列式必须等于零：

$$\begin{vmatrix}1&1&\cdots&1\\\lambda_1&\lambda_2&\cdots&\lambda_n\\\vdots&\vdots&&\vdots\\\lambda_1^{n-1}&\lambda_2^{n-1}&\cdots&\lambda_n^{n-1}\end{vmatrix}=0$$

这里数 λ_k 根据条件是不同的. 不过这个等式与不同数的范德蒙德行列式不为零相抵触. 这样，我们就证明了，当矩阵的特征数全不同的时候，我们可以用相似变换把它化成对角形式. 在特征数有相同的情形下，矩阵可能不能用相似变换化成对角形式. 在所有的情形下都有一个最简单的，或者所谓矩阵的标准形式. 在矩阵化成对角形式的情形下，这个标准形式是：

$$[\lambda_1,\lambda_2,\cdots,\lambda_n]$$

这里 λ_k 是矩阵的特征数. 对一般的情形我们只叙述结果①. 设 $\lambda=a$ 是方程(100) 的一个 k 重根. 再假设，对在方程(100) 的右边所有的 $(n-1)$ 阶的表的行列式 $\lambda=a$ 是一个 k_1 重根，而不高于它，这就是说，所有这些行列式全被 $(\lambda-a)^{k_1}$ 除尽，但是其中至少有一个不被 $(\lambda-a)^{k_1+1}$ 除尽. 再假设，所有的 $(n-2)$ 阶的行列式以 $\lambda=a$ 为一 k_2 重根，而不高于它，如此下去，最后，所有的 $(n-m)$ 阶的行列式以 $\lambda=a$ 为一 k_m 重根，而至少有一个 $(n-m-1)$ 阶的行列式当 $\lambda=a$ 时根本不等于零. 显然对阶数更低的行列式情况也是如此. 可以证明，数 k_s 是逆降的，即

$$k>k_1>k_2>\cdots>k_m$$

引入下面这些正整数：

$$l_1=k-k_1;l_2=k_1-k_2;\cdots;l_{m+1}=k_m$$

---

① 它的证明见本卷第二分册的附录.

而且显然有

$$l_1+l_2+\cdots+l_{m+1}=k$$

二项式

$$(\lambda-a)^{l_1};(\lambda-a)^{l_2};\cdots;(\lambda-a)^{l_{m+1}}$$

叫作相当于根 $\lambda=a$ 的矩阵 $\boldsymbol{A}$ 的初等因子. 因此我们对于矩阵 $\boldsymbol{A}$ 所有的特征数都可以定义初等因子,这样一来,我们就得到初等因子组:

$$(\lambda-\lambda_1)^{\rho_1};(\lambda-\lambda_2)^{\rho_2};\cdots;(\lambda-\lambda_p)^{\rho_p} \tag{106}$$

这里

$$\rho_1+\rho_2+\cdots+\rho_p=n \tag{107}$$

数 λ_k 之中可能有相同的.

在上面我们看到在相似变换下特征数不变. 矩阵的初等因子组也具有同样的性质. 现在我们引入一个新的简单的矩阵 $\boldsymbol{I}_\rho(a)$. 这个矩阵的阶数是 ρ,主对角线上的元素全是 a,在主对角线下面的斜线上的元素全是 1,其余的元素是 0:

$$\boldsymbol{I}_\rho(a)=\begin{bmatrix} a & 0 & 0 & \cdots & 0 & 0\\ 1 & a & 0 & \cdots & 0 & 0\\ 0 & 1 & a & \cdots & 0 & 0\\ \vdots & \vdots & \vdots & & \vdots & \vdots\\ 0 & 0 & 0 & \cdots & a & 0\\ 0 & 0 & 0 & \cdots & 1 & a \end{bmatrix} \tag{108}$$

下面这个结果是关于化矩阵成标准形式的问题的一个主要结果:如果矩阵 $\boldsymbol{A}$ 的初等因子组是(106),那么存在一个行列式不为零的矩阵 $\boldsymbol{U}$ 使得

$$\boldsymbol{UAU}^{-1}=[\boldsymbol{I}_{\rho_1}(\lambda_1),\boldsymbol{I}_{\rho_2}(\lambda_2),\cdots,\boldsymbol{I}_{\rho_p}(\lambda_p)] \tag{109}$$

应当注意,如果已经知道了矩阵 $\boldsymbol{A}$ 全部的特征数,那么求矩阵 $\boldsymbol{U}$ 时只用到一些简单的代数运算. 如果 $\rho=1$,那么 $\boldsymbol{I}_\rho(a)$ 就是数 a. 就是在有相同的特征数的情形,也可能所有的初等因子(106) 都是单纯的,这就是说,有形式:

$$(\lambda-\lambda_1);(\lambda-\lambda_2);\cdots;(\lambda-\lambda_n)$$

在这个情形准对角矩阵

$$[\boldsymbol{I}_{\rho_1}(\lambda_1),\boldsymbol{I}_{\rho_2}(\lambda_2),\cdots,\boldsymbol{I}_{\rho_p}(\lambda_p)]$$

就简单地变成对角矩阵$[\lambda_1,\lambda_2,\cdots,\lambda_n]$,而矩阵就化成了对角形式.

应当指出,在公式(109) 中出现的矩阵 $\boldsymbol{U}$ 不是唯一决定的. 特别地,如果 d 是矩阵 $\boldsymbol{U}$ 的行列式的值,那么我们可以在公式(109) 中把

$$\boldsymbol{U}\text{ 换成}\frac{1}{\sqrt[n]{d}}\boldsymbol{U}\quad\text{以及}\quad\boldsymbol{U}^{-1}\text{ 换成}\sqrt[n]{d}\,\boldsymbol{U}^{-1}$$

因此我们可以认为在公式(109) 中矩阵 $\boldsymbol{U}$ 的行列式等于 1. 对于一般的化矩阵

成对角形式的问题我们只谈到这儿. 在第三卷第二部分的附录中我们再回到这个问题. 上面已经说过，以下我们将对特殊类型的矩阵详细讨论这个问题.

不难证明，矩阵可以化成对角形式的充分必要条件是在方程组(105) 中系数表的秩等于$n-\mu_k$，这里μ_k是在特征方程中根λ_k的重数. 如果这个条件满足，那么方程组(105) 就决定 μ_k 个线性无关的向量$(v_{1k},v_{2k},\cdots,v_{nk})$[14].

最后，应该注意，公式(109) 中的矩阵 $\boldsymbol{U}$ 不是唯一决定的. 对于一般的化矩阵成对角形式的问题我们只谈这一些. 上面已经说过，以下将对特殊类型的矩阵的问题做详细的讨论.

28. U 变换和正交变换

在这一节和下一节中我们要用到向量的纯量乘积和模(长度) 的概念，这两个概念在[13] 中已经引入. 我们记得，模(长度) 的平方是由下面的公式定义的：

$$|\boldsymbol{x}|^2(\boldsymbol{x},\boldsymbol{x})=\sum_{s=1}^{n}|x_s|^2 \tag{110}$$

或者，在实分量的情形，是

$$|\boldsymbol{x}|^2=\sum_{s=1}^{n}x_s^2$$

这个模的定义是和一定的基础单位向量，也就是坐标轴的选择有关的. 带有上面这个模的定义的坐标系将叫作正规的，或者笛卡儿坐标系. 除去向量的长度外我们还用下面的公式定义了两个向量的纯量乘积：

$$(\boldsymbol{x},\boldsymbol{y})=x_1\overline{y}_1+x_2\overline{y}_2+\cdots+x_n\overline{y}_n \tag{111}$$

在实向量的情形这个公式取比较对称的形式

$$(\boldsymbol{x},\boldsymbol{y})=x_1y_1+x_2y_2+\cdots+x_ny_n$$

由(111) 推知，如果交换向量的次序，那么纯量乘积的值就变成它的共轭数，即

$$(\boldsymbol{y},\boldsymbol{x})=\overline{(\boldsymbol{x},\boldsymbol{y})} \tag{112}$$

如果两个向量的纯量乘积等于零，就称为是垂直的或者是正交的.

在以下，如果不特别声明，总是假定我们的讨论是在笛卡儿坐标系下. 因此，那么相当于从一个笛卡儿坐标系到另一个笛卡儿坐标系转换的线性变换就有了特殊的意义. 我们知道，每个从一个坐标系到另一个坐标系的转换都相当于一个分量的线性变换. 假设我们有这样一个变换

$$(y_1,y_2,\cdots,y_n)=U(x_1,x_2,\cdots,x_n) \tag{113}$$

而且原来的坐标系是笛卡儿坐标系. 要使得新的坐标系仍旧是笛卡儿坐标系，它的充分必要条件是，在新坐标中向量的长度也是由分量模的平方和表示，即

$$|y_1|^2+\cdots+|y_n|^2=|x_1|^2+\cdots+|x_n|^2 \tag{114}$$

我们来证明,此时纯量乘积在新的坐标系中也是由与(111) 一样的公式表示. 事实上,假定在原来的坐标系下我们有两个向量

$$\boldsymbol{x}(x_1,x_2,\cdots,x_n) \text{ 和 } \boldsymbol{x}'(x'_1,x'_2,\cdots,x'_n)$$

并且在新坐标系中对应的向量是

$$\boldsymbol{y}(y_1,y_2,\cdots,y_n) \text{ 和 } \boldsymbol{y}'(y'_1,y'_2,\cdots,y'_n)$$

我们作两个新的向量 $\boldsymbol{z}=\boldsymbol{x}+\boldsymbol{x}'$ 和 $\boldsymbol{u}=\boldsymbol{x}+\mathrm{i}\boldsymbol{x}'$,它们的分量是$(x_k+x'_k)$ 和 $(x_k+\mathrm{i}x'_k)$. 假使条件(114) 适合,我们就有

$$\sum_{k=1}^{n}(y_k+y'_k)(\overline{y}_k+\overline{y}'_k)=\sum_{k=1}^{n}(x_k+x'_k)(\overline{x}_k+\overline{x}'_k)$$

再根据(114),就得到

$$\sum_{k=1}^{n}(y_k\overline{y}'_k+y'_k\overline{y}_k)=\sum_{k=1}^{n}(x_k\overline{x}'_k+x'_k\overline{x}_k) \tag{115$_1$}$$

因为

$$\sum_{k=1}^{n}|y_k|^2=\sum_{k=1}^{n}|x_k|^2 \quad \text{和} \quad \sum_{k=1}^{n}|y'_k|^2=\sum_{k=1}^{n}|x'_k|^2$$

同样地

$$\sum_{k=1}^{n}(y_k+\mathrm{i}y'_k)(\overline{y}_k-\mathrm{i}\overline{y}'_k)=\sum_{k=1}^{n}(x_k+\mathrm{i}x'_k)(\overline{x}_k-\mathrm{i}\overline{x}'_k)$$

从而

$$\sum_{k=1}^{n}(y'_k\overline{y}_k-y_k\overline{y}'_k)=\sum_{k=1}^{n}(x'_k\overline{x}_k-x_k\overline{x}'_k) \tag{115$_2$}$$

由等式(115_1) 和(115_2) 即得

$$\sum_{k=1}^{n}y_k\overline{y}'_k=\sum_{k=1}^{n}x_k\overline{x}'_k \tag{116}$$

这就是说,纯量乘积的确还是由以前的公式表示. 因此,如果变换(113) 适合条件(114),那么它也适合条件(116),也就是说,保持纯量乘积的值不变. 反过来,如果在(116) 中设 $x'_k=x_k$,从条件(116) 就推出(114),因为两个相同的向量的纯量乘积显然就是向量长度的平方. 适合条件(114) 或者条件(116) 的线性变换通常叫作 U 变换.

如果考虑实空间和实线性变换的矩阵,那么条件(114) 就简单地变成条件

$$y_1^2+y_2^2+\cdots+y_n^2=x_1^2+x_2^2+\cdots+x_n^2 \tag{117}$$

而相当的实变换叫作正交变换. 它显然是 U 变换的一个特殊情形.

现在我们来阐明U 变换的一些基本性质. 用 u_{ik} 代表矩阵$\boldsymbol{U}$ 的元素,对变换(113) 我们把条件(114) 完全写出来:

$$\sum_{k=1}^{n}|u_{k1}x_1+\cdots+u_{kn}x_n|^2=\sum_{k=1}^{n}|x_k|^2$$

或者是

$$\sum_{k=1}^{n}(u_{k1}x_1+\cdots+u_{kn}x_n)(\bar{u}_{k1}\bar{x}_1+\cdots+\bar{u}_{kn}\bar{x}_n)=\sum_{k=1}^{n}x_k\bar{x}_k \tag{118}$$

把公式左边的括号打开并让 $x_p\bar{x}_p$ 的系数等于1,而 $x_p\bar{x}_p(p\neq q)$ 前的系数等于0,对 U 变换的元素我们就得到一个充分而必要的条件,它写成下面的形式:

$$\begin{cases}\sum_{k=1}^{n}|u_{kp}|^2=1 \quad (p=1,2,\cdots,n)\\ \sum_{k=1}^{n}u_{kp}\bar{u}_{kp}=0 \quad (p\neq q)\end{cases} \tag{119}$$

这就是说,每一列元素的模的平方和必须等于1,而一列的元素与另外一列相当元素的共轭数的乘积的和必须等于零.有时候这些条件写成

$$\sum_{k=1}^{n}u_{kp}\bar{u}_{kp}=\delta_{pq} \tag{120}$$

这里 δ_{pq} 是单位矩阵的元素,即

$$\delta_{pq}=\begin{cases}0 \quad (p\neq q)\\ 1 \quad (p=q)\end{cases} \tag{121}$$

上面我们是对恒等式(118)来应用未定系数法.当然,这是适合恒等式的充分条件.如果给 x_k 一些特定的值,那么不难证明同类项系数的相等也是必要条件.

我们取行列式 $D(\boldsymbol{A})$ 以及由共轭元素组成的行列式 $D(\bar{\boldsymbol{A}})$.用列列相乘的方法[6]把它们乘起来,根据(119)我们就得到单位矩阵的行列式,也就是等于1.在另一方面,显然这两个行列式的值是互相共轭的复数,从这里直接推出

$$|D(\boldsymbol{A})|^2=1$$

这就是说,$\boldsymbol{U}$ 矩阵行列式模的平方等于1.换句话说,$\boldsymbol{U}$ 矩阵的行列式的模等于1,也就是说它等于一个形式为 $e^{i\varphi}$ 的复数,这里 φ 是实数.

我们引入 $\boldsymbol{U}$ 的转置矩阵 $\boldsymbol{U}^{(*)}$.条件(119)通常叫作关于列的正交条件,它可以写成下面这个矩阵等式的形式:

$$\bar{\boldsymbol{U}}^{(*)}\boldsymbol{U}=\boldsymbol{I} \tag{122}$$

这相当于

$$\boldsymbol{U}^{-1}=\bar{\boldsymbol{U}}^{(*)}=\tilde{\boldsymbol{U}} \tag{123}$$

这就是说,如果一个矩阵是 $\boldsymbol{U}$ 矩阵,那么它的逆矩阵就等于它的厄米特共轭矩阵.

$\boldsymbol{U}$ 的逆变换 $\boldsymbol{U}^{-1}$ 是表示从向量 $\boldsymbol{y}$ 到向量 $\boldsymbol{x}$ 的转换.它显然也满足 $\boldsymbol{U}$ 矩阵的条件(114),这就是说,如果 $\boldsymbol{U}$ 是一个 $\boldsymbol{U}$ 矩阵,那么它的逆 $\boldsymbol{U}^{-1}$ 也是 $\boldsymbol{U}$ 矩阵.换句话说,根据(123)矩阵 $\tilde{\boldsymbol{U}}$ 也是一个 $\boldsymbol{U}$ 矩阵,它的列也适合正交条件.但是 $\tilde{\boldsymbol{U}}$ 的列是 $\bar{\boldsymbol{U}}$ 的行.因此我们可以肯定,在 $\boldsymbol{U}$ 矩阵中不但是列,同时行也适合正交条件,

这就是说,与公式(120) 同时我们还有公式

$$\sum_{k=1}^{n} u_{pk}\bar{u}_{qk}=\delta_{pq} \tag{124}$$

同样地,如果矩阵 $\boldsymbol{U}_1$ 和 $\boldsymbol{U}_2$ 适合条件(114),那么它们的乘积 $\boldsymbol{U}_2\boldsymbol{U}_1$ 显然也适合这个条件,这就是说,两个 $\boldsymbol{U}$ 矩阵的乘积也是一个 $\boldsymbol{U}$ 矩阵.

我们来举出表示 $\boldsymbol{U}$ 矩阵的定义的两种不同的方式

$$|\boldsymbol{Ux}|^2=|\boldsymbol{x}|^2 \quad \text{或} \quad (\boldsymbol{Ux},\boldsymbol{Ux}')=(\boldsymbol{x},\boldsymbol{x}') \tag{125_1}$$

这里在后面的等式中 $\boldsymbol{x}$ 和 $\boldsymbol{x}'$ 是任意的向量.

我们现在来指出在 $\boldsymbol{U}$ 矩阵的元素全是实数时所产生的情况. 上面已经说过,在这个情形下它叫作正交矩阵而和它对应的变换叫作正交变换. 在这个情形下代替公式(120) 和(124) 我们有下面的公式:

$$\sum_{k=1}^{n} u_{kp}u_{kq}=\delta_{pq};\sum_{k=1}^{n} u_{pk}u_{qk}=\delta_{pq} \tag{125_2}$$

同时变换的行列式显然一定是实数,所以它的值只能等于 ± 1. n 维空间中的这些实正交变换就是我们在[20] 中所讨论的三维空间中这种变换的一个推广. 此外,在实系数的情形下,$\widetilde{\boldsymbol{U}}$ 就等于 $\boldsymbol{U}^{(*)}$,这就是说,把 $\boldsymbol{U}$ 的行换成列就得到逆变换 $\boldsymbol{U}^{-1}$.

我们再指出,任何一个复数 $e^{i\varphi}$,φ 是实数,如果把它看成矩阵$[e^{i\varphi},e^{i\varphi},\cdots,e^{i\varphi}]$,就是一个 $\boldsymbol{U}$ 矩阵,如 $\boldsymbol{U}$ 是一个 $\boldsymbol{U}$ 矩阵,那么乘积 $e^{i\varphi}\boldsymbol{U}$ 还是一个 $\boldsymbol{U}$ 矩阵. 数和矩阵的乘积的意义在[25] 中已经谈过.

29. 彭雅科夫斯基不等式

在这一节里我们要来证明一个不等式,它是我们以后常用到的. 在第二卷里我们已经给了这个不等式的推论[Ⅱ;156]. 这个不等式是:不论 $\alpha_1,\alpha_2,\cdots,\alpha_m$ 和 $\beta_1,\beta_2,\cdots,\beta_m$ 是怎样的实数,我们有

$$\left(\sum_{k=1}^{m}\alpha_k\beta_k\right)^2 \leqslant \sum_{k=1}^{m}\alpha_k^2 \cdot \sum_{k=1}^{m}\beta_k^2 \tag{126}$$

并且等号在而且仅在 α_k 和 β_k 成比例时才成立,即

$$\frac{\beta_1}{\alpha_1}=\frac{\beta_2}{\alpha_2}=\cdots=\frac{\beta_m}{\alpha_m} \tag{127}$$

设 ξ 是任意一个实数. 我们作

$$S=\sum_{k=1}^{m}(\xi\alpha_k-\beta_k)^2$$

它显然是大于等于 0. 等号在而且仅在

$$\frac{\beta_1}{\alpha_1}=\frac{\beta_2}{\alpha_2}=\cdots=\frac{\beta_m}{\alpha_m}=\xi$$

时才立，在这个情形下，显然是

$$(\sum_{k=1}^{m}\alpha_k\beta_k)^2=\sum_{k=1}^{m}\alpha_k^2\cdot\sum_{k=1}^{m}\beta_k^2$$

一般说来，把表达式 S 中的括号打开，我们得到一个二次三项式

$$S=A\xi^2-2B\xi+C$$

其中

$$A=\sum_{k=1}^{m}\alpha_k^2;B=\sum_{k=1}^{m}\alpha_k\beta_k;C=\sum_{k=1}^{m}\beta_k^2$$

这个三项式对所有实的 ξ 都大于等于 0，由此推知：$AC-B^2\geqslant 0$，即 $B^2\leqslant AC$，这就是不等式(126).

如果 $B^2-AC=0$，那么三项式对于某一实数 ξ 就必须等于零，因此我们知道，它就必须适合条件(127). 反过来，如果这个条件满足，公式(126) 中等号就成立. 现在我们假定 α_k 和 β_k 是复数. 注意到和的模小于等于各项模的和，我们得到：

$$|\sum_{k=1}^{m}\alpha_k\beta_k|\leqslant\sum_{k=1}^{m}|\alpha_k||\beta_k|$$

后面的和是由正项组成的，对它用不等式(126)，即得

$$|\sum_{k=1}^{m}\alpha_k\beta_k|^2\leqslant\sum_{k=1}^{m}|\alpha_k|^2\cdot\sum_{k=1}^{m}|\beta_k|^2 \qquad (126_1)$$

不难证明，在 α_k 和 β_k 是复数的情形下，等号在而且仅在 $|\alpha_k|$ 和 $|\beta_k|$ 成比例并且所有的乘积 $\alpha_k\beta_k$ 有相同的辐角时才成立. 不等式(126) 不仅能应用到和，同时对积分也能应用，以前已经提到过这一点[Ⅱ;156]. 如果 $f_1(x)$ 和 $f_2(x)$ 是区间 $a\leqslant x\leqslant b$ 上的两个实函数，那么对应于积分的不等式是

$$[\int_a^b f_1(x)f_2(x)\mathrm{d}x]^2\leqslant\int_a^b f_1^2(x)\mathrm{d}x\cdot\int_a^b f_2^2(x)\mathrm{d}x \qquad (126_2)$$

事实上，我们作表达式：

$$\int_a^b[\xi f_1(x)-f_2(x)]^2\mathrm{d}x=\xi^2\int_a^b f_1^2(x)\mathrm{d}x-2\xi\int_a^b f_1(x)f_2(x)\mathrm{d}x+\int_a^b f_2^2(x)\mathrm{d}x$$

这里 ξ 是任意实数. 由左边的形式得知，这个表达式对任何的实数 ξ 都不会是负的. 而从初等代数我们知道，如果三项式 $A\xi^2-2B\xi+C$ 对所有的实数 ξ 都是非负的，那么 $AC-B^2\geqslant 0$. 把这个结果用到上面的三项式就得出不等式(126_2). 这个不等式对于积分是 B. Л. 彭雅科夫斯基第一个证明的. 对于和是勾犀发现的.

30. 纯量乘积和模的性质

现在我们来指出一些纯量乘积和模的性质. 应用不等式(126_1)并且注意到

$|\bar{y}_k|=|y_k|$,我们可以写下：

$$|(\boldsymbol{x},\boldsymbol{y})|^2=\left|\sum_{k=1}^{n}x_k\bar{y}_k\right|^2\leqslant\sum_{k=1}^{n}|x_k|^2\cdot\sum_{k=1}^{n}|y_k|^2$$

即

$$|(\boldsymbol{x},\boldsymbol{y})|\leqslant|\boldsymbol{x}|\cdot|\boldsymbol{y}| \tag{128}$$

现在来证明所谓的三角形规则

$$|\boldsymbol{x}+\boldsymbol{y}|\leqslant|\boldsymbol{x}|+|\boldsymbol{y}| \tag{129}$$

我们有

$$|\boldsymbol{x}+\boldsymbol{y}|^2=(\boldsymbol{x}+\boldsymbol{y},\boldsymbol{x}+\boldsymbol{y})=(\boldsymbol{x},\boldsymbol{x})+(\boldsymbol{y},\boldsymbol{y})+(\boldsymbol{x},\boldsymbol{y})+(\boldsymbol{y},\boldsymbol{x})$$

或者，利用(128)即得

$$|\boldsymbol{x}+\boldsymbol{y}|^2\leqslant|\boldsymbol{x}|^2+|\boldsymbol{y}|^2+2|\boldsymbol{x}|\cdot|\boldsymbol{y}|=(|\boldsymbol{x}|+|\boldsymbol{y}|)^2$$

由此推出(129).

最后，我们来考察坐标系的选择对于空间度量的影响，也就是对于向量长度平方的表达式的影响.假设我们取了一个新的坐标系来代替基础笛卡儿坐标系，而且作为基础单位向量的是一些线性无关的向量

$$\boldsymbol{z}^{(1)},\boldsymbol{z}^{(2)},\cdots,\boldsymbol{z}^{(n)}$$

对任一个向量我们有：

$$\boldsymbol{x}=z_1\boldsymbol{z}^{(1)}+z_2\boldsymbol{z}^{(2)}+\cdots+z_n\boldsymbol{z}^{(n)}$$

这里 z_k 是它在新坐标系中的分量.

这个向量长度的平方是由它和自身的纯量乘积来表示的，即

$$|\boldsymbol{x}|^2=(z_1\boldsymbol{z}^{(1)}+\cdots+z_n\boldsymbol{z}^{(n)},z_1\boldsymbol{z}^{(1)}+\cdots+z_n\boldsymbol{z}^{(n)})$$

根据以前的公式展开，对于向量长度的平方我们就有下面的表达式：

$$|\boldsymbol{x}|^2=\sum_{i,k=1}^{n}a_{ik}z_i\bar{z}_k \tag{130}$$

这里系数 a_{ik} 按下面的公式决定

$$a_{ik}=(\boldsymbol{z}^{(i)},\boldsymbol{z}^{(k)})$$

把指标互换，显然就变成它的共轭数，即

$$a_{ik}=\bar{a}_{ki} \tag{131}$$

这种形式为(130)且系数满足条件(131)的和通常叫作厄米特型.显然地，每一个形式为(130)且适合条件(131)的表达式对于所有可能的复数 z_k 都只取实数值，因为对于 $i\neq k$ 和(130)中的两项是互相共轭的，而根据条件(131)项 $a_{kk}|z_k|^2$ 的系数 a_{kk} 是实数.此外，根据厄米特型(130)的来源，我们可以肯定，和(130)是非负的，并且在而且仅在所有的 z_k 全为零时才会等于零.公式(130)定义了在新坐标系下空间的度量.

度量(130)将和笛卡儿坐标系中的度量(110)一样，如果

$$a_{ik}=0 \quad 当 i\neq k 和 a_{kk}=1$$

或者是

$$(\boldsymbol{z}^{(i)},\boldsymbol{z}^{(k)})=0 \quad 当 i\neq k 和 (\boldsymbol{z}^{(k)},\boldsymbol{z}^{(k)})=1$$

换句话说就是，我们取作单位向量的向量 $\boldsymbol{z}^{(k)}$ 是互相正交的单位向量（长度为 1 的）。

我们注意，如果公式（113）定义了一个向量的分量的 $\boldsymbol{U}$ 变换，那么相应的坐标系的变换由表

$$\boldsymbol{U}^{(*)-1}$$

给出，它是 $\boldsymbol{U}$ 的逆步变换．在这个情形下，根据（123）这个表等于表 $\overline{\boldsymbol{U}}$，而对于实的正交换它就是 $\boldsymbol{U}$ 自己．

31. 向量的正交化手续

假设给了任意的 m 个线性无关的向量 $\boldsymbol{x}^{(1)},\boldsymbol{x}^{(2)},\cdots,\boldsymbol{x}^{(m)}$．形式为

$$C_1\boldsymbol{x}^{(1)}+C_2\boldsymbol{x}^{(2)}+\cdots+C_m\boldsymbol{x}^{(m)}$$

的向量的全体，其中 C_k 是任意的系数，当 $m=n$ 时就是我们的空间，而当 $m<n$ 时，它定义一个 m 维的子空间 R_m．我们来证明，我们总可以做出 m 个互相正交而又长度是 1 的向量，它们和向量 $\boldsymbol{x}^{(k)}$ 一样生成子空间 R_m．换句话说，这些新的正交的长度为 1 的向量 $\boldsymbol{z}^{(k)}$ 可以由 $\boldsymbol{x}^{(k)}$ 线性表示，并且反过来，$\boldsymbol{x}^{(k)}$ 也可以由 $\boldsymbol{z}^{(k)}$ 线性表示．这些向量可以按下面的格式来作：

$$\begin{cases}\boldsymbol{y}^{(1)}=\boldsymbol{x}^{(1)}\\ \boldsymbol{y}^{(2)}=\boldsymbol{x}^{(2)}-(\boldsymbol{x}^{(2)},\boldsymbol{z}^{(1)})\boldsymbol{z}^{(1)}\\ \boldsymbol{y}^{(3)}=\boldsymbol{x}^{(3)}-(\boldsymbol{x}^{(3)},\boldsymbol{z}^{(1)})\boldsymbol{z}^{(1)}-(\boldsymbol{x}^{(3)},\boldsymbol{z}^{(2)})\boldsymbol{z}^{(2)}\\ \qquad\vdots\end{cases} \tag{132}$$

其中

$$\boldsymbol{z}^{(1)}=\frac{\boldsymbol{y}^{(1)}}{|\boldsymbol{y}^{(1)}|};\boldsymbol{z}^{(2)}=\frac{\boldsymbol{y}^{(2)}}{|\boldsymbol{y}^{(2)}|};\cdots;\boldsymbol{z}^{(m)}=\frac{\boldsymbol{y}^{(m)}}{|\boldsymbol{y}^{(m)}|} \tag{133}$$

向量 $\boldsymbol{z}^{(1)}$ 等于 $\boldsymbol{y}^{(1)}$ 用 $\boldsymbol{y}^{(1)}$ 的长度除，因此 $\boldsymbol{z}^{(1)}$ 的长度是 1．然后按照上面的公式作向量 $\boldsymbol{y}^{(2)}$．由它的定义直接推知，它和 $\boldsymbol{z}^{(1)}$ 正交：

$$(\boldsymbol{y}^{(2)},\boldsymbol{z}^{(1)})=(\boldsymbol{x}^{(2)},\boldsymbol{z}^{(1)})-(\boldsymbol{x}^{(2)},\boldsymbol{z}^{(1)})(\boldsymbol{z}^{(1)},\boldsymbol{z}^{(1)})=0$$

用 $\boldsymbol{y}^{(2)}$ 的长度除 $\boldsymbol{y}^{(2)}$，就得到 $\boldsymbol{z}^{(2)}$．然后再按照上面的公式作向量 $\boldsymbol{y}^{(3)}$．由此直接推知，它和 $\boldsymbol{z}^{(1)}$ 与 $\boldsymbol{z}^{(2)}$ 正交．

因为，根据 $\boldsymbol{z}^{(1)}$ 和 $\boldsymbol{z}^{(2)}$ 的正交性，我们有

$$(\boldsymbol{y}^{(3)},\boldsymbol{z}^{(2)})=(\boldsymbol{x}^{(3)},\boldsymbol{z}^{(2)})-(\boldsymbol{x}^{(3)},\boldsymbol{z}^{(2)})(\boldsymbol{z}^{(2)},\boldsymbol{z}^{(2)})=0$$

用 $\boldsymbol{y}^{(3)}$ 的长度除 $\boldsymbol{y}^{(3)}$，就得到 $\boldsymbol{z}^{(3)}$，如此下去．

所有这些新作出的向量全可以由 $\boldsymbol{x}^{(k)}$ 线性表示．反过来也不难看出，$\boldsymbol{x}^{(k)}$ 可

以由 $z^{(k)}$ 表示. 为了这一点我们只需要逐步地从上面的等式中解出 $x^{(1)}, x^{(2)}$，等等.

我们应当注意，在新作出的向量 $y^{(k)}$ 中没有一个会等于零. 事实上，如果在计算的某一步我们得到了一个向量 $y^{(k)}$ 是零，那么，因为它可以由 $x^{(s)}$ 线性表示，并且 $x^{(k)}$ 在这个线性表达式中的系数是1，我们就得到了一个向量 $x^{(s)}$ 之间的线性关系，这与这些向量是线性无关的条件违背.

我们记得，如果有了一组不等于零的两两正交的向量，那么它们一定是线性无关的.

如果 $m=n$，那么 $z^{(k)}$ 就给出了一组组成笛卡儿坐标的正交单位向量. 如果 $m<n$，那么为了得到一个完全的笛卡儿坐标系，我们就需要在作出的向量 $z^{(k)}$ 之外再作$(n-m)$ 个向量，它们相互之间以及和向量 $z^{(k)}$ 都是正交的. 这样一来，这些新的单位向量就生成一个$(n-m)$ 维的子空间 R'_{n-m}，它和子空间 R_m 正交[12]. 这些新的所要求的向量 u 必须适合方程组

$$(u, x^{(1)})=0, \cdots, (u, x^{(m)})=0$$

这里我们有了一个含有 n 个未知数的 m 个齐次方程的方程组，并且由于向量 $x^{(k)}$ 是线性无关的[12]，方程组的秩等于 m. 这个方程组有$(n-m)$ 个线性无关的解，也就是说，我们得到$(n-m)$ 个线性无关的向量. 对这些向量应用上面讲过的正交化手续并把长度化成 1，我们就得到一个线性无关向量的完全组.

我们再注意一点. 由正交单位向量 $z^{(k)}$ 生成的子空间 R_m 还可以由其他的正交单位向量组生成. 事实上，我们只需要对向量组 $z^{(k)}$ 施行一个 U 变换就行了. 因此我们看到，向量组正交化的手续可以用不同的办法来做，而上面所说的办法只给出了可能的办法之一.

32. 化二次型为平方和

在空间中我们来考虑一个中心在原点的二次曲面

$$Ax^2+By^2+Cz^2+2Dxy+2Exz+2Fyz+G=0$$

我们总可以选择一个新的坐标系(x', y', z') 使得变换后的方程只含有坐标平方的项，这就是说，使变换后的方程有下面的形式：

$$\lambda_1 x'^2+\lambda_2 y'^2+\lambda_3 z'^2+G=0$$

问题归结到找这样一个变数(x, y, z) 和(x', y', z') 之间的正交变换，它把方程左边的全部二次项化成平方和. 对于 n 维的实空间我们要提出相似的问题. 假设我们有了一个 n 个变数的实二次型：

$$\varphi(x_1, x_2, \cdots, x_n)=\sum_{i,k=1}^{n} a_{ik} x_i x_k \tag{134}$$

而且 a_{ik} 是实系数，适合条件

$$a_{ik}=a_{ki} \tag{135}$$

在前面的例子里我们可以看成 $x=x_1, y=x_2, z=x_3$ 以及 $a_{11}=A; a_{22}=B; a_{33}=C; a_{12}=a_{21}=D; a_{13}=a_{31}=E; a_{23}=a_{32}=F$.

由元素 a_{ik} 组成的矩阵我们叫作二次型(134) 的矩阵. 这个矩阵是对称的,即等于它的转置.

假定引入了新的变数 x'_k,我们把二次型化到新的变数,而且变换是:

$$(x_1,\cdots,x_n)=\boldsymbol{B}(x'_1,\cdots,x'_n) \tag{136}$$

其中矩阵 $\boldsymbol{B}$ 的元素是 b_{ik}. 把表达式(136) 代入(134),即得

$$\varphi=\sum_{i,k=1}^{n}a_{ik}(b_{i1}x'_1+\cdots+b_{in}x'_n)(b_{k1}x'_1+\cdots+b_{kn}x'_n)$$

去括号,对 $p\neq q$ 我们得到 $x'_p x'_q$ 的系数:

$$\sum_{i,k=1}^{n}a_{ik}(b_{ip}b_{kq}+b_{iq}b_{kp})$$

利用(135) 不难看出,这个表达式的一半就等于:

$$\sum_{i=1}^{n}b_{ip}\sum_{k=1}^{n}a_{ik}b_{kq}$$

因此,同样地整理 $p=q$ 的项,我们看到在新的变数下二次型是

$$\varphi=\sum_{i,k=1}^{n}c_{ik}x'_i x'_k \tag{137}$$

其中

$$c_{ik}=c_{ki}=\sum_{t=1}^{n}b_{ti}\sum_{s=1}^{n}a_{ts}b_{sk}$$

对 s 求和给出 $\{\boldsymbol{AB}\}_{tk}$. 对于因子 b_{ti} 如果把 t 看作列数,i 看作行数,那么 b_{ti} 就是转置矩阵的元素 $\{\boldsymbol{B}^{(*)}\}_{it}$,从而

$$c_{ik}=c_{ki}=\sum_{i,k=1}^{n}\{\boldsymbol{B}^{(*)}\}_{it}\{\boldsymbol{AB}\}_{tk}$$

这就是说,变换后二次型(137) 的矩阵是被变换前二次型的矩阵 $\boldsymbol{A}$ 和变换矩阵 $\boldsymbol{B}$(136) 按下面的办法确定:

$$\boldsymbol{C}=\boldsymbol{B}^{(*)}\boldsymbol{AB} \tag{138}$$

如果变换(136) 是正交的,那么对于正交矩阵 $\boldsymbol{B}$,转置矩阵 $\boldsymbol{B}^{(*)}$ 就等于逆矩阵 $\boldsymbol{B}^{-1}$,在这个情形代替公式(138) 我们有公式:

$$\boldsymbol{C}=\boldsymbol{B}^{-1}\boldsymbol{AB} \tag{139}$$

因此,关于找一个正交变换(136) 把二次型(134) 化成平方和的问题就相当于找一个正交矩阵 $\boldsymbol{B}$,它使矩阵(139) 就简单地是一个对角矩阵 $[\lambda_1,\cdots,\lambda_n]$,因为一个平方和的二次型的矩阵就是一对角矩阵,而且元素 λ_k 就是平方项 x'^2_k 前的系数. 于是像以前一样,我们应当有

$$\boldsymbol{B}^{-1}\boldsymbol{AB}=[\lambda_1,\cdots,\lambda_n]$$

或者

$$\boldsymbol{AB}=\boldsymbol{B}[\lambda_1,\cdots,\lambda_n] \tag{140}$$

应该注意,在这里矩阵 $\boldsymbol{A}$ 不是任意的矩阵,而是实对称矩阵,同时 $\boldsymbol{B}$ 必须是正交矩阵,我们将按在[27]中讨论一般情形时所用的办法来做. 把方程(140)改写成

$$\sum_{s=1}^{n} a_{is}b_{sk}=\lambda_k b_{ik} \tag{141}$$

从这里对于矩阵 $\boldsymbol{B}$ 的第 k 列元素我们有 n 个方程. 引入一个分量为 $(b_{1k},\cdots,b_{nk})$ 的向量 $\boldsymbol{x}^{(k)}$,我们就可以把上面这个方程写成:

$$\boldsymbol{A}\boldsymbol{x}^{(k)}=\lambda_k\boldsymbol{x}^{(k)} \tag{142}$$

把(141)的项全移到一边,为了确定 $b_{1k},\cdots,b_{nk}$,我们有 n 个齐次方程

$$\begin{cases}(a_{11}-\lambda_k)b_{1k}+a_{12}b_{2k}+\cdots+a_{1n}b_{nk}=0\\ a_{21}b_{1k}+(a_{22}-\lambda_k)b_{2k}+\cdots+a_{2n}b_{nk}=0\\ \qquad\vdots\\ a_{n1}b_{1k}+a_{n2}b_{2k}+\cdots+(a_{nn}-\lambda_k)b_{nk}=0\end{cases} \tag{143}$$

这个方程组的行列式必须等于零,因此对于数 λ_k 我们得到了一个 n 次代数方程:

$$\begin{vmatrix} a_{11}-\lambda & a_{12} & \cdots & a_{1n}\\ a_{21} & a_{22}-\lambda & \cdots & a_{2n}\\ \vdots & \vdots & & \vdots\\ a_{n1} & a_{n2} & \cdots & a_{nn}-\lambda\end{vmatrix}=0 \tag{144}$$

我们知道,这就是矩阵 $\boldsymbol{A}$ 的特征方程.

首先我们来证明,对于实对称矩阵 $\boldsymbol{A}$ 方程(144)的根全是实的. 我们预先给二次型一个新的写法. 设 $\boldsymbol{x}$ 是一个分量为 $(x_1,\cdots,x_n)$ 的向量,它是实数的或者是复数的,而 $\boldsymbol{A}$ 是一个矩阵,它的元素 a_{ik} 是任意的. 我们作纯量乘积:

$$(\boldsymbol{Ax},\boldsymbol{x})=\sum_{i=1}^{n}\overline{x}_i(a_{i1}x_1+\cdots+a_{in}x_n)$$

它可以写成

$$(\boldsymbol{Ax},\boldsymbol{x})=\sum_{i,k=1}^{n}a_{ik}\overline{x}_i x_k \tag{145}$$

如果适合条件

$$a_{ki}=\overline{a}_{ik}\quad(a_{kk}\text{ 是实数}) \tag{146}$$

那么这就是一个厄米特型,它的值一定是实数. $\boldsymbol{A}$ 是实对称矩阵的情形只是条件(146)的一个特殊情形. 如果同时向量 $\boldsymbol{x}$ 的分量也是实数,那么公式(145)给

出二次型(134).

现在来证明方程(144) 的根全是实的. 设 λ_k 是这个方程的一个根. 于是方程(143) 就给出向量 $\boldsymbol{x}^{(k)}$ 的分量(实数或者复数),这个向量适合方程(142). 求这两边和向量 $\boldsymbol{x}^{(k)}$ 的纯量乘积. 我们得到

$$\| \boldsymbol{x}^{(k)} \|^2 \lambda_k = (\boldsymbol{A}\boldsymbol{x}^{(k)}, \boldsymbol{x}^{(k)})$$

我们看到,右边的表达式是实数,因此 λ_k 也是实数. 这样一来,我们证明了方程(144) 的根全是实的,不但对于实对称矩阵,同时也对于适合条件(146) 的矩阵. 这样的矩阵通常叫作厄米特矩阵.

在所讨论的情形中方程(143) 的系数是实数,因此我们可以认为 $\boldsymbol{x}^{(k)}$ 的分量也是实数. 现在我们来证明,如果 λ_p 和 λ_q 是方程(144) 两个不同的根,那么相应的适合方程(142) 的两个向量 $\boldsymbol{x}^{(p)}$ 和 $\boldsymbol{x}^{(q)}$ 互相正交. 按条件我们有

$$\boldsymbol{A}\boldsymbol{x}^{(p)} = \lambda_p \boldsymbol{x}^{(p)};\ \boldsymbol{A}\boldsymbol{x}^{(q)} = \lambda_q \boldsymbol{x}^{(q)}$$

第一个方程用 $\boldsymbol{x}^{(q)}$ 作纯量乘积,第二个用 $\boldsymbol{x}^{(p)}$ 作纯量乘积,然后相减,即得

$$(\boldsymbol{A}\boldsymbol{x}^{(p)}, \boldsymbol{x}^{(q)}) - (\boldsymbol{x}^{(p)}, \boldsymbol{A}\boldsymbol{x}^{(q)}) = (\lambda_p - \lambda_q)(\boldsymbol{x}^{(p)}, \boldsymbol{x}^{(q)}) \tag{147}$$

现在来证明,对于任意两个向量 $\boldsymbol{x}$ 和 $\boldsymbol{y}$(实数的或复数的) 只要矩阵 $\boldsymbol{A}$ 的元素适合条件(146),下面的公式成立

$$(\boldsymbol{A}\boldsymbol{x}, \boldsymbol{y}) = (\boldsymbol{x}, \boldsymbol{A}\boldsymbol{y}) \tag{148}$$

事实上,公式(148) 的左边是

$$(\boldsymbol{A}\boldsymbol{x}, \boldsymbol{y}) = \sum_{k=1}^{n} (a_{k1}x_1 + \cdots + a_{kn}x_n)\bar{y}_k = \sum_{i,k=1}^{n} a_{ki}x_i\bar{y}_k$$

或者,由于(146):

$$(\boldsymbol{A}\boldsymbol{x}, \boldsymbol{y}) = \sum_{i,k=1}^{n} \bar{a}_{ik}x_i\bar{y}_k$$

这就是公式(148) 右边的结果. 实正交矩阵是厄米特矩阵的一个特殊情形,因此这个公式对实正交矩阵也对. 根据(148),(147) 的左边等于零,但 $\lambda_p \neq \lambda_q$,所以 $(\boldsymbol{x}^{(p)}, \boldsymbol{x}^{(q)}) = 0$,这就是说,向量 $\boldsymbol{x}^{(p)}$ 和 $\boldsymbol{x}^{(q)}$ 的确是正交的. 在它们是实向量的情形,正交的条件就是它们分量乘积的和等于零.

如果方程(144) 有不同的根,那么我们就有了 n 个互相正交的实向量 $\boldsymbol{x}^{(k)}$. 方程(142) 对 $\boldsymbol{x}^{(k)}$ 是线性齐次的,因此我们可以把这个方程的解乘以任意常数. 因此,我们可以认为上面所说的向量 $\boldsymbol{x}^{(k)}$ 都是长度为 1 的.

这些向量的分量组成矩阵 $\boldsymbol{B}$ 的列. 换句话说,这个矩阵的列适合正交条件而因此是一个正交矩阵. 因此,在方程(144) 有不同的根这个假定下,我们用正交变换化二次型成平方和的问题,或者化矩阵 $\boldsymbol{A}$ 成对角形的问题是解决了. 数 λ_k 有时候叫作矩阵 $\boldsymbol{A}$ 的特征值,而向量 $\boldsymbol{x}^{(k)}$ 叫作这个矩阵的特征向量.

33. 特征方程有重根的情形

现在我们转入一般情形的讨论，就是方程(144) 可能有重根的情形. 我们取方程(144) 的一个根 $\lambda=\lambda_1$ 并找出一个与之相应的方程(142) 的解. 这是某一个长度为 1 的实向量 $\boldsymbol{x}^{(1)}$. 再添加 $n-1$ 个实的单位向量，使它们共同组成一个完全的正交单位向量组[31]. 我们知道，从原来的坐标转换到这个新的坐标，是由向量分量的一个正交变换来表示，而矩阵 $\boldsymbol{A}$ 就变为相似矩阵 $\boldsymbol{A}_1=\boldsymbol{B}_1^{-1}\boldsymbol{A}\boldsymbol{B}_1$. 对应于这个新的矩阵，方程

$$\boldsymbol{A}_1\boldsymbol{x}=\lambda\boldsymbol{x} \tag{149}$$

以向量 $\boldsymbol{x}^{(1)}$ 作为它与特征值 $\lambda=\lambda_1$ 相应的一个解(特征值经过相似变换不换)，向量 $\boldsymbol{x}^{(1)}$ 现在被取作第一个单位向量，因此它的分量是$(1,0,\cdots,0)$. 把这个解代入方程(149)，得

$$\boldsymbol{A}_1(1,0,\cdots,0)=(\lambda_1,0,\cdots,0)$$

从而立即得出第一列的元素：

$$\{\boldsymbol{A}_1\}_{11}=\lambda_1;\{\boldsymbol{A}_1\}_{21}=\{\boldsymbol{A}_1\}_{31}=\cdots=\{\boldsymbol{A}_1\}_{n1}=0 \tag{150}$$

现在来证明，实矩阵 $\boldsymbol{A}_1$ 也是对称的，也就是说，它等于它的转置. 因为

$$\boldsymbol{A}_1^{(*)}=(\boldsymbol{B}_1^{-1}\boldsymbol{A}\boldsymbol{B}_1)^{(*)}=\boldsymbol{B}_1^{(*)}\boldsymbol{A}^{(*)}\boldsymbol{B}_1^{(*)-1}$$

但是根据矩阵 $\boldsymbol{B}_1$ 的正交性：

$$\boldsymbol{B}_1^{(*)}=\boldsymbol{B}_1^{-1} \quad 和 \quad \boldsymbol{B}_1^{(*)1}=\boldsymbol{B}_1$$

于是

$$\boldsymbol{A}_1^{(*)}=\boldsymbol{A}_1$$

注意到公式(150) 以及矩阵 $\boldsymbol{A}$ 的对称性，我们可以写下：

$$\{\boldsymbol{A}_1\}_{11}=\lambda_1;\{\boldsymbol{A}_1\}_{21}=\{\boldsymbol{A}_1\}_{12}=\cdots=\{\boldsymbol{A}_1\}_{n1}=\{\boldsymbol{A}_1\}_{1n}=0$$

这就是说，在矩阵 $\boldsymbol{A}_1$ 中所有的第一行和第一列的元素，除去$\{\boldsymbol{A}_1\}_{11}=\lambda_1$ 外，全是零，即矩阵 $\boldsymbol{A}_1$ 有下面的形式：

$$\boldsymbol{A}_1=\begin{bmatrix}\lambda_1 & 0 & \cdots & 0\\ 0 & a_{22}^{(2)} & \cdots & a_{2n}^{(1)}\\ \vdots & \vdots & & \vdots\\ 0 & a_{n2}^{(1)} & \cdots & a_{nn}^{(1)}\end{bmatrix}$$

这里我们以 $\boldsymbol{a}_{ik}^{(1)}$ 表 $\boldsymbol{A}_1$ 的元素.

在新的变数下二次型 φ 有下面的形式：

$$\varphi=\lambda_1 y_1'^2+\sum_{i,k=2}^{n}a_{ik}^{(1)}y_i'y_k'$$

这样一来，我们分出了一个平方项并且引导到一个 $n-1$ 个变数的二次型的讨论

$$\sum_{i,k=2}^{n} a_{ik}^{(1)} y'_i y'_k$$

或者同样地，引导到一个相应的 $n-1$ 阶矩阵 $\boldsymbol{C}_1$ 的讨论，它是矩阵 $\boldsymbol{A}_1$ 的一部分. 现在在由后 $n-1$ 个单位向量所生成的 $n-1$ 维子空间中用和上面完全一样的办法，就可以找出一个单位向量 $\boldsymbol{x}^{(2)}$，它是方程

$$\boldsymbol{C}_1 \boldsymbol{x}^{(2)} = \lambda_2 \boldsymbol{x}^{(2)}$$

的解.

显然这个向量和向量 $\boldsymbol{x}^{(1)}$ 是正交的. 第二个变换保持 $\boldsymbol{x}^{(1)}$ 不变，而把其余的单位向量变到另一组互相正交的单位向量，新单位向量中的第一个就是 $\boldsymbol{x}^{(2)}$. 在这组新的变换下二次型 φ 有下面的形式：

$$\varphi = \lambda_1 y''^2_1 + \lambda_2 y''^2_2 + \sum_{i,k=3}^{n} a_{ik}^{(2)} y''_i y''_k$$

继续这样做下去，最后我们把二次型化成了平方和，也就是说，把相应的矩阵化成了对角形式. 这是施行一系列的正交变换的结果，显然这可以由一个正交变换 $\boldsymbol{B}$ 得到，$\boldsymbol{B}$ 就是这些变换的乘积.

最后的对角矩阵

$$\boldsymbol{B}^{-1}\boldsymbol{A}\boldsymbol{B} = [\lambda_1, \cdots, \lambda_n] \tag{151}$$

和原来的矩阵 $\boldsymbol{A}$ 是相似的，因此它的特征方程

$$\begin{bmatrix} \lambda_1 - \lambda & 0 & \cdots & 0 \\ 0 & \lambda_2 - \lambda & \cdots & 0 \\ \vdots & \vdots & & \vdots \\ 0 & 0 & \cdots & \lambda_n - \lambda \end{bmatrix} = 0$$

和方程(144) 一样，换句话说，在化得的二次型

$$\varphi = \lambda_1 x'^2_1 + \cdots + \lambda_n x'^2_n \tag{152}$$

中平方项前的系数 λ_k 就是方程(144) 的根，并且每一个重根在这里重复出现的次数就等于它的重数.

我们知道，最后的正交变换 $\boldsymbol{B}$ 的每一行给出了方程(142) 的解向量，并且由求 $\boldsymbol{B}$ 的规则可以推知，与它们每一个相应的值 λ_k 就是二次型(152) 中相应变数前的系数. 我们来确切地指出这个关系. 适合条件(140) 的正交变换 $\boldsymbol{B}$ 按照(136) 把变数$(x'_1, \cdots, x'_n)$ 变到变数$(x_1, \cdots, x_n)$.

逆变换 $\boldsymbol{B}^{-1}$ 就是 $\boldsymbol{B}$ 的转置，这就是说，我们有

$$x'_k = b_{1k} x_1 + \cdots + b_{nk} x_n \quad (k = 1, 2, \cdots, n) \tag{153}$$

并且分量为$(b_{1k}, \cdots, b_{nk})$ 的向量 $\boldsymbol{x}^{(k)}$ 是方程(142) 在 $\lambda = \lambda_k$ 时的解.

最后我们来证明我们是找到了方程(142) 全部的解. 首先，由前面的推理知道，λ_k 必须是方程(144) 的根. 我们取这个方程的任意一个根 λ，并且为了明

确起见假定它的重数是三,并且可以认为$\lambda=\lambda_1=\lambda_2=\lambda_3$.前面的办法给出了方程

$$\boldsymbol{A}\boldsymbol{x}=\lambda_1\boldsymbol{x} \tag{154}$$

的三个解:

$$\boldsymbol{x}^{(1)}(b_{11},\cdots,b_{n1});\boldsymbol{x}^{(2)}(b_{12},\cdots,b_{n2});\boldsymbol{x}^{(3)}(b_{13},\cdots,b_{n3})$$

我们来证明,方程(154)的任何一个解一定是它们的线性组合.事实上,如果不是如此,那么我们就有一个解$\boldsymbol{y}$,它和$\boldsymbol{x}^{(1)},\boldsymbol{x}^{(2)},\boldsymbol{x}^{(3)}$是线性无关的.向量$\boldsymbol{y}$可能是复数的,不过在这个情形下它的实数部分和虚数部分必须分别适合方程(154),因为这个方程是实系数的.显然,它们中至少有一个是与$\boldsymbol{x}^{(k)}(k=1,2,3)$线性无关的特征向量.因此我们可以认为上面所说的向量$\boldsymbol{y}$本身就是一个实向量.我们上面已经证明过,它一定和所有的向量$\boldsymbol{x}^{(k)}(k>3)$正交,因为后面的这些向量所对应的值$\lambda_k$不等于$\lambda_1$.这样我们得出结论,向量$\boldsymbol{y}$和整个向量组$\boldsymbol{x}^{(k)}$线性无关,这就是说,我们有了$n+1$个线性无关的向量,这是不可能的.于是,对于方程(144)的每一个重数为m的根,方程(154)都有m个线性无关的实解.

把方程组(143)中的λ_k用一个重数为m的根$\lambda=\lambda_0$代入,我们得到一个齐次方程组,它有m个线性无关的解,这就是说,这个方程组的秩等于$(n-m)$.换句话说,这个方程组可以归结成$n-m$个方程.取这个方程组的任意一个解,再乘上一个倍数使这些数的平方和等于1.这样,我们就得到了一个相应于所取的根$\lambda=\lambda_0$的向量.为了求其余的向量,在这$n-m$个方程外再加一个方程,它表示所要求的向量和已求得的向量正交.因此,为了找出一个新的向量的分量,我们有一个含有$(n-m+1)$个方程的齐次方程组.取这个方程组的一个解,也把它化成长度为1的向量,进一步我们来找相应于$\lambda=\lambda_0$的第三个向量.为了这个目的,在基本的$n-m$个方程外我们再加两个方程,它们表示所要求的向量和已求得的两个向量正交,这样一直下去,直到我们找到了相应于重数为m的根$\lambda=\lambda_0$的全部m个互相正交的单位向量为止.从上面所说的做法中可以看出求方程(142)的基础解时的某种任意性.如果方程的根全是单根,那么这种任意性就只是向量$\boldsymbol{x}^{(k)}$的分量可以乘以-1.现在我们假定方程(144)有一个重数为m的根.在这个情形下,作为方程(142)的解的对应的m个互相正交的单位向量生成一个m维的子空间R_m.显然,在这个子空间中我们可以任意地选择互相正交的单位向量,并且它们都将是方程(142)当$\lambda=\lambda_0$时的解,这就是说,施行子空间R_m的一个正交变换,我们可以从一组正交的长度为1的解转变到另外一组这样的解.上面的讨论对方程(144)任意的重根都对.

为了阐明上面的讨论,我们回到在上一节开始时提出的问题,就是化二次曲面的方程到对称轴的问题.为了明确起见,我们假定这个曲面是一个椭圆面.

方程(144)有不同的根的情形就相当于这个椭圆而所有半轴全不相等.在这个情形下,坐标轴选择的任意性就只是改变坐标轴的方向.如果方程(144),它在现在所讨论的情形中是一个三次方程,有两个相同的根,那么这个椭圆面是一个旋转椭圆面,在通过中心与旋转轴垂直的平面上可以任意选择它的两根对称轴,只要它们是互相正交的就行,这就是说,在这个情形下,坐标轴选择的任意性就在于在上面所说的平面上可以作任意的正交变换.最后,如果方程(144)有三个相同的根,那么我们的椭圆面就是一个球面,并且我们的方程不包含坐标乘积的项.在这个情形下,我们可以完全任意地选择空间中的笛卡儿坐标.

34. 例子

我们来看两个数字的例子.

1. 化下面的曲面方程到对称轴:

$$x_1^2+5x_2^2+x_3^2+2x_1x_2+6x_1x_3+2x_2x_3=5$$

与之相当的二次型是

$$\begin{aligned}&x_1^2+x_1x_2+3x_1x_3\\ \varphi=&x_2x_1+5x_2^2+x_2x_3\\ &3x_3x_1+x_3x_2+x_3^2\end{aligned}$$

它矩阵的特征方程是

$$\begin{bmatrix}1-\lambda & 1 & 3\\ 1 & 5-\lambda & 1\\ 3 & 1 & 1-\lambda\end{bmatrix}=0$$

根据第一行的元素展开,得

$$(1-\lambda)[(5-\lambda)(1-\lambda)-1]-(1-\lambda-3)+3[1-3(5-\lambda)]=0$$

或

$$\lambda^3-7\lambda^2+36=0$$

不难算出,这个方程的根是

$$\lambda_1=-2;\lambda_2=3;\lambda_3=6$$

因而对于对称轴我们曲面的方程是

$$-2x'^2_1+3x'^2_2+6x'^2_3=5$$

现在我们来确定正交矩阵的元素

$$\boldsymbol{B}=\begin{bmatrix}b_{11} & b_{12} & b_{13}\\ b_{21} & b_{22} & b_{23}\\ b_{31} & b_{32} & b_{33}\end{bmatrix}$$

对于它们我们有方程组

$$\begin{cases}(1-\lambda)b_{1k}+b_{2k}+3b_{3k}=0\\ b_{1k}+(5-\lambda)b_{2k}+b_{3k}=0\\ 3b_{1k}+b_{2k}+(1-\lambda)b_{3k}=0\end{cases} \tag{155}$$

首先用 $\lambda=\lambda_1=-2$ 代入,我们得出两个方程

$$3b_{11}+b_{21}+3b_{31}=0$$
$$b_{11}+7b_{21}+b_{31}=0$$

这个方程组的解是

$$b_{11}=-k_1;b_{21}=0;b_{31}=k_1$$

这里 k_1 是任意数.我们选择 k_1 使这组解的三个数的平方和等于1.最后得到

$$b_{11}=\frac{1}{\sqrt{2}};b_{21}=0;b_{31}=-\frac{1}{\sqrt{2}}$$

这里的三个数都反一下号也可以.

现在以 $\lambda=\lambda_2=3$ 代入方程组(155)的系数中去.我们就得到一个方程组,其中第三个方程是第一第二的差,因此归结到两个方程

$$-2b_{12}+b_{22}+3b_{32}=0$$
$$b_{12}+2b_{22}+b_{32}=0$$

不难求出这个方程组的解,把它化成单位长度:

$$b_{12}=\frac{1}{\sqrt{3}};b_{22}=-\frac{1}{\sqrt{3}};b_{32}=\frac{1}{\sqrt{3}}$$

最后,以第三个根代入方程组(155)的系数中去.我们又得到一方程组,其中的一个方程是另外两个的必然结果.解余下的两个方程,再把所得的解化成单位长度,得

$$b_{13}=\frac{1}{\sqrt{6}};b_{23}=\frac{2}{\sqrt{6}};b_{33}=\frac{1}{\sqrt{3}}$$

在这个情形下,变动变换的公式是

$$x'_1=\frac{1}{\sqrt{2}}x_1-\frac{1}{\sqrt{2}}x_3$$

$$x'_2=\frac{1}{\sqrt{3}}x_1-\frac{1}{\sqrt{3}}x_2+\frac{1}{\sqrt{3}}x_3$$

$$x'_3=\frac{1}{\sqrt{6}}x_1+\frac{2}{\sqrt{6}}x_2+\frac{1}{\sqrt{6}}x_3$$

2.化下面的曲面方程到对称轴去:

$$2x_1^2+6x_2^2+2x_3^2+8x_1x_3=1$$

与这个方程对应的二次型是

$$\begin{aligned}&2x_1^2+0x_1x_2+4x_1x_3\\ \varphi=&0x_2x_1+6x_2^2+0x_2x_3\\ &4x_3x_1+0x_3x_2+2x_3^2\end{aligned}$$

它矩阵的特征方程是

$$\begin{bmatrix} 2-\lambda & 0 & 4 \\ 0 & 6-\lambda & 0 \\ 4 & 0 & 2-\lambda \end{bmatrix} = 0$$

展开行列式，得方程

$$\lambda^3 - 10\lambda^2 + 12\lambda + 72 = 0$$

它的根是

$$\lambda_1 = -2; \lambda_2 = \lambda_3 = 6$$

这就是说，这个方程有一个二重根.

现在来确定正交变换的系数，对于它们我们有方程组：

$$\begin{cases} (2-\lambda)b_{1k} + 4b_{3k} = 0 \\ (6-\lambda)b_{2k} = 0 \\ 4b_{1k} + (2-\lambda)b_{3k} = 0 \end{cases} \tag{155_1}$$

用 $\lambda = -2$ 代入，不难算出，化成单位长的解是

$$b_{11} = \frac{1}{\sqrt{2}}; b_{21} = 0; b_{31} = -\frac{1}{\sqrt{2}}$$

现在我们把二重根 $\lambda = 6$ 代到方程组(155_1) 的系数中去，对于它我们应当得到两个线性无关并且互相正交的解. 代入后，方程组归结到一个方程

$$-b_{12} + b_{32} = 0$$

我们取这个方程的一个化成单位长的解

$$b_{12} = \frac{1}{\sqrt{2}}; b_{22} = 0; b_{32} = \frac{1}{\sqrt{2}}$$

为了求第二个解我们要注意，它一方面需要是(155_1) 的解，同时它还要适合与已求出的解正交的条件. 因此，为了求这个解我们有两个方程

$$-b_{13} + b_{33} = 0$$

$$\frac{1}{\sqrt{2}}b_{13} + \frac{1}{\sqrt{2}}b_{33} = 0$$

或者

$$b_{13} = b_{33} = 0$$

因而化成单位长的解是

$$b_{13} = 0; b_{23} = 1; b_{33} = 0$$

最后，我们得到了正交变换：

$$x'_1 = \frac{1}{\sqrt{2}}x_1 - \frac{1}{\sqrt{2}}x_3$$

$$x'_2=\frac{1}{\sqrt{2}}x_1+\frac{1}{\sqrt{2}}x_3$$

$$x'_3=x_2$$

并且曲面方程在对称轴下化成了

$$-2x_1'^2+6(x_2'^2+x_3'^2)=1$$

35. 二次型的分类

化二次型成平方和的问题还可以在一种比上面更为一般的形式下提出，在上面是要求从新变数到旧变数的线性变换是正交的，现在我们以下面的形式提出问题，即要把一个实二次型(134) 化成：

$$\varphi=\mu_1X_1^2+\mu_2X_2^2+\cdots+\mu_nX_n^2 \tag{156}$$

其中 X_k 是任意的 n 个线性无关的变数 x_k 的线性型. 在这个问题里，系数 μ_k 和上面的不同，它们不是什么一定的数，不过对于这些系数我们还是可以做一些断言，即：不为零的系数的个数一定等于由二次型的系数 a_{ik} 所组成的表的秩. 换句话说，把二次型化成线性无关的线性型的平方和，对于任意的化法，其中平方的个数一定等于上面所说的表的秩. 此外，还有一个性质，它通常叫作二次型的惯性律，就是：对于化实二次型成形式(156) 的任意化法，其中线性型也是实系数的，正系数 μ_k 的个数(以及负系数 μ_k 的个数) 总是一样的. 上面所说的这些话将在这一节的最后给以证明.

这里提出的关于化二次型成形式(156) 的一般的问题可以异常简单地用配完全平方的办法来解决. 我们以一个特例来说明这个方法：

$$\varphi=x_1^2+4x_2^2+x_3^2+2x_1x_2-6x_1x_3+8x_2x_3$$

在项$(x_1^2+2x_1x_2-6x_1x_3)$ 上加上$(x_2^2+9x_3^2-6x_2x_3)$，我们就得到一个完全平方，那么二次型 φ 可以写成：

$$\varphi=(x_1+x_2-3x_3)^2+3x_2^2-8x_3^2+14x_2x_3$$

完全一样地，再配出一个平方，最后我们就把二次型表成了形式(156)：

$$\varphi=(x_1+x_2-3x_3)^2-2\left(2x_3-\frac{7}{4}x_2\right)^2+\frac{73}{8}(x_2)^2$$

圆括弧里的线性型显然是线性无关的.

在表达式 φ 没有平方项的情形，做法就有些不同. 假设我们有

$$\varphi=ax_1x_2+Px_1+Qx_2+R$$

这里 a 是一个不等于零的系数，P 和 Q 是两个不含有 x_1 和 x_2 的线性型，R 是一个二次型，它也不含有 x_1 和 x_2. 我们可以写

$$\varphi=a\left(x_1+\frac{Q}{a}\right)\left(x_2+\frac{P}{a}\right)+R-\frac{PQ}{a}$$

如果令

$$X_1=\frac{1}{2}\left(x_1+x_2+\frac{P+Q}{a}\right);X_2=\frac{1}{2}\left(x_1-x_2-\frac{P-Q}{a}\right)$$

以及

$$\varphi_1=R-\frac{PQ}{a}$$

那么就得到

$$\varphi=aX_1^2-aX_2^2+\varphi_1$$

这里 φ_1 是一个二次型，它不再包含 x_1 和 x_2. 分出两个平方之后，我们就去掉了两个变数.

化二次型成形式(156) 使我们有可能给二次型一个自然的分类. 我们来考虑下面这几种情形.

Ⅰ. 假设在公式(156) 中所有的系数 μ_k 全是正的. 在这个情形下二次型叫作正定的. 不难证明，它对 x_k 的所有的实数值都取正值，当而且仅当全部 x_k 是零的时候它才等于零. 事实上，为了使公式(156) 右边等于零，由于所有的 μ_k 全是正的，充分而且必要的条件是所有的 x_k 的线性型全等于零，因此我们得到 x_k 的一个 n 个齐次方程的方程组，并且它的行列式不为零(因线性型是线性无关的)，而这个方程组显然只有零解.

Ⅱ. 如果所有的系数 μ_k 全是负的，那么二次型就叫作负定的. 和上面一样，我们可以证明，它对所有的实 x_k 只取负值，并且当而且仅当所有的 x_k 是零时才能等于零.

Ⅲ. 现在我们来考虑系数 μ_k 中有等于零，而所有不等于零的全有相同的符号，譬如全是正的这种情形. 在这种情形下二次型 φ 可以表成：

$$\varphi=\mu_1X_1^2+\cdots+\mu_mX_m^2\quad(m<n)\tag{156$_1$}$$

这里所有的 μ_k 全是正的. 这里我们的二次型对任何的 x_k 的值也都不能取负值，不过在 x_k 不全为零时它可能等于零. 事实上，为了使二次型的值为零，我们就有一组 x_k 的 m 个齐次方程：

$$X_1=X_2=\cdots=X_m=0$$

因为 $m<n$，所以这个方程组有异于零的解. 完全一样地，如果(156_1) 中系数 μ_k 全是负的，那么二次型就不可能取正值，不过对不全为零的 x_k 它可能等于零. 在这种情形下二次型叫作半定的，正或者负.

Ⅳ. 最后，如果(156) 中的系数 μ_k 既有正的又有负的，那么不难看出，二次型对于 x_k 的实数值就既可以取正值也可以取负值. 在这个情形它叫作不定的.

以上二次型的分类对多元函数极大和极小的问题有直接的应用. 设我们有了一 n 个自变数 $x_1,\cdots,x_n$ 的函数

$$\psi(x_1,\cdots,x_n)$$

并且在 $x_1=x_2=\cdots=x_n=0$ 时它满足极大和极小的必要条件，这就是说，函数

ψ 对自变数所有的偏微商全等于零. 把函数展成麦克劳林阶数，即得

$$\psi(x_1,\cdots,x_n)-\psi(0,\cdots,0)=\varphi(x_1,\cdots,x_n)+\omega$$

这里我们以 $\varphi(x_1,\cdots,x_n)$ 表变数 x_k 的一个二次型，ω 是变数 x_k 高于二次的项的集合. 如果二次型 φ 是正定的，那么函数在 $x_1=\cdots=x_n=0$ 有极小值. 如果是负定的，函数有极大值. 如果它是不定的，那么既不是极小也不是极大，最后，如果 φ 是半定的，那么我们碰到了一个可疑的情形，这个结果是我们在[Ⅰ;133]中所讨论的两个变数的情形的一个自然的补充.

我们现在来证明这一节开始时提出的结论. 设我们有一个二次型：

$$\varphi=\sum_{i,k=1}^{n}a_{ik}x_ix_k\quad(a_{ik}=a_{ki})$$

并且 r 是它系数表的秩. 我们作 n 个线性型：

$$\frac{1}{2}\frac{\partial x}{\partial x_s}=\sum_{l=1}^{n}a_{sl}x_l\quad(s=1,2,\cdots,n)\tag{157}$$

在作这些偏微商的表达式时我们用到了 $a_{ik}=a_{ki}$ 这个条件. 显然，数 r 在[11]的意义下就是线性型组(157)的秩.

假定 φ 化成 m 个线性型

$$y_s=\beta_{s1}x_1+\beta_{s2}x_2+\cdots+\beta_{sn}x_n\tag{158}$$

的平方和，这就是说

$$\varphi=\mu_1y_1^2+\mu_2y_2^2\cdots+\mu_my_m^2\tag{159}$$

其中 μ_s 不等于零. 我们需要证明 $m=r$. 利用表达式(159)，我们作线性型(157)：

$$\frac{1}{2}\frac{\partial\varphi}{\partial x_s}=\mu_1\beta_{1s}y_1+\mu_2\beta_{2s}y_2+\cdots+\mu_m\beta_{ms}y_m\quad(s=1,2,\cdots,n)\tag{157$_1$}$$

由于线性型(158)是线性无关的，所以变数 y_s 可以取任意的数值. 因此在确定线性型(157_1)的线性关系时 y_s 可以看成自变数，于是(157_1)中线性型的线性无关的最大数就等于系数 $\mu_k\beta_{ki}$ 表的秩，这里列指标 k 取:$k=1,2,\cdots,m$，行指标 i 取:$i=1,2,\cdots,n$. 这个表每一列的元素都有一个公因子 μ_k，μ_k 不等于零，所以表 $\mu_k\beta_{ki}$ 的秩等于表 β_{ki} 的秩. 由于线性型组(158)是线性无关的，这个秩就等于 m，这就是说，在线性型组(157_1)或者(157)中线性无关的最大数等于 m. 另一方面，根据假设这个数是 r，从而 $m=r$.

现在来证明，对于把 φ 表成形式(159)的任意表法中，其中 y_s 是实的线性无关的线性型，正系数和负系数的个数都是一样的. 我们用反证法来证. 假定把 φ 表成形式(159)有两种表法，并且它们正系数的个数不同：

$$\begin{cases}\varphi=\lambda_1y_1^2+\cdots+\lambda_py_p^2-\lambda_{p+1}y_{p+1}^2-\cdots-\lambda_my_m^2\\ \varphi=\lambda'_1y'^2_1+\cdots+\lambda'_qy'^2_q-\lambda'_{q+1}y'^2_{q+1}-\cdots-\lambda'_my'^2_m\end{cases}\tag{160}$$

在这里，λ_s 和 λ'_s 都假定是正的. 线性型 $y_1,\cdots,y_m$ 是线性无关的，$y'_1,\cdots,y'_m$ 也是. 既然 $p\neq q$，我们总可以假定，譬如说 $p<q$. 我们来证明，这个假定将引出矛盾.

在线性型 $y_1,y_2,\cdots,y_m$ 外再添上 $y_m,\cdots,y_n$，使我们有一个完全的线性无关组[11]. 对 $x_1,x_2,\cdots,x_n$ 我们写下面的齐次线性方程组：

$$y_1=0;\cdots;y_p=0;\cdots;y'_{q+1}=0;\cdots;y'_m=0;y_{m+1}=0;\cdots;y_n=0 \qquad (161)$$

其中齐次方程的个数是：

$$p+(m-q)+(n-m)=n-(q-p)$$

因 $p<q$，所以数目小于 n. 从而，这个方程组有异于零的实解. 取任意一个这样的解：$x_s=x_s^{(0)}(s=1,2,\cdots,n)$. 对 x_s 的这一组值，根据(161) 我们有

$$\varphi=-\lambda_{p+1}y_{p+1}^2-\cdots-\lambda_m y_m^2=\lambda'_1 y'^2_1+\cdots+\lambda'_q y'^2_q$$

由此看出，当 $x_s=x_s^{(0)}$ 时二次型 φ 必须等于零，因而 $x_s=x_s^{(0)}$ 除去方程(161) 外还必须适合方程：

$$y_{p+1}=0;\cdots;y_m=0$$

最后我们得到，$x_s=x_s^{(0)}$ 使完全的线性无关组 $y_1,y_2,\cdots,y_n$ 中全部线性型等于零. 但是这是不可能的，因为 $x_1,x_2,\cdots,x_n$ 的齐次方程组

$$y_1=0;y_2=0;\cdots;y_n=0$$

的行列式不等于零，这是由于线性型 y_s 是线性无关的. 我们得出了矛盾，这就证明了惯性律.

36. 雅可比公式

我们来介绍一下雅可比公式，但不证明，它使得化二次型成平方和的化法有一个方便的写法.

为了这个目的我们首先引入一些符号. 设

$$A_i(x)=\sum_{k=1}^{n}a_{ik}x_k \quad (i=1,2,\cdots,n)$$

$$\Delta_0=1;\Delta_1=a_{11};\Delta_k=\begin{vmatrix} a_{11} & a_{12} & \cdots & a_{1k} \\ a_{21} & a_{22} & \cdots & a_{2k} \\ \vdots & \vdots & & \vdots \\ a_{k1} & a_{k2} & \cdots & a_{kk} \end{vmatrix} \quad (k=2,3,\cdots,n)$$

$$X_1=A_1(x);X_k=\begin{vmatrix} a_{11} & \cdots & a_{1k-1} & A_1(x) \\ a_{21} & \cdots & a_{2k-1} & A_2(x) \\ \vdots & & \vdots & \vdots \\ a_{k1} & \cdots & a_{kk-1} & A_k(x) \end{vmatrix} \quad (k=2,3,\cdots,n)$$

如果系数 a_{ik} 的表的秩是 r 并且 $\Delta_1,\Delta_2,\cdots,\Delta_r$ 不等于零，那么雅可比公式是

$$\varphi=\sum_{i,k=1}^{n}a_{ik}x_ix_k=\sum_{k=1}^{n}\frac{X_k^2}{\Delta_k\Delta_{k-1}} \qquad (162)$$

这里线性型 $X_k(k=1,2,\cdots,r)$ 是线性无关的. 这个公式使我们有可能根据 Δ_k

的符号来确定二次型 φ 对于惯性律来说属于哪一种类型.

特别是,如果所有的行列式 $\Delta_1,\Delta_2,\cdots,\Delta_n$ 全是正的(这里 $r=n$),那么由(162) 推知,φ 是正定的. 逆定理也可以证明,即如果 φ 是正定的,那上面所说的这些行列式就一定全是正的. 在应用公式(162) 时,当然 x_s 可以按任意的次序来编号. 在编号改变时当然上面的这些行列式 Δ_k 也要改变,矩阵 $|a_{ik}|_1^n$ 中的每一个主子式都是在变数 x_s 的某一种编号时行列式 Δ_k 中的一个. 由此推知,正定型 φ 的所有的主子式全是正的,不过这里我们只需要知道行列式

$$\Delta_s(s=1,2,\cdots,n)$$

全是正的就行了. 我们可以证明,二次型 φ 是半正定的充分而必要的条件是所有的主子式是非负的,也就是说,是大于或等于零. 这里只看行列式 Δ_s 的符号是不够的,必须要看全部主子式的符号.

这一节所说到的这些结果的证明可以参见 Φ. P. 甘特马赫和 M. T. 克莱因的《振动矩阵与力学系统的微振动》(1941).

37. 同时化两个二次型成平方和

假定我们有两个二次型:

$$\varphi_1=\sum_{i,k=1}^{n}a_{ik}x_ix_k;\varphi_2=\sum_{i,k=1}^{n}b_{ik}x_ix_k$$

其中 φ_1 是正定的,这就是说,它可以化成 n 个正的平方和. 我们要来找一个线性变换(不一定是正交的),它和这两个二次型同时化成平方和.

首先,我们引进新的变数 y_k,它使 φ_1 变成平方和. 这个可以用上面所讲的简单的办法做到. 在新的变数下二次型成下面的形式:

$$\varphi_1=\sum_{k=1}^{n}\mu_k y_k^2;\varphi_2=\sum_{i,k=1}^{n}b'_{ik}y_iy_k$$

根据所有的 μ_k 全是正的这个条件,我们可以引入一组新的实变数 $z_k=\sqrt{\mu_k y_k}$. 这样一来,我们得到

$$\varphi_1=\sum_{k=1}^{n}z_k^2;\varphi_2=\sum_{i,k=1}^{n}b''_{ik}z_iz_k$$

从变数 z_k 我们作一个正交变换变到新的变数 z'_k,它把二次型 φ_2 化成平方和.

这时候因为变换是正交的,φ_1 仍然是平方和,最后我们就把两个二次型都化成了平方和的形式:

$$\varphi_1=\sum_{k=1}^{n}z'^2_k;\varphi_2=\sum_{k=1}^{n}\lambda_k z'^2_k$$

数 λ_k 有时叫作二次型 φ_2 相对于二次型 φ_1 的特征数.

现在我们来求这些数 λ_k 所适合的方程,它将和[32] 中方程(144) 完全相

仿.为了这个目的我们引入二次型的判别式这个概念,这就是:由二次型的系数所组成的行列式叫作二次型的判别式.

假定二次型 φ 的系数矩阵是 $\boldsymbol{A}$,我们对它施行一个变换:

$$(x_1,x_2,\cdots,x_n)=\boldsymbol{B}(x_1',x_2',\cdots,x_n')$$

我们知道[32]新的二次型的矩阵是

$$\boldsymbol{C}=\boldsymbol{B}^{(*)}\boldsymbol{A}\boldsymbol{B}$$

按公式它的行列式是

$$D(\boldsymbol{C})=D(\boldsymbol{B}^{(*)})D(\boldsymbol{A})D(\boldsymbol{B})$$

显然行列式 $D(\boldsymbol{B}^{(*)})$ 和 $D(\boldsymbol{B})$ 是相等的,因为其中的一个是由另一个经行列互换得到.因此我们有

$$D(\boldsymbol{C})=D(\boldsymbol{A})D(\boldsymbol{B})^2$$

这就是说,当二次型经过一线性变换时,二次型的行列式用由新变数到旧变数的变换的行列式的平方来乘.

现在我们回到我们的二次型 φ_1 和 φ_2,我们作二次型

$$\omega=\varphi_2-\lambda\varphi_1=\sum_{i,k=1}^{n}(b_{ik}-\lambda a_{ik})x_ix_k$$

它的系数中含有参数 λ.

在变到新的变数之后,这个二次型成为

$$\omega=\sum_{k=1}^{n}(\lambda_k-\lambda)z_k'^2$$

以及它的判别式显然在新变数下就是乘积:

$$(\lambda_1-\lambda)(\lambda_2-\lambda)\cdots(\lambda_n-\lambda)$$

而在旧的变数时这个判别式等于元素为 $(b_{ik}-\lambda a_{ik})$ 的行列式.我们已经证明过,这两个判别式只差一个因子,就是变换的行列式的平方,其中不含有 λ.由此即得,对参数 λ 而言这两个判别式有相同的根.注意到上式我们看出,数 λ_k 就是下面这个方程的根:

$$\begin{bmatrix} b_{11}-\lambda a_{11} & b_{12}-\lambda a_{12} & \cdots & b_{1n}-\lambda a_{1n} \\ b_{21}-\lambda a_{21} & b_{22}-\lambda a_{22} & \cdots & b_{2n}-\lambda a_{2n} \\ \vdots & \vdots & & \vdots \\ b_{n1}-\lambda a_{n1} & b_{n2}-\lambda a_{n2} & \cdots & b_{nn}-\lambda a_{nn} \end{bmatrix}=0 \qquad (163)$$

38. 微振动

以前在[Ⅱ,19]中我们看到一个具有 n 个自由度的力学系统,如果系统之间的关系不含有时间,并在一个有势的外力作用下,那么这个系统的运动是由微分方程组

$$\frac{\mathrm{d}}{\mathrm{d}t}\left(\frac{\partial T}{\partial q'_k}\right)-\frac{\partial T}{\partial q_k}=\frac{\partial U}{\partial q_k}\quad (n=1,2,\cdots,n) \tag{164}$$

来决定,这里 T 是系统的功能,U 是给定的 q_k 的函数(力函数),我们假定它不依赖于时间 t. 以前我们已经提过,T 是 q_k 对时间的微商 q'_k 的一个二次型

$$T=\sum_{i,k=1}^{n}a_{ik}q'_iq'_k\quad (a_{ki}=a_{ik}) \tag{165}$$

其中系数是 q_k 的已知函数. 假定在 $q_k=0$ 时,偏微商

$$\frac{\partial U}{\partial q_k}=0\quad 当\ q_1=\cdots=q_n=0\quad (k=1,2,\cdots,n) \tag{166}$$

这样,微分方程组(164)就有一个显然的解 $q_1=\cdots=q_n=0$,与它对应的是这个系统的一个平衡位置. 函数 U 的决定可以差一常数项,因此我们总可以认为当 $q_1=\cdots=q_n=0$ 时它等于零,根据(166),从而我们可以断定,在函数 U 按 q_k 的幂展开时只从二次的项开始. 假定由这些二次的项所得到的二次型是负定的,那么 U 在 $q_1=\cdots=q_n=0$ 处取极大值,或者就是位能($-U$)有极小值. 在[Ⅱ,19]中已经证明过,在这个情况下平衡位置 $q_1=\cdots=q_n=0$ 是稳定的,并且在一个初始的微扰下,这个系统将靠近平衡位置作微振动,使 q_k 在整个运动时间内都保持很小. 因而在研究微振动时我们可以认为 U 只含有二次项,这就是说,它是

$$-U=\sum_{i,k=1}^{n}b_{ik}q_iq_k\quad (b_{ki}=b_{ik}) \tag{167}$$

同样地,在表达式(165)的系数 a_{ik} 中我们可以近似地假定 $q_k=0$,并且这些系数一直保持这个数值. 把这些全代入方程组(164),我们得到一组 n 个常系数线性方程:

$$\begin{cases}a_{11}q''_1+a_{12}q''_2+\cdots+a_{1n}q''_n+b_{11}q_1+a_{12}q_2+\cdots+b_{1n}q_n=0\\ a_{21}q''_1+a_{22}q''_2+\cdots+a_{2n}q''_n+b_{21}q_1+b_{22}q_2+\cdots+b_{2n}q_n=0\\ \vdots\\ a_{n1}q''_1+a_{n2}q''_2+\cdots+a_{nn}q''_n+b_{n1}q_1+b_{n2}q_2+\cdots+b_{nn}q_n=0\end{cases} \tag{168}$$

如果我们来求出这个方程组的形式为调和振动的解,并且它们具有相同的频率和初相,而只是振幅不同.

$$q_k=A_k\cos(\lambda t+\varphi)\quad (k=1,2,\cdots,n) \tag{169}$$

那么,把它们代入(168),即得 A_k 和 λ 的一个方程组:

$$\begin{cases}(b_{11}-\lambda^2a_{11})A_1+(b_{12}-\lambda^2a_{12})A_2+\cdots+(b_{1n}-\lambda^2a_{1n})A_n=0\\ (b_{21}-\lambda^2a_{21})A_1+(b_{22}-\lambda^2a_{22})A_2+\cdots+(b_{2n}-\lambda^2a_{2n})A_n=0\\ \vdots\\ (b_{n1}-\lambda^2a_{n1})A_1+(b_{n2}-\lambda^2a_{n2})A_2+\cdots+(b_{nn}-\lambda^2a_{nn})A_n=0\end{cases} \tag{170}$$

要使这个方程组对 A_k 有不全为零的解，它的行列式就必须为零：

$$\begin{vmatrix} b_{11}-\lambda^2 a_{11} & b_{12}-\lambda^2 a_{12} & \cdots & b_{1n}-\lambda^2 a_{1n} \\ b_{21}-\lambda^2 a_{21} & b_{22}-\lambda^2 a_{22} & \cdots & b_{2n}-\lambda^2 a_{2n} \\ \vdots & \vdots & & \vdots \\ b_{n1}-\lambda^2 a_{n1} & b_{n2}-\lambda^2 a_{n2} & \cdots & b_{nn}-\lambda^2 a_{nn} \end{vmatrix}=0 \qquad (171)$$

取这个方程的一个根代到方程组(170) 的系数中去，我们就得到 A_k 的解，一个或者几个，然后再可以乘上一个任意常数. 此外，公式(167) 中含有一个任意常数 φ.

如果我们应用二次型的理论，这个问题的解决就更清楚. 首先我们注意，根据二次型(165) 是表达运动的动能这件事情的本质，它一定是正定的. 并且根据问题中所给的条件，二次型(167) 也是正定的. 我们知道，我们可以引入一组新的变数 p_k，它和旧的 q_k 是由一个常系数的线性变换来连接，在这组新变数下，二次型 T 和$(-U)$ 同时化成了平方和，并且 T 的平方项的系数全是 1. 同时我们注意，q_k 与 p_k 的线性关系引出 q'_k 和 p'_k 也有相同的线性关系. 因此我们有

$$T=\sum_{s=1}^{n} p'^2_s; \ -U=\sum_{s=1}^{n} \lambda_s^2 p_s^2 \qquad (172)$$

这里 p_s^2 的系数全是正的，因而我们有可能把它们表成平方. 代替方程组(168) 对于新的变数我们可以把拉格朗日方程(164) 写成

$$\frac{\mathrm{d}}{\mathrm{d}t}\left(\frac{\partial T}{\partial p'_k}\right)=\frac{\partial U}{\partial p_k}$$

用(172) 代入，我们得到一个极其简单的方程组

$$p''_k+\lambda_k^2 p_k=0 \quad (k=1,2,\cdots,n)$$

这个方程组的解是：

$$p_k=C_k\cos(\lambda_k t+\psi_k) \quad (k=1,2,\cdots,n) \qquad (173)$$

其中 C_k 和 ψ_k 是任意常数. 广义坐标 p_k 叫作这个力学系统的主坐标.

原来的坐标 q_k 可以生成 p_k 的常系数的线性型. 由前一节的结果得知，数 λ_k 应该是方程(170) 的根. 应该注意，这些 λ_k 可能有相同的，不过就是在这个情形，公式(169) 还是给出我们所考虑的微振动问题的一般解.

39. 二次型特征值的极值性质

我们从一个新的观点来看化实二次型成平方和的问题. 为了简单起见我们限制在三个变数的情形

$$\varphi=\sum_{i,k=1}^{3} a_{ik}x_i x_k=\sum_{k=1}^{3}\lambda_k x'^2_k \qquad (174)$$

这里 x'_k 和 x_k 是被一个正交变换联系着：

$$\begin{cases} x_1 = b_{11}x'_1 + b_{12}x'_2 + b_{13}x'_3 \\ x_2 = b_{21}x'_1 + b_{22}x'_2 + b_{23}x'_3 \\ x_3 = b_{31}x'_1 + b_{32}x'_2 + b_{33}x'_3 \end{cases} \tag{175}$$

为了确定起见,我们假定数 λ_k 是一个比一个小,即

$$\lambda_1 > \lambda_2 > \lambda_3 \tag{176}$$

我们的问题就是根据 φ 在单位球面 K 上的值来确定数 λ_k 和系数 b_{ik},K 就是球心在原点而半径为 1 的球面

$$x_1^2 + x_2^2 + x_3^2 = 1 \quad 或者 \quad x'^2_1 + x'^2_2 + x'^2_3 = 1 \tag{177}$$

球面上的每一点都确定空间中的一个方向,就是由从原点到这一点的单位向量所决定的方向. 我们可以把公式(174) 写成:

$$\varphi = \lambda_1(x'^2_1 + x'^2_2 + x'^2_3) + (\lambda_2 - \lambda_1)x'^2_2 + (\lambda_3 - \lambda_1)x'^2_3$$

由此看出,在单位球面 K 上我们就有

$$\varphi = \lambda_1 + (\lambda_2 - \lambda_1)x'^2_2 + (\lambda_3 - \lambda_1)x'^3_3$$

由此直接推出,λ_1 是 φ 在 K 上的极大值.

这个极大值显然是在点

$$x'_1 = 1; x'_2 = x'_3 = 0$$

达到,或者根据(175),在原来的坐标系中这个 K 上的点的坐标是

$$x_1 = b_{11}; x_2 = b_{21}; x_3 = b_{31}$$

这个点决定了正交变换(175) 第一列的向量,也就是说,这个向量是方程

$$\boldsymbol{A}\boldsymbol{x} = \lambda \boldsymbol{x} \tag{178}$$

当 $\lambda = \lambda_1$ 时的一个解. 因而,二次型(174) 最大的一个特征值等于它的单位球面上的极大值,而对应的特征向量 $\boldsymbol{x}^{(1)}$,也就是方程(178) 的解,就是由原点到达到这个极大值的一点的向量.

现在再来确定第二个特征值以及对应的特征向量. 在公式中我们设 $x'_1 = 0$. 与这个方程对应的是通过原点与向量 $\boldsymbol{x}^{(1)}$ 垂直的平面. 这个平面和单位球面的交线是圆周

$$x'^2_2 + x'^2_3 = 1$$

在这个圆周上我们有

$$\varphi = \lambda_2 x'^2_2 + \lambda_3 x'^2_3$$

由此直接看出,λ_2 就是 φ 在单位球面上对应于和已求到的向量 $\boldsymbol{x}^{(1)}$ 垂直的向量的极大值. 和以上一样,我们可以证明方程(178) 当 $\lambda = \lambda_2$ 时的解,也就是特征向量 $\boldsymbol{x}^{(2)}$,就是由原点到达这个极大值的一点的向量.

在有了两个向量之后,第三个向量 $\boldsymbol{x}^{(3)}$ 就是和它们两个都垂直的一个向量,而特征值 λ_3 就是 φ 在这个向量和球面的交点的值.

假如说 $\lambda_1 = \lambda_2$,那么在找二次型在单位球上的第一个极大值时,我们得出

的就不是一点，而是整个一个圆周，在它上面达到极大值.

以上的想法很容易推广到任意维数的情形.对于一般的情形我们只引出结果，它和上面是完全一样的.假设我们有了一个 n 个变数的实二次型：

$$\varphi=\sum_{i,k=1}^{n}a_{ik}x_ix_k \tag{179}$$

在实 n 维空间中的单位向量是由平方和为 1 的 n 个实数的数组表示.我们说，这些向量的端点在单位球面上，这个单位球面的方程显然就是

$$x_1^2+x_2^2+\cdots+x_n^2=1 \tag{180}$$

二次型 φ 最大的一个特征值，就等于 φ 在单位球面(180)上的极大值，以及对应的特征向量是由从原点到达到这个极大值的一点的向量 $\boldsymbol{x}^{(1)}$ 来确定.为了求次大的一个特征值，我们来考虑与已求得的向量 $\boldsymbol{x}^{(1)}$ 垂直的单位向量.在它们里面我们找到一个 $\boldsymbol{x}^{(2)}$，它给出二次型 φ 的极大值.这个第二个极大值 λ_2 就等于二次型的第二个特征值，而所说的向量 $\boldsymbol{x}^{(2)}$ 就是对应的特征向量.现在再来考虑与 $\boldsymbol{x}^{(1)}$ 和 $\boldsymbol{x}^{(2)}$ 垂直的单位向量，这就相当于在条件(180)上再添加两个条件：

$$\boldsymbol{x}^{(1)}\cdot\boldsymbol{x}=0 \quad 和 \quad \boldsymbol{x}^{(2)}\cdot\boldsymbol{x}=0$$

在这些单位向量里面找出一个，它也给出二次型的极大值.这个数值就是二次型的按大小排的第三个特征值，而所说的向量就是对应的特征向量，余类推.

我们可以把二次型的特征值不是按降序而是升序来排，使第一个特征值是最小的一个，第二个是次小的一个等等.这样一来，我们的问题和以前还是一样的，不过把以前凡是谈到最大值的地方全改成极小值而已.

所有以上的想法还可以推广到同时化两个二次型成平方和的情形.假设有了两个二次型：

$$\varphi=\sum_{i,k=1}^{n}a_{ik}x_ix_k;\psi=\sum_{i,k=1}^{n}b_{ik}x_ix_k$$

用线性变换

$$(x_1,x_2,\cdots,x_n)=\boldsymbol{B}(x'_1,x'_2,\cdots,x'_n)$$

把它们化成平方和

$$\varphi=\sum_{k=1}^{n}x'^2_k;\psi=\sum_{k=1}^{n}\lambda_kx'^2_k$$

这里我们假定数 λ_k 是一个比一个小.

这时 λ_1 是 ψ 在条件

$$\varphi=1$$

下的极大值，并且这个极大值正好在

$$x_1=b_{11};x_2=b_{21};\cdots;x_n=b_{n1}$$

处达到.

相仿地可以决定其余的特征值.

40. 厄米特矩阵和厄米特型

在前面几节里我们已经讨论过实对称矩阵,并且指出它们是厄米特矩阵的特殊情形,厄米特矩阵的元素是适合下面的关系的复数:

$$a_{ki}=\overline{a}_{ik} \tag{181}$$

当 $i=k$ 时,这个关系说明对角线上的元素必须是实数.

厄米特矩阵的定义可以用另一种方式叙述:如果把行列互换,再把所有的元素换成它们的共轭数,厄米特矩阵不变,这就是说,用[26]的符号:

$$\overline{\boldsymbol{A}}^{(*)}=\boldsymbol{A}\quad \text{或者}\quad \widetilde{\boldsymbol{A}}=\boldsymbol{A} \tag{182}$$

我们知道,对任意矩阵 $\boldsymbol{A}$,矩阵 $\widetilde{\boldsymbol{A}}$ 叫作它的厄米特共轭矩阵. 因此厄米特矩阵又可以叫作自共轭矩阵.

以前在[32]中已经证明过,对于任意的向量 $\boldsymbol{x}$ 和 $\boldsymbol{y}$ 厄米特矩阵 $\boldsymbol{A}$ 适合关系

$$(\boldsymbol{Ax},\boldsymbol{y})=(\boldsymbol{x},\boldsymbol{Ay}) \tag{183}$$

这个关系,和以前的两个一样,也可以作为厄米特矩阵的定义.

我们再来谈一个厄米特矩阵的性质.

设 $\boldsymbol{A}$ 是一个厄米特矩阵,$\boldsymbol{U}$ 是一个任意的 $\boldsymbol{U}$ 矩阵. 不难证明,$\boldsymbol{U}^{-1}\boldsymbol{AU}$ 和 $\boldsymbol{A}$ 一样也是一个厄米特矩阵. 根据条件 $\overline{\boldsymbol{A}}^{(*)}=\boldsymbol{A}$,我们只需要证明 $\boldsymbol{U}^{-1}\boldsymbol{AU}$ 也有这个性质. 在[26]我们有

$$\overline{(\boldsymbol{U}^{-1}\boldsymbol{AU})}^{(*)}=\overline{\boldsymbol{U}}^{(*)}\overline{\boldsymbol{A}}^{(*)}\overline{\boldsymbol{U}}^{(*)-1}$$

或者,注意到 $\boldsymbol{A}$ 的条件以及 $\boldsymbol{U}$ 是 $\boldsymbol{U}$ 矩阵,从而 $\overline{\boldsymbol{U}}^{(*)}=\boldsymbol{U}^{-1}$,我们得到

$$\overline{(\boldsymbol{U}^{-1}\boldsymbol{AU})}^{(*)}=\boldsymbol{U}^{-1}\boldsymbol{AU}$$

证明完毕.

在作一个坐标的 $\boldsymbol{U}$ 变换时,它对于向量的分量是按下面的公式来作:

$$(x_1,\cdots,x_n)=\boldsymbol{U}(x_1',\cdots,x_n')$$

一个厄米特矩阵 $\boldsymbol{A}$,如果看作空间线性变换的一个运算子,在新的坐标下就成为形式 $\boldsymbol{U}^{-1}\boldsymbol{AU}$,因此上面所证明的命题可以叙述为:空间的 $\boldsymbol{U}$ 变换不改变一个看作运算子的矩阵的厄米特性质.

现在我们提出用 $\boldsymbol{U}$ 变换化厄米特矩阵成对角矩阵的问题.

$$\boldsymbol{U}^{-1}\boldsymbol{AU}=[\lambda_1,\cdots,\lambda_n] \tag{184}$$

和以前对于实对称矩阵一样,我们的问题就相当于解下面这种形式的方程:

$$\boldsymbol{Ax}=\lambda\boldsymbol{x} \tag{185}$$

这里 λ 是数 λ_k 中的一个以及向量 $\boldsymbol{x}$ 的分量就是矩阵 $\boldsymbol{U}$ 相当的一列的元素.

这些数以及与它们对应的向量 $\boldsymbol{x}^{(k)}$ 分别叫作矩阵 $\boldsymbol{A}$ 的特征值和特征向量.

我们知道,特征值一定是下面这个方程的根:

$$\begin{vmatrix} a_{11}-\lambda & a_{12} & \cdots & a_{1n} \\ a_{21} & a_{22}-\lambda & \cdots & a_{2n} \\ \vdots & \vdots & & \vdots \\ a_{n1} & a_{n2} & \cdots & a_{nn}-\lambda \end{vmatrix}=0 \tag{186}$$

设 $\lambda=\lambda_1$ 是这个方程的一个根并且 $\boldsymbol{x}^{(1)}$ 是方程(185)当 $\lambda=\lambda_1$ 时的一个解.

这个方程是线性齐次的,它的解可以乘上一个任意常数,因此我们可以假定向量 $\boldsymbol{x}^{(1)}$ 的长度是 1. 取这个向量作为新坐标系的第一个单位向量,再作 $n-1$ 个长度为 1 的向量,以至于我们得到 n 个互相正交而长度为 1 的向量. 用这些向量作为新的单位向量,设 $\boldsymbol{U}_1$ 是转换到这个新坐标的 $\boldsymbol{U}$ 变换. 在新的坐标系下,我们的厄米特矩阵 $\boldsymbol{A}$ 变成了一个新的厄米特矩阵 $\boldsymbol{A}_1=\boldsymbol{U}_1^{-1}\boldsymbol{A}\boldsymbol{U}_1$,并且对应的方程

$$\boldsymbol{A}_1\boldsymbol{x}=\lambda\boldsymbol{x}$$

当 $\lambda=\lambda_1$ 时必须以向量 $(1,0,\cdots,0)$ 作为一个解. 和在[33]中一样,这个情况就说明了在矩阵 $\boldsymbol{A}_1$ 中第一行和第一列的元素除去第一行第一列的一个元素是 λ_1 外全是零.

由矩阵 $\boldsymbol{A}_1$ 的厄米特性质直接推知,元素 λ_1 一定是实数,从这里也顺便证明了方程(186)的根全是实数,这一点以前已经看到过. 于是,矩阵 $\boldsymbol{A}_1$ 就有下面的形式:

$$\begin{bmatrix} \lambda_1 & 0 & \cdots & 0 \\ 0 & a_{22}^{(1)} & \cdots & a_{2n}^{(1)} \\ \vdots & \vdots & & \vdots \\ 0 & a_{n2}^{(1)} & \cdots & a_{nn}^{(1)} \end{bmatrix}$$

这就是说,它是一个形式为

$$[\lambda_1,\boldsymbol{C}_1]$$

的准对角矩阵,其中 $\boldsymbol{C}_1$ 是一个元素为 $a_{ik}^{(1)}$ 的 $n-1$ 阶的厄米特矩阵. 继续上面的办法,对我们的坐标系保持第一个坐标轴不动再作一个 U 变换 $\boldsymbol{U}_2$,它把矩阵 $\boldsymbol{C}_1$ 化成相同的形式,即第一行和第一列除去在它们交点上的元素全为零.

上面所说的这个 U 变换可以看作我们整个 n 维空间的一个 U 变换. 它是一个准对角矩阵:

$$[1,\boldsymbol{U}_2]$$

在做了这个变换之后,我们的厄米特矩阵化成了:

$$[1,\boldsymbol{U}_2]^{-1}[\lambda_1,\boldsymbol{C}_1][1,\boldsymbol{U}_2]=[\lambda_1,\boldsymbol{U}_2^{-1}\boldsymbol{C}_1\boldsymbol{U}_2]$$

它还是一个厄米特矩阵,这个矩阵完全写出来就是:

$$\begin{bmatrix} \lambda_1 & 0 & 0 & \cdots & 0 \\ 0 & \lambda_2 & 0 & \cdots & 0 \\ 0 & 0 & a_{33}^{(2)} & \cdots & a_{3n}^{(2)} \\ \vdots & \vdots & \vdots & & \vdots \\ 0 & 0 & a_{n3}^{(2)} & \cdots & a_{nn}^{(2)} \end{bmatrix}$$

继续这样做下去，最后我们就把原来的厄米特矩阵化成对角形式，这里和(184)中一样，所要求的那个U变换$\boldsymbol{U}$就是所有在化的过程中所连续施行的U变换的乘积.

现在我们回到方程(185).在[33]中我们证明了，它对应于不同的λ的值的解一定互相正交.

和[33]中完全一样，我们可以证明，组成矩阵$\boldsymbol{U}$的列的那些向量以及对应的值λ就给出了方程(185)全部的解.这里只需要注意一个情形，就是方程(186)有重根的情形.譬如说，如果方程(186)有一个重复度为m的根$\lambda=\lambda_1$，那么对于$\lambda=\lambda_1$，方程(185)就有m个线性无关的解$\boldsymbol{x}^{(1)},\cdots,\boldsymbol{x}^{(m)}$.显然它们任意的一个线性组合也是方程(185)的解，这就是说，方程

$$\boldsymbol{Ax}=\lambda_1\boldsymbol{x}$$

以向量$\boldsymbol{x}^{(1)},\cdots,\boldsymbol{x}^{(m)}$所生成的子空间作为它解的集合，也就是说，它的解是

$$x=C_1\boldsymbol{x}^{(1)}+\cdots+C_m\boldsymbol{x}^{(m)}$$

其中$C_1,\cdots,C_m$是任意的系数.在这个子空间中我们可以任意地选择m个长度为1的互相正交的向量，以它们作为矩阵$\boldsymbol{U}$中对应于特征值$\lambda=\lambda_1$的诸列.因此，和[33]中的矩阵$\boldsymbol{B}$一样，对于矩阵$\boldsymbol{U}$的选择有一定的随意性.不但如此，每一个向量$\boldsymbol{x}^{(s)}$的分量还可以乘上一个数，我们知道，向量$\boldsymbol{x}^{(s)}$是从方程(185)的一个解乘上一个数使它的长度变成1得来的，因此如果再乘上一个绝对值为1的数结果还是一样的，这就是说，可以乘$e^{i\varphi}$这样一个数(这叫作相因子).这样一来，向量的长度仍然是1，并且它和其余组成方程(185)的基础解系的向量仍旧是正交的.最后，在矩阵$\boldsymbol{U}$中我们还可以任意地改变列的次序.显然，这样一种非本质的变换只是改变了新坐标系中坐标轴的编号，因而它只影响了对角矩阵中数λ_k的次序.在以后我们将一直假定，这些数是按一个比一个大的次序排列的.

现在我们转到厄米特型的讨论.我们可以说，厄米特矩阵$\boldsymbol{A}$对应于下面这样一个厄米特型

$$\boldsymbol{A}(\boldsymbol{x})=(\boldsymbol{Ax},\boldsymbol{x})=\sum_{i,k=1}^{n}a_{ik}\overline{x}_i x_k \tag{187}$$

这里$x_1,\cdots,x_n$是向量$\boldsymbol{x}$的分量.以前我们把矩阵$\boldsymbol{A}$看作空间的线性变换，把它作用到一个向量$\boldsymbol{x}$上就给出一个新的向量$\boldsymbol{x}'$，我们写成$\boldsymbol{Ax}$.在$\boldsymbol{A}(\boldsymbol{x})$的公式中，

最后得出的结果不是向量，而是一个数. 在上面我们已经看到，这个数是一个实数.

现在假定我们在空间里作了一个 U 变换，向量的旧的分量按公式 $\boldsymbol{x}=\boldsymbol{U}\boldsymbol{x}'$ 由新的分量表出. 在新的坐标下厄米特型(187) 成为

$$(\boldsymbol{AUx}',\boldsymbol{Ux}')$$

利用U变换的性质(125)，对这个纯量乘积中的两个向量，我们可以在左边都乘上 $\boldsymbol{U}^{-1}$，这样一来，在新坐标下厄米特型(187) 就有下面的表达式：

$$(\boldsymbol{U}^{-1}\boldsymbol{AUx}',\boldsymbol{x}') \tag{188}$$

特别地，如果 U 变换 $\boldsymbol{U}$ 把矩阵 $\boldsymbol{A}$ 化成对角形式，这就是说(184) 成立，那么在新的坐标下我们的厄米特型就只剩下了 $\boldsymbol{x}'_i x'_i$ 这样的项，也就是说，我们把厄米特型化成了平方和：

$$(\boldsymbol{x}',\boldsymbol{U}^{-1}\boldsymbol{AUx}')=\lambda_1\bar{x}'_1x'_1+\lambda_2\bar{x}'_2x'_2+\cdots+\lambda_n\bar{x}'_nx'_n$$

因此，这里和在[32] 中一样，化矩阵 $\boldsymbol{A}$ 成对角形式的问题就相当于化对应的厄米特型成平方和的问题.

代替厄米特型，有时候我们讨论所谓双线性型，它定义为

$$(\boldsymbol{Ay},\boldsymbol{x})=\sum_{i,k=1}^{n}a_{ik}\bar{x}_iy_k$$

如果在空间中也作一个 U 变换，新分量和旧分量的关系还和以前一样，那么在新坐标系下我们得到

$$(\boldsymbol{Ay},\boldsymbol{x})=(\boldsymbol{AUy}',\boldsymbol{Uy}')$$

或者，根据 U 变换的性质：

$$(\boldsymbol{U}^{-1}\boldsymbol{AUy}',\boldsymbol{x}')$$

最后，如果 $\boldsymbol{U}$ 把 $\boldsymbol{A}$ 化成对角形式，那么在相应的坐标下双线性型就化成下面这个极其简单的形式：

$$\sum_{k=1}^{n}\lambda_k\bar{x}'_ky'_k$$

应该注意，每一个实系数的对角矩阵都是厄米特矩阵，因而 $\boldsymbol{U}^{-1}[\lambda_1,\cdots,\lambda_n]\boldsymbol{U}$ 也是厄米特矩阵，其中 $\boldsymbol{U}$ 是任意的 $\boldsymbol{U}$ 矩阵. 在上面我们已经看到，反过来每一个厄米特矩阵也都可以写成这种样子.

和实二次型一样[35]，厄米特型也可以按特征数 λ_k 的符号来分类. 譬如，如果 λ_k 全部是正的，那么厄米特型叫作正定的，它的特性是，对所有的 x_k，它的值全是正的，只有在 $x_1=\cdots=x_n=0$ 时它才等于零. 同样地我们可以定义半定的和不定的厄米特型. 完全和实二次型一样，它的讨论也是基于公式

$$(\boldsymbol{Ax},\boldsymbol{x})=\lambda_1\bar{x}'_1x'_1+\cdots+\lambda_n\bar{x}'_nx'_n$$

公式(183) 对厄米特矩阵是对的. 如果 $\boldsymbol{A}$ 是任意的矩阵，$\widetilde{\boldsymbol{A}}=\overline{\boldsymbol{A}}^{(*)}$ 是它的共

轭矩阵,那么代替(183)我们有

$$(\boldsymbol{Ax},\boldsymbol{y})=(\boldsymbol{x},\widetilde{\boldsymbol{A}}\boldsymbol{y}) \qquad (183_1)$$

如果 a_{ik} 是矩阵$\boldsymbol{A}$ 的元素,那么矩阵 $\widetilde{\boldsymbol{A}}$ 的元素是$\{\widetilde{\boldsymbol{A}}\}_{ik}=\bar{a}_{ki}$,把它们直接代入就可以验算公式$(183_1)$,和验算公式(183)一样.

41. 可交换的厄米特矩阵

设$\boldsymbol{A}$和$\boldsymbol{B}$是两个厄米特矩阵.我们来考虑,在什么条件下乘积$\boldsymbol{BA}$也是厄米特矩阵.我们作乘积 $\boldsymbol{BA}$ 的厄米特共轭矩阵:

$$(\overline{\boldsymbol{BA}})^{(*)}=\overline{\boldsymbol{A}}^{(*)}\overline{\boldsymbol{B}}^{(*)}$$

或者,利用 $\boldsymbol{A}$ 和 $\boldsymbol{B}$ 是厄米特矩阵:

$$(\overline{\boldsymbol{BA}})^{(*)}=\boldsymbol{AB}$$

要使 $\boldsymbol{BA}$ 是厄米特矩阵,它充分而必要的条件是 $\boldsymbol{AB}$ 等于$\boldsymbol{BA}$,这就是说,它们是可交换的.假定厄米特矩阵 $\boldsymbol{A}$ 和 $\boldsymbol{B}$ 用同一个 U 变换化成了对角形式:

$$\boldsymbol{A}=\boldsymbol{U}^{-1}[\lambda_1,\cdots,\lambda_n]\boldsymbol{U};\boldsymbol{B}=\boldsymbol{U}^{-1}[\mu_1,\cdots,\mu_n]\boldsymbol{U}$$

不难证明,在这个情形下它们是可交换的

$$\boldsymbol{AB}=\boldsymbol{BA}=\boldsymbol{U}^{-1}[\lambda_1\mu_1,\cdots,\lambda_n\mu_n]\boldsymbol{U}$$

现在来证明它的逆定理:如果两个厄米特矩阵是可交换的,那么它们可以用同一个U变换同时化成对角形式,这就是说,厄米特矩阵的可交换性,对于它们可以用 U 变换同时化成对角形式来说,不但是必要的而且是充分的条件.我们假定 $\boldsymbol{AB}=\boldsymbol{BA}$.这里我们注意,与它们相似的矩阵也是可交换的.因为

$$(\boldsymbol{C}^{-1}\boldsymbol{AC})(\boldsymbol{C}^{-1}\boldsymbol{BC})=\boldsymbol{C}^{-1}\boldsymbol{ABC}=\boldsymbol{C}^{-1}\boldsymbol{BAC}$$

并且对乘积

$$(\boldsymbol{C}^{-1}\boldsymbol{BC})(\boldsymbol{C}^{-1}\boldsymbol{AC})$$

我们得到同样的表达式.

假定$\boldsymbol{C}$是一个U变换,它把$\boldsymbol{A}$化成对角形式,并且我们让$\boldsymbol{B}$经过同样的变换.新的矩阵也是可交换的,因此在我们定理的证明中我们无妨假定,矩阵$\boldsymbol{A}$已经是对角形式了,这就是说,元素 a_{ik} 适合条件

$$a_{ik}=0 \quad 当\ i\neq k \qquad (189)$$

以 b_{ik} 表矩阵$\boldsymbol{B}$ 的元素,这两个矩阵可交换的条件可以写成

$$\sum_{s=1}^{n}a_{is}b_{sk}=\sum_{s=1}^{n}b_{is}a_{sk}$$

对任意 i 和 k.利用(189),这个条件变成

$$(a_{ii}-a_{kk})b_{ik}=0 \quad (i,k=1,2,\cdots,n) \qquad (190)$$

如果所有的数 a_{ii} 全不同,那么由以上的等式直接推知,$b_{ik}=0$ 当 $i\neq k$ 时,这就是说,矩阵$\boldsymbol{B}$也是对角形式,我们的定理就证明了.

现在来看一般的情形，也就是在数 a_{ii} 中有相同的. 为了确定起见，我们假设这些数分成两组，每一组中全是一样的：

$$a_{11}=\cdots=a_{mm};a_{m+1,m+1}=\cdots=a_{nn}$$

由公式(190) 可以知道，元素 b_{ik} 只有在 i 和 k 同时大于 m 或同时不大于 m 的情形才可能不为零. 因此，在这个情形下，矩阵 $\boldsymbol{B}$ 是准对角形式：

$$\boldsymbol{B}=[\boldsymbol{B}_1,\boldsymbol{B}_2]$$

其中 $\boldsymbol{B}_1$ 是一个 m 阶的厄米特矩阵，$\boldsymbol{B}_2$ 是$(n-m)$ 阶的厄米特矩阵. 把 $\boldsymbol{B}$ 完全写出来就是

$$\begin{bmatrix} b_{11} & \cdots & b_{mm} & 0 & \cdots & 0 \\ b_{m1} & \cdots & b_{mm} & 0 & \cdots & 0 \\ 0 & \cdots & 0 & b_{m+1,m+1} & \cdots & b_{m+1,n} \\ \vdots & & \vdots & \vdots & & \vdots \\ 0 & \cdots & 0 & b_{n,m+1} & \cdots & b_{nn} \end{bmatrix}$$

在不改变 $\boldsymbol{A}$ 的对角形式之下，我们可以在由前 m 个单位向量所生成的子空间中作任意一个 U 变换，再由后 $n-m$ 个单位向量所生成的子空间也作一个 $\boldsymbol{U}$ 变换. 我们选择 U 变换 $\boldsymbol{V}_1$ 和 $\boldsymbol{V}_2$ 把矩阵 $\boldsymbol{B}_1$ 和 $\boldsymbol{B}_2$ 化成对角形式. 总的说来，在整个 n 维空间中我们就有一个准对角形式的 U 变换

$$[\boldsymbol{V}_1,\boldsymbol{V}_2]$$

根据上面所说的，在新的坐标系下，矩阵 $\boldsymbol{A}$ 保持对角形式，而矩阵 $\boldsymbol{B}$ 变成了：

$$[\boldsymbol{V}_1,\boldsymbol{V}_2]^{-1}[\boldsymbol{B}_1,\boldsymbol{B}_2][\boldsymbol{V}_1,\boldsymbol{V}_2]=[\boldsymbol{V}_1^{-1}\boldsymbol{B}_1\boldsymbol{V}_1,\boldsymbol{V}_2^{-1}\boldsymbol{B}_2\boldsymbol{V}_2]$$

这就是说，它也成为对角形式，这就证明了我们的命题.

对两个可交换的矩阵，如果我们作方程

$$\boldsymbol{Ax}=\lambda\boldsymbol{x};\boldsymbol{Bx}=\mu\boldsymbol{x} \tag{191}$$

那么由以上的讨论直接推出，对这两个方程我们可以找到同一组 n 个线性无关的解. 这些解就给出了矩阵 $\boldsymbol{U}$ 的列，矩阵 $\boldsymbol{U}$ 把这两个矩阵都化成对角形式. 换句话说，对两个可交换的厄米特矩阵我们可以找到同一组 n 个线性无关的特征向量. 至于特征值，也就是参数 λ 和 μ 的值，一般地当然是不相同的. 应该注意，由上面所说的并不能推出，所有矩阵 $\boldsymbol{A}$ 的特征向量都是矩阵 $\boldsymbol{B}$ 的特征向量，如果 $\boldsymbol{A}$ 和 $\boldsymbol{B}$ 各有 n 个不同的特征值，那么除去可以差一个常数倍数外只有一个向量对应于每个 λ_k 和 μ_k，那么上面的话当然是对的. 但是一般说来，如果特征向量中有相同的，这一点就不成立了. 设 $\boldsymbol{x}^{(k)}$ 是矩阵 $\boldsymbol{A}$ 和 $\boldsymbol{B}$ 的一个特征向量的完全组，而 λ_k 和 μ_k 是对应的特征值，譬如说，假定，$\lambda_1=\lambda_2$，但 $\mu_1\neq\mu_2$. 那么向量 $C_1\boldsymbol{x}^{(1)}+C_2\boldsymbol{x}^{(2)}$ 对任意的常数 C_1 和 C_2 都是矩阵 $\boldsymbol{A}$ 的特征向量，但是不是 $\boldsymbol{B}$ 的特征向量.

上面全部的讨论很容易可以搬到多个矩阵的情形,也就是:如果有一些厄米特矩阵 $\boldsymbol{A}_1,\cdots,\boldsymbol{A}_l$,它们经过 U 变换可以同时化成对角形式的充分而且必要的条件是,它们两两可以交换,这就是说,$A_iA_k=A_kA_i$ 对任意的从 1 到 l 的 i 和 k 成立.

42. 化 U 矩阵成对角形式

对于化成对角形式这一点来说,$\boldsymbol{U}$ 矩阵和厄米特矩阵有完全相仿的性质,这就是说:如果 $\boldsymbol{V}$ 是一个 $\boldsymbol{U}$ 矩阵,那么总能找得到一个 $\boldsymbol{U}$ 矩阵 $\boldsymbol{U}$ 使得矩阵

$$\boldsymbol{U}^{-1}\boldsymbol{V}\boldsymbol{U}$$

是对角形式.我们可以把问题写成下面的样子:

$$\boldsymbol{V}\boldsymbol{U}=\boldsymbol{U}[\lambda_1,\cdots,\lambda_k] \tag{192}$$

其中 $\boldsymbol{U}$ 是所要求的 $\boldsymbol{U}$ 矩阵,λ_k 是所要求的数.

和对于厄米特矩阵一样,相当于矩阵 $\boldsymbol{U}$ 的列的是一些向量 $\boldsymbol{x}^{(k)}$,这些向量必须是方程

$$\boldsymbol{V}\boldsymbol{x}=\lambda\boldsymbol{x} \tag{193}$$

的解,其中 λ 等于数 λ_k.和上面一样,由此直接推知,这些数 λ 必须是特征方程

$$\begin{bmatrix} v_{11}-\lambda & v_{12} & \cdots & v_{1n} \\ v_{21} & v_{22}-\lambda & \cdots & v_{2n} \\ \vdots & \vdots & & \vdots \\ v_{n1} & v_{n2} & \cdots & v_{nn}-\lambda \end{bmatrix}=0 \tag{194}$$

的根,其中 v_{ik} 是矩阵 $\boldsymbol{V}$ 的元素.

首先我们指出,如果 $\boldsymbol{U}_1$ 和 $\boldsymbol{V}_1$ 是 $\boldsymbol{U}$ 矩阵,那么 $\boldsymbol{U}_1^{-1}\boldsymbol{V}_1\boldsymbol{U}_1$ 也是 $\boldsymbol{U}$ 矩阵.因为从 $\boldsymbol{U}_1$ 是 $\boldsymbol{U}$ 矩阵推出 $\boldsymbol{U}_1^{-1}$ 是 $\boldsymbol{U}$ 矩阵,同时 $\boldsymbol{U}$ 矩阵的乘积还是 $\boldsymbol{U}$ 矩阵.

取方程(194)的某一个根 $\lambda=\lambda_1$,代入方程(193),我们确定一个适合这个方程的单位向量 $\boldsymbol{x}^{(1)}$,以它作一个新的坐标向量,再添上 $(n-1)$ 个单位向量,使得我们得到 n 个互相正交的单位向量.由旧坐标转换到新坐标相当于一个 U 变换 $\boldsymbol{U}_1$,这样,我们的 $\boldsymbol{U}$ 矩阵 $\boldsymbol{V}$ 就变到了一个相似的矩阵

$$\boldsymbol{V}_1=\boldsymbol{U}_1^{-1}\boldsymbol{V}\boldsymbol{U}_1$$

对应的方程

$$\boldsymbol{V}_1\boldsymbol{x}=\lambda\boldsymbol{x}$$

当 $\lambda=\lambda_1$ 时以向量 $(1,0,\cdots,0)$ 作为一个解,从而推出,矩阵 $\boldsymbol{V}_1$ 第一列除去第一个元素是 λ_1 外全是零.但是在 $\boldsymbol{U}$ 矩阵中每一列元素的模的平方和等于 1,因此我们可以断定,数 λ_1 的模等于 1.我们知道,在 $\boldsymbol{U}$ 矩阵 $\boldsymbol{V}_1$ 中每一行元素的模的平方和也等于 1.上面已经证明了第一行的第一个元素 λ_1 的模等于 1,因此,第一行其余的元素必须全是零.于是,在作了第一个 $\boldsymbol{U}$ 变换之后,我们已经把这个

$\boldsymbol{U}$ 矩阵化成了这样的形式，即在它的第一行和第一列除去第一个元素外其余的元素全是零：

$$\begin{bmatrix} \lambda_1 & 0 & \cdots & 0 \\ 0 & v_{22}^{(1)} & \cdots & v_{2n}^{(1)} \\ \vdots & \vdots & & \vdots \\ 0 & v_{n2}^{(1)} & \cdots & v_{nn}^{(1)} \end{bmatrix}$$

我们有了和厄米特矩阵完全相仿的情况. 进一步我们知道，元素 $v_{ik}^{(1)}$ 组成一 $(n-1)$ 阶的 $\boldsymbol{U}$ 矩阵. 再作一次 $\boldsymbol{U}$ 变换，我们可以使这个矩阵的第一行和第一列除去第一个元素外其余的元素全是零，而第一个元素的模等于 1. 总地说来，在做了两个 $\boldsymbol{U}$ 变换之后，我们的 $\boldsymbol{U}$ 矩阵变成了：

$$\begin{bmatrix} \lambda_1 & 0 & 0 & \cdots & 0 \\ 0 & \lambda_2 & 0 & \cdots & 0 \\ 0 & 0 & v_{33}^{(2)} & \cdots & v_{3n}^{(2)} \\ \vdots & \vdots & \vdots & & \vdots \\ 0 & 0 & v_{n3}^{(2)} & \cdots & v_{nn}^{(2)} \end{bmatrix}$$

这样一直继续下去，最后我们把我们的 $\boldsymbol{U}$ 矩阵用 U 变换化成了对角形式. 应该注意，由以上的推理可以知道，$\boldsymbol{U}$ 矩阵的特征数的模全部等于 1.

和在[41] 中一样我们可以证明，如果一些 $\boldsymbol{U}$ 矩阵是两两可交换的，那么用同一个 $\boldsymbol{U}$ 变换可以把它们都化成对角形式.

我们再指出以下这个事实. 假设一个 $\boldsymbol{U}$ 矩阵把某一个矩阵 $\boldsymbol{A}$ 化成对角形式，这就是说，$\boldsymbol{U}^{-1}\boldsymbol{A}\boldsymbol{U}$ 是对角矩阵. 我们知道，$\boldsymbol{U}$ 的行列式的模是 1，因此我们可以找一个实数 ω 使 $\boldsymbol{U}$ 矩阵 $\mathrm{e}^{\mathrm{i}\omega}\boldsymbol{U}$ 的行列式等于 1. 同时 $\boldsymbol{U}$ 矩阵 $\mathrm{e}^{\mathrm{i}\omega}\boldsymbol{U}$ 也把矩阵 $\boldsymbol{A}$ 化成对角形式，因为

$$(\mathrm{e}^{\mathrm{i}\omega}\boldsymbol{U})^{-1}\boldsymbol{A}(\mathrm{e}^{\mathrm{i}\omega}\boldsymbol{U}) = \mathrm{e}^{\mathrm{i}\omega}\mathrm{e}^{-\mathrm{i}\omega}\boldsymbol{U}^{-1}\boldsymbol{A}\boldsymbol{U} = \boldsymbol{U}^{-1}\boldsymbol{A}\boldsymbol{U}$$

因此，我们总可以认为化某一个矩阵成对角形式的 $\boldsymbol{U}$ 矩阵的行列式就等于 1.

例　作为化成对角形式的例子，我们来考虑一个三阶的实正交矩阵

$$\boldsymbol{V} = \begin{bmatrix} v_{11} & v_{12} & v_{13} \\ v_{21} & v_{22} & v_{23} \\ v_{31} & v_{32} & v_{33} \end{bmatrix} \tag{195}$$

我们假定这个矩阵的行列式是 $(+1)$，也就是说，对应于这个矩阵的是把三维空间作为一个整体绕原点的一个转动. 根据条件，矩阵 (195) 的特征方程的常数项是 1，因为显然地这个常数项就是矩阵的行列式. 在另一方面，我们看出，这个特征方程所有根的模全等于 1. 特征方程的首项是 $(-\lambda)^3 = -\lambda^3$，因此，方程的常数项也就是 1，就等于方程根的乘积. 由于这个方程是实系数的，只可能有两种情形，就是：这个方程有一个根是 1，另外两个是模为 1 的共轭虚根，这

就是说,另外两个根是 $e^{\pm i\varphi}$,或者这个方程有一个根是 1,另外两个根是(−1).第二种情形是第一种情形当 $\varphi=\pi$ 时的一个特殊情形.

特征值 $\lambda=1$ 对应一个实向量 $\boldsymbol{x}^{(1)}$,它是方程

$$\boldsymbol{V}\boldsymbol{x}^{(1)}=\boldsymbol{x}^{(1)} \tag{196}$$

的解.

换句话说,这个向量在由矩阵 $\boldsymbol{V}$ 所确定的空间转动中是不变的. 这个向量因为对应于实值 $\lambda=1$,所以是一个实向量,它显然决定一根轴,空间就绕这根轴转动(空间每一个绕原点的转动都相当于绕一根通过原点的轴的转动). 为了用矩阵 $\boldsymbol{V}$ 的元素来确定向量的 $\boldsymbol{x}^{(1)}$ 的分量,我们把方程(196) 改写为

$$\boldsymbol{V}^{-1}\boldsymbol{x}^{(1)}=\boldsymbol{x}^{(1)}$$

或者,由于 $\boldsymbol{V}$ 是一个实的 $\boldsymbol{U}$ 矩阵,我们可以写

$$\boldsymbol{V}^{(*)}\boldsymbol{x}^{(1)}=\boldsymbol{x}^{(1)}$$

从(196) 减去它,我们得到:

$$(\boldsymbol{V}-\boldsymbol{V}^{(*)})\boldsymbol{x}^{(1)}=0$$

把这个等式完全写出来,并以 (u_{11},u_{21},u_{31}) 表示向量 $\boldsymbol{x}^{(1)}$ 的分量. 我们得到方程组

$$(v_{12}-v_{21})u_{21}+(v_{13}-v_{31})u_{31}=0$$
$$(v_{21}-v_{12})u_{11}+(v_{23}-v_{32})u_{31}=0$$
$$(v_{31}-v_{13})u_{11}+(v_{32}-v_{23})u_{21}=0$$

由它们立即得出决定转动轴的方向的公式:

$$u_{11}:u_{21}:u_{31}=(v_{23}-v_{32}):(v_{31}-v_{13}):(v_{12}-v_{21})$$

另外两特征向量 $\boldsymbol{x}^{(2)}$ 和 $\boldsymbol{x}^{(3)}$ 显然必须适合方程

$$\boldsymbol{V}\boldsymbol{x}^{(2)}=e^{i\varphi}\boldsymbol{x}^{(2)} \quad 和 \quad \boldsymbol{V}\boldsymbol{x}^{(3)}=e^{-i\varphi}\boldsymbol{x}^{(3)} \tag{197}$$

它们是复分量的向量. 根据下面的条件我们可以决定 φ,就是特征方程根的和就等于对角线上项的和,也就是矩阵 $\boldsymbol{V}$ 的迹:

$$1+e^{-i\varphi}+e^{i\varphi}=1+2\cos\varphi=v_{11}+v_{22}+v_{33}$$

并且可以认为 φ 是在 0 与 π 之间.

由方程(197) 推知,由于在方程(197) 中 λ 的值是共轭复数,所以我们可以假定向量 $\boldsymbol{x}^{(2)}$ 和 $\boldsymbol{x}^{(3)}$ 的分量是共轭的. 我们作一个新的 $\boldsymbol{U}$ 矩阵:

$$\boldsymbol{U}_0=\begin{bmatrix}1 & 0 & 0\\ 0 & \dfrac{1}{\sqrt{2}} & \dfrac{i}{\sqrt{2}}\\ 0 & \dfrac{1}{\sqrt{2}} & -\dfrac{i}{\sqrt{2}}\end{bmatrix} \tag{198}$$

不难证明,矩阵 $\boldsymbol{W}=\boldsymbol{U}\boldsymbol{U}_0$ 诸列的元素就是向量

$$\boldsymbol{x}^{(1)};\frac{\boldsymbol{x}^{(2)}+\boldsymbol{x}^{(3)}}{\sqrt{2}};\mathrm{i}\frac{\boldsymbol{x}^{(2)}-\boldsymbol{x}^{(3)}}{\sqrt{2}}$$

的分量，它们都是实数. 并且，矩阵 $\boldsymbol{W}$ 因为是两个 $\boldsymbol{U}$ 矩阵的乘积，所以也是一个 $\boldsymbol{U}$ 矩阵，这就是说，$\boldsymbol{W}$ 是正交矩阵. 现在对矩阵 $\boldsymbol{V}$ 用实的 $\boldsymbol{U}$ 矩阵 $\boldsymbol{W}$ 作一相似变换. 即得

$$\boldsymbol{W}^{-1}\boldsymbol{V}\boldsymbol{W}=\boldsymbol{U}_0^{-1}\boldsymbol{U}^{-1}\boldsymbol{V}\boldsymbol{U}\boldsymbol{U}_0=\boldsymbol{U}_0^{-1}[1,\mathrm{e}^{\mathrm{i}\varphi},\mathrm{e}^{-\mathrm{i}\varphi}]\boldsymbol{U}_0$$

实际把这些矩阵乘出来，即得

$$\boldsymbol{W}^{-1}\boldsymbol{V}\boldsymbol{W}=\begin{bmatrix}1 & 0 & 0\\ 0 & \cos\varphi & -\sin\varphi\\ 0 & \sin\varphi & \cos\varphi\end{bmatrix}$$

我们总可以假定正交矩阵$\boldsymbol{W}$的行列式等于$(+1)$，否则的话我们用(-1)乘这个矩阵，这样并不影响关系式(199). 因互，对应于矩阵 $\boldsymbol{W}$ 的也是空间的某一个运动. 矩阵(199)，它是经过坐标变换 $\boldsymbol{x}=\boldsymbol{W}\boldsymbol{x}'$ 之后所得到的与矩阵 $\boldsymbol{V}$ 相似的矩阵，它在新坐标下给出了一个和矩阵 $\boldsymbol{V}$ 在原来的坐标下给出的变换相同的变换. 由矩阵(199) 的形式直接推出，与矩阵(199) 对应的是绕新轴 $\boldsymbol{x}^{(1)}$ 转角度 φ 的一个转动，而我们所做的变换的实质就是取上面所说的这个由向量 $\boldsymbol{x}^{(1)}$ 表示的转动轴作为新轴 $\boldsymbol{x}'^{(1)}$.

由以上的讨论还可以推知一个重要的事实，即：所有对应于空间转一个一定的角度 φ 的转动的矩阵全可以用相似变换（对不同的矩阵用不同的变换）变到同一个形状(199)，从而，全部这样的矩阵都互相相似.

对应于不同转动角的矩阵是不可能相似的，因为这样的矩阵的特征数 1，$\mathrm{e}^{\mathrm{i}\varphi}$ 和 $\mathrm{e}^{-\mathrm{i}\varphi}$ 对于不同的 φ 是不同的. 全部这些性质都有极其简单的几何意义.

43. 投影矩阵

现在我们来讨论厄米特矩阵的一种特殊情形. 设 R_m 是一个由 m 个线性无关的向量 $\boldsymbol{y}^{(1)},\cdots,\boldsymbol{y}^{(m)}$ 所生成的 m 维子空间. 这个子空间 R_m 是形式为

$$C_1\boldsymbol{y}^{(1)}+C_2\boldsymbol{y}^{(2)}+\cdots+C_m\boldsymbol{y}^{(m)}$$

的所有向量的集合，其中 C_k 是任意的数. 把向量 $\boldsymbol{x}^{(k)}$ 正交化，我们可以做出 m 个互相正交的单位向量

$$\boldsymbol{x}^{(1)},\cdots,\boldsymbol{x}^{(m)}$$

它们生成同一个子空间 R_m. 再做$(n-m)$ 个单位向量

$$\boldsymbol{x}^{(m+1)},\cdots,\boldsymbol{x}^{(n)}$$

我们可以把它们补充成为一个 n 个互相正交的单位向量的完全组.

向量 $\boldsymbol{x}^{(m+1)},\cdots,\boldsymbol{x}^{(n)}$ 生成一个$(n-m)$ 维的子空间 R'_{n-m}，并且在下面的意义下子空间 R_n 和 R'_{n-m} 是互相正交的，这就是子空间 R_m 中任一向量与子空间 R'_{n-m}

中任一向量正交[14].把任意一个向量 $\boldsymbol{x}$ 分解成:

$$\boldsymbol{x}=x_1\boldsymbol{x}^{(1)}+\cdots+x_n\boldsymbol{x}^{(n)} \tag{200}$$

我们可以把它表成两个向量的和:

$$\boldsymbol{x}=[x_1\boldsymbol{x}^{(1)}+\cdots+x_m\boldsymbol{x}^{(m)}]+[x_{m+1}\boldsymbol{x}^{(m+1)}+\cdots+x_n\boldsymbol{x}^{(n)}]=\boldsymbol{u}+\boldsymbol{v} \tag{201}$$

其中第一个属于 R_m,而第二个属于 R'_{n-m}.不难证明,对任意一个向量 $\boldsymbol{x}$ 这种分解成两部分的分法是唯一的.事实上,假设除去分解(201)之外,还有第二种分解 $\boldsymbol{x}=\boldsymbol{u}'+\boldsymbol{v}'$,它也有上面所说的性质.那么

$$\boldsymbol{u}+\boldsymbol{v}=\boldsymbol{u}'+\boldsymbol{v}' \quad 或 \quad \boldsymbol{u}-\boldsymbol{u}'=\boldsymbol{v}'-\boldsymbol{v}$$

左边的向量属于 R_m,而右边的向量属于 R'_{n-m},因此,$\boldsymbol{u}-\boldsymbol{u}'$ 和 $\boldsymbol{v}-\boldsymbol{v}'$ 必须是正交的.

但是每一个向量,如果和它自身正交,显然要等于零[14],因而 $\boldsymbol{u}-\boldsymbol{u}'=0$,这就是说,$\boldsymbol{u}=\boldsymbol{u}'$,而 $\boldsymbol{v}=\boldsymbol{v}'$,也就是说,向量 $\boldsymbol{u}$ 和 $\boldsymbol{v}$ 是被 $\boldsymbol{x}$ 唯一地决定.向量 $\boldsymbol{u}$ 叫作向量 $\boldsymbol{x}$ 到子空间 R_m 的投影.表示这个由向量 $\boldsymbol{x}$ 到向量 $\boldsymbol{u}$ 的转换的矩阵叫作到子空间 R_m 的投影矩阵,用 $\boldsymbol{P}_{R_m}$ 代表.这个矩阵的形式当然是依赖于坐标轴的选择.

如果我们取 $\boldsymbol{x}^{(k)}$ 作为基础单位向量,那么 $\boldsymbol{x}$ 由公式(201)表示,而向量 $\boldsymbol{u}$ 则由公式

$$\boldsymbol{u}=x_1\boldsymbol{x}^{(1)}+\cdots+x_m\boldsymbol{x}^{(m)}$$

表示,在这个情况下,投影这个运算简单地就是让前 m 个分量保持不变,而让其余的分量为零.对应的投影矩阵显然是一个形式为

$$\boldsymbol{P}_{R_m}=[1,1,\cdots,1,0,0,\cdots,0]$$

的对角矩阵,其中前 m 个是1,而其余的是零.如果我们把坐标轴换一种编号,那么就只是改变了这些元素的次序,和以上一样还是一个由1和0组成的对角矩阵.在一般的情形,对任意的笛卡儿坐标系投影矩阵是

$$\boldsymbol{P}_{R_m}=\boldsymbol{U}^{-1}[1,\cdots,1,0,\cdots,0]\boldsymbol{U} \tag{202}$$

这里 $\boldsymbol{U}$ 是某一个 $\boldsymbol{U}$ 矩阵,$\boldsymbol{P}_{R_m}$ 的特征值等于1或者0.反过来,每一个这种形式的厄米特矩阵都是到某一个子空间的投影矩阵,这个子空间的维数就等于 $\boldsymbol{P}_{R_m}$ 的等于1的特征值的个数.

还可以用另一种方式来定义投影矩阵,就是:投影矩阵是适合关系式

$$P^2=P \tag{203}$$

的一个厄米特矩阵.

事实上,注意到 $1^2=1,0^2=0$,我们不难验算,形式为(202)的矩阵满足关系式(203).反过来,如果一个厄米特矩阵适合关系式(203),并且把它化成

$$\boldsymbol{P}=\boldsymbol{U}^{-1}[\lambda_1,\lambda_2,\cdots,\lambda_n]\boldsymbol{U}$$

那么根据(203):

$$U^{-1}[\lambda_1^2,\cdots,\lambda_n^2]U=U^{-1}[\lambda_1,\lambda_2,\cdots,\lambda_n]U$$

这就是说，$\lambda_k^2=\lambda_k(k=1,2,\cdots,n)$，由此立即推出，$\lambda_k=1$ 或 0. 如果一个矩阵的特征数全等于 1，那么这个矩阵就是单位矩阵，与之对应的是恒等变换，换句话说，这就是向量到整个空间的投影（每个向量都不变）. 把这个不重要的情形除外，投影矩阵至少有一个特征数等于零，因此这个矩阵的行列式，等于特征数的乘积，也就等于零，当然我们就不能谈到逆矩阵 $\boldsymbol{P}^{-1}$. 再注意一点，由定义可以直接推出，投影矩阵 $\boldsymbol{P}_{R_m}$ 不改变属于 R_m 的向量，它缩短不属于 R_m 的向量的长度.

在有了这个准备知识之后，我们现在来讨论一些关于投影矩阵的运算. 假设我们有了两个投影矩阵 $\boldsymbol{P}_R$ 和 $\boldsymbol{P}_S$，它们的乘积为零，这就是说，是一个元素全为零的矩阵：

$$\boldsymbol{P}_S\boldsymbol{P}_R=0 \tag{204}$$

在子空间 R 中取一个向量 $\boldsymbol{x}$ 使得 $\boldsymbol{P}_R\boldsymbol{x}=\boldsymbol{x}$. 由公式(204)：

$$\boldsymbol{P}_S\boldsymbol{x}=0$$

由此可以推出，$\boldsymbol{x}$ 和子空间 S 中任意一个向量正交. 因为，否则我们在子空间 S 中就可以找到一个单位向量 $\boldsymbol{y}$，它不和 $\boldsymbol{x}$ 正交，那么就用它做第一个坐标向量，这样，$\boldsymbol{x}$ 的第一个分量不等于零，把 $\boldsymbol{x}$ 投影到 S 时这个分量是不变的. 因此我们看到，如果条件(204) 满足，则 R 的每一个向量和 S 的每一个向量正交，并且反过来也成立. 与(204) 同时我们就有：

$$\boldsymbol{P}_R\boldsymbol{P}_S=0 \tag{205}$$

事实上，对任意的向量 $\boldsymbol{y}$，向量 $\boldsymbol{P}_S\boldsymbol{y}$ 属于 S，因而它和 R 的每一个向量正交，这就是说，对每一个向量 $\boldsymbol{y}$ 我们都有：

$$\boldsymbol{P}_R\boldsymbol{P}_S\boldsymbol{y}=0$$

这就相当于(205). 反过来，如果两个子空间 R 和 S 在上面所说的意义下是正交的，那么(204) 和(205) 成立.

现在我们来考虑两个投影矩阵的和：

$$\boldsymbol{P}=\boldsymbol{P}_R+\boldsymbol{P}_S \tag{206}$$

并且假定它们适合条件(204) 和(205). 矩阵(206) 显然是一个厄米特矩阵，我们要证明它也是一个投影矩阵. 为了这个目的我们来证明它的平方等于它自己

$$\boldsymbol{P}^2=(\boldsymbol{P}_R+\boldsymbol{P}_S)(\boldsymbol{P}_R+\boldsymbol{P}_S)=\boldsymbol{P}_R^2+\boldsymbol{P}_R\boldsymbol{P}_S+\boldsymbol{P}_S\boldsymbol{P}_R+\boldsymbol{P}_S^2$$

从这里，根据上面的条件以及 $\boldsymbol{P}_R$ 和 $\boldsymbol{P}_S$ 都是投影矩阵，得

$$\boldsymbol{P}^2=\boldsymbol{P}_R+\boldsymbol{P}_S=\boldsymbol{P}$$

不难证明，在这个情形下，与矩阵 $\boldsymbol{P}$ 对应的就是到子空间$(R+S)$ 的投影，子空间$(R+S)$ 是子空间 R 和 S 的和，意思就是，$(R+S)$ 是由生成 R 的向量和生成 S 的向量合在一起所生成的子空间，这就是说，如果向量 $\boldsymbol{x}^{(1)},\cdots,\boldsymbol{x}^{(p)}$ 生成

$R,\boldsymbol{y}^{(1)},\cdots,\boldsymbol{y}^{(q)}$ 生成 S,那么 $(R+S)$ 是所有下面这种向量的集合:

$$C_1\boldsymbol{x}^{(1)}+\cdots+C_p\boldsymbol{x}^{(p)}+D_1\boldsymbol{y}^{(1)}+\cdots+D_q\boldsymbol{y}^{(q)}$$

其中 C_k 和 D_k 是任意常数.上面这个性质可以推广到任意多个项的和:

$$\boldsymbol{P}=\boldsymbol{P}_{S_1}+\cdots+\boldsymbol{P}_{S_m} \tag{207}$$

如果子空间 S_k 是两两互相正交,这就是说,对不同的 i 和 j,S_i 的任一个向量和 S_j 的任一个向量正交,那么和(207) 是到子空间 $(S_1+\cdots+S_m)$ 的投影矩阵,$(S_1+\cdots+S_m)$ 是由生成子空间 S_k 的全部向量合在一起所生成的子空间.在特殊的情形,这个和可能等于单位矩阵

$$\boldsymbol{I}=\boldsymbol{P}_{S_1}+\cdots+\boldsymbol{P}_{S_m}$$

在这个情形,通常我们把它叫作,把单位分解为投影矩阵,或者简单地就叫作单位的分解.

我们再来考虑两个投影矩阵的乘积

$$\boldsymbol{P}=\boldsymbol{P}_S\boldsymbol{P}_R \tag{208}$$

要使这个乘积也是投影矩阵,首先这个乘积就必须是厄米特矩阵,而这一点在[41] 中已经知道,我们的矩阵必须是可交换的

$$\boldsymbol{P}_R\boldsymbol{P}_S=\boldsymbol{P}_S\boldsymbol{P}_R \tag{209}$$

我们来证明,这个条件同时也是充分的,这就是说,在这个情形下矩阵的平方 $\boldsymbol{P}^2$ 就等于矩阵 $\boldsymbol{P}$:

$$\boldsymbol{P}^2=\boldsymbol{P}_S\boldsymbol{P}_R\boldsymbol{P}_S\boldsymbol{P}_R$$

或者,利用条件(209) 把矩阵交换:

$$\boldsymbol{P}^2=\boldsymbol{P}_S^2\boldsymbol{P}_R^2=\boldsymbol{P}_S\boldsymbol{P}_R$$

这正是我们要证明的.不难验证,在矩阵交换的条件(209) 之下与矩阵(208) 对应的是到这样一个子空间的投影,这个子空间是由所有 R 和 S 共同有的向量所组成的.

我们再指出一个结果,不过不予证明,虽然证明起来也没有什么困难,这个结果是:如果子空间 S 是子空间 R 的一部分,那么差

$$\boldsymbol{P}=\boldsymbol{P}_R-\boldsymbol{P}_S \tag{210}$$

也是一个投影矩阵.如果 $\boldsymbol{x}^{(k)}$ 是生成 S 的基础向量,那么在这些向量之外再添上一个或者几个线性无关的向量,我们就可以得到生成 R 的基础向量.后添上去的这一些向量本身生成某一个子空间 T,在这个情形,矩阵(210) 就是到这个子空间的投影矩阵.

利用投影矩阵,化厄米特矩阵成对角形式的问题,就是在有着特征值的情形,也可以完全确定地把它说出来.

譬如说,假设,我们有一个厄米特矩阵

$$\boldsymbol{A}=\boldsymbol{U}[\lambda_1,\cdots,\lambda_n]\boldsymbol{U}^{-1}$$

其中$\boldsymbol{U}$是一个$\boldsymbol{U}$矩阵. 为了确定起见,我们假定λ_k分成两组,每一组所包含的特征值是相等的,并且前n个数等于μ,而其余的$(n-m)$个等于ν:

$$\boldsymbol{A}=\boldsymbol{U}[\mu,\cdots,\mu,\nu,\cdots,\nu]\boldsymbol{U}^{-1}$$

显然,我们可以把它改写成:

$$\boldsymbol{A}=\mu\boldsymbol{U}[1,\cdots,1,0,\cdots,0]\boldsymbol{U}^{-1}+\nu\boldsymbol{U}[0,\cdots,0,1,\cdots,1]\boldsymbol{U}^{-1}$$

我们来考虑投影矩阵

$$\boldsymbol{P}_R=\boldsymbol{U}[1,\cdots,1,0,\cdots,0]\boldsymbol{U}^{-1};\boldsymbol{P}_S=\boldsymbol{U}[0,\cdots,0,1,\cdots,1]\boldsymbol{U}^{-1}$$

对应的子空间R和S显然是互相正交的,同时这两个投影矩阵的和是单位矩阵. 因此在这个情形下我们有

$$\boldsymbol{A}=\mu\boldsymbol{P}_R+\nu\boldsymbol{P}_S$$

其中

$$\lambda_1=\cdots=\lambda_m=\mu,\lambda_{m+1}=\cdots=\lambda_n=\nu$$

在一般的情形,化厄米特矩阵成对角形式的问题就归结到单位的分解

$$\boldsymbol{I}=\boldsymbol{P}_{S_1}+\cdots+\boldsymbol{P}_{S_m} \tag{211}$$

它使我们的矩阵$\boldsymbol{A}$可以表成:

$$\boldsymbol{A}=\mu_1\boldsymbol{P}_{S_1}+\cdots+\mu_m\boldsymbol{P}_{S_m} \tag{212}$$

其中μ_k是矩阵$\boldsymbol{A}$不同的特征值. 这样一来,每一个厄米特矩阵都对应一个一定的单位的分解(211),它使这个矩阵表成(212)的形式.

不难把所有上面的结果不用矩阵,而用厄米特型的话来说. 每一个元素为p_{ik}的投影矩阵$\boldsymbol{P}_R$都对应一个厄米特型

$$\boldsymbol{P}_R(\boldsymbol{x})=(\boldsymbol{P}_R\boldsymbol{x},\boldsymbol{x})=\sum_{i,k=1}^{n}p_{ik}\bar{x}_i x_k \tag{213}$$

它有时候叫作单一型(Особая форма). 如果对应的子空间R是m维的,我们取R中的m个长度为1而又互相正交的向量作为前n个基础向量,那么在这个坐标系下,我们的厄米特型(213)成为

$$(\boldsymbol{P}_R\boldsymbol{x}',\boldsymbol{x}')=\bar{x}'_1x'_1+\bar{x}'_2x'_2+\cdots+\bar{x}'_mx'_m$$

再者,如果矩阵$\boldsymbol{P}_{S_k}$是一个单位的分解,如(211),那么从每一个子空间S_k中取出互相正交的单位向量作为基础向量,显然我们就有

$$\sum_{k=1}^{m}\boldsymbol{P}_{S_k}(\bar{x}')=\sum_{i=1}^{n}\bar{x}'_ix'_i$$

因而,对任意坐标轴的选择,和

$$\sum_{k=1}^{m}\boldsymbol{P}_{S_k}(\boldsymbol{x})$$

都表示向量长度的平方. 因此我们可以说,化厄米特型$\boldsymbol{A}$成平方和的问题就相当于下面这两个等式:

$$\boldsymbol{A}(\boldsymbol{x}) = \sum_{k=1}^{m} \mu_k \boldsymbol{P}_{S_k}(\boldsymbol{x}) \tag{214}$$

$$|\boldsymbol{x}|^2 = \sum_{k=1}^{m} \boldsymbol{P}_{S_k}(\boldsymbol{x}) \tag{215}$$

这样一来,在引入投影矩阵之后,化厄米特矩阵成对角形式的问题就可以不用坐标轴的特殊的选择而叙述出来.同时,这样就使我们有可能把以前的结果,加以适当改变,引申到无限维空间的情形,它是近代量子力学中数学方法上的一个基本问题.这一点等到以后再仔细谈.到无限维空间的这个推广已经超出了代数的范围,它主要是引入分析的工具.

44. 矩阵的函数

矩阵也可以作为某一些函数的元.在这里我们只讨论最简单的函数,也就是矩阵的多项式和有理分式.在讨论过复变数函数论之后,我们对矩阵函数的理论将做更详尽的研究.一个变量矩阵 $\boldsymbol{A}$ 的 n 次多项式 $f(\boldsymbol{A})$ 是

$$f(\boldsymbol{A}) = c_0 + c_1\boldsymbol{A} + \cdots + c_m\boldsymbol{A}^m \tag{216}$$

这里 c_k 是数值系数.在这个情形下,函数的值也是一个矩阵,显然,它的元素由下面的公式表达:

$$\{f(\boldsymbol{A})\}_{ik} = c_0\delta_{ik} = c_1\{\boldsymbol{A}\}_{ik} + \cdots + c_m\{\boldsymbol{A}^m\}_{ik}$$

这里

$$\delta_{ik} = 0 \quad 当\ i \neq k, \delta_{ii} = 1$$

我们也可以讨论几个矩阵的多项式,不过必须注意到这些矩阵对乘法的非交换性.两个变量矩阵 $\boldsymbol{A}$ 和 $\boldsymbol{B}$ 的一般的二次多项式是:

$$f(\boldsymbol{A},\boldsymbol{B}) = c_0 + c_1\boldsymbol{A} + c_2\boldsymbol{B} + c_3\boldsymbol{A}^2 + c_4\boldsymbol{B}^2 + c_5\boldsymbol{AB} + c_6\boldsymbol{BA}$$

在公式(216)中把矩阵 $\boldsymbol{A}$ 换成一个和它相似的矩阵 $\boldsymbol{U}^{-1}\boldsymbol{AU}$.注意到 $(\boldsymbol{U}^{-1}\boldsymbol{AU})^k = \boldsymbol{U}^{-1}\boldsymbol{A}^k\boldsymbol{U}$,我们就有

$$f(\boldsymbol{U}^{-1}\boldsymbol{AU}) = c_0 + c_1\boldsymbol{U}^{-1}\boldsymbol{AU} + \cdots + c_m\boldsymbol{U}^{-1}\boldsymbol{A}^m\boldsymbol{U} =$$
$$\boldsymbol{U}^{-1}(c_0 + c_1\boldsymbol{A} + \cdots + c_m\boldsymbol{A}^m)\boldsymbol{U}$$

这就是说

$$f(\boldsymbol{U}^{-1}\boldsymbol{AU}) = \boldsymbol{U}^{-1}f(\boldsymbol{A})\boldsymbol{U} \tag{217}$$

对多个矩阵的多项式有相仿的公式

$$f(\boldsymbol{U}^{-1}\boldsymbol{AU},\boldsymbol{U}^{-1}\boldsymbol{BU}) = \boldsymbol{U}^{-1}f(\boldsymbol{A},\boldsymbol{B})\boldsymbol{U} \tag{218}$$

现在我们比较仔细地来看一下厄米特矩阵的情形.如果 $\boldsymbol{A}$ 是一个厄米特矩阵,那么直接由定义可以推知,任何正整数方次 $\boldsymbol{A}^k$,以及乘积 $c\boldsymbol{A}$,c 是一个实数,也都是厄米特矩阵.由此直接推出,如果在公式(216)中 $\boldsymbol{A}$ 是一个厄米特矩阵,并且系数 c_k 都是实数,那么函数值 $f(\boldsymbol{A})$ 是厄米特矩阵.显然,这个厄米特矩阵

$f(\boldsymbol{A})$ 和 $\boldsymbol{A}$ 是交换的，并且它们可以同时用 $\boldsymbol{U}$ 变换化成对角形式. 首先我们注意，如果在函数(216) 中 $\boldsymbol{A}$ 的地位代入一个对角矩阵$[\lambda_1,\cdots,\lambda_n]$，那么得出的结果显然也是一个对角矩阵

$$\sum_{k=0}^{m} c_k[\lambda_1^k,\cdots,\lambda_n^k]=[f(\lambda_1),\cdots,f(\lambda_n)] \tag{219}$$

这里 $f(\lambda_k)$ 是我们的多项式在 $\boldsymbol{A}$ 的地位用数 λ_k 代入所得出的值.

现在我们假定，$\boldsymbol{V}$ 是一个 $\boldsymbol{U}$ 变换，它把矩阵 $\boldsymbol{A}$ 化成对角形式

$$\boldsymbol{A}=\boldsymbol{V}[\lambda_1,\cdots,\lambda_n]\boldsymbol{V}^{-1}$$

根据(217) 和(219) 我们就有

$$f(\boldsymbol{A})=\boldsymbol{V}[f(\lambda_1),\cdots,f(\lambda_n)]\boldsymbol{V}^{-1}$$

这就是说，$\boldsymbol{V}$ 也把 $f(\boldsymbol{A})$ 化成对角形式，并且 $f(\lambda_k)$ 就是矩阵 $f(\boldsymbol{A})$ 的特征数.

我们现在来讨论有理分式. 设 $f_1(\boldsymbol{A})$ 和 $f_2(\boldsymbol{A})$ 是矩阵 $\boldsymbol{A}$ 的两个多项式. 我们来考虑它们的商

$$\frac{f_1(\boldsymbol{A})}{f_2(\boldsymbol{A})} \tag{220}$$

在以上我们知道，一般说来，两个矩阵的商没有确定的值[26]，不过在这个情形下，不难证明，只要矩阵 $f_2(\boldsymbol{A})$ 的行列式不为零，商(220) 有一个确定的值. 商(220) 可以有两种写法：

$$f_1(\boldsymbol{A})f_2(\boldsymbol{A})^{-1} \quad 或 \quad f_2(\boldsymbol{A})^{-1}f_1(\boldsymbol{A})$$

我们来证明，这两个乘积是相等的

$$f_1(\boldsymbol{A})f_2(\boldsymbol{A})^{-1}=f_2(\boldsymbol{A})^{-1}f_1(\boldsymbol{A})$$

或者，就相当于

$$f_2(\boldsymbol{A})f_1(\boldsymbol{A})=f_1(\boldsymbol{A})f_2(\boldsymbol{A}) \tag{221}$$

因为我们的多项式只含有一个矩阵 $\boldsymbol{A}$，所以它们是可交换的，这就是说，(221) 的确成立，从而商(220) 有确定的值. 进一步不难验算，在一个矩阵的情形，有理分式的乘法和平常的分式是一样的. 因为

$$\frac{f_1(\boldsymbol{A})}{f_2(\boldsymbol{A})}\cdot\frac{f_3(\boldsymbol{A})}{f_4(\boldsymbol{A})}=f_1(\boldsymbol{A})f_2(\boldsymbol{A})^{-1}f_3(\boldsymbol{A})f_4(\boldsymbol{A})^{-1}$$

或者，注意到交换性：

$$\frac{f_1(\boldsymbol{A})}{f_2(\boldsymbol{A})}\cdot\frac{f_3(\boldsymbol{A})}{f_4(\boldsymbol{A})}=f_1(\boldsymbol{A})f_3(\boldsymbol{A})[f_2(\boldsymbol{A})f_4(\boldsymbol{A})]^{-1}=\frac{f_1(\boldsymbol{A})f_3(\boldsymbol{A})}{f_2(\boldsymbol{A})f_4(\boldsymbol{A})}$$

作为一个例子，我们来讨论下面这个有理公式：

$$\boldsymbol{U}=\frac{1+\mathrm{i}\boldsymbol{A}}{1-\mathrm{i}\boldsymbol{A}} \tag{222}$$

这里 $\boldsymbol{A}$ 是一个厄米特矩阵，即 $\overline{\boldsymbol{A}}^{(*)}=\boldsymbol{A}$. 很容易证明，$\boldsymbol{U}$ 是一个 $\boldsymbol{U}$ 矩阵，即

$$\overline{\boldsymbol{U}}^{(*)}=\boldsymbol{U}^{-1} \tag{223}$$

事实上,我们有

$$\overline{\boldsymbol{U}}=\frac{1-\mathrm{i}\overline{\boldsymbol{A}}}{1+\mathrm{i}\overline{\boldsymbol{A}}}=(1-\mathrm{i}\overline{\boldsymbol{A}})(1+\mathrm{i}\overline{\boldsymbol{A}})^{-1}$$

把它变成转置矩阵,即得[26]:

$$\overline{\boldsymbol{U}}^{(*)}=(1+\mathrm{i}\overline{\boldsymbol{A}})^{(*)-1}(1-\mathrm{i}\overline{\boldsymbol{A}})^{(*)}=(1+\mathrm{i}\overline{\boldsymbol{A}}^{(*)})^{-1}(1-\mathrm{i}\overline{\boldsymbol{A}}^{(*)})$$

由于 $\overline{\boldsymbol{A}}^{(*)}=\boldsymbol{A}$,得

$$\overline{\boldsymbol{U}}^{(*)}=(1+\mathrm{i}\boldsymbol{A})^{-1}(1-\mathrm{i}\boldsymbol{A})=\frac{1-\mathrm{i}\boldsymbol{A}}{1+\mathrm{i}\boldsymbol{A}}=\boldsymbol{U}^{-1}$$

这就是说,(233) 是适合的,$\boldsymbol{U}$ 确实是一个 $\boldsymbol{U}$ 矩阵.

我们可以把公式(223) 写成:

$$\boldsymbol{U}(1-\mathrm{i}\boldsymbol{A})=(1+\mathrm{i}\boldsymbol{A})$$

并且根据(222),$\boldsymbol{U}$ 和 $\boldsymbol{A}$ 是交换的,则

$$\boldsymbol{A}=-\mathrm{i}\,\frac{\boldsymbol{U}-1}{\boldsymbol{U}+1} \tag{224}$$

完全和上面一样,我们可以证明,如果 $\boldsymbol{U}$ 是一个 $\boldsymbol{U}$ 矩阵并且矩阵 $\boldsymbol{U}+1$ 的行列式不为零,那么由公式(224) 决定的 $\boldsymbol{A}$ 是一个厄米特矩阵. 这样一来,每一个 $D(\boldsymbol{U}+1)\neq 0$ 的 $\boldsymbol{U}$ 矩阵都可以由一个厄米特矩阵 $\boldsymbol{A}$ 按公式(222) 来表示.

45. 无限维空间

我们现在来引进无限维空间的概念. 在这以前我们得先谈一下关于复变数极限的概念. 假定复变数 $z=x+\mathrm{i}y$ 相继地取下列的值:

$$z_1=x_1+y_1\mathrm{i};z_2=x_2+y_2\mathrm{i};\cdots;z_n=x_n+y_n\mathrm{i};\cdots \tag{225}$$

我们说,复数 $\alpha=a+b\mathrm{i}$ 是数列(225) 的极限,假如当 n 无限增大时,差$(\alpha-z_n)$的模趋向于零,这就是说,当 $n\to\infty$ 时 $|\alpha-z_n|\to 0$,我们定为 $\alpha=\lim z_n$ 或者 $z_n\to\alpha$. 但是

$$|\alpha-z_n|=|(a-x_n)+(b-y_n)\mathrm{i}|=\sqrt{(a-x_n)^2+(b-y_n)^2}$$

由于根号里的两项都是非负的,所以条件 $|\alpha-z_n|\to 0$ 相当于两个条件:$x_n\to a$ 和 $y_n\to b$. 因而

$$x_n+y_n\mathrm{i}\to a+b\mathrm{i} \tag{226}$$

就相当于 $x_n\to a$ 和 $y_n\to b$. 我们来考虑复数项的级数:

$$\sum_{k=1}^{\infty}(a_k+b_k\mathrm{i}) \tag{227}$$

它叫作收敛的,假如前 n 项的和

$$S_n=\sum_{k=1}^{n}(a_k+b_k\mathrm{i})=(a_1+a_2+\cdots+a_n)+(b_1+b_2+\cdots+b_n)\mathrm{i}$$

趋向于极限:当 n 无限增大时 $S_n\to a+b\mathrm{i}$,并且这个极限 $a+b\mathrm{i}$ 就叫作级数的和.

由极限的定义推知，级数(227) 的收敛相当于下列两个级数

$$a=\sum_{k=1}^{\infty}a_k \quad 和 \quad b=\sum_{k=1}^{\infty}b_k \tag{228}$$

的收敛，它们是由级数(227) 的实数部分和虚数部分分别组成的.

假定由级数(227) 的各项的模组成的级数

$$\sum_{k=1}^{\infty}|a_k+\mathrm{i}b_k|=\sum_{k=1}^{\infty}\sqrt{a_k^2+b_k^2} \tag{229}$$

收敛. 根据不等式

$$|a_k|\leqslant\sqrt{a_k^2+b_k^2} \quad 和 \quad |b_k|\leqslant\sqrt{a_k^2+b_k^2} \tag{230}$$

就知道(228) 的两个阶数收敛，并且是绝对收敛，从而阶数(227) 也收敛，这就是说，如果阶数(229) 收敛，则阶数(227) 也一定收敛. 在这个情形下，阶数(227) 称为绝对收敛. 应用平常的勾犀判别法，我们可以把绝对收敛的充分必要条件叙述为：对任意小的正数 ε 总存在一个 N，使

$$\sum_{k=n}^{n+p}|a_k+\mathrm{i}b_k|<\varepsilon \tag{231}$$

只要 $n>N$，p 是任意的正整数.

现在我们把上面所说的应用到一些特殊的情形，这些特殊的情形在以后是很重要的. 我们来考虑阶数：

$$\sum_{k=1}^{\infty}\alpha_k\beta_k \tag{232}$$

这里 α_k 和 β_k 是复数，对于它们我们假定阶数

$$\sum_{k=1}^{\infty}|\alpha_k|^2 \quad 和 \quad \sum_{k=1}^{\infty}|\beta_k|^2 \tag{233}$$

是收敛的. 应用[29] 中证明过的不等式

$$\left\{\sum_{k=n}^{n+p}|\alpha_k\beta_k|\right\}^2\leqslant\sum_{k=n}^{n+p}|\alpha_k|^2\cdot\sum_{k=n}^{n+p}|\beta_k|^2$$

注意到阶数(233) 是收敛的，我们就得到，当 n 足够大时，对任意的 p，和

$$\sum_{k=n}^{n+p}|\alpha_k\beta_k|$$

可以尽量小，这就是说，阶数(233) 的收敛就保证了阶数(232) 的绝对收敛.

现在来考虑阶数

$$\sum_{k=1}^{\infty}|\alpha_k+\beta_k|^2=\sum_{k=1}^{\infty}(\alpha_k+\beta_k)(\bar{\alpha}_k+\bar{\beta}_k) \tag{234}$$

并且仍然假定，阶数(233) 是收敛的. 阶数(234) 可以表成下列四个阶数的和：

$$\sum_{k=1}^{\infty}|\alpha_k|^2;\ \sum_{k=1}^{\infty}|\beta_k|^2;\ \sum_{k=1}^{\infty}\alpha_k\bar{\beta}_k;\ \sum_{k=1}^{\infty}\bar{\alpha}_k\beta_k$$

前两个根据条件是收敛的,由上面所证明的结论,后两个阶数也是收敛的,这就是说,阶数(233)的收敛保证了阶数(234)的收敛.

现在我们转入无限维空间的讨论.一个无限多个复数的有序集合

$$\boldsymbol{x}(x_1,x_2,\cdots)$$

就叫作这样一个空间的向量,这里我们始终假定这些数要满足一个条件,即阶数

$$\sum_{k=1}^{\infty}|x_k|^2 \tag{235}$$

必须是一个收敛阶数.所以这些向量的集合通常叫作希尔伯特空间,希尔伯特是第一个研究这种空间的.以下为了简便计我们就叫它空间 H.

和以前一样,对空间 H 的向量我们要引入数量乘法和向量加法这两个基本运算.如果 x_k 是 $\boldsymbol{x}$ 的分量,那么 $c\boldsymbol{x}$ 的分量等于 cx_k,这里 c 是一个复数.如果 x_k 和 y_k 分别是 $\boldsymbol{x}$ 和 $\boldsymbol{y}$ 的分量,那么$(\boldsymbol{x}+\boldsymbol{y})$的分量等于$(x_k+y_k)$.差 $\boldsymbol{x}-\boldsymbol{y}$ 是 $\boldsymbol{x}$ 和$(-1)\boldsymbol{y}$ 的和(参看[12]).既然阶数(235)是收敛的,那么显然阶数 $\sum_{x=1}^{\infty}|cx_k|^2$ 也是收敛的.同样地,如果阶数

$$\sum_{k=1}^{\infty}|x_k|^2 \quad 和 \quad \sum_{k=1}^{\infty}|y_k|^2$$

是收敛的,那由上面所说的可以推出,阶数

$$\sum_{k=1}^{\infty}|x_k+y_k|^2$$

也是收敛的,这就是说,如果 $\boldsymbol{x}$ 和 $\boldsymbol{y}$ 属于 H,那么数列$(cx_1,cx_2,\cdots)$和$(x_1+y_1,x_2+y_2,\cdots)$就定义了 H 中的向量 $c\boldsymbol{x}$ 和$(\boldsymbol{x}+\boldsymbol{y})$.零向量是所有分量全为零的向量.在向量等式中它常常就用数的零来表示.

向量的运算适合通常的规则(参看[12]):

$$\boldsymbol{x}+\boldsymbol{y}=\boldsymbol{y}+\boldsymbol{x};(\boldsymbol{x}+\boldsymbol{y})+\boldsymbol{z}=\boldsymbol{x}+(\boldsymbol{y}+\boldsymbol{z})$$

$$(a+b)\boldsymbol{x}=\boldsymbol{Ax}+b\boldsymbol{x};a(\boldsymbol{x}+\boldsymbol{y})=\boldsymbol{Ax}+a\boldsymbol{y};a(b\boldsymbol{x})=(ab)\boldsymbol{x}$$

根据以上所证明的,同样地,对于空间中的两个向量我们可以作它们的纯量乘积:

$$(\boldsymbol{x},\boldsymbol{y})=\sum_{k=1}^{\infty}x_k\bar{y}_k$$

和

$$(\boldsymbol{x},\boldsymbol{x})=\sum_{k=1}^{\infty}|x_k|^2 \tag{236}$$

定义作向量长度的平方,或者换种说法,是向量 $\boldsymbol{x}$ 模的平方.对于它我们引入下面的记号:

$$\sum_{k=1}^{\infty} |x_k|^2 = |\boldsymbol{x}|^2 \tag{237}$$

对于所有的向量，模总是正的，除非是零向量，零向量的模等于零. 两个向量 $\boldsymbol{u}$ 和 $\boldsymbol{v}$，如果它们的纯量乘积为零，就叫作互相正交或者简单地就叫作正交，这就是说，$(\boldsymbol{u},\boldsymbol{v})=0$ 和 $(\boldsymbol{v},\boldsymbol{u})=0$，这两个等式中的任一个可以从另一个推出. 和有限维空间一样，这里的纯量乘积也适合一些基本规律. 特别地，下面的不等式成立：

$$|(\boldsymbol{x},\boldsymbol{y})| \leqslant |\boldsymbol{x}| \cdot |\boldsymbol{y}| \tag{238}$$

并且，完全和在[30]中一样，由它可以推出三角形不等式

$$|\boldsymbol{x}+\boldsymbol{y}| \leqslant |\boldsymbol{x}| + |\boldsymbol{y}| \tag{239}$$

如果向量 $\boldsymbol{x}^{(k)}(k=1,2,\cdots,m)$ 是两两正交，也就是说，$(\boldsymbol{x}^{(i)},\boldsymbol{x}^{(j)})=0$ 当 $i\neq j$，那么我们显然有

$$(\boldsymbol{x}^{(1)}+\cdots+\boldsymbol{x}^{(m)},\boldsymbol{x}^{(1)}+\cdots+\boldsymbol{x}^{(m)})=(\boldsymbol{x}^{(1)},\boldsymbol{x}^{(1)})+\cdots+(\boldsymbol{x}^{(m)},\boldsymbol{x}^{(m)})$$

或者，这就是

$$|\boldsymbol{x}^{(1)}+\cdots+\boldsymbol{x}^{(m)}|^2 = |\boldsymbol{x}^{(1)}|^2+\cdots+|\boldsymbol{x}^{(m)}|^2 \tag{240}$$

这就是说，两两正交的向量和的模的平方等于它们分别的模的平方和. 这个命题可以叫作商高定理. 由模的定义直接可以推出，如果 c 是任意一个复数，那么对于向量 $c\boldsymbol{x}$ 的模我们有：

$$|c\boldsymbol{x}| = |c||\boldsymbol{x}|$$

如果向量 $\boldsymbol{z}^{(1)},\boldsymbol{z}^{(2)},\cdots,\boldsymbol{z}^{(m)}$ 是两两正交并且它们的模都等于1，这就是说

$$(\boldsymbol{z}^{(p)},\boldsymbol{z}^{(q)})=0 \quad 当\ p\neq q$$

$$(\boldsymbol{z}^{(p)},\boldsymbol{z}^{(p)})=1$$

那么公式(240)给出：

$$|c_1\boldsymbol{z}^{(1)}+\cdots+c_m\boldsymbol{z}^{(m)}|^2 = |c_1|^2+\cdots+|c_m|^2$$

这里 c_s 是任意的复数.

在我们的空间 H 中，有一组基础向量是

$$\boldsymbol{a}^{(1)}(1,0,0,\cdots);\boldsymbol{a}^{(2)}(0,1,0,\cdots);\cdots$$

向量 $\boldsymbol{a}^{(k)}$ 的长度都是1，并且是两两正交的. 向量 $\boldsymbol{x}$ 的分量 x_k 可以表成纯量乘积的形式：

$$x_k = (\boldsymbol{x},\boldsymbol{a}^{(k)})$$

再考虑任意一组 m 个两两正交的向量，它们每一个的长度都是1

$$\boldsymbol{z}^{(k)} \quad (k=1,2,\cdots,m)$$

纯量乘积 $(\boldsymbol{x},\boldsymbol{z}^{(k)})$ 叫作向量 $\boldsymbol{x}$ 在轴 $\boldsymbol{z}^{(k)}$ 上的投影. 所取的向量 $\boldsymbol{z}^{(k)}$ 对我们的空间 H 不构成一个完全的坐标轴组，以及和

$$\sum_{k=1}^{m}(\boldsymbol{x},\boldsymbol{z}^{(k)})\boldsymbol{z}^{(k)}$$

一般说来是不等于向量 $\boldsymbol{x}$. 把向量 $\boldsymbol{x}$ 表成：

$$\boldsymbol{x}=\sum_{k=1}^{m}(\boldsymbol{x},\boldsymbol{z}^{(k)})\boldsymbol{z}^{(k)}+\boldsymbol{u} \tag{241}$$

等式的两边乘上 $\boldsymbol{z}^{(i)}$,并注意到 $\boldsymbol{z}^{(k)}$ 长度为 1 而且两两正交,我们就得到：

$$(\boldsymbol{x},\boldsymbol{z}^{(i)})=(\boldsymbol{x},\boldsymbol{z}^{(i)})+(\boldsymbol{u},\boldsymbol{z}^{(i)})$$

这就是说,$(\boldsymbol{u},\boldsymbol{z}^{(i)})=0$,或者,换句话说,向量 $\boldsymbol{u}$ 和所有的向量 $\boldsymbol{z}^{(k)}$ 正交. 因此我们可以应用商高定理到和(241)

$$|\boldsymbol{x}|^2=\sum_{k=1}^{m}|(\boldsymbol{x},\boldsymbol{z}^{(k)})|^2+|\boldsymbol{u}|^2$$

从而得出不等式

$$|\boldsymbol{x}|^2\geqslant\sum_{k=1}^{m}|(\boldsymbol{x},\boldsymbol{z}^{(k)})|^2 \tag{242}$$

它叫作贝塞尔不等式. 它可以叙述为：一向量在任意一组长度为 1 而又两两正交的向量上的投影的模的平方和不超过这个向量本身长度的平方. 在公式(242)中等号成立当而且仅当,在公式(241)中向量 $\boldsymbol{u}$ 等于零,也就是说,它的分量全是零.

46. 向量的收敛

现在我们来阐明变向量的极限这个概念. 假设我们有了一个向量的序列 $\boldsymbol{v}^{(k)}$,这里 k 取 1,2,3,….

我们以 $v_1^{(k)},v_2^{(k)},\cdots$,代表向量 $\boldsymbol{v}^{(k)}$ 的分量. 我们说,向量 $\boldsymbol{v}^{(k)}$ 趋向向量 $\boldsymbol{v}$ 作为极限,如果

$$|\boldsymbol{v}-\boldsymbol{v}^{(k)}|\to 0,\text{也就是}\ |\boldsymbol{v}-\boldsymbol{v}^{(k)}|^2\to 0 \tag{243}$$

以 $v_1,v_2,\cdots$ 代表向量 $\boldsymbol{v}$ 的分量,我们可以把条件(243)写得更明白些：

$$\lim_{k\to\infty}[|v_1-v_1^{(k)}|^2+|v_2-v_2^{(k)}|^2+\cdots]=0 \tag{244}$$

既然一些正项的和要趋向于零,当然每一项也要趋向于零,这就是说,由条件(244)直接推知

$$|v_m-v_m^{(k)}|\to 0\quad\text{当}\ k\to\infty\quad(m=1,2,\cdots) \tag{245}$$

这就是说,每一个分量 $v_m^{(k)}$ 必须趋向于相当的分量 v_m,或者,说得更确切一些,$v_m^{(k)}$ 的实数和虚数部分趋向于 v_m 的实数和虚数部分. 应该注意,反过来说是不对的,这就是说,由条件(245)推不出条件(244). 作为一个例子我们假定,向量 $\boldsymbol{v}^{(k)}$ 是(0,…,0,1,0,…),其中第 k 个位置是 1. 当 k 无限增大时,每一个分量都要变成零. 这就是说,对任意的 m 我们有 $v_m^{(k)}\to 0$,也就是说,$v_m(m=1,2,\cdots)$,但是和(244)却始终保持等于 1.

如果序列 $\boldsymbol{v}^{(k)}$ 趋向于 $\boldsymbol{v}$,我们写成 $\boldsymbol{v}^{(x)}\Rightarrow\boldsymbol{v}$. 我们再来看一个收敛的例子. 我

们定义向量 $\boldsymbol{v}^{(k)}$ 为:向量 $\boldsymbol{v}^{(k)}$ 前面的 k 个分量和 $\boldsymbol{v}$ 的一样,而其余的分量等于零,这就是说:

$$\boldsymbol{v}^{(k)}(v_1,v_2,\cdots,v_k,0,0,\cdots)$$

不难证明,$\boldsymbol{v}^{(k)}\Rightarrow\boldsymbol{v}$. 因为在这个情形

$$|\boldsymbol{v}-\boldsymbol{v}^{(k)}|^2=\sum_{n=k+1}^{\infty}|v_n|^2$$

由于一般项为 $|v_n|^2$ 的阶数是收敛的,所以当 k 无限增大时上面的和趋向于零. 我们来指出一些关于极限概念的简单的法则. 如果 $\boldsymbol{u}^{(k)}\Rightarrow\boldsymbol{u},\boldsymbol{v}^{(k)}\Rightarrow\boldsymbol{v}$,那么

$$\boldsymbol{u}^{(k)}+\boldsymbol{v}^{(k)}\Rightarrow\boldsymbol{u}+\boldsymbol{v},(\boldsymbol{u}^{(k)},\boldsymbol{v}^{(k)})\rightarrow(\boldsymbol{u},\boldsymbol{v})$$

应该注意,因为纯量乘积是复数,所以在后面一个公式中我们用 $\rightarrow$ 而不用 $\Rightarrow$. 可以说,这个公式表示了纯量乘积的连续性,根据(234),我们有

$$|(\boldsymbol{u}+\boldsymbol{v})-(\boldsymbol{u}^{(k)}+\boldsymbol{v}^{(k)})|=|(\boldsymbol{u}-\boldsymbol{u}^{(k)})+(\boldsymbol{v}-\boldsymbol{v}^{(k)})|\leqslant |\boldsymbol{u}-\boldsymbol{u}^{(k)}|+|\boldsymbol{v}-\boldsymbol{v}^{(k)}|$$

并且根据极限的定义,$|\boldsymbol{u}-\boldsymbol{u}^{(k)}|\rightarrow 0$, $|\boldsymbol{v}-\boldsymbol{v}^{(k)}|\rightarrow 0$. 由上面的不等式即得

$$|(\boldsymbol{u}+\boldsymbol{v})-(\boldsymbol{u}^{(k)}+\boldsymbol{v}^{(k)})|\rightarrow 0$$

这就是说,确实 $\boldsymbol{u}^{(k)}+\boldsymbol{v}^{(k)}\Rightarrow\boldsymbol{u}+\boldsymbol{v}$. 再者,由极限的定义,有

$$\boldsymbol{u}^{(k)}=\boldsymbol{u}+\boldsymbol{s}^{(k)};\boldsymbol{v}^{(k)}=\boldsymbol{v}+\boldsymbol{t}^{(k)}$$

其中 $|\boldsymbol{s}^{(k)}|\rightarrow 0$ 和 $|\boldsymbol{t}^{(k)}|\rightarrow 0$. 对于纯量乘积我们有

$$(\boldsymbol{u}^{(k)},\boldsymbol{v}^{(k)})=(\boldsymbol{u}+\boldsymbol{s}^{(k)},\boldsymbol{v}+\boldsymbol{t}^{(k)})=(\boldsymbol{u},\boldsymbol{v})+(\boldsymbol{u},\boldsymbol{t}^{(k)})+(\boldsymbol{s}^{(k)},\boldsymbol{v})+(\boldsymbol{s}^{(k)},\boldsymbol{t}^{(k)})$$

从而

$$|(\boldsymbol{u},\boldsymbol{v})-(\boldsymbol{u}^{(k)},\boldsymbol{v}^{(k)})|\leqslant|(\boldsymbol{u},\boldsymbol{t}^{(k)})|+|\boldsymbol{s}^{(k)},\boldsymbol{v}|+|\boldsymbol{s}^{(k)},\boldsymbol{t}^{(k)}|$$

或者,根据(238):

$$|(\boldsymbol{u},\boldsymbol{v})-(\boldsymbol{u}^{(k)},\boldsymbol{v}^{(k)})|\leqslant|\boldsymbol{u}|\cdot|\boldsymbol{t}^{(k)}|+|\boldsymbol{s}^{(k)}|\cdot|\boldsymbol{v}|+|\boldsymbol{s}^{(k)}|\cdot|\boldsymbol{t}^{(k)}|$$

右边部分趋向于零,所以

$$|(\boldsymbol{u},\boldsymbol{v})-(\boldsymbol{u}^{(k)},\boldsymbol{v}^{(k)})|\rightarrow 0,\text{这就是}(\boldsymbol{u}^{(k)},\boldsymbol{v}^{(k)})\rightarrow(\boldsymbol{u},\boldsymbol{v})$$

特别地 $(\boldsymbol{u}^{(k)},\boldsymbol{u}^{(k)})\rightarrow(\boldsymbol{u},\boldsymbol{u})$,这就是说,$|\boldsymbol{u}^{(k)}|^2\rightarrow|\boldsymbol{u}|^2$ 或者 $|\boldsymbol{u}^{(k)}|\rightarrow|\boldsymbol{u}|$.

不难证明,如果复数序列 c_k 以 c 为极根,那么 $c_k\boldsymbol{u}^{(k)}\Rightarrow c\boldsymbol{u}$.

对于极限的存在也有一个由通常的勾犀判别法所表示的充分与必要的条件. 我们来叙述这个判别法. 假设有了一向量序列

$$\boldsymbol{v}^{(k)}\quad(k=1,2,\cdots)\tag{246}$$

这个序列有极限的充分而且必要的条件是:对于任意小的正数 ε 都存在一个 N,使

$$|\boldsymbol{v}^{(n)}-\boldsymbol{v}^{(m)}|<\varepsilon\tag{247}$$

只要 n 和 m 大于 N.

首先我们来证明它是一个必要条件.假设序列(246)有极限 $\boldsymbol{v}$.这样,我们可以写

$$\boldsymbol{v}^{(n)}-\boldsymbol{v}^{(m)}=(\boldsymbol{v}^{(n)}-\boldsymbol{v})+(\boldsymbol{v}-\boldsymbol{v}^{(m)})$$

由三角形不等式即得

$$|\boldsymbol{v}^{(n)}-\boldsymbol{v}^{(m)}|\leqslant|\boldsymbol{v}^{(n)}-\boldsymbol{v}|+|\boldsymbol{v}-\boldsymbol{v}^{(m)}|$$

由极限的定义直接推知,右边的两项当 n 和 m 增大时趋向于零,从而左边也必须趋向于零,这就是说,在这个情形下条件(247)一定满足.现在我们再来证明条件(247)的充分性.假定条件是适合的,我们来证明序列(246)趋向于极限.可以把条件(247)明白地写成:

$$\sum_{s=1}^{\infty}|v_s^{(n)}-v_s^{(m)}|^2<\varepsilon^2\quad \text{当}\, n\, \text{和}\, m>N \tag{248}$$

这里 $v_s^{(j)}$ 是 $\boldsymbol{v}^{(j)}$ 的分量.由此直接推出,对任意的 s 我们有:

$$|v_s^{(n)}-v_s^{(m)}|<\varepsilon\quad \text{当}\, n\, \text{和}\, m>N$$

或者,把它分成实数和虚数部分:

$$v_s^{(n)}=\alpha_s^{(n)}+\mathrm{i}\beta_s^{(n)}$$

我们可以写成:

$$|\alpha_s^{(n)}-\alpha_s^{(m)}|<\varepsilon\ \text{和}\ |\beta_s^{(n)}-\beta_s^{(m)}|<\varepsilon$$

应用通常的勾犀判别法,我们可以断定,$\alpha_s^{(n)}$ 和 $\beta_s^{(n)}$ 有极限 α_s 和 β_s,从而 $v_s^{(n)}$ 有极限 $\alpha_s+\mathrm{i}\beta_s$.我们以 v_s 表这个极限,首先来证明,阶数 $\sum\limits_{s=1}^{\infty}|v_s|^2$ 收敛,这就是说,v_s 是某一个向量的分量.在和(248)中取前面有限多项,当 $n\to\infty$ 时让这有限多项的和趋向极限,我们就得到:

$$\sum_{s=1}^{M}|v_s-v_s^{(m)}|^2\leqslant\varepsilon^2$$

这里 M 是任意一个正整数.当 $M\to\infty$ 时再让这个不等式趋向于极限,我们得到:

$$\sum_{s=1}^{\infty}|v_s-v_s^{(m)}|^2\leqslant\varepsilon^2 \tag{249}$$

从而推出,数 $v_s-v_s^{(m)}$ 构成某一向量的分量.数 $v_s^{(m)}$ 是一向量的分量,因而我们可以断定它们的和,也就是数 v_s,是一向量的分量.因此,这些数是某一个向量 $\boldsymbol{v}$ 的分量,并且不等式(249)可以写成:

$$|\boldsymbol{v}-\boldsymbol{v}^{(m)}|<\varepsilon$$

当 $m>N$,这就是说,$\boldsymbol{v}^{(m)}\Rightarrow\boldsymbol{v}$,从而序列(246)确实有极限.显然向量 $\boldsymbol{v}$ 的每一个分量 v_s 都是 $v_s^{(m)}$ 的极限,由此直接推出,这个极限只有一个.现在我们来考虑向量的无穷的和

$$\boldsymbol{u}^{(1)}+\boldsymbol{u}^{(2)}+\cdots \tag{250}$$

如果前 n 项的和

$$\boldsymbol{s}^{(n)}=\boldsymbol{u}^{(1)}+\cdots+\boldsymbol{u}^{(n)}$$

当 $n\to\infty$ 在上面的意义下有极限,这个和就称为收敛的.根据勾犀判别法,收敛的充分与必要的条件是满足不等式

$$|\boldsymbol{s}^{(n+p)}-\boldsymbol{s}^{(n)}|=|\boldsymbol{u}^{(n+1)}+\cdots+\boldsymbol{u}^{(n+p)}|\leqslant\varepsilon \tag{251}$$

当 $n>N$,对任意的 p.

注意到纯量乘积的连续性,我们有

$$(\boldsymbol{x},\boldsymbol{u}^{(1)}+\boldsymbol{u}^{(2)}+\cdots)=(\boldsymbol{x},\boldsymbol{u}^{(1)})+(\boldsymbol{x},\boldsymbol{u}^{(2)})+\cdots$$

$$(\boldsymbol{u}^{(1)}+\boldsymbol{u}^{(2)}+\cdots,\boldsymbol{x})=(\boldsymbol{u}^{(1)},\boldsymbol{x})+(\boldsymbol{u}^{(2)},\boldsymbol{x})+\cdots$$

把它们应用到向量 $\boldsymbol{u}^{(k)}$ 是两两正交的情形,我们就有:

$$(\boldsymbol{u}^{(1)}+\boldsymbol{u}^{(2)}+\cdots,\boldsymbol{u}^{(1)}+\boldsymbol{u}^{(2)}+\cdots)=(\boldsymbol{u}^{(1)},\boldsymbol{u}^{(1)})+(\boldsymbol{u}^{(2)},\boldsymbol{u}^{(2)})+\cdots$$

或者

$$|\boldsymbol{u}^{(1)}+\boldsymbol{u}^{(2)}+\cdots|^2=|\boldsymbol{u}^{(1)}|^2+|\boldsymbol{u}^{(2)}|^2+\cdots$$

这就是说,对于无限多个两两正交的向量的和的情形,商高定理也成立.

当阶数(250)是由两两正交的向量所组成,我们现在来建立一个它收敛和充分的必要的要件.根据勾犀判别法,我们作表达式(251),利用商高定理,它等于

$$|\boldsymbol{u}^{(n+1)}|^2+\cdots+|\boldsymbol{u}^{(u+p)}|^2$$

由此直接推出,阶数收敛的充分必要条件是,由向量 $\boldsymbol{u}^{(k)}$ 的模的平方所组成的阶数收敛.这个结果可以用另外的话来说,即:设 $\boldsymbol{x}^{(k)}$ 是长度为 1 而又两两正交的向量.作阶数

$$\sum_{k=1}^{\infty}C_k\boldsymbol{x}^{(k)} \tag{252}$$

这里 C_k 是一些数.根据上面所证明的,这个极数收敛的充分必要条件是阶数

$$\sum_{k=1}^{\infty}|C_k|^2$$

收敛.

由此顺便推出,在阶数(252)中各项的重新排列不破坏它的收敛性.同时也不难证明,各项的重新排列不改变阶数(252)的和.

47. 完全的正交向量组

现在我们来阐述完全正交向量组这一个重要的概念.和有限维的情形一样,可以证明,任意有限多个两两正交的向量是线性无关的.在 n 维空间中我们看到,任何 n 个线性无关的向量组成一完全组,也就是说,任意的向量都可以由

这 n 个线性无关的向量的线性组合表示. 在空间 H 中,由于维数是无限的,我们对完全性没有一个这样简单的判别法. 以下我们只用到两两正交而又长度为 1 的向量.

假设我们有了一个无限的两两正交而又长度为 1 的向量的集合 $\boldsymbol{x}^{(k)}$ $(k=1,2,\cdots)$, $\boldsymbol{y}$ 是空间 H 中的一个向量. 和在有限多个向量的情形一样,我们作这个向量在这些轴上投影的和

$$\sum_{k=1}^{\infty}(\boldsymbol{y},\boldsymbol{x}^{(k)})\boldsymbol{x}^{(k)} \tag{253}$$

上面我们已经证明过,对任意 m 个向量下面的这个不等式成立:

$$\sum_{k=1}^{m}|(\boldsymbol{y},\boldsymbol{x}^{(k)})|^2 \leqslant |\boldsymbol{y}|^2$$

取极限即得

$$\sum_{k=1}^{\infty}|(\boldsymbol{y},\boldsymbol{x}^{(k)})|^2 \leqslant |\boldsymbol{y}|^2 \tag{254}$$

左边的阶数必然是收敛的. 根据上一小节的结果,由此直接推出,阶数(253) 也是收敛的. 设

$$\boldsymbol{y}=\sum_{k=1}^{\infty}(\boldsymbol{y},\boldsymbol{x}^{(k)})\boldsymbol{x}^{(k)}+\boldsymbol{u} \tag{255}$$

和在[45] 中一样,不难证明,向量 $\boldsymbol{u}$ 和所有的向量 $\boldsymbol{x}^{(k)}$ 正交,因而按商高定理:

$$|\boldsymbol{y}|^2=\sum_{k=1}^{\infty}|(\boldsymbol{y},\boldsymbol{x}^{(k)})|^2+|\boldsymbol{u}|^2 \tag{256}$$

由此即得,如果在公式(255) 中向量 $\boldsymbol{u}$ 不等于零,那么在公式(254) 中取 $<$ 号,如果向量 $\boldsymbol{u}$ 等于零(这就是说,它的分量全部是零),那么在公式(254) 中 $=$ 号成立.

如果对于空间 H 中任一向量公式(254) 都取 $=$ 号,向量组 $\boldsymbol{x}^{(k)}$ 就叫作完全的. 在这个情形,显然任一向量都可以按这个完全的基础向量组分解

$$\boldsymbol{y}=\sum_{k=1}^{\infty}(\boldsymbol{x}^{(k)},\boldsymbol{y})\boldsymbol{x}^{(k)} \tag{257}$$

完全组有时候也称为封闭的,而公式

$$\sum_{k=1}^{\infty}|(\boldsymbol{y},\boldsymbol{x}^{(k)})|^2=|\boldsymbol{y}|^2 \tag{258}$$

叫作封闭性方程. 我们来证明公式(258) 的一个推论,它叫作广义的封闭性方程. 假设我们有两个向量 $\boldsymbol{y}$ 与 $\boldsymbol{z}$,并设 $\boldsymbol{x}^{(k)}$ 组成一完全组,对 $\boldsymbol{y}$ 和 $\boldsymbol{z}$ 有

$$\boldsymbol{y}=\sum_{k=1}^{\infty}(\boldsymbol{y},\boldsymbol{x}^{(k)})\boldsymbol{x}^{(k)};\boldsymbol{z}=\sum_{k=1}^{\infty}(\boldsymbol{z},\boldsymbol{x}^{(k)})\boldsymbol{x}^{(k)} \tag{259}$$

对向量 $\boldsymbol{y}+\boldsymbol{z}$ 和 $\boldsymbol{y}+\mathrm{i}\boldsymbol{z}$ 应用公式(258)，即得

$$\sum_{k=1}^{\infty}[(\boldsymbol{y},\boldsymbol{x}^{(k)})+(\boldsymbol{z},\boldsymbol{x}^{(k)})][\overline{(\boldsymbol{y},\boldsymbol{x}^{(k)})}+\overline{(\boldsymbol{z},\boldsymbol{x}^{(k)})}]=(\boldsymbol{y}+\boldsymbol{z},\boldsymbol{y}+\boldsymbol{z})$$

$$\sum_{k=1}^{\infty}[(\boldsymbol{y},\boldsymbol{x}^{(k)})+\mathrm{i}(\boldsymbol{z},\boldsymbol{x}^{(k)})][\overline{(\boldsymbol{y},\boldsymbol{x}^{(k)})}-\mathrm{i}\overline{(\boldsymbol{z},\boldsymbol{x}^{(k)})}]=(\boldsymbol{y}+\mathrm{i}\boldsymbol{z},\boldsymbol{y}+\mathrm{i}\boldsymbol{z})$$

利用 $\boldsymbol{y}$ 和 $\boldsymbol{z}$ 的封闭性方程，得

$$\sum_{k=1}^{\infty}(\boldsymbol{y},\boldsymbol{x}^{(k)})\overline{(\boldsymbol{z},\boldsymbol{x}^{(k)})}+\sum_{k=1}^{\infty}(\boldsymbol{z},\boldsymbol{x}^{(k)})\overline{(\boldsymbol{y},\boldsymbol{x}^{(k)})}=(\boldsymbol{y},\boldsymbol{z})+(\boldsymbol{z},\boldsymbol{y})$$

$$\sum_{k=1}^{\infty}(\boldsymbol{y},\boldsymbol{x}^{(k)})\overline{(\boldsymbol{z},\boldsymbol{x}^{(k)})}-\sum_{k=1}^{\infty}(\boldsymbol{z},\boldsymbol{x}^{(k)})\overline{(\boldsymbol{y},\boldsymbol{x}^{(k)})}=(\boldsymbol{y},\boldsymbol{z})-(\boldsymbol{z},\boldsymbol{y})$$

由此推出广义封闭性方程：

$$\sum_{k=1}^{\infty}(\boldsymbol{y},\boldsymbol{x}^{(k)})\overline{(\boldsymbol{z},\boldsymbol{x}^{(k)})}=(\boldsymbol{y},\boldsymbol{z}) \tag{260}$$

如果 $\boldsymbol{y}$ 等于 $\boldsymbol{z}$，这个公式就变成了(258).

现在我们更详细地来讨论基础向量 $\boldsymbol{x}^{(k)}$. 以 $x_s^{(k)}(s=1,2,\cdots)$ 来代表向量 $\boldsymbol{x}^{(k)}$ 的分量. 根据 $\boldsymbol{x}^{(k)}$ 是长度为 1 并且是互相正交的，对于这些分量我们有等式：

$$\sum_{k=1}^{\infty}x_s^{(p)}\overline{x}_s^{(q)}=\delta_{pq} \tag{261}$$

这里 $\delta_{pq}=0$ 当 $p\neq q$，$\delta_{pp}=1$.

现在我们来阐明 $\boldsymbol{x}^{(k)}$ 成为一完全向量组所要适合的条件. 为了这一点，我们考虑向量 $\boldsymbol{y}^{(l)}$，它第 l 个分量是 1，而其余的分量是零. 我们有

$$(\boldsymbol{y}^{(l)},\boldsymbol{x}^{(k)})=x_l^{(k)}$$

并且公式(258) 给出：

$$\sum_{k=1}^{\infty}|x_l^{(k)}|^2=1\quad(l=1,2,3,\cdots)$$

现在应用(260) 到向量 $\boldsymbol{y}^{(p)}$ 和 $\boldsymbol{y}^{(q)}$，$p\neq q$，并注意到它们是正交的，我们又得到下面的条件：

$$\sum_{k=1}^{\infty}x_p^{(k)}\overline{x}_q^{(k)}=0\quad(p\neq q)$$

这就是说，一般地

$$\sum_{k=1}^{\infty}x_p^{(k)}\overline{x}_q^{(k)}=\delta_{pq} \tag{262}$$

我们把向量 $\boldsymbol{x}^{(k)}$ 的分量写成一个无限矩阵的形式：

$$\begin{matrix} x_1^{(1)},x_1^{(2)},x_1^{(3)},\cdots \\ x_2^{(1)},x_2^{(2)},x_2^{(3)},\cdots \\ \vdots \end{matrix} \tag{263}$$

表达向量 $\boldsymbol{x}^{(k)}$ 是长度为1而又互相正交的等式(261)就相当于说这个矩阵的列是互相正交而且是正则化了的.条件(262)指出,要使向量 $\boldsymbol{x}^{(k)}$ 组成一完全组,这个矩阵的行也必须是互相正交而且是正则化了的.

现在我们来证明,条件(262)中 $p=q$ 的那一部分对完全性已经是充分的了.因为,如果当 $p=q$ 时这个条件满足,那么对于向量

$$\boldsymbol{y}^{(l)}(0,\cdots,0,\overset{(l)}{1},0,\cdots)$$

封闭性公式就成立,并且所有这些向量全可以由向量 $\boldsymbol{x}^{(k)}$ 线性表示:

$$\boldsymbol{y}^{(l)}=\sum_{k=1}^{\infty}c_k^{(l)}\boldsymbol{x}^{(k)}$$

我们来证明,对任意的向量 $\boldsymbol{z}$ 这个等式都成立,我们以 $\boldsymbol{z}^{(l)}$ 代表前 l 个分量与 $\boldsymbol{z}$ 相同而其余的分量为零的向量,显然我们有:

$$\boldsymbol{z}^{(l)}=z_1\boldsymbol{y}^{(l)}+\cdots+z_l\boldsymbol{y}^{(l)}$$

由于 $\boldsymbol{y}^{(m)}$ 可以由 $\boldsymbol{x}^{(k)}$ 线性表示,所以对于 $\boldsymbol{z}^{(l)}$ 也可以这样说:

$$\boldsymbol{z}^{(l)}=\sum_{k=1}^{\infty}d_k^{(l)}\boldsymbol{x}^{(k)}$$

让等式两边和 $\boldsymbol{x}^{(k)}$ 作纯量乘积,对于系数 $d_k^{(l)}$ 就得到平常的表达式:

$$d_k^{(l)}=(\boldsymbol{z}^{(l)},\boldsymbol{x}^{(k)})$$

在另一方面,如我们以上看到的

$$\boldsymbol{z}=\sum_{k=1}^{\infty}d_k\boldsymbol{x}^{(k)}+\boldsymbol{u}\tag{264}$$

这里 $\boldsymbol{u}$ 和所有的 $\boldsymbol{x}^{(k)}$ 正交.我们来考虑差

$$\boldsymbol{z}-\boldsymbol{z}^{(l)}=\sum_{k=1}^{\infty}(d_k-d_k^{(l)})\boldsymbol{x}^{(k)}+\boldsymbol{u}$$

按商高定理:

$$|\boldsymbol{z}-\boldsymbol{z}^{(l)}|^2=\sum_{k=1}^{\infty}|d_k-d_k^{(l)}|^2+|\boldsymbol{u}|^2$$

从而

$$|\boldsymbol{u}|^2\leqslant|\boldsymbol{z}-\boldsymbol{z}^{(l)}|^2$$

向量 $\boldsymbol{u}$ 不依赖于 l,而我们知道[46],右边这一部分当 $l\to\infty$ 时趋向于零.由此立即推出,$\boldsymbol{u}=0$,因而公式(264)给出任意的向量 $\boldsymbol{z}$ 按 $\boldsymbol{x}^{(k)}$ 的分解:

$$\boldsymbol{z}=\sum_{k=1}^{\infty}d_k\boldsymbol{x}^{(k)};[d_k=\boldsymbol{x}^{(k)}\cdot\boldsymbol{z}]\tag{265}$$

因此对任意的向量封闭性方程都成立.最终的结果可以叙述如下.为了使长度为1而又互相正交的向量 $\boldsymbol{x}^{(k)}$ 组成一完全(封闭)组,充分而又必要的条件是,矩阵(263)每一行元素的模的平方和等于1.当矩阵(263)满足这个条件时,它的行的正交性也自然成立.

48. 无限多个变数的线性变换

我们简单地来讨论一下无限多个变数的线性变换：

$$\begin{cases} x'_1 = a_{11}x_1 + a_{12}x_2 + \cdots \\ x'_2 = a_{21}x_1 + a_{22}x_2 + \cdots \\ \qquad \vdots \end{cases} \tag{266}$$

或者

$$\boldsymbol{x}' = \boldsymbol{A}\boldsymbol{x} \tag{267}$$

这里 $\boldsymbol{A}$ 是一个元素为 a_{ik} 的无限矩阵. 首先我们要提出这样的条件，使得在等式(266) 右边的无穷阶数对于空间 H 中任意的向量 $\boldsymbol{x}$ 都是收敛的.

我们知道，如果阶数

$$\sum_{k=1}^{\infty} |a_{ik}|^2 \quad (i=1,2,\cdots)$$

对所有的 i 都是收敛的，那么上面的条件适合. 可以证明，这个条件不但是充分而且是必要的. 如果这个条件不适合，那么等式(266) 右边的阶数就不是对整个空间 H 都收敛，而只对它的一部分.

很自然地我们也要提出这样的条件，就是如果 x_k 是某一个向量的分量，那么在什么条件下，变换(266) 所得出的结果 x'_k 就一定也是空间 H 中某一个向量的分量，这就是说，只要阶数

$$\sum_{k=1}^{\infty} |x'_k|^2$$

收敛，阶数

$$\sum_{k=1}^{\infty} |x_k|^2$$

一定也收敛.

如果矩阵 $\boldsymbol{A}$ 满足上面所说的这两个条件，与之相应的变换 $\boldsymbol{A}$ 就叫作有界变换. 这个名词的意义在于，对这样的变换我们可以证明有一个正数 M 存在，使

$$|\boldsymbol{x}'|^2 \leqslant M|\boldsymbol{x}|^2 \tag{268}$$

或者完全写出来就是：

$$\sum_{k=1}^{\infty} |x'_k|^2 \leqslant M \sum_{k=1}^{\infty} |x_k|^2 \tag{269}$$

我们来讨论一种特殊的线性变换. 考虑线性变换

$$\begin{cases} x'_1 = u_{11}x_1 + u_{12}x_2 + \cdots \\ x'_2 = u_{21}x_1 + u_{22}x_2 + \cdots \\ \qquad \vdots \end{cases} \tag{270}$$

并且我们总是假定，阶数

$$\sum_{k=1}^{\infty} | u_{ik} |^2$$

对所有的 i 都收敛. 我们考虑分量为 $\bar{u}_{k1},\bar{u}_{k2},\cdots$ 的向量 $\boldsymbol{u}^{(k)}$,并假定向量 $\boldsymbol{u}^{(k)}$ 组成一完全的长度为 1 而又互相正交的向量组. 如我们上面所证明的,这就等于说,表 u_{ik} 的行和列都正交而且是正则化了的,也就是

$$\begin{cases}\sum_{k=1}^{\infty} u_{sp}\bar{u}_{sq}=\delta_{pq}\\ \sum_{s=1}^{\infty} u_{ps}\bar{u}_{qs}=\delta_{pq}\end{cases} \tag{271}$$

在这个情形下,相当的变换(270) 叫作 U 变换.

等式(270) 可以写成:

$$\begin{cases}(\boldsymbol{x},\boldsymbol{u}^{(1)})=x'_1\\ (\boldsymbol{x},\boldsymbol{u}^{(2)})=x'_2\\ \qquad\vdots\end{cases} \tag{272}$$

封闭性公式告诉我们:

$$\sum_{k=1}^{\infty} | x'_k |^2 = | \boldsymbol{x} |^2 = \sum_{k=1}^{\infty} | x_k |^2$$

这就是说,和有限维的情形一样,U 变换不改变向量的长度,在公式(268) 中我们可以取 $M=1$.

不难从方程(270) 中解出 x_k,这就给出(270) 的逆变换. 利用向量组 $\boldsymbol{u}^{(k)}$ 的完全性,对于向量 $\boldsymbol{x}$ 由等式(272) 我们得到下面的表达式:

$$\boldsymbol{x}=x'_1\boldsymbol{u}^{(1)}+x'_2\boldsymbol{u}^{(2)}+\cdots \tag{273}$$

或者

$$\begin{cases}x_1=\bar{u}_{11}x'_1+\bar{u}_{21}x'_2+\cdots\\ x_2=\bar{u}_{12}x'_1+\bar{u}_{22}x'_2+\cdots\\ \qquad\vdots\end{cases} \tag{274}$$

换句话说,如果方程组(270) 有解,那么它的解就一定由公式(273) 或者(274) 表达. 在这里,应该注意,我们所谈到的只是这样的解 x_k,它们模的平方和是收敛的. 现在来证明,公式(273) 确实是给出了问题的解答,根据条件,由给定的数 x'_k 的模的平方所组成的阶数是收敛的. 我们知道,由此可以推出阶数(273) 的收敛性,因为 $\boldsymbol{u}^{(k)}$ 是长度为 1 而又两两正交的向量. 对于这个阶数的和我们有

$$(\boldsymbol{x},\boldsymbol{u}^{(k)})=(x'_1\boldsymbol{u}^{(1)}+x'_2\boldsymbol{u}^{(2)}+\cdots,\boldsymbol{u}^{(k)})=x'_k$$

这就是说,这个阶数的和的确适合方程组(270). 公式(274) 指出,一个 U 变换的逆变换是由行列互换然后再把元素换成共轭数得出,也就是说,这里和有限

维的情形是完全相仿的.

在一般的情形,甚至于是有界矩阵的情形,关于逆矩阵以及化矩阵成对角形的问题表现出很大的困难,所得到的结果,严格说来,是不与有限维空间的相仿,在第五卷中将对由无限矩阵表示的线性变换做更详尽的讨论.这里我们只限于指出一些结果.对于系数 a_{ik} 可以指出一个充分必要条件,它使公式(266)给出一个有界变换.条件是这样:存在一个正数 N,对于任意的正整数 k 和任意的数 $x_s(s=1,2,\cdots)$ 适合下面的不等式:

$$\left|\sum_{n,m=1}^{k} a_{nm}x_m\bar{x}_n\right| \leqslant N\sum_{m=1}^{k}|x_m|^2$$

还可以证明下面这个对于有界变换(266)简单的充分条件:存在一个正数 l(不依赖于 m 和 n),适合不等式:

$$\sum_{m=1}^{\infty}|a_{nm}| \leqslant l;\ \sum_{n=1}^{\infty}|a_{nm}| \leqslant l$$
$$(n=1,2,\cdots) \qquad (m=1,2,\cdots)$$

如果矩阵 $\boldsymbol{A}$ 定义一个有界变换,那么存在唯一的一个矩阵 $\widetilde{\boldsymbol{A}}$,对于任意的 $\boldsymbol{x}$ 和 $\boldsymbol{y}$ 都适合等式

$$(\boldsymbol{Ax},\boldsymbol{y})=(\boldsymbol{x},\widetilde{\boldsymbol{A}}\boldsymbol{y})$$

矩阵 $\widetilde{\boldsymbol{A}}$ 的元素 $\tilde{a}_{ik}$ 由公式 $\tilde{a}_{ik}=\bar{a}_{ki}$ 决定.如果 $\widetilde{\boldsymbol{A}}$ 等于 $\boldsymbol{A}$ 即 $a_{ik}=\bar{a}_{ki}$,那么有界变换(266)叫作厄米特或者自共轭变换.

对于有界变换下面的公式成立:

$$(\boldsymbol{Ax},\boldsymbol{y})=\sum_{n=1}^{\infty}\left(\sum_{m=1}^{\infty}a_{nm}x_m\right)\bar{y}_n=\sum_{m=1}^{\infty}x_m\left(\sum_{n=1}^{\infty}a_{nm}\bar{y}_n\right)=$$
$$\lim_{\substack{k\to\infty\\ l\to\infty}}\sum_{m=1}^{k}\sum_{n=1}^{l}a_{nm}x_m\bar{y}_n$$

我们要指出有界变换的一个重要的特殊情形,也就是下面这个二重阶数收敛的情形

$$\sum_{n,m=1}^{\infty}|a_{nm}|^2 \tag{275}$$

在这个情形,二重阶数

$$\sum_{n,m=1}^{\infty}a_{nm}x_m\bar{y}_n$$

对于任意的向量 $\boldsymbol{x}(x_1,x_2,\cdots)$ 和 $\boldsymbol{y}(y_1,y_2,\cdots)$ 是绝对收敛.如果除去阶数(275)收敛外我们还有 $a_{ik}=\bar{a}_{ki}$,那么就有可能利用 U 变换化厄米特型成平方和

$$\sum_{n,m=1}^{\infty}a_{nm}x_m\bar{x}_n=\sum_{k=1}^{\infty}\lambda_k z_k\bar{z}_k$$

这里向量 $\boldsymbol{z}(z_1,z_2,\cdots)$ 是由向量 $\boldsymbol{x}(x_1,x_2,\cdots)$ 经过一个 U 变换得到的:$\boldsymbol{z}=U\boldsymbol{x}$.这里,当 $k\to\infty$ 时 $\lambda_p\to 0$.如果 $\boldsymbol{A}$ 和 $\boldsymbol{B}$ 是两个表示有界变换的无限矩阵,那么连

续施行这两个变换的结果仍然是一个有界变换,它的系数按通常的公式确定:

$$\{\boldsymbol{BA}\}_{ik}=\sum_{s=1}^{\infty}\{\boldsymbol{B}\}_{is}\{\boldsymbol{A}\}_{sk}$$

还要指出,如果 $\boldsymbol{A}$ 是有界变换的矩阵,并且向量序列 $\boldsymbol{x}^{(k)}$ 有极限 $\boldsymbol{x}$,这就是说,$\boldsymbol{x}^{(k)}\Rightarrow\boldsymbol{x}$,那么 $\boldsymbol{Ax}^{(k)}\Rightarrow\boldsymbol{Ax}$.

在应用到数学物理时非有界线性变换也是极其重要的.它在第五卷将要讨论到.

49.函数空间

我们已经讨论了空间 H,在那里面向量是被由整数编号的无限多个分量所定义的:第一个分量是 x_1,第二个是 x_2 等等:现在我们要来考虑函数空间 F,在这里面,向量是一个变数或者多个变数的函数,变数是连续地变动的.

我们来考虑一个函数 $f(x)$,它定义在区间 $a\leqslant x\leqslant b$ 上.这样一个函数可以看作一个向量,区间中的每一个数 x_0 都对应一个数 $f(x_0)$,它给出这个向量在 x_0 处的分量.在这个情形下,作为分量指标的变数 x 连续地取区间 $a\leqslant x\leqslant b$ 中所有的值,按前面的说法,向量 $f(x)$ 的分量是一个连续的集合.按前面的说法,数值 x_0 相当于坐标轴的编号,而函数值 $f(x_0)$ 相当于对应分量的值.在这里,我们假定函数值 $f(x)$ 既可以取实数也可以取复数,不过对于自变数的变动区间 $a\leqslant x\leqslant b$,我们总是假定是实数轴上的一个有限区间.

为了确定起见,现在我们将考虑复函数 $f(x)=f_1(x)+\mathrm{i}f_2(x)$,它定义在有限区间 $a\leqslant x\leqslant b$ 上并且是连续的.

这样的函数,和空间 H 中的向量一样,既可以相加也可以用一个复数去乘,得出来的仍然是连续函数.在模和纯量乘积的定义中我们必须以积分来代替和.纯量乘积按下面的公式定义:

$$[\varphi(x),\psi(x)]=\int_a^b\varphi(x)\,\overline{\psi(x)}\,\mathrm{d}x \tag{276}$$

以及模的平方:

$$|f(x)|^2=[f(x),f(x)]=\int_a^b|f(x)|^2\mathrm{d}x \tag{277}$$

设函数组 $\varphi_k(x)(k=1,2,\cdots)$ 组成一长度为 1 而又两两正交的向量组,这就是说

$$\int_a^b\varphi_p(x)\,\overline{\varphi_q(x)}\,\mathrm{d}x=\delta_{pq} \tag{278}$$

以前我们已经讨论过这种正则的和正交的函数系[Ⅱ,148],这里我们只打算提起一些与前面直接有关的结果.和[Ⅱ,148]中唯一不同的一点是,现在所考虑的函数可以取复数值.

设函数 $\varphi_k(x)$ 组成一正则正交函数系，$f(x)$ 是一个函数(向量).我们来考虑 $f(x)$ 的傅里叶系数，或者用现在所用的名词，向量 $f(x)$ 在函数空间坐标轴上的投影，坐标轴是由函数 $\varphi_k(x)$ 表示的：

$$a_k=[f(x)\cdot\varphi_k(x)]=\int_a^b f(x)\overline{\varphi_k(x)}\mathrm{d}x \tag{279}$$

我们来考虑积分

$$I_n=\int_a^b \left| f(x)-\sum_{k=1}^n a_k\varphi_k(x)\right|^2\mathrm{d}x \tag{280}$$

或者

$$I_n=\int_a^b\left[f(x)-\sum_{k=1}^n a_k\varphi_k(x)\right]\left[\overline{f(x)}-\sum_{k=1}^n\overline{a_k\varphi_k(x)}\right]\mathrm{d}x$$

如果注意到等式(278)和(279)，对这个积分就得到下面的表达式：

$$I_n=\int_a^b |f(x)|^2\mathrm{d}x-\sum_{k=1}^n|a_k|^2$$

由于 $I_n\geqslant 0$，即得

$$\sum_{k=1}^u|a_k|^2\leqslant\int_a^b|f(x)|^2\mathrm{d}x \tag{281}$$

当 $n\to\infty$ 时取极限

$$\sum_{k=1}^\infty|a_k|^2\leqslant\int_a^b|f(x)|^2\mathrm{d}x \tag{282}$$

这个不等式叫作贝塞尔不等式.

如果在公式(282)中等号成立，那么当 n 无限增大时积分 I_n 趋向于零，反过来，如果这个积分趋向于零，那么在公式(282)中等号成立.

如果在公式(282)中等号成立，这就是说，对于任意的连续函数

$$\sum_{k=1}^\infty|a_k|^2=\int_a^b|f(x)|^2\mathrm{d}x \tag{283}$$

那么函数系就叫作完全的或者封闭的函数系，而方程(283)叫作封闭性方程.这时，对于任意的连续函数 $f(x)$ 积分 I_n 都趋向于零：

$$\lim_{n\to\infty}\int_a^b\left|f(x)-\sum_{k=1}^n a_k\varphi_k(x)\right|^2\mathrm{d}x=0 \tag{284}$$

这就是说，任何这样一个函数都可任意接近地表成有限多个函数 $\varphi_k(x)$ 的线性组合，这里所谓“任意接近”的意思并不是说差本身

$$\left|f(x)-\sum_{k=1}^n a_k\varphi_k(x)\right|$$

任意地小，而是说当 n 相当大时积分 I_n 任意地小.因此，更严格地，应该说，$f(x)$ 可以近似地表成有限多个函数 $\varphi_k(x)$ 的线性组合，它的平方平均值误差可以任意地小.

完全和[47]中一样,对于完全函数系 $\varphi_k(x)$ 可以得出广义的封闭性方程,也就是:设 a_k 和 b_k 是函数 $f(x)$ 和 $f_1(x)$ 的傅里叶系数:

$$a_k=\int_a^b f(x)\,\overline{\varphi_k(x)}\mathrm{d}x;b_k=\int_a^b f_1(x)\,\overline{\varphi_k(x)}\mathrm{d}x \tag{285}$$

下面这个广义的封闭性公式成立:

$$\sum_{k=1}^{\infty}a_k\bar{b}_k=\int_a^b f(x)\,\overline{f_1(x)}\mathrm{d}x \tag{286}$$

和以上一样,设 a_k 是 $f(x)$ 的傅里叶系数.作函数的傅里叶阶数

$$\sum_{k=1}^{\infty}a_k\varphi_k(x)$$

我们不能够断定,这个阶数是收敛的,即使它是收敛的,我们也不能断定,它的和就等于 $f(x)$.下面是常用的写法:

$$f(x)\sim\sum_{k=1}^{\infty}a_k\varphi_k(x) \tag{287}$$

这里符号 $\sim$ 只是指出,右边的无穷阶数是函数 $f(x)$ 的傅里叶阶数.虽然在通常的意义下公式(287)不是一个等式,但是在[Ⅱ,148]中我们看到,如果 $\varphi_k(x)$ 是一个完全函数系,那么把右边逐项积分这个公式就变成了一个等式,这就是

$$\int_{x_1}^{x_2}f(x)\mathrm{d}x=\sum_{k=1}^{\infty}a_k\int_{x_1}^{x_2}\varphi_k(x)\mathrm{d}x\quad(a\leqslant x_1<x_2\leqslant b)$$

在积分之前我们可以在公式(287)的两边先同乘上一个连续函数 $\psi(x)$,这就是说

$$\int_{x_1}^{x_2}f(x)\psi(x)\mathrm{d}x=\sum_{k=1}^{\infty}a_k\int_{x_1}^{x_2}\varphi_k(x)\psi(x)\mathrm{d}x$$

在整个区间 (a,b) 上积分,就得到公式:

$$\int_a^b f(x)\psi(x)\mathrm{d}x=\sum_{k=1}^{\infty}a_k\int_a^b\varphi_k(x)\psi(x)\mathrm{d}x$$

不难验证,这个公式就是对于函数 $f(x)$ 和 $\overline{\psi(x)}$ 的广义的封闭性公式.

50. 函数空间和空间 H 的关系

现在我们来建立上一小节所谈到的函数空间和以前所研究的空间 H 之间的关系,这个关系对于理论物理是极其重要的.

假设在函数空间中我们有了一个完全的正交正则函数系

$$\varphi_k(x)\quad(k=1,2,\cdots) \tag{288}$$

以至于对任意的连续函数 $f(x)$ 公式(283)都成立.再考虑第二个连续函数 $f_1(x)$,如以上一样,我们设

$$b_k=\int_a^b f_1(x)\,\overline{\varphi(x)}\mathrm{d}x$$

应用封闭性公式到它们的差,即得

$$\sum_{k=1}^{\infty} | a_k - b_k |^2 = \int_a^b | f(x) - f_1(x) |^2 \mathrm{d}x \tag{289}$$

如果连续函数 $f(x)$ 和 $f_1(x)$ 不相同,那么右边部分一定大于零,因此系数 b_k 不可能全部和 a_k 相同,这就是说,对于函数系(288),不同的连续函数就有不同的傅里叶系数. 这样说来,每一个连续函数都完全被它的傅里叶系数决定,而这些系数的模的平方和成一收敛阶数,这就是说,每一个连续函数都对应于空间 H 中的一个确定的向量,并且不同的函数对应于空间 H 中不同的向量,假设我们有一个函数序列 $f_n(x)(n=1,2,\cdots)$,它们的傅里叶系数是 $a_k^{(n)}$,也就是说

$$a_k^{(n)} = \int_a^b \overline{\varphi_k(x)} f_n(x) \mathrm{d}x \tag{290}$$

封闭性公式给出了:

$$\sum_{k=1}^{\infty} | a_k - a_k^{(n)} |^2 = \int_a^b | f(x) - f_n(x) |^2 \mathrm{d}x \tag{291}$$

从而直接推出,空间 H 中分量为 $a_k^{(n)}(k=1,2,\cdots)$ 的向量收敛于分量为 a_k 的向量这件事实就相当于我们函数空间中的等式

$$\lim_{n\to\infty}\int_a^b | f(x) - f_n(x) |^2 \mathrm{d}x = 0 \tag{292}$$

如果我们作向量

$$\boldsymbol{z}(a_1, a_2, \cdots) \quad 和 \quad \boldsymbol{z}^{(n)}(a_1, a_2, \cdots, a_n, 0, 0, \cdots)$$

那么在函数空间中 $\boldsymbol{z}^{(n)}$ 就对应于 $f(x)$ 的傅里叶阶数的一段

$$\sum_{k=1}^{n} a_k \varphi_k(x)$$

如我们所知[45],$\boldsymbol{z}^{(n)} \to \boldsymbol{z}$,这就相应于,积分

$$\int_a^b | f(x) - \sum_{k=1}^{n} a_k \varphi_k(x) |^2 \mathrm{d}x$$

趋向于零.

上面我们已经说明了,函数空间中每一个连续函数都对应于空间 H 中一个确定的向量. 反过来是不对的,这就是说,空间 H 中对应于连续函数的向量只构成空间 H 的一部分. 为了要使逆命题成立,我们不能只考虑连续函数的集合,而需要考虑某一个更广的函数类,不过对这个问题我们不打算多谈.

在建立连续函数的函数空间与空间 H 之间的关系时,我们是由一个确定的正交函数系(288)出发的,如果我们引入另一正交正则函数系

$$\psi_k(x) \quad (k=1,2,\cdots) \tag{293}$$

那么这时候对应的规则当然就是另外一个了. 可以证明,在这个情况下,空间 H 中对应于所给的函数的这一些向量就经受到一个 U 变换. 在这里,函数系

(293) 当然也需要是完全的.

对于函数系(288),函数系(293) 的每一个函数 $\psi_m(x)$ 都有一定的傅里叶系以及傅里叶阶数.

因此我们有下面的表述:

$$\psi_m(x) \sim \sum_{k=1}^{\infty} u_{km}\varphi_k(x)$$

符号 ~ 只是指出左边的函数对应于右边的这个傅里叶阶数. 如果注意到函数 $\psi_m(x)$ 是正则化了以及封闭性公式(283),我们就有

$$\sum_{k=1}^{\infty} | u_{km} |^2 = 1 \tag{294}$$

此外,广义封闭性公式也成立

$$\sum_{k=1}^{\infty} \bar{u}_{kp}u_{kq} = \int_a^b \overline{\psi_p(x)}\psi_q(x)\mathrm{d}x$$

根据函数 $\psi_k(x)$ 的正交性,这个式子和(294) 综合起来得

$$\sum_{k=1}^{\infty} \bar{u}_{kp}u_{kq} = \delta_{pq} \tag{295}$$

这个式子向我们指出,元素为 u_{ik} 的矩阵 $\boldsymbol{U}$ 对于列适合正交和正则的条件. 利用[48] 的结果,可以证明,函数系(293) 完全性的充分必要条件是,矩阵 $\boldsymbol{U}$ 每一行元素的模的平方和等于 1,这就是说

$$\sum_{k=1}^{\infty} | u_{ik} |^2 = 1 \quad (i = 1,2,\cdots) \tag{296}$$

以上所讨论的全是关于由一个变数的函数所组成的函数空间的情形. 我们也可以考虑定义在多维空间的一个区域上的多元函数. 除去把单积分换成函数所定义的区域上的重积分这点差别外,以上全部的推理都可以用.

作为一个例子我们来考虑函数系

$$\varphi_k(x) = \frac{1}{\sqrt{2\pi}}\mathrm{e}^{\mathrm{i}kx} \quad (k = 0, \pm 1, \pm 2, \cdots) \tag{297}$$

并取区间$(-\pi,\pi)$ 作为基本区间. 不难看出,函数(297) 组成一正交正则函数系. 因为,当 $p \neq q$ 时

$$\int_{-\pi}^{+\pi} \overline{\varphi_p(x)}\varphi_q(x)\mathrm{d}x = \frac{1}{2\pi}\int_{-\pi}^{+\pi} \mathrm{e}^{\mathrm{i}(q-p)x}\mathrm{d}x = \frac{1}{2\pi\mathrm{i}(q-p)}[\mathrm{e}^{\mathrm{i}(q-p)x}]_{x=-\pi}^{x=+\pi} = 0$$

当 $p = q$ 时

$$\int_{-\pi}^{+\pi} | \varphi_p(x) |^2\mathrm{d}x = \frac{1}{2\pi}\int_{-\pi}^{+\pi}\mathrm{d}x = 1$$

利用我们以前对于展成傅里叶阶数的结果,可以证明,函数系(297) 在所说的区间上是完全的.

51. 线性函数运算子

类似于空间 H 的线性变换的概念，函数空间也有. 这样，我们就引导到线性函数运算子的概念. 假定有了一个确定的规则，根据这个规则每一个（有一定性质的）函数 $f(x)$ 对应于另一个函数 $F(x)$

$$F(x)=L[f(x)] \tag{298}$$

这里 L 是表示这个对应规则的符号. 这个好像是函数概念的一个推广. 作为自变量的不是一个变数，而是一个函数 $f(x)$，它是任意取自一个函数类，并且函数值同样地也不是数，而是一个新的函数 $F(x)$. 这样一个广义的函数关系通常叫作函数运算子. 函数运算子的概念具体地出现在许多数学物理的问题中. 譬如说，我们来考虑关于端点固定的弦的振动的问题. 在一个一定的时间 t 这个弦的圆形是由两个初始条件的图形所决定，这两个初始条件是，初始偏差的图形和初始速度的图形，在这里显然我们有了一个泛函数运算. 在许多其他的数学物理的问题中也有完全相同的情况. 有时候作为自变量的不是初始位置的圆形，而譬如是，与问题有关的区域的边界.

运算子 L 叫作线性的，如果适合下面的条件

$$L[f_1(x)+f_2(x)]=L[f_1(x)]+L[f_2(x)] \tag{299}$$

和

$$L[cf(x)]=cL[f(x)]$$

这里 c 是常数.

有界变换的条件有下面的形式：

$$|L[f(x)]|\leqslant M|f(x)| \tag{299_1}$$

其中 M 是一个正常数. $f(x)$ 是所讨论的函数空间中任意的函数.

我们不打算讨论线性运算子的一般理论；而只限于考虑一些特殊的例子，这样一方面来说明这个概念的实质，同时也说明它与空间 H 中线性变换的关系，因为空间 H 和函数空间之间的关系我们已经建立了.

在有一些情形，线性函数运算子可以定成下面的形式：

$$F(x)=\int_a^b K(x,t)f(t)\mathrm{d}t \tag{300}$$

这里 $K(x,t)$ 是给定的一个二元函数，它通常叫作运算子的核. 在这里，这个核完全相当于空间 H 中线性变换的表 a_{ik}，代替指标 i 和 k，在这里我们有两个取连续的值的变数 x 和 y，并且公式(300) 就相当于公式(266). 在讨论积分方程时我们就要仔细地研究形式为(300) 的这种运算子.

在这里我们也不难给出 U 运算子和厄米特运算子的定义. 一个线性函数运算子 L 叫作 U 运算子，如果对于某一类中的任意两个函数 $f(x)$ 和 $\varphi(x)$ 适合下

面的条件：

$$[Lf(x),L\varphi(x)]=[f(x),\varphi(x)] \tag{301}$$

厄米特运算子 L_1 由下面的关系式定义

$$[L_1 f(x),\varphi(x)]=[f(x),L_1\varphi(x)] \tag{302}$$

假定 L_1 有(300) 的形式，这就是说

$$L_1 f(x)=\int_a^b K(x,t)f(t)\,\mathrm{d}t$$

作出现在公式(302) 中的两个纯量乘积：

$$[f(x),L_1\varphi(x)]=\int_a^b\int_a^b \overline{K(x,t)}f(x)\,\overline{\varphi(t)}\,\mathrm{d}t\mathrm{d}x$$

$$[L_1 f(x),\varphi(x)]=\int_a^b\int_a^b K(x,t)f(t)\,\overline{\varphi(x)}\,\mathrm{d}t\mathrm{d}x$$

在后一个积分中交换一下积分变数的符号，等式(302) 就可以写成：

$$\int_a^b\int_a^b[\overline{K(x,t)}-K(t,x)]f(x)\,\overline{\varphi(t)}\,\mathrm{d}t\mathrm{d}x=0 \tag{303}$$

如果运算子的核满足条件

$$K(x,t)=\overline{K(x,t)} \tag{304}$$

那么对于任意两个函数 $f(x)$ 和 $\varphi(x)$ 条件(303) 都适合，在这个情形 L_1 是厄米特运算子. 如果注意到上面的函数 $f(x)$ 和 $\varphi(x)$ 的任意性，我们就可以断言，等式(304) 对于条件(303) 不但是充分而且是必要的，也就是说，这是 L_1 是厄米特运算子的条件. 如果核 $K(x,t)$ 是实函数，那么条件(304) 可以写成

$$K(x,t)=K(t,x) \tag{305}$$

这就是说，在这个情形下，核必须是一个对称函数.

我们再来考虑几个线性运算子的例子. 作为第一个例子，我们取求微商这个运算，然后再乘上 $\frac{1}{\mathrm{i}}$：

$$Lf(x)=\frac{1}{\mathrm{i}}\frac{\mathrm{d}f(x)}{\mathrm{d}x}=\frac{1}{\mathrm{i}}f'(x) \tag{306}$$

并取区间 $(-\pi,+\pi)$ 作为基本区间. 对运算子(306) 我们作纯量乘积

$$[f(x),L\varphi(x)]=\left[f(x),\frac{1}{\mathrm{i}}\varphi'(x)\right]=\frac{-1}{\mathrm{i}}\int_{-\pi}^{+\pi}f(x)\,\overline{\varphi'(x)}\,\mathrm{d}x$$

假定这些函数是周期为 2π 的周期函数，用分部积分法得

$$\left[f(x),\frac{1}{\mathrm{i}}\varphi'(x)\right]=\frac{-1}{\mathrm{i}}f(x)\,\overline{\varphi(x)}\Big|_{x=-\pi}^{x=+\pi}+\frac{1}{\mathrm{i}}\int_{-\pi}^{+\pi}f(x)\,\overline{\varphi(x)}\,\mathrm{d}x$$

由此即得等式

$$\left[f(x),\frac{1}{\mathrm{i}}\varphi'(x)\right]=\left[\frac{1}{\mathrm{i}}f'(x),\varphi(x)\right] \tag{307}$$

那就是说，运算子(306) 对于可微分的周期函数类是一个厄米特运算子.

在函数空间中我们选函数系(297)作为坐标系.这样一来,函数 $f(x)$ 就被它的傅里叶系数 a_k 所决定,这些 a_k 由下面的公式定义

$$a_k=\frac{1}{\sqrt{2\pi}}\int_{-\pi}^{+\pi}\mathrm{e}^{-\mathrm{i}kx}f(x)\mathrm{d}x \tag{308}$$

对于函数 $\frac{1}{\mathrm{i}}f'(x)$ 我们有另外一组傅里叶系数 a'_k. 不难建立一线性变换,它用 a_k 来表示 a'_k. 这个线性变换就把函数运算子(306)表成一无限矩阵的形式,不过必须了解到,函数运算子(306)的这一个表达式是相对于函数空间一个一定的坐标系,也就是以函数(297)作为坐标函数.我们有

$$a'_k=\frac{1}{\sqrt{2\pi}\mathrm{i}}\int_{-\pi}^{+\pi}\mathrm{e}^{-\mathrm{i}kx}f'(x)\mathrm{d}x$$

用分部积分法并且把 $f(x)$ 看作周期函数,由此即得

$$a'_k=\frac{1}{\sqrt{2\pi}}\int_{-\pi}^{+\pi}\mathrm{e}^{-\mathrm{i}kx}f(x)\mathrm{d}x$$

这就是说

$$a'_k=ka_k\quad(k=0,\pm1,\pm2,\cdots) \tag{309}$$

这个等式就表示了上面所说的线性变换.它的矩阵是:

$$\begin{bmatrix}\cdots&\cdots&\cdots&\cdots&\cdots&\cdots&\cdots\\ \cdots&-2&0&0&0&0&\cdots\\ \cdots&0&-1&0&0&0&\cdots\\ \cdots&0&0&0&0&0&\cdots\\ \cdots&0&0&0&1&0&\cdots\\ \cdots&0&0&0&0&2&\cdots\\ \cdots&\cdots&\cdots&\cdots&\cdots&\cdots&\cdots\end{bmatrix} \tag{310}$$

我们看到,这个矩阵是对角形式的.在矩阵(310)中行和列的编号不是由1到 ∞,而是由 $-\infty$ 到 $+\infty$,这个事实是无关紧要的.同样,函数(297)也是这样编号的.应该注意,这些函数适合下面这个显然的关系

$$\frac{1}{\mathrm{i}}\varphi'_k(x)=k\varphi_k(x)$$

这就是说,如果用 L 表运算子(306),得

$$L\varphi_k(x)=k\varphi_k(x) \tag{311}$$

和[37]相仿,我们可以称 $\varphi_k(x)$ 为运算子 L 的特征函数以及 k 是相应的特征值.矩阵(310)的对角形式是直接联系于 $\varphi_k(x)$ 是运算子(306)的特征函数这个事实.

作为最后一例,我们来考虑乘以自变数 x 这个运算

$$L_1[f(x)]=xf(x) \tag{312}$$

如果我们取函数(297) 作为函数空间中的坐标系,我们来建立在空间 H 中表示这个运算子的线性变换. 和以上一样,设 a_k 是函数 $f(x)$ 的傅里叶系数,a'_k 是函数 $xf(x)$ 的傅里叶系数,这就是说

$$a'_m=\frac{1}{\sqrt{2\pi}}\int_{-\pi}^{+\pi}\mathrm{e}^{-\mathrm{i}mx}xf(x)\mathrm{d}x\quad(m=0,\pm1,\cdots)\tag{313}$$

我们需要建立以 a_k 来表示 a'_k 的线性变换.

为了计算积分(313) 我们定义函数 $\frac{1}{\sqrt{2\pi}}\mathrm{e}^{\mathrm{i}mx}x$ 的傅里叶系数:

$$c_k=\frac{1}{2\pi}\int_{-\pi}^{+\pi}\mathrm{e}^{\mathrm{i}(m-k)x}x\,\mathrm{d}x$$

用分部积分,当 $m-k\neq0$ 得

$$c_k=\frac{1}{\mathrm{i}(m-k)}\mathrm{e}^{\mathrm{i}(m-k)\pi}=\frac{(-1)^{m-k}}{\mathrm{i}(m-k)}$$

现在来决定系数 c_m:

$$c_m=\frac{1}{2\pi}\int_{-\pi}^{+\pi}x\,\mathrm{d}x=0$$

把公式(313) 改写为

$$a'_m=\frac{1}{\sqrt{2\pi}}\int_{-\pi}^{+\pi}(\overline{\mathrm{e}^{\mathrm{i}mk}x})f(x)\mathrm{d}x$$

应用广义的封闭性方程(286),其中函数 $f(x)$ 的傅里叶系数是 a_k,而函数 $\frac{1}{\sqrt{2\pi}}\mathrm{e}^{\mathrm{i}mk}x$ 的傅里叶系数由以上的公式决定. 对于 a'_m 我们得到表达式:

$$a'_m=\mathrm{i}\sum_{k=-\infty}^{+\infty}{}'\frac{(-1)^{m-k}}{m-k}a_k\tag{314}$$

求和号上加一撇表示在这里边应该除去相当于 $k=m$ 的一项. 如果在函数空间中取函数(297) 作为坐标函数,公式(314) 就给出空间 H 中相应于运算子(312) 的线性变换.

一般地,假设取某一个完全的正交正则函数系作为坐标函数

$$\varphi_1(x),\varphi_2(x),\cdots$$

如果 H 是某一个线性的厄米特运算子,并且

$$H\varphi_i(x)\sim\sum_{k=1}^{\infty}a_{ki}\varphi_k(x)$$

那么 $a_{ik}=\bar{a}_{ki}$. 设 $\psi(x)$ 是一函数,且

$$\psi(x)\sim\sum_{k=1}^{\infty}c_k\varphi_k(x)$$

是它的傅里叶阶数. 对于函数 $H\psi(x)$ 我们有一个新的傅里叶阶数

$$H\psi(x) \sim \sum_{k=1}^{\infty} c'_k \varphi_k(x)$$

我们可以证明

$$c'_k = \sum_{j=1}^{\infty} a_{kj} c_j \quad (k=1,2,\cdots)$$

如果取函数 $\varphi_k(x)$ 作为坐标函数，这个线性变换就表示运算子 H.

我们再回到求微商的运算子(306). 如果所考虑的是连续函数，那么这个运算子是不能应用到所有的函数，因为存在这样的连续函数，它对每一个值 x 都没有微商. 运算子(306) 相当于空间 H 中的线性变换(309). 如果阶数 $\sum_{k=-\infty}^{+\infty} |a_k|^2$ 是收敛的，那么阶数

$$\sum_{-\infty}^{+\infty}{}' |a'_k|^2 = \sum_{-\infty}^{+\infty} k^2 |a_k|^2$$

有可能是发散的. 这一点指出，变换(309) 不能应用到整个的空间 H，这就相当于上面所说的那一点.

第三章 群论基础和群的线性表示

52. 线性变换群

我们来讨论 n 维空间中的 U 变换的全体. 所有这些变换的行列式都不等于零,因此对于每一个被对应的矩阵 $\boldsymbol{U}$ 所完全决定的 U 变换 $\boldsymbol{Ux}$,存在一个完全确定的逆变换 $\boldsymbol{U}^{-1}\boldsymbol{x}$,这个逆变换也是 U 变换[28]. 而且,假如 $\boldsymbol{U}_1\boldsymbol{x}$ 和 $\boldsymbol{U}_2\boldsymbol{x}$ 是两个 U 变换. 那么它们的积 $\boldsymbol{U}_2\boldsymbol{U}_1\boldsymbol{x}$ 也将是 U 变换. 全体 U 变换的集合的这些性质可以简单地表示为:U 变换全体组成一个群.

一般说来,某些行列式不等于零的线性变换的集合,如果满足下面两个条件,就组成一个群:首先,如果某一个变换属于我们的集合,那么它的逆变换也属于这个集合,其次,集合中的两个变换的乘积(因子的次序可随意)仍属于这个集合,而且两个因子可以是相同的.

由于任一个变换和它的逆变换的乘积是恒等变换,我们可以断言:一个群必须包含恒等变换,也就是单位矩阵.

一般地,线性变换被它的矩阵完全决定,因此我们不论说线性变换群或矩阵群都可以.

再来举一些线性变换群的例子. 不难看出,实正交变换的全体组成一个群. 我们知道,这些实正交变换的行列式等于(± 1). 假如我们取行列式为$(+1)$的实正交变换全体,那么它们也组成一个群. 但是如果我们取行列式为(-1)的实正交变换全体,那么它们就不再组成群了,因为两个行列式为(-1)的矩阵的积的行列式等于$(+1)$.

特别地，如果我们讨论三个变数的实正交变换群，那么这个群是由(1) 空间围绕原点的转动和(2) 由转动和对于原点的对称变换所合成的变换所组成. 如果我们取三个变数的行列式为(+1) 的正交变换群，那么这个群就是空间围绕原点的转动群.

在我们所考虑的一切情形中，群包含了一个由无穷多个变换所组成的集合，其中三度空间围绕原点的转动群依赖于三个任意的实参数 —— 尤拉角，关于这个我们在前面已经说过了.

作为又一个例子，我们来讨论空间以角度 φ 围绕 Z 轴的转动，对应的公式为

$$\begin{cases} x' = x\cos\varphi - y\sin\varphi \\ y' = x\sin\varphi + y\cos\varphi \end{cases} \tag{1}$$

对于参数 φ 在区间 $(0,2\pi)$ 中所有可能的实值，显然我们得到一个群，这个群是一个无穷的变换集合，由一个参数所决定. 引进下列变换的矩阵表示：

$$\boldsymbol{Z}_\varphi = \begin{bmatrix} \cos\varphi & -\sin\varphi \\ \sin\varphi & \cos\varphi \end{bmatrix} \tag{2}$$

直接可以看出，角度为 φ_1, φ_2 的两个转动的乘积是角度为 $(\varphi_1 + \varphi_2)$ 的转动：

$$\boldsymbol{Z}_{\varphi_2}\boldsymbol{Z}_{\varphi_1} = \boldsymbol{Z}_{\varphi_2+\varphi_1} \tag{3}$$

同样有

$$\boldsymbol{Z}_{\varphi_1}\boldsymbol{Z}_{\varphi_2} = \boldsymbol{Z}_{\varphi_1+\varphi_2}$$

因此我们看出，在这个情形下，群中所有的变换，也就是群中所有的元素，是彼此可交换的. 这样的群叫作阿贝尔群. 并且，在最后一个例子中，群中两个元素的乘积可归结到对应于相乘矩阵的参数 φ 的值的相加.

我们可以把最后一个群稍微扩大一些，不仅取 XY 平面围绕原点的转动，而且取反转，就是对于 Y 轴的对称变换，而且显然，这两种运算相乘的次序是可以不管的，也就是说，首先围绕原点旋转然后对称于 Y 轴反转或者在相反的次序下进行是没有关系的. 虽然次序的改变影响乘积，但是在两种情形下，总的变换的集合还是同一个. 这就是两个变数的实正交变换. 对应的矩阵有下列形式：

$$\{\varphi, d\} = \begin{bmatrix} d\cos\varphi & -d\sin\varphi \\ \sin\varphi & \cos\varphi \end{bmatrix} \tag{4}$$

这里 φ 就是以前的参数，而 d 是等于 ± 1 的一个数. 当 $d=1$ 时我们所得到的就是 XY 平面围绕原点的转动，而当 $d=-1$ 时得到一个转动，并在转动后施行上面所提起的对称变换. 不难验算，对于矩阵(4) 的乘法有下述规则

$$\{\varphi_2, d_2\}\{\varphi_1, d_1\} = \{\varphi_1 + d_1\varphi_2, d_1 d_2\} \tag{5}$$

在这个情形下，乘积和因子的次序有关，也就是说，这个群已经不是阿贝尔

群了. 显然,三维空间的实正交变换群以及三维空间围绕原点的转动群同样地也都不是阿贝尔群.

到现在为止,我们所举的群的例子都包含变换的无穷(元素)集合,并且对应的矩阵包含任意的实参数. 现在我们来举几个只有有限个元素的例子. 设 m 是某一个正整数. 我们来讨论 XY 平面以角度

$$0,\frac{2\pi}{m},\frac{4\pi}{m},\cdots,\frac{2(m-1)\pi}{m}$$

的转动.

现在我们一共有 m 个变换,它们的矩阵是

$$\boldsymbol{Z}_{\frac{2k\pi}{m}}=\begin{bmatrix}\cos\frac{2k\pi}{m} & -\sin\frac{2k\pi}{m}\\ \sin\frac{2k\pi}{m} & \cos\frac{2k\pi}{m}\end{bmatrix}\quad(k=0,1,2,\cdots,m-1)$$

显然,这些变换组成一个群,而且这个群的元素是同一个变换的整幂,就是

$$\boldsymbol{Z}_{\frac{2k\pi}{m}}=\boldsymbol{Z}_{\frac{2\pi}{m}}^{k}\quad(k=0,1,\cdots,m-1)\tag{6}$$

这样由某一个变换的幂所组成的有限群一般地被称为巡回群.

假如我们取某一个与 π 不可通约的角度 φ_0 那么,显然变换(矩阵)

$$\boldsymbol{Z}_{\varphi_0}^{k}=\boldsymbol{Z}_{k\varphi_0}\quad(k=0,\pm 1,\pm 2,\cdots)\tag{7}$$

也组成一个群. 但是这个群包含无穷多个元素,因为对于无论哪个整指数,矩阵 $\boldsymbol{Z}_{\varphi_0}^{k}$ 总不会等于 $\boldsymbol{Z}_{\varphi_0}^{0}=\boldsymbol{I}$. 群(7) 是一个无限群,但是它的矩阵不包含连续参数. 在这种情形,我们就说群中的元素是可数的,这就是说,我们可以用整数将群中的元素编号,也就是说,我们可以给群中每一个元素以一个整数的指标,使得不同的元素有不同的指标而且每一个整数都将是某一个元素的指标. 这在包含连续参数的群中是不可能的事.

53. 正多面体群

现在我们再来举一些有限群的例子,而且这些群都是由一些三维空间围绕原点的转动所组成. 就如我们所熟知的在一定的坐标系统下,这样的转动被坐标的某些线性变换所表示. 注意,当我们说到空间围绕原点的转动时,我们只是指从原来的位置到改变成的位置的转变的最终效果. 至于这个转变用什么方法施行,完全不在我们考虑之中. 事实上,每一个线性变换决定被变换的点的坐标,但是没有说到变换的方法. 变换方法本身的研讨不在我们的讨论之内.

考虑以原点为中心单位为半径的球. 在这个球内作一个任意的正多面体,例如正八面体(图 2). 我们知道这个多面体的表面由八个等边三角形所组成. 现在来讨论三度空间围绕原点的那样一些转动,在这些转动之后,我们所取的八面体和它本来的位置重合. 不难看出,这些变换的集合成为一个群而且这个

群只包含有限多个元素.现在来计算一下这个群元素的个数.取八面体的任一个联结两个对顶点的轴.假如我们将空间以角度 $0,\frac{\pi}{2},\pi,\frac{3}{2}\pi$ 围绕原点而旋转,那么八面体与它原来的位置重合.显然,角度为0的转动对应于恒等变换,即单位矩阵.我们用

$$S_0=I,S_1,S_2,S_3 \tag{8}$$

来表示上面所提到的围绕所取轴的四个转动.

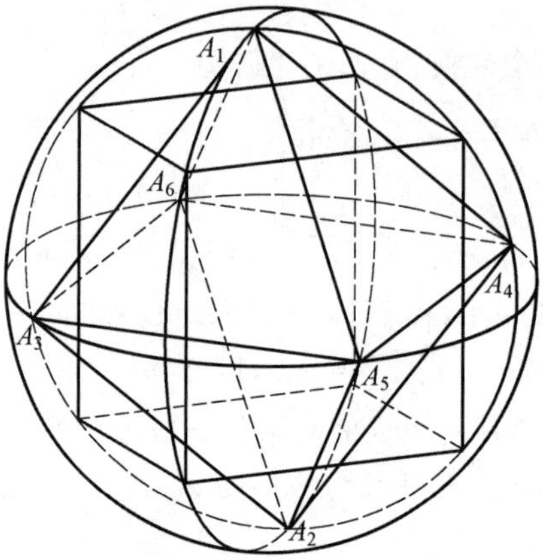

图2

设 A 是所取轴上的一个顶点.我们讨论五个线性变换

$$T_1,T_2,T_3,T_4,T_5$$

它们使八面体与原来的位置重合而顶点 A 与另五个顶点中的一个重合.除了(8)中的四个转动外,再组成下面的空间围绕原点的二十个转动:

$$T_kS_0,T_kS_1,T_kS_2,T_kS_3 \quad (k=1,2,3,4,5) \tag{9}$$

不难检验,(8)和(9)这24个转动都是不同的.这个从几何上看来是很显然的,并且也可以用下法来证明:假设

$$T_pS_q=T_{p_1}S_{q_1} \tag{10}$$

变换 S_i 对应于围绕通过顶点 A 的轴的一个转动,在这个变换下,A 保持原来的位置.当指标 p 和 p_1 不同时,变换 T_p 和 T_{p_1} 将顶点 A 变到不同的顶点,因此,由于等式(10)指标 p 和 p_1 必须相等,而因此以 $T_p^{-1}=T_{p_1}^{-1}$ 同乘这个等式,显然地 q 和 q_1 也必须相等,这就是说,等式(10)仅当左右两边的因子相同时方可成立.因此,(8)和(9)给了我们24个转动,在这些转动之下,八面体与原来的位置重合.现在来证明,具有这个性质的转动都已在这些转动之中.令 V 是某一个使八面体与自己重合的转动.假设在这个转动下顶点 A 与另一个顶点 A_j 重合而 T_j 是变换 T_k 中将 A 变到 A_j 的一个.作变换 $T_j^{-1}V$.在这个变换下八面体与自己重合而且顶点 A 也保持原来的位置.因此 A 的对顶点也保持原来的位置,

因此我们组成的变换是围绕通过顶点 A 的轴的转动 S_i 中的一个，这就是说 $T_j^{-1}V=S$，由此 $V=T_jS_i$. 换句话说，任一个将八面体变为自己的转动都已包含在我们上面所说的那 24 个转动之中. 因此，结果是，使八面体变为自己的转动群包含 24 个元素.

显然，我们可以在单位球内用下述方法作一个立方体，使得经过八面体八个面的中心的半径都以立方体的顶点作为端点. 由此可直接推出，立方体的转动群就是八面体的转动群. 假设我们另外选一个八面体的位置，而新的位置恰好由原来的位置经一个转动而得到，这个转动的矩阵是 $\boldsymbol{U}$. 假如 $\boldsymbol{V}$ 是某一个使原来的八面体变为自己的转动，那么显然地，$\boldsymbol{UVU}^{-1}$ 将给出这样一个转动：它将新的八面体变为自己，并且反过来也对. 因此，假如原来的八面体的转动群由矩阵 $\boldsymbol{V}_k(k=1,2,\cdots,24)$ 所组成，那么新的八面体的转动群就由相似的矩阵 $\boldsymbol{UV}_k\boldsymbol{U}^{-1}$ 所组成. 换句话说，我们得到一个相似的群. 一般地，假如某些矩阵 $\boldsymbol{V}_k$ 的集合组成一个群，那么对于任意一个固定的矩阵 $\boldsymbol{U}$，相似的矩阵 $\boldsymbol{UV}_k\boldsymbol{U}_{-1}$ 的集合也组成一个群. 这个不难从群的定义直接证明，我们把证明留给读者去完成. 第二个群一般地被称为与第一个相似的群.

现在来讨论正四面体，它的表面由四个等边三角形所组成而且有四个顶点. 取四面体的任意一个轴，这个轴联结它的一个顶点 A 和对面的中心. 假如围绕指定的轴依某一个方向把空间旋转角度 $0,\frac{2\pi}{3},\frac{4\pi}{3}$，那么四面体和它原来的位置重合. 令 S_0,S_1,S_2 是这些转动. 再引进三个线性变换 T_1,T_2,T_3，在这三个变换下四面体与自己重合而顶点 A 和另外三个顶点中的一个重合. 除转动 S_0，S_1,S_2 外再作九个转动 $T_kS_0,T_kS_1,T_kS_2(k=1,2,3)$. 我们得到 12 个不同的转动，而且这就是使四面体变为自己的转动的全体.

现在来考虑正二十面体，它的表面由二十个正三角形所组成，并且有十二个顶点. 像上面一样，取二十面体的任意一个轴，这个轴联结它的顶点 A 和对面的顶点. 当空间以角度 $\frac{2k\pi}{5}(k=0,1,2,3,4)$ 而转动时，二十面体和它自己重合. 令 S_k 是这些转动. 再有十一个转动 $T_l(l=1,2,\cdots,11)$，这些变换使二十面体和它自己重合而顶点 A 变到其他顶点中的一个. 使二十面体变为自己的整个转动群由五个转动 S_k 和 55 个转动 T_lS_k 所组成. 因此，这个群一共包含 60 个转动. 这个群也就是正十二面体的群，十二面体的表面由十二个正五边形所组成，并且有二十个顶点. 为了说明这个，必须将十二面体放在二十面体的对应位置，就像上面立方体之对于八面体一样.

再来考虑一个由三维空间的转动所组成的群. 假如在 XY 面上有一个正 n 边形，它的中心和坐标原点重合. 取这个 n 边形的任意一个轴，这个轴由它的一个顶点 A 和对顶点(假如 n 是偶数)，或者和它的对边的中点(假如 n 是奇数) 联结而成. 当 XY 面以角度 0 和 π 围绕这个轴而转动时, n 边形和自己重合. 第一个转动是恒等变换 1, 而我们用 S 来表示第二个转动.

除此以外, 我们有以角度 $\frac{2k\pi}{n}(k=1,2,\cdots,n-1)$ 围绕 Z 轴的转动 T_k, 在这些转动之下 n 边形也和自己重合, 而顶点 A 变至其他顶点中的一个. 当 $k=0$ 时, 得到恒等变换 $T_0=I$. 将 n 边形变为自己的整个变换群由下列 $2n$ 个变换所组成: T_k 和 $T_kS(k=0,1,2,\cdots,n-1)$.

所提到的 n 边形一般地被称为两面体, 它的表面是由两个(上面和下面)面所组成, 而所作的群叫作两面体群.

54. 劳伦次变换

我们以前所举的线性变换群的例子, 都是由 U 变换或三维空间的转动(U 变换的特殊情形)所组成. 现在我们来研究一个新的线性变换群, 它的元素不再是 U 变换. 这个群在相对论、电动力学以及在量子力学的那些和相对论密切联系着的部分中都很重要.

讨论四个变数 x_1, x_2, x_3, x_4, 其中前三个是点的空间坐标, 而最后一个变数是时间. 由于特殊相对论的关于相对运动中某一个确定的速度 c(光速)的不变性的基本要求, 产生了关于上面提起的四个变数的这样一些线性变换的问题, 在这些线性变换之下, 表达式

$$x_1^2+x_2^2+x_3^2-c^2x_4^2$$

保持不变, 这就是说, 我们需要找这样一些线性变换, 用旧变数 x_k 来表示新的变数 x'_k, 所以下式成立:

$$x'^2_1+x'^2_2+x'^2_3-c^2x'^2_4=x_1^2+x_2^2+x_3^2-c^2x_4^2$$

首先我们讨论当坐标 x_2 和 x_3 保持不变而且在线性变换中只出现变数 x_1 和 x_4 的情形. 如此, 我们就需要找这样的线性变换

$$\begin{cases}x'_1=a_{11}x_1+a_{14}x_4\\x'_4=a_{41}x_1+a_{44}x_4\end{cases}\tag{11}$$

使得

$$x'^2_1-c^2x'^2_4=x_1^2-c^2x_4^2\tag{12}$$

根据公式

$$y_1=\mathrm{i}cx_4$$

引进一个新的纯虚变数 y_1 来代替 x_4.

所说的线性变换就有下述形式:

$$\begin{cases}x'_1=\alpha_{11}x_1+\alpha_{12}y_1\\y'_1=\alpha_{21}x_1+\alpha_{22}y_1\end{cases}\tag{13}$$

此处

$$\alpha_{11}=a_{11};\alpha_{12}=\frac{a_{14}}{\mathrm{i}c};\alpha_{21}=\mathrm{i}ca_{41};\alpha_{22}=a_{44}$$

而条件(12) 可以重写为下述形式：

$$x'^2_1+y'^2_1=x_1^2+y_1^2 \tag{14}$$

系数 α_{11} 和 α_{22} 应该是实数而 α_{12} 和 α_{21} 应该是纯虚数，因此用 $\alpha_{12}=\mathrm{i}\beta_{12}$ 和 $\alpha_{21}=\mathrm{i}\beta_{21}$ 表示. 显然，条件(14) 相当于说变换(13) 是正交的，因此我们可以写下，每一行和每一列的元素的平方和必须等于单位. 很容易验算，我们马上就得出 $\beta_{12}^2=\beta_{21}^2=\alpha_{11}^2-1=\alpha_{22}^2-1$ 和 $\alpha_{11}^2=\alpha_{22}^2$. 假设 $\alpha_{22}=\alpha$ 和 $\beta_{12}=\alpha\beta$. 我们将认为系数 α_{11} 和 α_{22} 是正的，这相当于不改变计算 x_1 和 x_4 的方向. 因此由于上述的关系，我们可用

$$x'_1=\alpha x_1+\mathrm{i}\alpha\beta y_1$$

$$y'_1=\alpha_{21}x_1+\alpha y_1$$

来代替(13) 行的正交条件

$$\alpha\alpha_{21}+\mathrm{i}\alpha^2\beta=0$$

给出 $\alpha_{21}=\mathrm{i}\alpha\beta$，这就是说，$\beta_{12}$ 和 β_{21} 必须异号. 最后，条件

$$\alpha_n^2+\alpha_{12}^2=1$$

给出

$$\alpha^2-\alpha^2\beta^2=1 \text{ 或 } \alpha=\frac{1}{\sqrt{1-\beta^2}}\quad(\beta^2<1)$$

因此最后我们得到下述公式：

$$x'_1=\frac{x_1+\mathrm{i}\beta y_1}{\sqrt{1-\beta^2}};y'_1=\frac{-\mathrm{i}\beta x_1+y_1}{\sqrt{1-\beta^2}}$$

或者，再从变数 $y_1=\mathrm{i}cx_4$ 还原到原来的变数 x_4：

$$x'_1=\frac{x_1-\beta cx_4}{\sqrt{1-\beta^2}};x'_4=\frac{-\frac{\beta}{c}x_1+x_4}{\sqrt{1-\beta^2}} \tag{15}$$

从这两个等式可直接推出，变数 x' 所对应的坐标系统对原来的坐标系统以速度

$$v=\beta c \tag{16}$$

按照 x_1 的方向而移动. 因为假如取 x'_1 为常数我们就有

$$\mathrm{d}x_1-\beta c\,\mathrm{d}x_4=0,\text{即}\frac{\mathrm{d}x_1}{\mathrm{d}x_4}=\beta c$$

按照公式(16)，引进速度 v 来代替 β 并用 x 代替 x_1，t 代替 x_4，我们就得到两个变数的劳伦次变换的通常的形式

$$x' = \frac{v - vt}{\sqrt{1 - \frac{v^2}{c^2}}};t' = \frac{-\frac{v}{c^2}x + t}{\sqrt{1 - \frac{v^2}{c^2}}} \tag{17}$$

在 $c \to \infty$ 的极限情形，我们就得到古典力学相对运动的一般公式

$$x' = x - vt;t' = t$$

不难检验，一个实参数的劳伦次变换(17)，组成一个群. 对于 x 和 t 解方程(17)，我们得到(17) 的逆变换. 现在来说明，这个逆变换也是一个劳伦次变换，它是从变换(17) 将$(-v)$ 代替 v 而得到的. 事实上，解方程(17)，就有

$$\left(1 - \frac{v^2}{c^2}\right)x = \sqrt{1 - \frac{v^2}{c^2}}\,(x' + vt')$$

$$\left(1 - \frac{v^2}{c^2}\right)t = \sqrt{1 - \frac{v^2}{c^2}}\,\left(\frac{v}{c^2}x' + t'\right)$$

由此立即推出

$$x = \frac{x' + vt'}{\sqrt{1 - \frac{v^2}{c^2}}};t = \frac{\frac{v}{c^2}x' + t'}{\sqrt{1 - \frac{v^2}{c^2}}}$$

现在来讨论对应于参数值 $v = v_1$ 和 $v = v_2$ 的两个劳伦次变换 L_1 和 L_2. 作它们的乘积 L_2L_1 并来证明这个积也是劳伦次变换. 我们要求以下二矩阵的乘积：

$$\begin{bmatrix} \frac{1}{\sqrt{1-\beta_2^2}} & -\frac{\beta_2 c}{\sqrt{1-\beta_2^2}} \\ -\frac{\frac{\beta_2}{c}}{\sqrt{1-\beta_2^2}} & \frac{1}{\sqrt{1-\beta_2^2}} \end{bmatrix} \begin{bmatrix} \frac{1}{\sqrt{1-\beta_1^2}} & -\frac{\beta_1 c}{\sqrt{1-\beta_1^2}} \\ -\frac{\frac{\beta_1}{c}}{\sqrt{1-\beta_1^2}} & \frac{1}{\sqrt{1-\beta_1^2}} \end{bmatrix}$$

此处

$$\beta_1 = \frac{v_1}{c};\beta_2 = \frac{v_2}{c}$$

应用矩阵乘法的一般法则，我们得到乘积为

$$\frac{1 + \beta_1\beta_2}{\sqrt{1-\beta_2^2}\,\sqrt{1-\beta_1^2}} \begin{bmatrix} 1 & -\frac{\beta_1 c + \beta_2 c}{1 + \beta_1\beta_2} \\ -\frac{\frac{\beta_1}{c} + \frac{\beta_2}{c}}{1 + \beta_1\beta_2} & 1 \end{bmatrix} \tag{18}$$

引进一个新的量

$$v_3 = \frac{v_1 + v_2}{1 - \frac{v_1 v_2}{c^2}} \tag{19}$$

不难验算出下列恒等式为正确：

$$\frac{1+\frac{v_1 v_2}{c^2}}{\sqrt{1-\frac{v_2^2}{c^2}}\sqrt{1-\frac{v_1^2}{c^2}}}=\frac{1}{\sqrt{1-\frac{v_3^2}{c^2}}}$$

并且矩阵(18) 可以写作下列形式：

$$\begin{bmatrix} \frac{1}{\sqrt{1-\beta_3^2}} & -\frac{\beta_3 c}{\sqrt{1-\beta_3^2}} \\ -\frac{\frac{\beta_3}{c}}{\sqrt{1-\beta_3^2}} & \frac{1}{\sqrt{1-\beta_3^2}} \end{bmatrix} \quad \left(\beta_3=\frac{v_3}{c}\right)$$

这就是说，它也对应于一个参数值 $v=v_3$ 的劳伦次变换. 因此公式(19) 就是特殊相对论中速度相加的法则. 如果在公式(19) 中假设 $v_1=c$，那么很容易算出，结果所得的速度 $v_3=c$，这就是说，当两个运动相加时速度 c 确实是不变的.

在公式(15) 推演过程中，我们用一定的方法固定了线性变换(11) 的系数的符号，就是认为系数 a_{11} 和 a_{44} 是正的. 这个要求可以用另外一个方法来代替，就是：系数 a_{44} 和行列式

$$a_{11}a_{44}-a_{12}a_{21} \tag{20}$$

是正的.

不难看出，作为一个推论，从这两个假设可得出 a_{11} 是正的，反过来也对. 事实上，变换(17) 的行列式等于(+1)，这就是说，当 $a_{11}>0$ 时，行列式(20) 也是正的. 假如我们取 $a_{11}=-\alpha$ 和 $a_{44}=\alpha$，其中 $\alpha>0$，那么就得到一个行列式为(−1) 的变换. 系数 a_{44} 是正的条件相当于：当 x_1 被固定而 $x_4\to\infty$ 时，我们有 $x'_4\to\infty$. 我们可以说，这是相当于读时间的方向的不变性. 因此，公式并没有给出所有满足条件(12) 的变换，而只给出了那些行列式(20) 为正并且不改变时间的方向的变换.

现在我们来讨论四个变数 $x_k(k=1,2,3,4)$ 的一般劳伦次变换，这里必须满足条件：

$$x'^2_1+x'^2_2+x'^2_3-c^2x'^2_4=x_1^2+x_2^2+x_3^2-c^2x_4^2 \tag{21}$$

将 $x_k(k=1,2,3)$ 和 $x'_k(k=1,2,3)$ 考虑作为两个不同的三维空间 R 和 R' 中的笛卡儿坐标. 我们来证明，在这两个空间中用适当的方法选取坐标轴后，我们可以将一般的劳伦次变换化为上面讨论过的特殊情形. 用 T 表示一般的劳伦次变换而用 S 表示上述形式的特殊劳伦次变换. 我们的断言相当于说我们可以将 T 表示成

$$T=VSU \tag{22}$$

此处 U 和 V 是两个实正交变换，相当于前面所提起的空间 R 和 R' 中的坐标变

换.

和前面一样,我们引进四个新变数

$$y_1 = x_1; y_2 = x_2; y_3 = x_3; y_4 = \mathrm{i}cx_4$$

并用同样的方法引进

$$y'_1 = x'_1; y'_2 = x'_2; y'_3 = x'_3; y'_4 = \mathrm{i}cx'_4$$

代替条件(21),对于新的变数我们有通常的正交条件

$$y'^2_1 + y'^2_2 + y'^2_3 + y'^2_4 = y_1^2 + y_2^2 + y_3^2 + y_4^2 \tag{23}$$

我们所要找的线性变换应该有下述形式:

$$y'_k = \alpha_{k1} y_1 + \alpha_{k2} y_2 + \alpha_{k3} y_3 + \alpha_{k4} y_4 \quad (k = 1,2,3,4) \tag{24}$$

考虑 y_4 和 y'_4 必须是纯虚的,我们可以断言,系数 $\alpha_{k1}, \alpha_{k2}, \alpha_{k3}$,当 $k=1,2,3$,和 α_{44} 都必须是实数,而系数 $\alpha_{41}, \alpha_{42}, \alpha_{43}$ 和 α_{k4} 当 $k=1,2,3$,必须是纯虚数.空间 R' 中坐标轴的变换就等于对于变换 y'_1, y'_2, y'_3 作实正交变换.现在来讨论系数:

$$\alpha_{14} = \mathrm{i}\beta_{14}; \alpha_{24} = \mathrm{i}\beta_{24}; \alpha_{34} = \mathrm{i}\beta_{34}$$

三个实数 $\beta_{14}, \beta_{24}, \beta_{34}$ 决定一个矢量,假如我们取这个向量的方向作为空间 R' 中第一个新的坐标轴,那么,在对应的正交变换的结果中系数 α_{24} 和 α_{34} 变为零.为了说明这一事实,只需注意:由于公式(24),对于变数 y'_1, y'_2, y'_3 的正交变换,可化为对于 $\beta_{14}, \beta_{24}, \beta_{34}$ 的同样的变换.这样,我们就认为空间 R' 的这样一个变换已经施行了,因此我们有 $\alpha_{24} = \alpha_{34} = 0$.条件(23)指出,变换(24)的系数必须满足通常正交变换的条件.考虑到上面所提起的变数等于零,再考虑第二行和第三行,我们就得到下列条件:

$$\alpha_{k1}^2 + \alpha_{k2}^2 + \alpha_{k3}^2 = 1 \quad (k = 2,3)$$

$$\alpha_{21}\alpha_{31} + \alpha_{22}\alpha_{32} + \alpha_{23}\alpha_{33} = 0$$

这里所有的系数都是实数,由于所写的条件,分量为($\alpha_{21}, \alpha_{22}, \alpha_{23}$)和($\alpha_{31}, \alpha_{32}, \alpha_{33}$)的两个向量必须有单位长并且是互相垂直的.假如我们在空间 R 中取这两个矢量作为 X_2 和 X_3 轴方向的标架,那么表示上述两向量和变向量(y_1, y_2, y_3)的内积的两个和

$$\alpha_{k1} y_1 + \alpha_{k2} y_2 + \alpha_{k3} y_3 \quad (k = 2,3)$$

就只由 y_2 和 y_3 所表示,这就是说,对于这样选择的坐标轴,我们有

$$\alpha_{22} = \alpha_{33} = 1; \alpha_{21} = \alpha_{23} = \alpha_{31} = \alpha_{32} = 0$$

这样一来,在两个空间中都这样选定坐标轴之后,变换(24)的矩阵就将是

$$\begin{bmatrix} \alpha_{11} & \alpha_{12} & \alpha_{13} & \alpha_{14} \\ 0 & 1 & 0 & 0 \\ 0 & 0 & 1 & 0 \\ \alpha_{41} & \alpha_{42} & \alpha_{43} & \alpha_{44} \end{bmatrix} \tag{25}$$

这个矩阵是开始所提到的矩阵被两个正交变换相乘而得到的结果,这两个

变换只说到前三个变数,但是它们当然可以被考虑为四个变数的正交变换,不过第四个变数保持不变. 由于两个正交变换的乘积仍是正交变换,我们可以断言,矩阵(25) 的元素仍将满足正交条件. 写下第一行正交于第二、三行的条件,我们得到

$$\alpha_{12}=\alpha_{13}=0$$

而第四行与第二、三行正交的条件给出

$$\alpha_{43}=\alpha_{42}=0$$

最后我们得到下面的矩阵:

$$\begin{bmatrix}\alpha_{11} & 0 & 0 & \alpha_{14}\\ 0 & 1 & 0 & 1\\ 0 & 0 & 1 & 0\\ \alpha_{41} & 0 & 0 & \alpha_{44}\end{bmatrix}$$

这就是说,在这个情形下,我们有线性变换

$$y'_1=\alpha_{11}y_1+\alpha_{14}y_4$$
$$y'_4=\alpha_{41}y_1+\alpha_{44}y_4$$

它必须满足条件

$$y'^2_1+y'^2_4=y_1^2+y_4^2$$

我们所要的就是这样的变换,并且它使我们化为形式(15) 的特殊劳伦次变换,因此我们可认为公式(22) 已经被建立起来了. 只需注意,当决定变换 S 时,符号的选择法则和前面有同样的意义,假如我们要求一般劳伦次变换不改变时间的方向而且它的行列式大于零. 我们总可认为正交变换 U 和 V 是三维空间的转动,因此它们的行列式大于零,并且不牵涉以第四个变数. 这样一来我们对变换 S 有这样的要求:S 的行列式大于零并且它不变时间的方向,这就是说,在所给的对于一般变换 T 的假设之下,对于特殊的变化我们又已经把它化为前面的那种条件,在这种条件下,公式已经求出来了. 满足前面所提出的两个条件的一般劳伦次变换叫作正劳伦次变换. 从以上的讨论可知,它们的矩阵可按照公式(22) 而得到,其中 S 是形式为(15) 的特殊劳伦次变换而 U 和 V 是三维空间转动的矩阵. 可以验明,就像变换(15) 一样,正劳伦次变换组成一个群.

以上的讨论指出,只由条件(21) 所决定的更一般的劳伦次变换的矩阵可由公式(22) 得到,其中 U 和 V 是转动而 S 是两个变数的一般劳伦次变换. 假如这是一个正变换,那么从公式(15) 可直接推出 $D(s)=1$,而且任一个正劳伦次变换的行列式都等于1,因为 U 和 V 的矩阵等于1,而且我们把 U,S 和 V 的矩阵都考虑作为四阶矩阵. 很容易验明,在二阶劳伦次变换的一般情况下,行列式可等于(±1),因此,一般劳伦次变换的行列式也可以是(±1).

55. 置换

到现在为止，我们讨论了许多元素是线性变换的群的例子. 群的概念不一定要和线性变换的运算相联系而可以用另外性质的运算来建立. 现在我们来讨论一种前面已经遇到过的运算，就是来讨论置换. 首先来说明关于置换的几个基本事实和概念.

假设有 n 个任意的物件，像在[2] 一样，我们可以把它们编号，即可认为它们就是整数 $1,2,\cdots,n$. 我们知道，我们可以由这些数组成 $n!$ 个排列. 取这些排列中的一个

$$p_1 p_2 \cdots p_n \tag{26}$$

所有 p_k 的全体给出从 1 到 n 的一切整数，而且在排列(26) 中它们排列成一定的次序. 将排列(26) 和基本的排列 $1,2,\cdots,n$ 比较：

$$\begin{pmatrix} 1 & 2 & \cdots & n \\ p_1 & p_2 & \cdots & p_n \end{pmatrix} (\boldsymbol{P}) \tag{27}$$

从基本排列到排列(26) 是由将 1 换成 p_1，2 换成 p_2 等而得到的. 把这个变换用字母 $\boldsymbol{P}$ 表示并在以后称它为置换. 现在来定义逆置换 $\boldsymbol{P}^{-1}$ 的概念. 这就是将(26) 变为基本排列的运算，就是将 p_1 换成 1 将 p_2 换成 2 等的一种运算. 我们用特例来说明这一事实：取 $n=5$ 并考虑置换

$$\begin{pmatrix} 1 & 2 & 3 & 4 & 5 \\ 3 & 2 & 5 & 1 & 4 \end{pmatrix} (\boldsymbol{P})$$

这变换为

$$\begin{pmatrix} 1 & 2 & 3 & 4 & 5 \\ 4 & 2 & 1 & 5 & 3 \end{pmatrix} (\boldsymbol{P}^{-1})$$

很容易看出

$$(\boldsymbol{P}^{-1})^{-1} = \boldsymbol{P} \tag{28}$$

现在来引进置换的积的概念. 设 $\boldsymbol{P}_1$ 和 $\boldsymbol{P}_2$ 是任意两个置换. 置换积 $\boldsymbol{P}_2\boldsymbol{P}_1$ 是这样的一个置换，它是首先实行 $\boldsymbol{P}_1$，然后实行 $\boldsymbol{P}_2$ 所得的结果. 例如，假如我们取两个置换

$$\begin{pmatrix} 1 & 2 & 3 & 4 & 5 \\ 5 & 1 & 4 & 3 & 2 \end{pmatrix} (\boldsymbol{P}_2) \quad 和 \quad \begin{pmatrix} 1 & 2 & 3 & 4 & 5 \\ 3 & 1 & 5 & 2 & 4 \end{pmatrix} (\boldsymbol{P}_1)$$

那么它们的积 $\boldsymbol{P}_2\boldsymbol{P}_1$ 就是置换

$$\begin{pmatrix} 1 & 2 & 3 & 4 & 5 \\ 4 & 5 & 2 & 1 & 3 \end{pmatrix} (\boldsymbol{P}_2\boldsymbol{P}_1)$$

显然地，逆置换 $\boldsymbol{P}^{-1}$ 由条件

$$\boldsymbol{P}^{-1}\boldsymbol{P} = \boldsymbol{P}\boldsymbol{P}^{-1} = \boldsymbol{I} \tag{29}$$

完全决定,这里我们用 $\boldsymbol{I}$ 表示单位置换,就是把每一个元素都变为自己的置换.

连续实行几个置换,我们就可以组成几个置换的乘积 $\boldsymbol{P}_3\boldsymbol{P}_2\boldsymbol{P}_1$. 很容易看出,这样的乘积满足结合律,即

$$\boldsymbol{P}_3(\boldsymbol{P}_2\boldsymbol{P}_1)=(\boldsymbol{P}_3\boldsymbol{P}_2)\boldsymbol{P}_1 \tag{30}$$

实际上,实行置换 $\boldsymbol{P}_1$,然后我们可以实行 $\boldsymbol{P}_2$ 和 $\boldsymbol{P}_3$,或者用实行一个置换 $(\boldsymbol{P}_3\boldsymbol{P}_2)$ 来代替连续实行 $\boldsymbol{P}_2$ 和 $\boldsymbol{P}_3$,这个置换是与连续实行 $\boldsymbol{P}_2$ 和 $\boldsymbol{P}_3$ 等价的. 最后我们指出,单位置换显然满足下列条件

$$\boldsymbol{IP}=\boldsymbol{PI}=\boldsymbol{P} \tag{31}$$

此处 $\boldsymbol{P}$ 是任意一个置换. 置换的乘积一般来说不满足交换律,即 $\boldsymbol{P}_2\boldsymbol{P}_1$ 和 $\boldsymbol{P}_1\boldsymbol{P}_2$ 一般是不同的置换. 我们建议用上面的例子来验明这一事实. 我们用这样的方法建立了乘积,逆置换和单位置换的基本概念,完全和以前对线性变换(矩阵)的作法相似.

现在我们可以继续用类似的方法进一步建立群的概念,即如果一个置换的集合满足下述两条件:首先,假如某一个置换属于我们的集合,那么它的逆置换也属于这个集合;其次,集合中两个置换的乘积(取任意的次序)仍属于这个集合,那么这个集合就组成一个群. 和在线性变换的情形下一样,很明显地单位置换必须属于一个群.

显然,所有 $n!$ 个置换的集合组成一个群,现在来建立另一个群,这个群只由前者的一部分所组成. 注意,每一个置换都可由某一些对换得出[2]. 而且对于一个已知的置换,对换的数目可以是不同的,但是我们在前面已证明,对于已知的置换,这个数目的奇偶不变. 由偶数个对换组成的置换组成一个群. 由全体置换所组成的群一般称为对称群,而由偶置换,即可分解为偶数个对换的置换,所组成的群称作交替群.

现在来讨论一种特殊形式的置换. 设 $l_1,l_2,\cdots,l_m$ 是前 n 个数字中的任意 m 个不同的数字. 假设我们的置换由将 l_1 换成 l_2,l_2 换成 l_3 等 l_{m-1} 换成 l_m,以及最后 l_m 换成 l 所组成. 这种形式的置换称作轮换并用符号 $(l_1,l_2,\cdots,l_m)$ 表示. 将括号内的数字作循环置换,我们就得到

$$(l_2,l_3,\cdots,l_m,l_1)(l_3,l_4,\cdots,l_m,l_1,l_2)\cdots$$

等轮换,显然这些轮换都和 $(l_1,l_2,\cdots,l_m)$ 给出同一个置换. 如果 $m=1$,即我们有轮换 (l_1),那么显然地这个轮换与单位置换等价,因此没有考虑的价值. 显然,两个数字的轮换 (l_1,l_2) 与元素 l_1 与 l_2 的对换等价.

假如两个轮换没有公共元素,那么它们的乘积与因子的次序无关.

例如,假设 $n=5$,且我们有两个无公共元素的轮换的乘积

$$(1,3)(2,4,5) \text{ 和 } (2,4,5)(1,3)$$

显然,这两个乘积都给出同一个置换

$$\begin{pmatrix}1 & 2 & 3 & 4 & 5\\3 & 4 & 1 & 5 & 2\end{pmatrix}$$

我们可以将任一个置换 $\boldsymbol{P}$ 化为没有公共元素的轮换的乘积. 为了做这件事,取元素,并应用它作为轮换的第一个元素. 取经置换 $\boldsymbol{P}$ 由 1 得到的元素作为轮换的第二个元素. 设这个元素为 l_2. 再取经置换 $\boldsymbol{P}$ 由 l_2 所得的元素作为第三个元素,如此继续下去,直到经 $\boldsymbol{P}$ 变为 1 的元素为止. 这个将是组成轮换的最后一个元素. 不难看出,这个轮换不可能包含相同的元素. 这样组成的轮换一般来说不包含 n 个元素的全体. 从剩下的元素中取任一个作为新的轮换的第一个元素,并且和上面一样组成第二个轮换,等等.

例如,当 $n=6$ 时,取置换

$$\begin{pmatrix}1 & 2 & 3 & 4 & 5 & 6\\3 & 6 & 4 & 1 & 2 & 5\end{pmatrix}$$

应用上面的方式,可以将它化为轮换积的形式

$$\begin{pmatrix}1 & 2 & 3 & 4 & 5 & 6\\3 & 6 & 4 & 1 & 2 & 5\end{pmatrix}=(1,3,4)(2,6,5)$$

而且右边因子的次序对乘积不起作用.

很容易看出,两个对换的乘积可以化成三元轮换的乘积. 假如两个二元轮换没有公共元素,那么,不难看出,我们有:

$$(l_3,l_4)(l_1,l_2)=(l_1,l_3,l_4)(l_1,l_2,l_4)$$

而当存在公共元素时,有

$$(l_1,l_3)(l_1,l_2)=(l_1,l_2,l_3)$$

因此,交替群中的每一个元素都可化为三元轮换乘积的形式.

再指出一元,置换的第一行,可用数字的任何次序来代替数字的自然顺序. 重要的只是,在每一个数字下面应写下它经过所取置换所变成的数字. 我们取同一个置换的两种写法作为例子:

$$\begin{bmatrix}1 & 2 & 3 & 4 & 5\\3 & 2 & 5 & 1 & 4\end{bmatrix}=\begin{bmatrix}3 & 1 & 5 & 4 & 2\\5 & 3 & 4 & 1 & 2\end{bmatrix}$$

没有某一个置换

$$\boldsymbol{P}=\begin{pmatrix}a_1 & a_2 & a_3 & \cdots & a_n\\b_1 & b_2 & b_3 & \cdots & b_n\end{pmatrix}$$

显然我们可以将逆置换写成:

$$\boldsymbol{P}^{-1}=\begin{pmatrix}b_1 & b_2 & b_3 & \cdots & b_n\\a_1 & a_2 & a_3 & \cdots & a_n\end{pmatrix}$$

没有两个置换,而且我们把第二个置换写成两个形式:

$$\boldsymbol{P}=\begin{bmatrix}1 & 2 & \cdots & n\\ c_1 & c_2 & \cdots & c_n\end{bmatrix};\boldsymbol{Q}=\begin{bmatrix}1 & 2 & \cdots & n\\ d_1 & d_2 & \cdots & d_n\end{bmatrix}=\begin{pmatrix}c_1 & c_2 & \cdots & c_n\\ f_1 & f_2 & \cdots & f_n\end{pmatrix}$$

我们有

$$\boldsymbol{PQ}^{-1}=\begin{bmatrix}1 & 2 & \cdots & n\\ c_1 & c_2 & \cdots & c_n\end{bmatrix}\begin{bmatrix}d_1 & d_2 & \cdots & d_n\\ 1 & 2 & \cdots & n\end{bmatrix}=\begin{pmatrix}d_1 & d_2 & \cdots & d_n\\ c_1 & c_2 & \cdots & c_n\end{pmatrix}$$

因此

$$\boldsymbol{QPQ}^{-1}=\begin{pmatrix}c_1 & c_2 & \cdots & c_n\\ f_1 & f_2 & \cdots & f_n\end{pmatrix}\begin{pmatrix}d_1 & d_2 & \cdots & d_n\\ c_1 & c_2 & \cdots & c_n\end{pmatrix}=\begin{pmatrix}d_1 & d_2 & \cdots & d_n\\ f_1 & f_2 & \cdots & f_n\end{pmatrix}$$

从上面的写法可以推出下述规则：为了得到置换 $\boldsymbol{QPQ}^{-1}$，只须对置换

$$\boldsymbol{P}=\begin{bmatrix}1 & 2 & \cdots & n\\ c_1 & c_2 & \cdots & c_n\end{bmatrix}$$

的两行，同时施行置换 Q.

56. 抽象群

在群的定义中，我们可以完全离开那些使一个集合成为群的运算的具体意义，在前面讨论的群中，这些运算是线性变换和置换的乘法. 因此我们引向抽象群的概念.

抽象群是某些符号的一个集合，对于这些元素在下述意义下定义了乘法：给定一个规则，按照这个规则从集合中的两个元素 P 和 Q（相异的或相同的）可得到第三个也属于这个集合的元素. 乘法必须满足下述之条件：

(1) 乘法必须服从结合律，即 $(RQ)P=R(QP)$，由此可一般地推出：在任一个乘积中，可任意结合其中的元素，当然，因子的次序不能改变.

(2) 在我们的集合中必须存在唯一的元素 E，用它左乘或右乘任一个元素，仍与这个元素相等，即

$$EP=PE=P \tag{32}$$

元素 E 称作单位元素.

(3) 对集合中任一个元素 P，存在集合中的另一个元素 Q，满足

$$QP=PQ=E\quad (Q=P^{-1}) \tag{33}$$

当 $P=E$ 时，从(32)得出 $EE=E$，即根据逆元素的定义，E 的逆元素将是 E 自己 $(E^{-1}=E)$.

可以用较为狭小的形式来规定定义抽象群的条件，而且其他的条件可以作为这些条件的必然的推论，但是我们不准备讨论这个. 我们只一般地讨论和抽象群的概念有关的几个简单而重要的事实. 群的理论的研究所给出的材料本身可以成为一本完整的书. 我们的目的只是告诉读者一些基本概念，并且这些概念将有助我们阅读物理书籍，在这些书中常常应用群的概念并且时常利用群的

基本性质.以后我们有时候写 I 来代替 E.由关系式(33)所决定的元素 Q 称为 P 的逆元素并用 P^{-1} 来表示.显然,关系式(28)成立,因为从(33)可推出 P 是 Q 的逆元素.

建立了抽象群的概念以后,我们现在来说明某些新的概念,同时来证明一些抽象群的性质.首先我们要注意,就像前面一样,群的元素数可以是有限的,也可以是无限的,讨论群中主元素的一个乘积

$$RQP$$

这也是群中的一个元素.它的逆元素可以由线性变换群的同样方法得到,即

$$(RQP)^{-1}=P^{-1}Q^{-1}R^{-1}$$

这个很容易用乘法和结合律来验明.令 P 是群中的某一个元素,它的正整数幂

$$P^0=I,P^1,P^2,\cdots$$

也都是群中的元素.假如存在正整数 m 使得 $P^m=I$,那么就说这个元素是有限阶的,而且使得 $P^m=I$ 成立的最小的正整数 m 称作这个元素的阶.在这种情形之下,元素

$$I,P^1,P^2,\cdots,P^{m-1}$$

之中已不可能有相同的.实验上,从条件 $P^k=P^l(k<l)$ 直接得出 $P^{l-k}=I$.显然,在有限群中所有的元素都是有限阶的.

用 P_α 表示我们群中的元素.假如群是有限的,那么可以认为指标 α 取过有限的正整数值.假如群是无限的,那么它可以取过所有的整值[52],可以连续地变,并且甚至可以和某一些连续改变的值等价.设 U 是我们群中某一个固定的元素.组成所有可能的乘积 UP_α.不难看出,当指标 α 改变时,所写的乘积 α 一次并且只是一次地给出了群中所有的元素.

事实上,以 U^{-1} 乘等式

$$UP_{\alpha_1}=UP_{\alpha_2}$$

的左边马上得到 $P_{\alpha_1}=P_{\alpha_2}$,即对不同的 α 乘积 UP_α 也不相同.现在证明我们群中的任一元素都是这种乘积.事实上,等式 $UP_\alpha=P_{\alpha_0}$ 就等于 $P_\alpha=U^{-1}P_{\alpha_0}$,即当所乘的因子 P_α 是群中元素 $U^{-1}P_{\alpha_0}$ 时,乘积 UP_α 就给出元素 P_{α_0}.如果把固定的元素 U 不写在左边而写在右边我们也得到同样的结果.于是我们有下面的结果.如果 P_α 通过所有的群中元素而且 U 是某一个群中固定元素,则乘积 UP_α(或 $P_\alpha U$)也通过群中每一元素一次.

我们来看群的一个特别的例子.设群由六个元素组成(六阶群),以下面的字母表示它的元素:

$$E,A,B,C,D,F$$

我们以下面的表来定义乘法规律：

	E	A	B	C	D	F
E	E	A	B	C	D	F
A	A	E	D	F	B	C
B	B	F	E	D	C	A
C	C	D	F	E	A	B
D	D	C	A	B	F	E
F	F	B	C	A	E	D

(34)

我们以下面的方式利用这个乘法表来决定乘积. 例如我们要找乘积 DB，我们就在第一行找出 B，在第一列找出 D 并在对应的行和列的相交处找到元素 A_1，这就是乘积 DB. 不难相信，在这情形下所有以前我们提到用以定义抽象群的条件都能被满足，而且元素 E 就是单位元素.

在前面几节中，我们有过一些群的抽象概念具体实现的例子. 一种情形是把线性变换(它的矩阵)作为元素，两个元素的相乘就是两个线性变换连续作用，即对应于这两个变换矩阵的相乘. 另一个情形是把置换作为元素而两个元素的相乘就是两个置换的连续施行. 我们还要引一个群的具体实现的例子.

令所有的复数是群的元素，两个元素的相乘就是对应复数的相加. 在这种情形下数零就是单位元素. 复数 α 的逆元素就是数$(-\alpha)$，我们也可以取所有 $n-$ 维复空间的向量 $\boldsymbol{x}(x_1,x_2,\cdots,x_n)$ 为元素，即定义元素的相乘就是对应向量的相加. 这时零向量就是单位元素. 换一种说法，就是，R_n 中的向量是群的元素，而向量的加法就是群的运算. 注意在刚才的两个例子中，群的两个元素的乘积不依赖于相乘的次序，即所谓群中任意两个元素是可交换的，这种群被称为阿贝尔群[45]. 最简单的阿贝尔群的例子是所谓巡回群，它由单位元素 E 和某一元素 P 的方幂所组成. 如果 m 是最小的正整数，使得 $P^m=E$，则巡回群包含 m 个元素：$E,P,P^2,\cdots,P^{m-1}$. 如果这样的 m 不存在，则巡回群就是无限的：$E,P,P^2,\cdots$.

57. 子群

有某一个群 G，设集合 H 只包含 G 群元素的一部分，而且在原来的乘法运算下成为一个群. 在这情形下群 H 被称为群 G 的子群. 不难看出，仅由 G 群的单位元素所组成的集合永远是一个子群. 这种叫作显然子群. 以后在说到子群时自然不是指这种显然子群.

把子群 H 的元素记为 H_α，令 G_1 为不属于 H 的 G 群的一个元素. 在上面我们已看到，乘积 G_2H_α 给出 G 中不同的元素，而且这些元素都不属于 H. 因为假如我们有指标 α 的两个值 α_1 和 α_2 使 $G_1H_{\alpha_1}=H_{\alpha_1}$，于是 $G_1=H_{\alpha_2}H_{\alpha_1}^{-1}$，即 G_1 必

须属于 H，而与假设的条件矛盾. 现在设 G_1, G_2 是群 G 中两个不同的元素，而且它们都不属于子群 H. 我们证明，元素的集合 $G_1 H_\alpha$ 和 $G_2 H_\alpha$ 没有共同的元素，不然它们就互相重合，即都由同样的元素组成. 事实上，如果当指标 α 在取某些值时我们有 $G_2 H_{\alpha_2} = G_1 H_{\alpha_1}$，则有 $G_2 = G_1 H_{\alpha_1} H_{\alpha_2}^{-1} = G_1 H_{\alpha_s}$，即 G_2 属于元素 $G_1 H_\alpha$ 组成的集合，同样 G_1 属于元素 $G_2 H_\alpha$ 组成的集合. 由此推出乘积 $G_1 H_\alpha$ 和 $G_2 H_\alpha$ 决定相同的元素集合.

取子群 H 中所有的元素 H_α. 它们还不是所有 G 的元素. 现在看某一个不属于 H 的元素 G_1，做出所有可能的乘积 $G_1 H_\alpha$，由前面可以看出所有这些元素都与 H_α 不同.

可能元素 H_α 及 $G_1 H_\alpha$ 还不组成 G. 就取某一个既不属于 H_α 一类，也不属于 $G_1 H_\alpha$ 类的元素 G_2，然后做出所有可能的乘积 $G_2 H_\alpha$. 由上面看出，元素 $G_2 H_\alpha$ 与所有的 H_α 及 $G_1 H_\alpha$ 都不同. 如果元素 $H_\alpha, G_1 H_\alpha, G_2 H_\alpha$ 还不组成 G，则再联某一元素 G_3，它不属于上述三个集合，然后组成所有的乘积 $G_3 H_\alpha$，于是我们就得到 G 的新的元素，如此一直做下去. 我们假设只经过有限个这种步骤就得到了所有 G 的元素. 可设需要取 $(m-1)$ 个元素 G_k 才能达到这种情形. 在这情形下所有 G 群的元素都可以表作下面的形式：

$$H_\alpha, G_1 H_\alpha, G_2 H_\alpha, \cdots, G_{m-1} H_\alpha \tag{35}$$

其中指标 α 通过对应于子群 H 的所有的值，如果令 α_0 为任意定值，设 $G'_k = G_k H_{\alpha_0}$，则如前所见元素 $G'_k H_\alpha$ 的集合，将与元素 $G_k H_\alpha$ 的集合重合. 换句话说，在每个集合 $G_k H_\alpha (G_0 = I)$ 里，集合中的任意元素都可以作为 G_k 的代表. 于是立刻推出，在给定子群 H_α 后，如(35)形式的 G 群元素的划分是完全被确定了. 集合 $G_K H_\alpha$ 被称为对于子群 H_α 的共轭集合.

在(35)所考虑的情形中，子群 H 被称为有限指标的子群，其指标为 m. 如果 G 是有限群，则显然子群 H 的指标就等于以 H 的级除 G 的级所得的商，而有限群所包含元素的个数就被称为有限群的阶. 注意在(35)的集合中，只有第一个是子群. 其他每一个 $G_k H_\alpha$ 都不包含单位元素，因而就不是子群.

在构成(35)时，我们在子群 H 的元素 H_α 的左边乘上 G 的元素 G_k. 我们也可以从右边来乘. 引进另一 G'_k 代替 G_k，我们可以用同样的方法得出 G 群元素的表示：

$$H_\alpha, H_\alpha G'_1, H_\alpha G'_2, \cdots, H_\alpha G'_{m-1} \tag{36}$$

而且我们要证明，子群的指标 m 是不变的. 有时我们称元素 $G_k H_\alpha$ 的集合为左共轭集合，而称 $H_\alpha G'_k$ 为右共轭集合.

首先注意，如果 α 通过所有对应于子群 H 的值，则元素 H_α^{-1} 就给出所有 H 的元素. 这可从 H 中某元素的逆元素也属于 H 这一事实直接推出. 现在就来证明左右共轭集合的指标相等. 在(35)的集合中任取两个不同的 $G_p H_\alpha$ 和

$G_qH_\alpha(p\neq q)$. 对(35) 的第一个可以认为是 $G_p=E$. 取逆元素

$$(G_pH_\alpha)^{-1}=H_\alpha^{-1}G_p^{-1}\text{ 及}(G_qH_\alpha)^{-1}=H_\alpha^{-1}G_q^{-1}$$

用上面所提的附注，我们可以把这些元素集合重写为 $H_\alpha G_p^{-1}$ 及 $H_\alpha G_q^{-1}$ 的形式. 不难看出，它们没有共同的元素. 因为如果我们有

$$H_{\alpha_1}G_p^{-1}=H_{\alpha_2}G_q^{-1}$$

则推出

$$G_p^{-1}G_q=H_{\alpha_1}^{-1}H_{\alpha_2}=H_{\alpha_3}\text{ 或 }G_q=G_pH_{\alpha_3}$$

就是说 G_q 就要属于集合 G_pH_α，而这是不可能的. 于是集合

$$H_\alpha,H_\alpha G_1^{-1},H_\alpha G_2^{-1},\cdots,H_\alpha G_{m-1}^{-1}$$

就是右共轭集合，所以在(36) 中可以简单地取 $G_s'=G^{-1}$.

讨论几个子群的例子. 令 G 为三个变数的实正交变换集合，而 H 是行列式为 $+1$ 的三个变数的实正交变换集合：每个实正交变换或者是转动，即属于 H，或者是一个转动乘上一个对于原点的反转而反转，可以用下面的式子来表示：

$$x'=-x;y'=-y;z'=-z \tag{37}$$

在这情形下 G 就表成下面的形式：

$$H_\alpha,SH_\alpha \tag{38}$$

或

$$H_\alpha,H_\alpha S \tag{39}$$

其中，H_α 指 H 群所有元素的集合. 在这情形下 H_α 是指标为 2 的子群.

令 G 为由 n 个元素的置换所组成的对称群，H 为由所有偶置换所组成的交替群. 再令 S 为任一固定的奇置换，例如由一个轮换(1,2) 所组成的置换，即元素 1 和 2 的对换. 显然我们可以把 G 表成(38) 或(39) 的形式. 乘在左边和右边的两种情形给出同一结果.

在这个情形下，交替群为对称群的一个指标为 2 的子群.

再来讨论前面已经讲到过的正八面体的有限群. 设 A 是八面体的某一个顶点，而 l 是通过这个顶点的一个轴. 设 S_0,S_1,S_2,S_3 为以角度 $0,\frac{\pi}{2},\pi$ 和 $\frac{3}{2}\pi$ 围绕此轴的转动. 这四个转动组成八面体的转动群的一个子群. 用 $T_k(k=1,2,3,4,5)$ 表示将顶点 A 变为八面体的其他五个顶点的转动，我们可以把整个八面体群写成下面的结构：

$$S_\alpha,T_1S_\alpha,T_2S_\alpha,T_3S_\alpha,T_4S_\alpha,T_5S_\alpha$$

这里子群 S_α 是一个指标为 6 的子群.

令 $G_s,G_s^{-1}(s=1,2,\cdots,k)$ 为群 G 中任意一些元素. 考虑由所有 G 中可以表为 $G_s,G_s^{-1}(s=1,2,\cdots,k)$ 的乘积的元素的集合.

显然，这个集合组成一个群，这个群是 G 的一个子群或者就是 G.

我们说，这个子群由所与元素 $G_s, G_s^{-1}(s=1,2,\cdots,k)$ 的集合所产生.

58. 类和正规子群

设 U 和 V 是群中的某两个元素. 元素 $W=VUV^{-1}$ 称作 U 的共轭元素. 不难看出，U 也将是 W 的共轭元素. 因为，$U=V^{-1}WV$. 两个元素 U_1 和 U_2 如果都和同一个元素 W 共轭：

$$U_1=V_1WV_1^{-1};U_2=V_2WV_2^{-1}$$

那么，它们将是相互共轭的：

$$U_2=V_2V_1^{-1}U_1(V_2V_1^{-1})^{-1}$$

所有相互共轭的元素的集合组成所谓群的类. 一个类被任意一个元素 U 所完全决定. 事实上，给了 U，我们根据公式 $G_\alpha UG_\alpha^{-1}$ 可得到整个类，此处 G_α 通过群的全体元素. 因此，我们可以将整个群分成一些类. 应用我们在[56]中所叙述的单位元素的基本性质，我们有

$$G_\alpha IG_\alpha^{-1}=I$$

这就是说，单位元素本身组成一个类.

假如元素 U 的阶是 m，即假如 m 是最小的正整数使得 $U_m=I$，那么所有的共轭元素 $G_\alpha UG_\alpha^{-1}$ 也都有相同的阶 m，这一事实可由下列等式直接推出：

$$(G_\alpha UG_\alpha^{-1})^m=G_\alpha U^mG_\alpha^{-1}=I$$

即，在同一个数中的元素都有相同的阶.

注意，当 G_α 取过群 G 中所有的元素时，乘积 $G_\alpha UG_\alpha^{-1}$ 可能不只一次地给出类中的元素. 例如，假如 $U=I$，那么上述乘积永远是 I.

我们仍旧取八面体的转动群作为例子. 令 U 为以角度 $\frac{\pi}{2}$ 围绕八面体的某一个轴 A_pA_q 的转动. 如果八面群中的一个转动 T_k 将轴 l 变为 l_1，而且将顶点 A_p 变为 A_r，A_q 变为 A_s，那么，群元素 $T_kUT_k^{-1}$ 将是以角度 $\frac{\pi}{2}$ 围绕 A_rA_3 轴的转动. 例如，如果 A_k 将 A_p 变为 A_q，那么所述乘积将是一个围绕轴 A_qA_p，角度为 $\frac{\pi}{2}$ 的转动. 假如 T_k 保持 A_pA_q 不变，即 T_k 围绕此轴而转动，那么乘积 $T_kUT_k^{-1}$ 与 U 重合. 在这个情形下，类中的与 U 共轭的元素是所有围绕八面体的轴，角度为 $\frac{\pi}{2}$ 的转动的集合.

相同地，如果我们看三维空间绕原点的转动群，我们知道，群中每一个元素 U 都是绕某一根轴转角度 φ 的转动. 在这个情况下，与 U 共轭的元素的集合就是所有的绕一切可能的通过原点的轴转角度 φ 的转动的集合.

和类的概念紧密联系着的有另一个重要的概念，即我们将讨论的正规子群

的概念.设G是某一个群而H是它的一个子群.令G_1是群G中某一个固定的元素.考虑所有乘积

$$G_1 H_\alpha G_1^{-1} \tag{40}$$

的集合,这里我们用H_α来表示子群中可变的元素,即H_α取遍子群H中所有的元素.不难看出,乘积(40)也组成一个子群.事实上,例如取集合(40)中的两个元素的乘积,那么它也属于这个集合:

$$(G_1 H_{\alpha_2} G_1^{-1})(G_1 H_{\alpha_1} G_1^{-1}) = G_1 H_{\alpha_2} H_{\alpha_1} G_1^{-1} = G_1 H_{\alpha_2} G_1^{-1}$$

同样地,群的其他条件也都满足.

子群(40)称作H的相似的群,并且如果G_1属于子群H,那么子群(40)也由H的元素所组成,而且不难看出,它就和H重合.

在这个情形下,子群H中的元素H_{α_0}都可根据公式(40)而得到,只要我们取

$$H_\alpha = G_1^{-1} H_{\alpha_0} G_1$$

假如元素G_1不属于子群H,那么子群(40)可能和子群H不一样.

如果对于群G中任意的元素G_1,子群(40)都和H重合,那么子群H就叫作群G的正规子群.我们以后将引进一些正规子群的例子,现在先来说明几个与正常子群有关的新概念.

假设H是群G的一个正规子群.为了书写方便起见我们假定这个子群的指标是m.在这个情形,群G的全体元素可写成:

$$H_\alpha, G_1 H_\alpha, G_2 H_\alpha, \cdots, G_{m-1} H_\alpha \tag{41}$$

这里的H_α和在其他地方一样是子群H的变元素.

H既然是正规子群,那么元素$G_k H_\alpha G_k^{-1}$的集合与元素H_α的集合重合,即元素$G_k H_\alpha$的集合与元素$H_\alpha G_k$的集合重合.

因此,如果H是正规子群,那么将群中元素按照公式(41)分为共轭集合的分法与按照下述方式

$$H_\alpha, H_\alpha G_1, H_\alpha G_2, \cdots, H_\alpha G_{m-1} \tag{42}$$

将元素分成共轭集合的分法相重合.

换言之,在这种情形下,右共轭集合和左共轭集合相重.

假如H_{α_0}是正规子群中某一个元素,那么对于G中任一元素G_0,元素$G_0 H_{\alpha_0} G_0^{-1}$仍属于这个正规子群,即假如某一个元素属于一个正规子群,那么整个的该元素在基群G中所属的一类都属于这个正规子群,反过来,我们不难证明,假如某一个子群有那个性质,即当它包含某一个元素时,它也包含整个的该元素在基群G中所属的一类,那么这样的群是一个正规子群.

现在我们来讨论(41)或(42)中的共轭集合,此处元素H_α组成正规子群.考虑某一个共轭集合中的元素$G_l H_\alpha$和共轭集合的元素$G_k H_{\alpha'}$的乘积

$G_l H_\alpha G_k H_{\alpha'}$.

我们可以把这些乘积的集合写成下列形式：

$$G_l(H_\alpha G_k)H_{\alpha'}$$

$$G_l G_k H_\alpha H_{\alpha'}$$

元素 H_α 和 $H_{\alpha'}$ 包含在正规子群 H 中，因此它们的乘积也在 H 中. 因此，我们可以把上述的乘积写为

$$G_l G_k H_\alpha$$

所有这样的元素都在同一个共轭集合，即包含元素 $G_l G_k$ 的集合中. 也很容易看出，这个共轭集合中的所有的元素都可以这样得到. 换句话说，如果子群是正规的，那么，一个共轭集合和另一个共轭集合相乘所给出的也是一个共轭集合. 我们把每一个共轭集合考虑作为某一种新的元素，而且把图表(41)，(38)中的第一个共轭集合作为单位元素. 上述关于共轭集合相乘的结果给我们一个新元素相乘的规则，而且这个乘法规则满足所有群的条件，这是容易看出的，我们留给读者去验算，这就是说，我们所引进的新的元素在所指出的乘法规则下组成一个群，在这个群中，图表中第一个共轭集合是单位元素. 这个新的群，它的阶等于正规子群 H 的指标，称为 H 的补群或者商群.

每一个都有两个显然的正规子群：一个由单个单位元素组成，另一个与整个群重合.

在以后我们说到正规子群时，将认为它不是上面所提到的两个显然正规子群. 有时可能一个群没有一个正规子群.

这样的群叫作单纯群.

59. 例

1. 考虑三维空间的实正交变换群 G. 令 H 为运动的子群，即行列式为(+1)的正交变换的集合. 再令 S 为由公式(37)所决定的对称于原点的反转. 例如 H_α 是 H 中的变元素，那么整个群 G 可以写成下述方式：

$$H_\alpha, SH_\alpha \text{ 或 } H_\alpha, H_\alpha S \tag{43}$$

假如 G_1 是 G 中的任意一个变换，那么 $G_1 H_\alpha G_1^{-1}$ 的行列式是(+1)，即 $G_1 H_\alpha G_1^{-1}$ 属于 H 而 H 是指标为 2 的正规子群. 考虑的商群. (43) 中的第一个集合组成这个群的单位元素. 第二个集合中两个元素的乘积，即两个行列式为(−1) 的正交变换的乘积，是行列式为(+1) 的正交变换，属于第一个集合. 例如 K 是对应于第二个集合的元素，那么就有 $K^2=E$. 因此，H 的商群由两个元素 E 和 K 组成，且 $K^2=E$，这就是说，这是一个二阶巡回群. 对于指标为 2 的正规子群，这一事实普遍成立.

2. 对于置换的对称群，交替群为指标为 2 的正规子阶.

写下三个元素的对称群的元素，并应用[55] 中的表示，给每一个元素一个符号：

$$E;A=(2,3);B=(1,2);C=(1,3);D=(1,3,2);F=(1,2,3)$$

由置换 E,D 和 F 所组成的交替群是一个三阶巡回群，($F=D^2$ 和 $D=F^2$) 并且 $D^3=F^3=E$. 整个对称群由三个类所组成：Ⅰ E；Ⅱ A,B 和 C；Ⅲ D 和 F.

交替群也由三个类所组成：Ⅰ E；Ⅱ D；Ⅲ F. 不难验算，这个对称群中元素相乘的规则和[56] 中表 34 规定的一样.

当 $n=4$ 时，交替群包含 12 个元素，它们分成四个类：

Ⅰ E；Ⅱ $A_1=(1,2)(3,4)$；$A_2=(1,3)(2,4)$；$A_3=(1,4)(2,3)$；

Ⅲ $B_1=(1,2,3)$；$B_2=(2,1,4)$；$B_3=(3,4,1)$；$B_4=(4,3,2)$；

Ⅳ $C_1=(1,2,4)$；$C_2=(2,1,3)$；$C_3=(3,4,2)$；$C_4=(4,3,1)$.

第二个类包含三个二阶元素，而第三和第四个类包含四个三阶元素. 不难检算，第二个类中两个元素的乘积仍是第二个类中的元素，并且因为所有的二阶元素都在第二个类中，我们可以断定：这三个元素加上单位元素组成这个交替群的一个正规子群. 这个子群的阶是 4，而它的指标是 3. 很容易看出，第三个集合中的元素 B_i 是这个正规子群的同一个共轭集合中的元素，而元素 C_i 在另一个共轭集合中. 其次不难看出，第三类中两个元素的乘积是第四个类中的一个元素，而第四个类中两个元素的乘积是第三个类中的一个元素. 在商群中，这个正规子群对应于单位元素 E. 设 A 和 B 是商群的另两个元素. 我们可以由上面所说的事实直接推出：$A^2=B$ 和 $B^2=A$，并且显然商群是由元素 E,A 和 A^2 所组成并且 $A^3=E$，是一个三阶巡回群.

注意，原来的交替群中的元素 E,(1,2,3) 和(2,1,3) 组成一个三阶巡回子群，但是这个子群不是正规的.

例如我们以任何一种次序将四面体的顶点编号，那么很容易直接检验，上面所说的 $n=4$ 时的交替群对应于那些将四面体变为自己的转动. 每一个置换决定一个顶点的变化. 第三个类中的置换对应于以角度 $\frac{2}{3}\pi$ 围绕四面体的一个轴的一个转动，而围绕同一个轴以同一个角度的相反方向的转动则是第四个类中的一个置换. 第二个类中的置换是四面体的这样一些变换：在这些变换下，没有一个顶点保持不变.

可以说明当 $n>4$ 时，交替群是一个单纯群.

3. 假如有一个阿贝尔群 G 和它的任一个子群 H，那么对于任意选择的 H 中的元素 H_α 和 G 中的 G_1，都有 $G_1H_\alpha=H_\alpha G_1$，即 $G_1H_\alpha G_1^{-1}=H_\alpha$，由此可以直接看出，$H$ 是正规子群，这就是说，阿贝尔群的任一个子群都是正规的. 作为一个例子，我们来讨论 R_n 中向量的加法群 G，关于 R_n 我们在[49] 已经讨论过.

我们取属于R_n的某一个子空间$L_k(0<k<n)$的向量作为子群H.共轭集合由加R_n中某一个向量$\boldsymbol{x}$于子空间L_k中的向量而得到.

假如$\boldsymbol{x}$属于L_k,那么共轭集合与子群H重合.在L_k取$\boldsymbol{x}^{(1)},\boldsymbol{x}^{(2)},\cdots,\boldsymbol{x}^{(k)}$,在它的相补子空间$M_{n-k}$中取标架$\boldsymbol{x}^{(k+1)},\cdots,\boldsymbol{x}^{(n)}$,由于前面所讲过的原因,每一个元素的共轭集合由向量

$$c_1\boldsymbol{x}^{(1)}+c_2\boldsymbol{x}^{(2)}+\cdots+c_k\boldsymbol{x}^{(k)}+c_{k+1}\boldsymbol{x}^{(k+1)}+\cdots+c_n\boldsymbol{x}^{(n)}$$

所组成,这里$c_{k+1},\cdots,c_n$有固定的值,而$c_1,c_2,\cdots,c_k$可以取任意的值.

因此,我们可以将每一个共轭集合与M_{n-k}中的一个确定向量相对应,反之,M_{n-k}中的每一个向量都对应于一个确定的共轭集合.任两个共轭集合中两个向量的相加对应于与这两个集合对应的M_{n-k}中的向量的相加.换句话说,补群的元素可以认为是M_{n-k}中的向量,运算就是原来的群的运算(向量的加法).

在这个例子中,正规子群H的阶和它的指标都是无穷的.

60. 群的同构和准同构

两个群A和B称作是同构的,如果在它们的元素间可以建立这样的一个对应:A中每一个元素都对应于B中一个确定的元素并且反之B中每一个元素都对应于A中一个确定的元素(1-1对应)。而且这个对应是这样的:A中任两个元素的乘积对应于B中对应元素的乘积.假如A和B是同构的抽象群,那么它们具有完全相同的构造,也就是说,它们在本质上是没有什么不同的.

现在来建立一个新的概念,这个概念是群的同构概念的推广.群B称作是和A准同构,假如A中每一个元素对应于B中一个确定的元素而且B中每一个元素对应于A中至少一个元素,而且这个对应是这样的;A中两个元素的乘积对应于B中对应元素的乘积.在这种情形,所不同于群的同构的,是对应不必是1-1可逆的,即群B中同一个元素可以对应于群A中某几个不同的元素.假如群B准同构于群A,而且B中每一个元素都对应于A中一个确定的元素,那么这两个群也将是同构的.此外,我们可看出,如果A中的元素A_1和A_2对应于B中的元素B_1和B_2,那么,根据定义,A中的元素A_2A_1对应于B中的元素B_1B_2.

设A_0是A的单位元素而B_0是它在B中的对应元素.不难证明,B_0也是单位元素.事实上,对于A中任一A_1都有等式

$$A_0A_1=A_1A_0=A_1$$

由此引出B中对应元素的等式:

$$B_0B_1=B_1B_0=B_1$$

而且根据准同构的定义,B_1可以认为是B中任意的元素.最后一个等式说明B_0是群B的单位元素.因此,在同构和准同构群中,A的单位元素对应于B的单位元素.现在取A的两个互逆元素A_1和A_1^{-1}并令B_1和B_2是B中对应的元素.按

照准同构群的定义，等式 $A_1A_1^{-1}=A_1^{-1}A_1=A_0$，此处 A_0 是单位元素，给出等式 $B_1B_2=B_2B_1=B_0$，此处 B_0 根据上面所证是单位元素，因此 $B_2=B_1^{-1}$，这就是说，A 中的互逆元素对应于 B 中的互逆元素.

假设两个群只是准同构而非同构.我们来讨论群 A 中对应于 B 的单位元素 B_0 的元素 C_α 的集合.假如 C_α 对应于 B_0，那么如上面所说 C_α^{-1} 对应于 $B_0^{-1}=B_0$，并且每一个乘积 $C_{\alpha_2}C_{\alpha_1}$ 也都对应于 $B_0B_0=B_0$，这就是说，A 中对应于 B 的单位元素的元素的集合组成群 A 的一个子群 C.

现在来说明这个子群是正规子群.事实上，令 A_1 是群 A 中任意一个元素而 B_1 是 B 中的对应元素.每一个形式为 $A_1C_\alpha A_1^{-1}$ 的元素对应于 B 中的元素 $B_1B_0B_1^{-1}$，或者，由于单位元素的基本性质，我们可以断定，每一个形式为 $A_1C_\alpha A_1^{-1}$ 的元素都对应于 B 的单位元素，这就是说，每一个形式为 $A_1C_\alpha A_1^{-1}$ 的元素都是元素 C_α 中的一个，即，它属于子群 C，因此，这个子群 C 是一个正规子群.现在来讨论按照

$$C_\alpha, A_1C_\alpha, A_2C_\alpha, \cdots \tag{44}$$

而将群 A 分为共轭集合的分法.

设 B_k 是对应于 A_k 的元素.我们取属于同一个共轭集合的两个元素 $A_kC_{\alpha_1}$ 和 $A_kC_{\alpha_2}$.它们对应于元素 B_kB_0 和 B_kB_0，即对应于 B 中的同一个元素 B_k.

不同的共轭集合中的元素 A_kC_α 和 A_lC_α 对应于元素 B_k 和 B_l，我们来证明.这两个元素 B_k 和 B_l 是不同的.事实上，假如它们是相同的，那么元素 $A_k^{-1}A_l$ 就对应于 B 中的单位元素 B_0，这就是说，元素 $A_k^{-1}A_l$ 必须是元素 C_α 中的一个，即 $A_k^{-1}A_l=C_{\alpha_0}$，亦即 $A_l=A_kC_{\alpha_0}$，这与(44)相矛盾.因此，假如群 B 准同构于群 A，那么，A 中对应于 B 中的单位元素的那些元素的集合，组成正规子群，而且这个正规子群的每一个共轭集合都由对应于 B 中同一个元素的全体元素所组成.除此以外，由准同构群的定义可以直接推出：不同的(或者同一个)共轭集合中任意两个元素的乘积对应于群 B 中那些元素的乘积，这元素是对应于所说的共轭集合，换言之，即 A 的每一个共轭集合都对应于 B 中确定的元素，不同的共轭集合对应于 B 中不同的元素，而且这个对应是群 A 中 C_α 的商群与群 B 的一个同构对应.

再取三度空间的实正交变换群作为例子，将每一个变换与等于此变换的行列式的数相比较，并且在这些数的集合内以一般数的乘法定义这些数的乘法.在这个情形下，我们的群就和由两个元素(+1)和(-1)所组成的群准同构，在这个群中，两个数的乘法是和一般数的乘法一样的.单位元素是(+1).在这个例子中，正规子群就是转动群.

假如群 B 准同构但不同构于群 A，那么群 A 中对应于群 B 的单位元素的那些元素的集合，通常叫作准同构的核.我们知道，准同构核是群 A 的一个正规子群.

61. 例

1. 取三维空间的实正交变换群 G，将每一个变换与等于此变换的行列式的数相对应，并且规定一般数的乘法为这些数的群的运算. 在这个运算之下，由数 $(+1)$ 和 (-1) 根据一般数的乘法定义所组成的群 G' 就准同构于 G. 群 G' 的单位元素对应于 G 中的三度空间的转动. 这些转动组成一个正规子群，而它的商群是一个二阶巡回群[58].

2. 在单面 XY 上取顶点为

$$(1,0);(\cos 120°,\sin 120°);(\cos 240°,\sin 240°)$$

的正三角形. 取群 G，它由(1) 平面以角度 $0°,120°,240°$ 围绕原点的转动，在这些转动下，三角形变为自己，及(2)：在角度为 $0°,120°,240°$ 的转动后作一对称于 X 轴的平面反转. 这就是 $n=z$ 时的二面体群.

写下对应于这个群的元素的所有矩阵：

$$\boldsymbol{E}=\begin{bmatrix}1 & 0\\0 & 1\end{bmatrix};\boldsymbol{A}=\begin{bmatrix}1 & 0\\0 & -1\end{bmatrix};\boldsymbol{B}=\begin{bmatrix}-\frac{1}{2} & \frac{1}{2}\sqrt{3}\\\frac{1}{2}\sqrt{3} & \frac{1}{2}\end{bmatrix}$$

$$\boldsymbol{C}=\begin{bmatrix}-\frac{1}{2} & -\frac{1}{2}\sqrt{3}\\-\frac{1}{2}\sqrt{3} & \frac{1}{2}\end{bmatrix};\boldsymbol{D}=\begin{bmatrix}-\frac{1}{2} & \frac{1}{2}\sqrt{3}\\-\frac{1}{2}\sqrt{3} & \frac{1}{2}\end{bmatrix};\boldsymbol{F}=\begin{bmatrix}-\frac{1}{2} & -\frac{1}{2}\sqrt{3}\\\frac{1}{2}\sqrt{3} & -\frac{1}{2}\end{bmatrix}$$

假如我们观察一下由[56] 中表(34) 所决定的乘法结构，那么就可看出，这个乘法表又与我们这个群的矩阵的乘法相对应. 以前我们在[59] 看到，这个乘法表也对应于三个元数的置换的对称群：

$$\boldsymbol{E};\boldsymbol{A}=(2,3);\boldsymbol{B}=(1,2);\boldsymbol{C}=(1,3);\boldsymbol{D}=(1,3,2);\boldsymbol{F}=(1,2,3) \qquad (45)$$

因此，如果我们把这两个群中以同一个字母表示的元素看作对应元素，那么这两个群是同构的. 如果我们把这三个顶点用对应的方法编号，群(45) 中的置换对应于上面提起过的三角形的顶点的置换.

就和我们在[59] 中所提起的完全一样，四面体群与 $n=4$ 的置换群同构.

3. 可以用一般的方法指出准同构于一个已知群 G 的置换群的构造. 设 H 是群 G 的某一个具有有穷指标 n 的子群. 写下对应于 H 的元素的共轭集合：

$$H,HS_1,HS_2,\cdots,HS_{n-1}$$

假如我们用 G 中某一个元素 S 在乘这些集合中的每一个，那么只对这些集合的次序做了一个置换，因此可以认为 G 中的元素 S 对应于这个置换. 不难指明，这样所得到的置换群 G' 准同构于群 G.

G 中的元素 S 对应于 G' 的单位元素的充要条件是以 S 右乘每一个共轭集

合时，这些集合都不变，即

$$H_{\alpha}S=H_{\beta}\quad 且\quad H_{\alpha}S_{k}S=H_{\beta}S_{k}\quad (k=1,2,\cdots,n-1)$$

此处 H_{α} 是 H 中任意的元素，H_{β} 也属于 H. 上面所写的等式可以改写成

$$S=H_{\alpha}^{-1}H_{\beta}$$

和

$$S=(S_{k}^{-1}H_{\alpha}S_{k})^{-1}(S_{k}^{-1}H_{\beta}S_{k})$$

从这两个等式可推出 S 对应于 G' 的单位元素的充要条件为：S 同时属于 H 和所有的相似的群 $S_{k}^{-1}HS_{k}$.

假如 H 是 G 的正规子群，那么上述条件就变为 S 属于 H，并且在这种情形下 G' 与商群同构. 假如 H 只含有一个单位元素，那么群 G 与置换群 G' 同构，这个置换群由下法得到：假如群 G 的元素是

$$E_{1},S_{1},S_{2},\cdots,S_{n}$$

以 G 中的任意一个元素右乘，就得到一个 G 中元素的置换. 以下我们将要仔细地讨论与一个已知群同构的线性变换群的构造.

62. 测地投影

在结束了一般群论基础的介绍之后，我们来讨论一个特别的群的对应的例子，这个例子在物理中是很重要的. 首先来说明测地投影的概念，这个概念给予球面上的点和平面上的点的对应以一个确定的规则.

考虑坐标轴为 XYZ 的三维空间及中心在原点半径为 1 的球面 C. 设 S 是球面上一个点，其坐标为(0,0,−1)，M 是球面上的流动点(图 3). 直线 SM 与中面 XY 相交于某一点 P，这样我们就有了使球面 C 上的点和平面 XY 上的点相对应的确定的法则. 所建立的对应给予我们一个从球面到平面的测地投影.

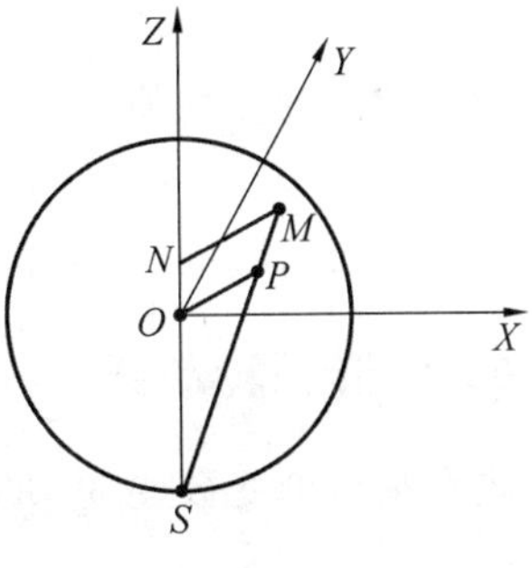

图 3

现在来找测地投影的公式. 令 MN 为从 M 点到 Z 轴的垂直线. 因为 $SO=1$，由于两三角形的相似，我们有

$$NM=(1+ON)OP \tag{46}$$

用 (x,y,z) 表示点 M 的坐标并用 (α,β) 表示 P 的坐标，就可写成：

$$NM=(1+z)OP$$

或者，将平行线段 OP 和 NM 射影于 X 轴和 Y 轴，得

$$x=(1+z)\alpha;y=(1+z)\beta \tag{47}$$

方程 $x^{2}+y^{2}+z^{2}=1$ 给予我们一个 z 的二次方程：

$$(\alpha^2+\beta^2)(1+z)^2+z^2=1$$

解这个方程，得

$$z=\frac{\pm 1-(\alpha^2+\beta^2)}{1+(\alpha^2+\beta^2)}$$

但是对于所有有穷远点(α,β)必须有$z>-1$，因此，在上面公式中我们必须取$(+1)$.再应用公式(47)，我们就得到用(α,β)表示(x,y,z)的表示式：

$$x=\frac{2\alpha}{1+\alpha^2+\beta^2};y=\frac{2\beta}{1+\alpha^2+\beta^2};z=\frac{1-(\alpha^2+\beta^2)}{1+\alpha^2+\beta^2} \tag{48}$$

我们引进一个复坐标$\zeta=\alpha+\mathrm{i}\beta$来代替平面上的两个实坐标$\alpha$和$\beta$.和平常一样，用$\bar{\zeta}$来表示$\zeta$的共轭复数，我们就可把上面的公式写成下面的样子：

$$x+\mathrm{i}y=\frac{2\zeta}{1+\zeta\bar{\zeta}};x-\mathrm{i}y=\frac{2\bar{\zeta}}{1+\zeta\bar{\zeta}};z=\frac{1-\zeta\bar{\zeta}}{1+\zeta\bar{\zeta}} \tag{49}$$

将复变数ζ表成另两个复数ξ和η的比：

$$\zeta=\frac{\eta}{\xi} \tag{50}$$

ξ和η相差一公因子的几对值，即形式为$k\xi,k\eta$和ξ,η的几对值给出同一个ζ，即同一个平面上的点，并且一对值$\eta\neq 0,\xi=0$将给出平面上的无穷远点.复数ξ和η称作平面上的复齐次坐标.应用(50)并将实数部分和复数部分分开，我们可以将公式(49)写成：

$$x=\frac{\bar{\xi}\eta+\xi\bar{\eta}}{\xi\bar{\xi}+\eta\bar{\eta}};y=\frac{1}{\mathrm{i}}\frac{\bar{\xi}\eta-\xi\bar{\eta}}{\xi\bar{\xi}+\eta\bar{\eta}};z=\frac{\xi\bar{\xi}-\eta\bar{\eta}}{\xi\bar{\xi}+\eta\bar{\eta}} \tag{51}$$

对于任意的复数值ξ和η，最后的公式给我们以实的(x,y,z)满足关系式：

$$x^2+y^2+z^2-1=0 \tag{51_1}$$

这就是我们所需要的，因为点(x,y,z)在单位球面上.

63. U群和转动群

现在来讨论变数(ξ,η)的某一个U变换：

$$\begin{cases}\xi'=a\xi+b\eta\\ \eta'=c\xi+d\eta\end{cases} \tag{52}$$

并且因为是U变换，所以必须有

$$\xi'\bar{\xi}'+\eta'\bar{\eta}'=\xi\bar{\xi}+\eta\bar{\eta} \tag{53}$$

新的变数值(ξ',η')给我们以球面上的新的点：

$$x'=\frac{\bar{\xi}'\eta'+\xi'\bar{\eta}'}{\xi'\bar{\xi}'+\eta'\bar{\eta}'};y'=\frac{1}{\mathrm{i}}\frac{\bar{\xi}'\eta'-\xi'\bar{\eta}'}{\xi'\bar{\xi}'+\eta'\bar{\eta}'};z'=\frac{\xi'\bar{\xi}'-\eta'\bar{\eta}'}{\xi'\bar{\xi}'+\eta'\bar{\eta}'} \tag{54}$$

显然U变换(52)的行列式的模等于1，可以用形式为$\mathrm{e}^{\mathrm{i}\varphi}$的某一个数来表示.以$\mathrm{e}^{-\mathrm{i}\frac{\varphi}{2}}$乘变换(52)中所有的系数，我们就得到一个行列式为1的U变换.但

是其中 ξ' 和 η' 也乘上了 $e^{-i\frac{\varphi}{2}}$. 这个增加的因子完全不影响量 ζ. 因此我们可以用下述条件来限制所讨论的 U 变换(52),变换的行列式等于 1,即

$$ad - bc = 1 \tag{55}$$

甚至在这个限制条件之下,两个系数相差一个符号的变换给我们以符号相异的 ξ' 和 η' 的值,在这两个变换之下我们也将得到同一个点 ζ'.

假如我们用 ξ' 和 η' 的表示式来代替公式(54) 中的 ξ' 和 η' 并且应用条件(53),那么我们就可看出,利用(51) 就可把变数(x',y',z') 表示成(x,y,z) 的线性齐次多项式. 由于(53),表示式(51) 和(54) 的分母是相同的,并且变数(x,y,z) 所受到的线性变换和表示式

$$u = \bar{\xi}\eta + \xi\bar{\eta};\ v = \frac{1}{i}(\bar{\xi}\eta - \xi\bar{\eta});\ w = \xi\bar{\xi} - \eta\bar{\eta} \tag{56}$$

在 U 变换(52) 之下所受到的线性变换一样. 下面我们将建立这个线性变换的确切形式.

首先来建立行列式为 1 的 U 变换(52) 的一般形式. U 变换的一般条件给我们[28]:

$$a\bar{c} + b\bar{d} = 0;\ c\bar{c} + d\bar{d} = 1$$

以 $\bar{c}$ 乘条件(55) 并利用上述条件中的第一个,就得到

$$-bd\bar{d} - bc\bar{c} = \bar{c}$$

因此由于第二个条件就有 $\bar{c} = -b$ 或 $c = -\bar{b}$,并且完全相似的可以证明:$d = \bar{a}$. 因此我们可以将所有行列式为 1 的 U 变换写成:

$$\begin{cases} \xi' = a\xi + b\eta \\ \eta' = -\bar{b}\xi + \bar{a}\eta \end{cases} \tag{57}$$

其中 a 和 b 是任意的复数,满足条件:

$$a\bar{a} + b\bar{b} = 1 \tag{58}$$

现在将(56) 式用新变数表示出来:

$$u' + iv' = 2\bar{\xi}'\eta';\ u' - iv' = 2\xi'\bar{\eta}';\ w = \xi'\bar{\xi}' - \eta'\bar{\eta}'$$

或者,利用(57):

$$u' + iv' = \bar{a}^2\bar{\xi}\eta - \bar{b}^2 2\xi\bar{\eta} - 2\bar{a}\,\bar{b}(\xi\bar{\xi} - \eta\bar{\eta})$$

$$u' - iv' = -b^2 2\bar{\xi}\eta + a^2 2\xi\bar{\eta} - 2ab(\xi\bar{\xi} - \eta\bar{\eta})$$

$$w' = \bar{a}b 2\bar{\xi}\eta + a\bar{b} 2\xi\bar{\eta} + (a\bar{a} - b\bar{b})(\xi\bar{\xi} - \eta\bar{\eta})$$

作替换

$$2\bar{\xi}\eta = u + iv;\ 2\xi\bar{\eta} = u - iv;\ \xi\bar{\xi} - \eta\bar{\eta} = w$$

并将前两个等式相加和相减,就得到以(u,v,w) 表(u',v',w') 的表示式,亦即以(x,y,z) 表(x',y',z') 的表示式:

$$\begin{cases}x' = \frac{1}{2}(a^2 + \bar{a}^2 - b^2 - \bar{b}^2)x + \frac{\mathrm{i}}{2}(\bar{a}^2 + \bar{b}^2 - a^2 - b^2)y - (ab + \bar{a}\,\bar{b})z \\ y' = \frac{\mathrm{i}}{2}(a^2 + \bar{b}^2 - \bar{a}^2 - b^2)x + \frac{1}{2}(x^2 + \bar{a}^2 + b^2 + \bar{b}^2)y + \mathrm{i}(\bar{a}\ \bar{b} - ab)z \\ z' = (a\bar{b} + \bar{a}b)x + \mathrm{i}(a\bar{b} - \bar{a}b)y + (a\bar{a} - b\bar{b})z\end{cases} \tag{59}$$

每一个U变换(57) 对应于XY面的某一个变换，而这个变换由于所建立的测地投影的对应关系，也给出某一个球面变换.

对应于(59) 的是一个实变换，由于这个变换等式

$$x'^2 + y'^2 + z'^2 = 1$$

变为等式

$$x^2 + y^2 + z^2 = 1$$

但是齐次线性变换(59) 不改变常数 1，因此等式的左边也必须保持不变，即

$$x'^2 + y'^2 + z'^2 = x^2 + y^2 + z^2$$

所有这些情形均可从变换(59) 本身的形式直接得出. 于是，公式(59) 给出一个三个变数的实正交变换. 现在来指明变换(59) 的行列式永远等于(+1). 这个行列式是复变数a和b的实数和虚数部分的连续函数，而a和b满足关系式(58). 但是行列式的值只能是(+1) 或(−1)，而且由于上面所提起的连续性，它必须永远等于(+1) 或永远等于(−1). 但是当$a=1$，$b=1$时公式(59) 给我们以行列式为(+1) 的恒等变换，这就是说，变换(57) 的行列式实际上永远等于(+1). 因此，线性变换(59) 就表示空间围绕原点的转动.

现在来证明，空间的每一个转动都可写成形式(59). 如果我们假设

$$a = \mathrm{e}^{-\frac{\mathrm{i}}{2}\varphi};\bar{a} = \mathrm{e}^{\frac{\mathrm{i}}{2}\varphi};b = \bar{b} = 0$$

这就是说，取U变换的矩阵为

$$\boldsymbol{A}_\varphi = \begin{bmatrix}\mathrm{e}^{-\frac{\mathrm{i}}{2}\varphi} & 0 \\ 0 & \mathrm{e}^{\frac{\mathrm{i}}{2}\varphi}\end{bmatrix} \tag{60}$$

那么，公式(59) 给出：

$$\begin{cases}x' = x\cos\varphi - y\sin\varphi \\ y' = x\sin\varphi + y\cos\varphi \\ z' = z\end{cases} \tag{61}$$

即，我们得到一个以角度φ围绕Z轴的转动.

假如现在我们取：

$$a = \bar{a} = \cos\frac{\psi}{2};b = -\mathrm{i}\sin\frac{\psi}{2};\bar{b} = \mathrm{i}\sin\frac{\psi}{2}$$

即我们用下述形式来决定 U 变换的矩阵：

$$\boldsymbol{B}_{\psi}=\begin{bmatrix}\cos\frac{\psi}{2} & -\mathrm{i}\sin\frac{\psi}{2}\\ -\mathrm{i}\sin\frac{\psi}{2} & \cos\frac{\psi}{2}\end{bmatrix}\tag{62}$$

那么，公式(59) 就给出：

$$\begin{cases}x'=x\\ y'=y\cos\psi-z\sin\psi\\ z'=y\sin\psi+z\cos\psi\end{cases}\tag{63}$$

这是一个以角度 ψ 围绕 X 轴的转动.

但是，我们从[20] 知道，每一个尤拉角为 $\{\alpha,\beta,\gamma\}$ 的转动都是下述三个转动的结果：先以 α 角围绕 Z 而转动，然后以 β 角围绕新的 X 轴而转动，而以 γ 角围绕新的 Z 轴而转动.

用 $\boldsymbol{Z}_{\varphi}$ 表示对应于变换(61) 的三阶矩阵，用 $\boldsymbol{X}_{\psi}$ 表示变换(63) 的矩阵. 以 α 角围绕 Z 轴的转动由矩阵 $\boldsymbol{Z}_{\alpha}$ 实现. 于是，原来的 X 轴按这一个矩阵变为新的 γ 轴，不难看出，以 β 角围绕新的 X 轴的转动的矩阵为 $\boldsymbol{Z}_{\alpha}\boldsymbol{X}_{\beta}\boldsymbol{Z}_{\alpha}^{-1}$，并且前两个转动的矩阵为

$$\boldsymbol{Z}_{\alpha}\boldsymbol{X}_{\beta}\boldsymbol{Z}_{\alpha}^{-1}\boldsymbol{Z}_{\alpha}=\boldsymbol{Z}_{\alpha}\boldsymbol{X}_{\beta}$$

就如上面一样，以 γ 角围绕新的 Z 轴的转动的矩阵为

$$(\boldsymbol{Z}_{\alpha}\boldsymbol{X}_{\beta})\boldsymbol{Z}_{\gamma}(\boldsymbol{Z}_{\alpha}\boldsymbol{X}_{\beta})^{-1}$$

并且最终的旋转 $\{\alpha,\beta,\gamma\}$ 的矩阵为

$$(\boldsymbol{Z}_{\alpha}\boldsymbol{X}_{\beta})\boldsymbol{Z}_{\gamma}(\boldsymbol{Z}_{\alpha}\boldsymbol{X}_{\beta})^{-1}(\boldsymbol{Z}_{\alpha}\boldsymbol{X}_{\beta})$$

或

$$\boldsymbol{Z}_{\alpha}\boldsymbol{X}_{\beta}\boldsymbol{Z}_{\gamma}\tag{64}$$

在上面的讨论中，我们应用了这样一个显然的事实，即 $\boldsymbol{Z}_{\varphi}$ 是以 φ 角围绕某一个通过原点的轴转动的矩阵，而矩阵 $\boldsymbol{M}$ 将 l 变为轴 l_1，那么以 φ 角围绕轴 l_1 的转动将被相似矩阵

$$\boldsymbol{M}\boldsymbol{Z}_{\varphi}\boldsymbol{M}^{-1}$$

所决定.

现在来指出：假如 A_1 和 A_2 是两个 U 变换(57)，它们分别对应于正交变换(59)U_1 和 U_2，那么，显然，乘积 A_2A_1 也将对应于乘积 U_2U_1. 因此，由于(64)，空间的转动 $\{\alpha,\beta,\gamma\}$ 可以由以下的 $\boldsymbol{U}$ 矩阵得出，这是三个 $\boldsymbol{U}$ 矩阵的乘积：

$$\begin{bmatrix}\mathrm{e}^{-\mathrm{i}\frac{\alpha}{2}} & 0\\ 0 & \mathrm{e}^{\mathrm{i}\frac{\alpha}{2}}\end{bmatrix}\cdot\begin{bmatrix}\cos\frac{\beta}{2} & -\mathrm{i}\sin\frac{\beta}{2}\\ -\mathrm{i}\sin\frac{\beta}{2} & \cos\frac{\beta}{2}\end{bmatrix}\cdot\begin{bmatrix}\mathrm{e}^{-\mathrm{i}\frac{\gamma}{2}} & 0\\ 0 & \mathrm{e}^{\mathrm{i}\frac{\gamma}{2}}\end{bmatrix}\tag{65}$$

这样，每一个 U 变换对应于一个确定的三维空间的转动，并且所有的转动都可以这样得到. 两个 U 变换的乘积对应于对应转动的乘积. 我们可以说，公式(59) 决定了行列式为 1 的 U 变换群和三维空间的转动群间的一个准同构.

现在来看看对应于恒等变换即转动群的单位元素的那些 U 变换. 在这个情形下，公式(59) 的第三式给我们

$$a\bar{b}=0;a\bar{a}-b\bar{b}=1$$

因此 $|a|=1$ 和 $b=0$. 令 $a=\mathrm{e}^{\mathrm{i}\theta}$. 公式(59) 中的第一式给出：

$$\frac{1}{2}(\mathrm{e}^{\mathrm{i}2\theta}+\mathrm{e}^{-\mathrm{i}2\theta})=1$$

由此可直接推出 $\theta=0$ 或 π，这就是说 $a=\pm 1$.

因此我们得到矩阵为

$$\boldsymbol{E}=\begin{bmatrix}1 & 0\\0 & 1\end{bmatrix};\boldsymbol{S}=\begin{bmatrix}-1 & 0\\0 & -1\end{bmatrix}=-\boldsymbol{E}$$

的两个 U 变换，它们对应于转动群的单位元素.

现在假设两个 $\boldsymbol{U}$ 矩阵 $\boldsymbol{U}$ 和 $\boldsymbol{V}$ 给出同一个转动. 在这个情形下，$\boldsymbol{V}^{-1}\boldsymbol{U}$ 将给出空间的转动群的恒等变换，即 $\boldsymbol{U}^{-1}\boldsymbol{U}=\boldsymbol{E}$ 或$(-\boldsymbol{E})$，即 $\boldsymbol{U}=\boldsymbol{V}$ 或 $\boldsymbol{U}=-\boldsymbol{V}$. 这里我们应注意，矩阵前面的负号说明矩阵的每一个元素都必须改变符号. 上面的讨论说明：几个 U 变换(57) 仅当它们只相差一个符号时给出同一个空间转动. 反之，如果它们只相差符号，那么，就如我们在上面所提起并从公式(59) 所推出，它们给出同一个空间转动. 最后我们可以说：空间的转动群准同构于行列式为 1 的 U 变换(57)，而且，当且仅当两个矩阵只相差一个符号时，才可得到相同的转动.

矩阵 $\boldsymbol{E}$ 和 $-\boldsymbol{E}$ 组成群 G—— 行列式为 1 的 U 变换(57) 的群 —— 的正规子群 H. 这个正规子群 H 的每一个共轭集合都由两个元素 G_1 和$(-G_1)$ 所组成，此处 G_1 是群任意一个元素. 从上面所说的可直接推出：转动群与群 H 的商群同构.

公式(59) 包含两个复参数 a 和 b，它们必须满足关系式(58). 每一个复参数包含两个实参数

$$a=a_1+\mathrm{i}a_2;b=b_1+\mathrm{i}b_2$$

因此(58) 与下式等价：

$$a_1^2+a_2^2+b_1^2+b_2^2=1$$

因此公式(59) 包含四个实参数，它们必须满足一个关系，即公式(59) 包含三个独立的实参数，就像转动群一样. 参数 a 和 b 一般地叫作凯莱－克兰参数. 不难得到它们以尤拉角所表示的表示式. 事实上，将(65) 中三个矩阵相乘，我们就得到我们在上面所看到的那个 U 矩阵，它对应于尤拉角为 $\{\alpha,\beta,\gamma\}$ 的转

动.作乘法,我们就得到对应参数 a 和 b 的表示式:

$$a=\mathrm{e}^{-\mathrm{i}\frac{\alpha+\gamma}{2}}\cos\frac{\beta}{2};b=-\mathrm{i}\mathrm{e}^{\mathrm{i}\frac{\gamma-\alpha}{2}}\sin\frac{\beta}{2} \tag{66}$$

假如将 2π 加到 α 或 γ 上,那么 a 和 b 改变符号,而转动还仍是同一个.这个事实我们在上面已经说过了.

64. 一般线性群和劳伦次群

我们只建立了两个变数的 U 群和三维空间转动群之间的密切关系.用完全类似的方法我们可以建立两个变数的行列式等于1的一般线性群和劳伦次群间的关系.

引进四个变数

$$x_1,x_2,x_3,x_0$$

并且应用表示测地投影的公式(51),在其中我们假设

$$x=\frac{x_1}{x_0};y=\frac{x_2}{x_0};z=\frac{x_3}{x_0} \tag{67}$$

这个给我们下述公式:

$$\frac{x_1}{x_0}=\frac{\bar{\xi}\eta+\xi\bar{\eta}}{\xi\bar{\xi}+\eta\bar{\eta}};\frac{x_2}{x_0}=\frac{1}{\mathrm{i}}\cdot\frac{\bar{\xi}\eta-\xi\bar{\eta}}{\xi\bar{\xi}+\eta\bar{\eta}};\frac{x_3}{x_0}=\frac{\xi\bar{\xi}-\eta\bar{\eta}}{\xi\bar{\xi}+\eta\bar{\eta}}$$

这些公式除了相差一个公因子外,完全地决定了 x_k,并且我们可以假设

$$\begin{cases}x_0=\xi\bar{\xi}+\eta\bar{\eta};x_1=\bar{\xi}\eta+\xi\bar{\eta}\\ x_2=\dfrac{1}{\mathrm{i}}(\bar{\xi}\eta-\xi\bar{\eta});x_3=\xi\bar{\xi}-\eta\bar{\eta}\end{cases} \tag{68}$$

原来的变数满足关系式(51_1),因此,由于(67),由公式(68)所决定的新变数,对于任意的复数值 ξ 和 η 都满足下式:

$$x_1^2+x_2^2+x_3^2-x_0^2=0 \tag{69}$$

在 ξ 和 η 的 U 变换之下,表示$(\xi\bar{\xi}+\eta\bar{\eta})$保持不变,这就是说,根据(68),现在用来表示时间的变数 x_0 保持不变,并且我们因此而得到三度空间的转动.现在我们放下 U 变换而来讨论一般的线性变换群:

$$\begin{cases}\xi'=a\xi+b\eta\\ \eta'=c\xi+d\eta\end{cases} \tag{70}$$

以下我们将要按照以前讨论 U 变换时的方式来进行讨论.作表示式

$$\begin{cases}x_1+\mathrm{i}x_2=2\bar{\xi}\eta;x_1-\mathrm{i}x_2=2\xi\bar{\eta}\\ x_0+x_3=2\xi\bar{\xi};x_0-x_3=2\eta\bar{\eta}.\end{cases} \tag{71}$$

对于新的变数 ξ',η',我们得到新的 x'_k:

$$x'_1+\mathrm{i}x'_2=2\bar{\xi}'\eta';x'_1-\mathrm{i}x'_2=2\xi'\bar{\eta}'$$

$$x'_0+x'_3=2\xi'\bar{\xi}';x'_0-x'_3=2\eta'\bar{\eta}'$$

将(70) 代入上面四式并应用(71),就得到:

$$\begin{cases}x'_1+\mathrm{i}x'_2=\bar{a}d(x_1+\mathrm{i}x_2)+\bar{b}c(x_1-\mathrm{i}x_2)+\bar{a}c(x_0+x_3)+\bar{b}d(x_0-x_3)\\x'_1-\mathrm{i}x'_2=b\bar{c}(x_1+\mathrm{i}x_2)+a\bar{d}(x_1-\mathrm{i}x_2)+a\bar{c}(x_0+x_3)+b\bar{d}(x_0-x_3)\\x'_0+x'_3=\bar{a}b(x_1+\mathrm{i}x_2)+a\bar{b}(x_1-\mathrm{i}x_2)+a\bar{a}(x_0+x_3)+b\bar{b}(x_0-x_3)\\x'_0-x'_3=\bar{c}d(x_1+\mathrm{i}x_2)+c\bar{d}(x_1-\mathrm{i}x_2)+c\bar{c}(x_0+x_3)+d\bar{d}(x_0-x_3)\end{cases}\tag{72}$$

由此可直接得到用 x_k 表示 x'_k的实系数线性表示式,这些式子我们不再写出来了.我们仅仅注意:假如将等式(72) 中的最末两个相加,那么,在 x'_0的表示式中 x_0 的系数是$\frac{1}{2}(a\bar{a}+b\bar{b}+c\bar{c}+d\bar{d})$,这就是说,这个系数是正的.

新的变数 x'_k和原来的变数一样,也满足等式:

$$x'^2_1+x'^2_2+x'^2_3-x'^2_0=0\tag{73}$$

假如在这等式的左边用以 x_k 表示的 x'_k的表示来代替 x_k,那么,必须得到等式(69).但是在这个条件下,等式(73) 的左边可以和等式(69) 的左边相差一个常数因子,这就是说,在这个情形下,我们有

$$x'^2_1+x'^2_2+x'^2_3-x'^2_0=k(x^2_1+x^2_2+x^2_3-x^2_0)$$

这里 k 是某一个常数.

利用上面的一些公式,并且注意到

$$x'^2_1+x'^2_2+x'^2_3-x'^2_0=(x'_1+\mathrm{i}x'_2)(x'_1-\mathrm{i}x'_2)-(x'_0+x'_3)(x'_0-x'_3)$$

就不难得出:$k=(ad-bc)(\bar{a}\ \bar{d}-\bar{b}\ \bar{c})=|ad-bc|^2$.如果我们想得到 $k=1$ 即得到劳伦次变换:

$$x'^2_1+x'^2_2+x'^2_3-x'^2_0=x^2_1+x^2_2+x^2_3-x^2_0\tag{74}$$

那么我们就必须取线性变换(70),并使它的行列式的模等于 1,也就是说,行列式可表成 $\mathrm{e}^{\mathrm{i}\varphi}$.和以前一样,以 $\mathrm{e}^{\frac{\mathrm{i}\varphi}{2}}$ 乘变换(70) 的所有的系数,那么一方面,在公式(68) 中以 ξ' 和 η' 代替 ξ 和 η 时,由这个公式所决定的量 x'_1,x'_2,x'_3不改变,因为这个公式只包含量(ξ',η') 中的一个和量($\bar{\xi}$,$\bar{\eta}$) 中的一个的乘积,而另一方面,我们把变换的行列式化成了 1.

因此,我们可考虑变换(70) 的行列式是 1:

$$ad-bc=1\tag{75}$$

和前面一节中一样,我们可以指明,以 x_k 表示 x'_k的线性变换的行列式是(+1).此外,我们再提一下:在这个变换中,x'_0的表示式中 x_0 的系数是正的,这就是说,这个变换的行列式是(+1) 并且不变读时间的方向,即变换(72) 是一个正劳伦次变换.

因此,结论是,在条件(75) 之下,变换是我们在[54] 中所定义的正劳伦次变换.

和在上节中一样,我们现在提出这样一个问题:是否任意一个正劳伦次变换都可由公式(72)得到.首先注意,和前节中一样,两个线性变换(70)的乘积对应于相当的劳伦次变换的乘积,换句话说:如果 A 和 B 是两个线性变换(70),由于(72),它们产生两个劳伦次变换 T_1 和 T_2,那么线性变换 BA 将对应于劳伦次变换 T_2T_1.在[54]中我们看到,每一个正劳伦次变换都可写成:

$$T = VSU$$

这里 U 和 V 就是三度空间的转动,而 S 是两个变数的劳伦次变换,由于上节的结果,我们可以借助于某一个形式为(70),行列式是由 1 的 U 变换而得到任一个转动.因此,我们只需证明,在适当选择的线性变换(70)之下,根据公式(72),我们可以得到任一个含有两个变数的正劳伦次变换.比较(74)和[54]中的(21),我们看出,我们现在将认为 $c=1$,这样一来,[54]中给出两个变数的正劳伦次变换的公式(17)就可写成:

$$\begin{cases} x_3' = \dfrac{-vx_0 + x_3}{\sqrt{1-v^2}}; x_0' = \dfrac{x_0 - vx_3}{\sqrt{1-v^2}} \\ x_1' = x_1; x_2' = x_2 \end{cases} \tag{76}$$

引进量

$$u = \frac{1}{\sqrt{1-v^2}} > 1$$

并考虑一个特殊形式的线性变换(70)

$$\xi' = l\xi, \eta' = \frac{1}{l}\eta$$

其中 l 是一个实常数.显然它的行列式等于1.在这个情形下,$a=l, d=\frac{1}{l}$ 而 $b=c=0$.将它代入公式(72),我们正好得到变换(76),只要 l 满足:

$$\frac{l^2}{2} + \frac{1}{2l^2} = u; \frac{l^2}{2} - \frac{1}{2l^2} = -vu$$

这直接给我们以 $l^2 = u \pm \sqrt{u^2-1}$,第二个条件指出,当 $v>0$ 时,必须取 l^2 的根小于1,而当 $v<0$ 时,必须取 l^2 的根大于1,而且在这个条件下,第二个条件可以满足.将 l^2 开方,我们得到相差一个符号的 l 的两个值.因此我们可以总结地断言:行列式为1的线性变换(70)的群准同构于正劳伦次群,而且这个准同构被公式(72)所实现.和在前节中一样.这个准同构不是同构,即不同的变换(70)可以产生同一个劳伦次变换.从公式(72)直接推出:劳伦次群的单位变换由矩阵为

$$\boldsymbol{E} = \begin{Vmatrix} 1 & 0 \\ 0 & 1 \end{Vmatrix}; \boldsymbol{S} = \begin{Vmatrix} -1 & 0 \\ 0 & -1 \end{Vmatrix} = -\boldsymbol{E}$$

的两个线性变换得到,因此完全和上节一样,可以指出:劳伦次群中的每一个变

换都能从两个且只有两个线性变换(70)得到,这两个变换的系数只相差一个符号.

完全和[63]中一样,在行列式为1的线性变换群中元素 E 和 $(-E)$ 组成一个正规子群 H,并且正劳伦次群和 H 的商群同构.

线性变换(70)包含四个复系数,它们被条件(75)联系着.因此公式(72)包含三个任意的复参数,或者换句话说,包含六个任意的实参数.

65. 群的线性变换表示

设 G 是某一个群,它的元素是 G_α,又设每一个元素 G_α 对应于确定的矩阵 $\boldsymbol{A}_\alpha$,而且所有矩阵 $\boldsymbol{A}_\alpha$ 都有相同的阶而且它们的行列式不等于零.再假设这个对应是这样的:每一个乘积 $G_{\alpha_2}G_{\alpha_1}$ 对应于矩阵 $\boldsymbol{A}_{\alpha_2}\boldsymbol{A}_{\alpha_1}$,这是 $\boldsymbol{A}_{\alpha_2}$ 和 $\boldsymbol{A}_{\alpha_1}$ 的乘积.在这个情形,我们就说:矩阵 $\boldsymbol{A}_\alpha$ 或者对应于它们的线性变换给出了群 G 的一个线性表示.令 G_0 是群的单位元素而 $\boldsymbol{A}_0$ 是对应的矩阵.因为 $G_0G_\alpha=G_\alpha$,我们必须有 $\boldsymbol{A}_0\boldsymbol{A}_\alpha=\boldsymbol{A}_\alpha$,由此,以 $\boldsymbol{A}^{-1}$ 右乘,就得到 $\boldsymbol{A}_0=\boldsymbol{I}$,这就是说,单位元素必须对应于单位矩阵.令 G_{α_1} 和 G_{α_2} 是一对互逆元素而 $\boldsymbol{A}_{\alpha_1}$ 和 $\boldsymbol{A}_{\alpha_2}$ 是对应的矩阵.由等式 $G_{\alpha_2}G_{\alpha_1}=G_0$ 推出 $\boldsymbol{A}_{\alpha_2}\boldsymbol{A}_{\alpha_1}=\boldsymbol{I}$,这就是说,互逆元素对应于互逆矩阵.从上面可直接推出:矩阵 $\boldsymbol{A}_\alpha$(或者对应的线性变换)组成一个群 A,与群 G 准同构.如果不同的元素对应于不同的矩阵,那么 A 不只是准同构于 G,而且是同构于 G.在这个情形下我们就说:它给出群 G 的一个单值的线性表示.

假如不这样,那么对应于群 A 的单位矩阵的那些元素组成群 G 的一个正常子群,而群 A 与这个正常子群的商群同构[57].

如果群 G 本身就是一个线性变换,那么显然,它本身就是它所有可能的线性表示中的一个.

现在提出对于线性表示的定义的一点注意.假设我们已经知道每一个元素 G_2 对应于确定的矩阵 $\boldsymbol{A}_\alpha$,而且元素的乘积对应于矩阵的乘积,但是不知道矩阵 $\boldsymbol{A}_\alpha$ 的行列式是否异于零.我们来指明,如果一个行列式 $D(\boldsymbol{A}_{\alpha_0})$ 等于零,那么所有的 $D(\boldsymbol{A}_\alpha)$ 都等于零.事实上,矩阵 $\boldsymbol{A}_{\alpha_0}\boldsymbol{A}_\alpha$ 在 α 改变的时候包含了对应于群中元素的所有矩阵[56].但是 $D(\boldsymbol{A}_{\alpha_0}\boldsymbol{A}_\alpha)=D(\boldsymbol{A}_{\alpha_0})D(\boldsymbol{A}_\alpha)$,且乘积等于零,因为由所设条件,第一个因子等于零.因此,由于乘积对应于乘积的对应规则,我们只需验明行列式 $D(\boldsymbol{A}_\alpha)$ 中有一个异于零;例如,只需指出 G 的单位元素对应于 A 中的单位矩阵就行了.

设 $\boldsymbol{X}$ 是某一个与矩阵 $\boldsymbol{A}_\alpha$ 同阶的矩阵,它的行列式不等于零.我们有:

$$(\boldsymbol{X}\boldsymbol{A}_{\alpha_2}\boldsymbol{X}^{-1})(\boldsymbol{X}\boldsymbol{A}_{\alpha_1}\boldsymbol{X}^{-1})=\boldsymbol{X}\boldsymbol{A}_{\alpha_2}\boldsymbol{A}_{\alpha_1}\boldsymbol{X}^{-1}$$

因此,矩阵 $\boldsymbol{X}\boldsymbol{A}_\alpha\boldsymbol{X}^{-1}$ 也给出群 G 的一个线性表示.这样的两个相似的表示一般地被称作是等价表示.假设矩阵 $\boldsymbol{A}_\alpha$ 的阶是 n,$(x_1,\cdots,x_n)$ 是 $n-$ 维空间向量的分

量,对于这些向量作变换 $\boldsymbol{A}_\alpha$,这样,群 A 就是

$$\boldsymbol{x}'=\boldsymbol{A}_\alpha\boldsymbol{x} \tag{77}$$

我们在(25) 知道,等价线性表示

$$\boldsymbol{y}'=\boldsymbol{X}\boldsymbol{A}_\alpha\boldsymbol{X}^{-1}\boldsymbol{y} \tag{78}$$

有如下的意义:在上述空间中,引进新的轴,而且新的分量按照公式

$$(y_1,\cdots,y_n)=\boldsymbol{X}(x_1,\cdots,x_n) \tag{79}$$

对于这些新的轴,线性变换按照公式(78) 来表示,这就是说,等价线性表示可由坐标轴按照公式(79) 的简单替代而得到. 在公式(77) 中出现的变数$(x_1,x_2,\cdots,x_n)$ 称作线性表示的对象. 因此,转到等价线性表示就等于在某一个行列式异于零的线性变换下将线性表示的对象替换成另一个.

设有群G的线性表示对应于n 阶矩阵$\boldsymbol{A}_\alpha$,又有同一个群的线性表示对应于m 阶矩阵 $\boldsymbol{B}_\alpha$. 组成$(n+m)$ 阶准对角矩阵:

$$[\boldsymbol{A}_\alpha,\boldsymbol{B}_\alpha]=\begin{bmatrix}\boldsymbol{A}_\alpha & 0\\ 0 & \boldsymbol{B}_\alpha\end{bmatrix} \tag{80}$$

根据准对角矩阵相乘的法则,我们有

$$[\boldsymbol{A}_{\alpha_2},\boldsymbol{B}_{\alpha_2}]\cdot[\boldsymbol{A}_{\alpha_1},\boldsymbol{B}_{\alpha_1}]=[\boldsymbol{A}_{\alpha_2}\boldsymbol{A}_{\alpha_1},\boldsymbol{B}_{\alpha_2}\boldsymbol{B}_{\alpha_1}]$$

因此,矩阵(80) 也给出群 G 的一个线性表示. 一般说来,如果矩阵 $\boldsymbol{A}_\alpha$,$\boldsymbol{B}_\alpha$,$\boldsymbol{C}_\alpha$ 是群G 的某几个线性表示,那么应用准对角矩阵

$$\boldsymbol{D}_\alpha=[\boldsymbol{A}_\alpha,\boldsymbol{B}_\alpha,\boldsymbol{C}_\alpha]=\begin{bmatrix}\boldsymbol{A}_\alpha & 0 & 0\\ 0 & \boldsymbol{B}_\alpha & 0\\ 0 & 0 & \boldsymbol{C}_\alpha\end{bmatrix} \tag{81}$$

我们可以组成一个新的表示.

现在注意,假如我们按照矩阵 $\boldsymbol{X}\boldsymbol{D}_\alpha\boldsymbol{X}^{-1}$ 转到等价表示,那么,一般来说,矩阵的准对角形的特征消失了,并且从外表上已经不能立刻看出来这个新的表示是按照规则(81) 由另外几个较低维的表示所组成的表示的一个等值表示. 假如我们的线性表示 $\boldsymbol{D}_\alpha$ 就有准对角形(80),那么它分解为两个较低维的线性表示 $\boldsymbol{A}_\alpha$ 和$\boldsymbol{B}_\alpha$,即$\boldsymbol{A}_\alpha$ 和$\boldsymbol{B}_\alpha$ 为较低阶的矩阵. 在这种情形,线性表示称作是已约的. 假如某一个线性表示$\boldsymbol{E}_\alpha$ 没有准对角形式,而它的某一个等价表示 $\boldsymbol{X}\boldsymbol{E}_\alpha\boldsymbol{X}^{-1}$ 有这种形式,那么表示 $\boldsymbol{E}_\alpha$ 就称作是可约的. 最后,如果表示本身和它的一切等价表示都没有准对角形式,即,它们都不是可约的,那么这样的表示就被称作不可约表示.

现在来指出一些条件,在这些条件的存在之下我们可断言表示是已约的. 设线性表示由n阶矩阵$\boldsymbol{A}_\alpha$ 所组成,这些矩阵给出变数$(x_1,x_2,\cdots,x_n)$ 的线性变换. 假设所有的矩阵$\boldsymbol{A}_\alpha$ 都是$\boldsymbol{U}$ 矩阵,并没有由k个标架所组成的子空间R' 在变换 $\boldsymbol{A}_\alpha$ 之下变为它自己,即:如果 $x_{k+1}=x_{k+2}=\cdots=x_n=0$,那么就有 $x'_{k+1}=$

$x'_{k+2}=\cdots=x'_n=0$. 换句话说，所有的矩阵 $\boldsymbol{A}_\alpha$ 都有下列形式：

$$\begin{bmatrix}\boldsymbol{A}'_\alpha & \boldsymbol{N}_\alpha \\ 0 & \boldsymbol{A}''_\alpha\end{bmatrix} \tag{82}$$

其中 $\boldsymbol{A}'_\alpha$ 是某一个 k 阶矩阵，$\boldsymbol{A}''_\alpha$ 是某一个 $(n-k)$ 阶矩阵，而在左下角，有 $(n-k)$ 行和 k 列都是零. 考虑由最后 $(n-k)$ 个标架所组成的空间 R'. 它由垂直于上述子空间 R' 的全体向量的向量所组成. 因为每一个变换 $\boldsymbol{A}_\alpha$ 都将子空间 R' 变为它自己，又因为 U 变换保持向量垂直的性质，因此子空间 R'' 中的每一个向量，在变换 $\boldsymbol{A}_\alpha$ 之下，仍变为这个子空间中的向量. 换句话说，如果 $x_1=\cdots=x_k=0$，就有 $x'_1=\cdots=x'_k=0$. 由此可直接推出，矩阵(82) 中，位于右上角的 k 行 $(n-k)$ 列元素都等于零，即，我们所讨论的线性变换的矩阵是

$$\begin{bmatrix}\boldsymbol{A}'_\alpha & 0 \\ 0 & \boldsymbol{A}''_\alpha\end{bmatrix}=[\boldsymbol{A}'_\alpha,\boldsymbol{A}''_\alpha]$$

因此，变换是已约的. 现在假设，所以 U 变换 $\boldsymbol{A}$ 都保持同一个子空间 R_1 不变，R_1 的维数是 $k(k<n)$，此处 n 是矩阵 $\boldsymbol{A}_\alpha$ 的阶. 我们变换坐标轴，使得子空间 R_1 由前 k 个标架所生成，这个相当于利用 U 变换将表示变为等价线性表示. 如上所示，这样变换后所得的表示是已约的. 因此我们有下述定理.

定理 如果群的一个线性表示由 $\boldsymbol{U}$ 矩阵所组成，并且这些 $\boldsymbol{U}$ 矩阵将某一个子空间保持不变，那么这样的表示是可约表示.

关于表示是否可约的问题与将矩阵 $\boldsymbol{A}_\alpha$ 化为相似矩阵 $\boldsymbol{X}\boldsymbol{A}_\alpha\boldsymbol{X}^{-1}$ 的问题紧密地联系着. 现在提出化为等价表示的几个个别情形，这是在矩阵 $\boldsymbol{X}$ 的特殊选择下得到的. 作矩阵 $\boldsymbol{X}$，它的第一行中，第二个元素是单位元素，而其他的元素都是零，第二行中，第一个元素是单位元素，而其他的元素都是零，从第三行开始，主对角线上的元素是单位元素，而其他的元素都是零，即

$$\boldsymbol{X}=\begin{bmatrix}0 & 1 & 0 & 0 & \cdots & 0\\ 1 & 0 & 0 & 0 & \cdots & 0\\ 0 & 0 & 1 & 0 & \cdots & 0\\ 0 & 0 & 0 & 1 & \cdots & 0\\ \vdots & \vdots & \vdots & \vdots & & \vdots\\ 0 & 0 & 0 & 0 & \cdots & 1\end{bmatrix}$$

从最后一行开始直接展开，可看出 $D(\boldsymbol{X})=-1$. 应用矩阵乘法的一般规则，不难验明，如果 $\boldsymbol{Y}$ 是某一个矩阵，那么相似矩阵 $\boldsymbol{X}\boldsymbol{Y}\boldsymbol{X}^{-1}$ 可从将 $\boldsymbol{Y}$ 的第一、二行对换，然后，将 $\boldsymbol{Y}$ 的第一、二列对换而得到. 同样的方法可知矩阵行的对换及同时发生的对应列的变换等于将矩阵变为某一个相似矩阵，这个相似矩阵由一个与 Y 无关的变换 X 的帮助而得到. 因此，如果我们对于给出群的某一个线性表示都施以同一个行和列的对换，那么就得到一个等价表示.

如果可以将整数 1,2,…,n 分成这样的两类,使得在每一个矩阵 $\boldsymbol{A}_\alpha$ 中,行数在一个类中的任一行和列数在另一类中的任一列的交叉处都是零,那么这样的表示是可约的.事实上,为了证明它的可约性,即为了将它化为已约的,只需作这样的行和列的对换:使得同一类的行和列在左上角,另一类的行和列在右下角.

在这一节的最后,我们再提出一种情形:群 G 的线性表示是一阶的,即,所有矩阵 $\boldsymbol{A}_\alpha$ 都是一阶矩阵,也就是通常的数.在这个情形,我们群的每一个元素 G_α 都对应于一个变换 $x'=m_\alpha x$,或者,一般来说,对应于一个数 m_α,而乘积 G_2G_1 对应于通常数的乘积 m_2m_1.

66. 基本定理

设有一个由 m 个元素 $G_1,\cdots,G_m$ 所组成的有限群 G,又设 $\boldsymbol{A}_1,\cdots,\boldsymbol{A}_m$ 是给出这个群的一个线性表示的 n 阶矩阵.用 $\boldsymbol{x}(x_1,\cdots,x_n)$ 来表示这个表示的对象.考虑表示式:

$$\varphi(x_1,\cdots,x_n)=\sum_{s=1}^{m}|\boldsymbol{A}_s\boldsymbol{x}|^2 \tag{83}$$

完全写出来,就是表示式:

$$\varphi=\sum_{s=1}^{m}\sum_{i=1}^{n}(a_{i1}^{(s)}x_1+\cdots+a_{in}^{(s)}x_n)(\bar{a}_{i1}^{(s)}\bar{x}_1+\cdots+\bar{a}_{in}^{(s)}\bar{x}_n) \tag{84}$$

这里我们用 $a_{ik}^{(s)}$ 表示矩阵 $\boldsymbol{A}_s$ 的元素.不难验明表示式(84)是(75)一个厄米特型,即,在这个表示式中 $\bar{x}_px_q$ 和 $x_p\bar{x}_q$ 的系数是共轭复数.此外,由公式(83)可推出这个厄米特型本身是某一些向量的长度的平方和,这就是说,这是一个正定厄米特型[40].换句话说,施行某一个 U 变换

$$\boldsymbol{y}=U\boldsymbol{x}$$

将这个型化成平方和

$$\varphi=\sum_{j=1}^{n}\lambda_j\bar{y}_jy_j$$

之后,所有的系数 λ_j 都是正的.再对新的变数作变换 $z_j=\sqrt{\lambda_j}\,y_j$,就可将这个厄米特型 φ 写成简单的平方和:

$$\varphi=\bar{z}_1z_1+\cdots+\bar{z}_nz_n \tag{85}$$

对变数$(x_1,\cdots,x_n)$作某一个属于我们的群的线性表示的变换

$$\boldsymbol{x}'=\boldsymbol{A}_k\boldsymbol{x} \tag{86}$$

不难看出,在这个变换之下这个厄米特型不改变.

事实上:

$$\varphi(x'_1,\cdots,x'_m)=\sum_{s=1}^{m}{}'\,|\boldsymbol{A}_s\boldsymbol{A}_k\boldsymbol{x}|^2$$

但是，在[56]我们知道，变换（矩阵）

$$\boldsymbol{A}_1\boldsymbol{A}_k,\boldsymbol{A}_2\boldsymbol{A}_k,\cdots,\boldsymbol{A}_m\boldsymbol{A}_k$$

的全体和矩阵

$$\boldsymbol{A}_1,\boldsymbol{A}_2,\cdots,\boldsymbol{A}_m$$

的全体重合；因此，假如我们将变换(86)用新的变数$(z_1,\cdots,z_n)$来表示，这些变数和原来的变数由公式

$$(z_1,\cdots,z_n)=\boldsymbol{B}_0(x_1,\cdots,x_n)$$

联系着，其中$\boldsymbol{B}_0$是某一个矩阵，那么替代$\boldsymbol{A}_k$我们得到相似的群$\boldsymbol{B}_0\boldsymbol{A}_k\boldsymbol{B}_0^{-1}$，并且这个相似群的变换的全体都不改变表示式(85)，即不改变模的平方和，亦即都是U变换. 因此，对于有限群的情形，我们已经指出，每一个线性表示都等价于某一个U表示，即由U变换组成的表示. 在某一些补充条件之下，这个性质对于由参数决定的无限群仍保留，并且在以后，当我们说到群的线性表示的时候，我们将永远指U表示. 因此我们有下述定理.

定理 Ⅰ 群(有限的)的每一个线性表示都有等价的U表示.

现在来引进线性表示的可约的必要和充分条件. 首先介绍一个新的术语，我们把对角线上包含相同元素的对角矩阵叫作数量矩阵. 这样的矩阵可以用$k\boldsymbol{I}$来表示. 就像上面我们所看到的，对于代数运算，它和数k等价.

现在假设，我们有某一个群的可约线性表示. 例如，这样的表示由下述形式的矩阵来实现：

$$\boldsymbol{D}_\alpha=\boldsymbol{X}[\boldsymbol{A}_\alpha,\boldsymbol{B}_\alpha,\boldsymbol{C}_\alpha]\boldsymbol{X}^{-1}$$

其中$\boldsymbol{X}$是某一个矩阵而中间是一个准对角矩阵. 作矩阵

$$\boldsymbol{Y}=\boldsymbol{X}[k\boldsymbol{I},l\boldsymbol{I},m\boldsymbol{I}]\boldsymbol{X}^{-1}$$

这里中间的准对角矩阵和矩阵$\boldsymbol{D}_\alpha$中间的有同样的结构. 不难看出，矩阵$\boldsymbol{Y}$和所有的矩阵$\boldsymbol{D}_\alpha$都是可交换的. 实际上：

$$\boldsymbol{D}_\alpha\boldsymbol{Y}=\boldsymbol{X}[\boldsymbol{A}_\alpha k,\boldsymbol{B}_\alpha l,\boldsymbol{C}_\alpha m]\boldsymbol{X}^{-1}$$

并且同样地有

$$\boldsymbol{Y}\boldsymbol{D}_\alpha=\boldsymbol{X}[k\boldsymbol{A}_\alpha,l\boldsymbol{B}_\alpha,m\boldsymbol{C}_\alpha]\boldsymbol{X}^{-1}$$

但是一个矩阵和一个数相乘时它们的次序不起作用. 此外，假如我们假设数k,l,m是不同的，那么矩阵$\boldsymbol{Y}$不是单位矩阵的倍数. 实际上，它显然有不同的特征数k,l和m. 因此我们有下述定理.

定理 Ⅱ 假如线性表示是可约的，那么就存在一个矩阵，这个矩阵不是数量矩阵，并且和所有生成这个可约线性表示的矩阵是可交换的.

现在来指明逆定理也成立，即

定理 Ⅲ 假如存在一个矩阵$\boldsymbol{Y}$，不是数量矩阵并且和线性表示的矩阵$\boldsymbol{D}_\alpha$都是可交换的，那么这样的线性表示是可约的.

这样，根据定理的条件，对于任意的指标 a，我们都有

$$\boldsymbol{D}_a\boldsymbol{Y}=\boldsymbol{Y}\boldsymbol{D}_a \tag{87}$$

设 $\boldsymbol{Z}$ 是这样的一个矩阵，它的行列式异于零，并且所有的矩阵 $\boldsymbol{Z}\boldsymbol{D}_a\boldsymbol{Z}^{-1}$ 都是 U 矩阵：$\boldsymbol{Z}\boldsymbol{D}_a\boldsymbol{Z}^{-1}=\boldsymbol{U}_a$. 将上面的等式写成：

$$\boldsymbol{Z}^{-1}\boldsymbol{D}_a\boldsymbol{Z}\boldsymbol{Y}=\boldsymbol{Y}\boldsymbol{Z}^{-1}\boldsymbol{U}_a\boldsymbol{Z}$$

从左边乘上 $\boldsymbol{Z}$，从右边乘上 $\boldsymbol{Z}^{-1}$，即得

$$\boldsymbol{U}_a(\boldsymbol{Z}\boldsymbol{Y}\boldsymbol{Z}^{-1})=(\boldsymbol{Z}\boldsymbol{Y}\boldsymbol{Z}^{-1})\boldsymbol{U}_a$$

这就是说，矩阵 $\boldsymbol{Z}\boldsymbol{Y}\boldsymbol{Z}^{-1}$ 和 $\boldsymbol{U}$ 表示的矩阵的全体是可交换的. 这个矩阵显然不能是单位矩阵的倍数，因为如果 $\boldsymbol{Z}\boldsymbol{Y}\boldsymbol{Z}^{-1}=k\boldsymbol{I}$，就有 $\boldsymbol{Y}=k\boldsymbol{I}$. 我们只要证明等价的线性表示 $\boldsymbol{U}_a$ 是可约的就好了. 因此我们定理的证明变成线性表示是 U 表示的这种情形. 我们就简单地认为由矩阵 $\boldsymbol{D}_a$ 组成的线性表示本身就是一个 U 表示.

设 λ_1 是矩阵 $\boldsymbol{Y}$ 的某一个特征数. 由[25] 我们知道，矩阵 $\lambda_1=\lambda_1\boldsymbol{I}$ 和任何矩阵可交换，因此，矩阵 $\boldsymbol{Y}-\lambda_1\boldsymbol{I}$ 和 $\boldsymbol{Y}$ 都满足条件(87)，就是说和矩阵 $\boldsymbol{D}_a$ 都可交换. 不难看出，矩阵 $\boldsymbol{Y}_1=\boldsymbol{Y}-\lambda_1\boldsymbol{I}$ 的特征数中，至少有一个等于零. 事实上，矩阵 $\boldsymbol{Y}_1$ 的特征方程是

$$\boldsymbol{D}(\boldsymbol{Y}_1-\lambda_1\boldsymbol{I})=\boldsymbol{D}[\boldsymbol{Y}-(\lambda+\lambda_1)\boldsymbol{I}]=0$$

这就是说，它由 $\boldsymbol{Y}$ 的特征方程以 $(\lambda+\lambda_1)$ 代替 λ 而得到，而因为矩阵 $\boldsymbol{Y}$ 的特征数中有等于 λ_1 的，因此 $\boldsymbol{Y}_1$ 的特征数中至少有一个等于零. 因此，矩阵 $\boldsymbol{Y}_1$ 的行列式等于它的特征数的乘积，也将等于零. 因此当我们证明定理的时候，可假设 $\boldsymbol{D}_a$ 是 $\boldsymbol{U}$ 矩阵，并且公式(87) 中的矩阵 $\boldsymbol{Y}$ 的行列式等于零.

考虑分量为

$$\begin{cases}x_1=y_{11}u_1+y_{12}u_2+\cdots+y_{1n}u_n\\x_2=y_{21}u_1+y_{22}u_2+\cdots+y_{2n}u_n\\\qquad\vdots\\x_n=y_{n1}u_1+y_{n2}u_2+\cdots+y_{nn}u_n\end{cases} \tag{88}$$

的向量的全体，式中 u_s 取任意值，而 y_{ik} 是矩阵 $\boldsymbol{Y}$ 的元素. 因为矩阵 $\boldsymbol{Y}$ 的行列式等于零，故系数矩阵 $\|y_{ik}\|$ 的秩小于 n. 假设它等于某一个数 $r<n$. 如我们在[16] 所知，在这种情形下，公式(88) 决定某一个 r 维子空间 R'.

考虑等式

$$\boldsymbol{D}_a\boldsymbol{Y}\boldsymbol{u}=\boldsymbol{Y}\boldsymbol{D}_a\boldsymbol{u} \tag{89}$$

的左边.

向量 $\boldsymbol{Y}\boldsymbol{u}$ 的分量恰好是(88)，因此，$\boldsymbol{D}_a\boldsymbol{Y}\boldsymbol{u}$ 是应用变换 $\boldsymbol{D}_a$ 到子空间 R' 中一个任意的向量上去的结果. 公式(89) 的右边是应用变换 Y 到向量 $\boldsymbol{D}_a\boldsymbol{u}$ 上去的结果，这就是说，右边的分量也是由公式(88) 表示，不过在其中以矢量 $\boldsymbol{D}_a\boldsymbol{u}$ 的分量代替 $u_1,u_2,\cdots,u_n$，也就是说，公式(89) 的右边也是属于子空间 R' 的一个矢量.

因此,将左边和右边比较,我们可以看出:应用变换 $\boldsymbol{D}_a$ 到子空间 R' 的向量仍得出属于这个子空间的向量.但是,由[65]我们知道,如果 U 变换保持某一个子空间不变,那么它们组成可约表示,这样,定理就证明了.

定理Ⅱ和Ⅲ指出,线性表示不可约的充分必要条件是下述事实:不存在一个与形式为 $k\boldsymbol{I}$ 的矩阵相异的矩阵,和生成这个线性表示的矩阵都可交换.

从定理 ***I*** 可直接推出,在[65]的定理中,提起表示是 U 表示不是必要的,并且一般地可以断言:假如某一个表示的所有矩阵都使某一个子空间保持不变,那么这个表示是可约的.这个断言的逆是显然的.

67. 阿贝尔群和一阶表示

群 G 称作是可交换的,如果它的所有的元素都是成对地可交换的,也就是说,对于任意的指标,$G_{a_2}G_{a_1}$ 等于 $G_{a_1}G_{a_2}$.设 $\boldsymbol{A}_{a_1}$ 和 $\boldsymbol{A}_{a_2}$ 是某一个线性表示中对应于 G_{a_1} 和 G_{a_2} 的矩阵.乘积 $G_{a_2}G_{a_1}$ 对应于 $\boldsymbol{A}_{a_2}\boldsymbol{A}_{a_1}$ 而乘积 $G_{a_1}G_{a_2}$ 对应于 $\boldsymbol{A}_{a_1}\boldsymbol{A}_{a_2}$.但是上面所提起说的乘积重合,因此,必须有

$$\boldsymbol{A}_{a_2}\boldsymbol{A}_{a_1}=\boldsymbol{A}_{a_2}\boldsymbol{A}_{a_2}$$

这就是说,组成可交换群的线性表示的矩阵是成对地可交换的.

假设表示是 U 表示,即所有的矩阵都是 $\boldsymbol{U}$ 矩阵.在这个情形下,显然存在这样的一个变换 U,使得 $\boldsymbol{U}\boldsymbol{A}_\alpha\boldsymbol{U}^{-1}$ 都有对角线形[42],这就是说,在这个情形下,某一个等价线性表示完全由对角矩阵

$$\boldsymbol{U}\boldsymbol{A}_\alpha\boldsymbol{U}^{-1}=[k_1^{(a)},\cdots,k_n^{(a)}]$$

所组成.

因此我们看到,在这个情形下,线性表示可分解为 n 个一阶表示

$$B_a^{(s)}=k_s^{(a)}\quad(s=1,2,\cdots,n)$$

这样,可交换群的任一个 U 表示都和某一个一阶表示的集合等价,并且在化为等价表示时也是用 U 变换.

现在来讨论一些可交换群的表示的例子以及一些非交换群的一阶表示的例子.

例 1 作为第一个例子我们来讨论由元素

$$S^0=I,S,S^2,\cdots,S^{m-1}\quad(S^m=I)\tag{90}$$

所组成的 m 阶巡回(可交换)群.

如果元素 S 对应于线性变换 $x'=\omega x$,或者,这是一样的,对应于数 ω,那么元素(90)对应于下列数:

$$1,\omega,\omega^2,\cdots,\omega^{m-1}$$

因为 $S^m=I$,我们必须有 $\omega^m=1$,即

$$\omega=\mathrm{e}^{\frac{2k\pi\mathrm{i}}{m}}$$

这里 k 是某一个整数,显然它可以等于数列 $0,1,2,\cdots,m-1$ 中的一个.

我们仔细地来讨论 $m=2$ 情形.这时有

$$I,S\text{ 和 }S^2=I$$

这就是说,$S=S^{-1}$.当 $k=0$,I 和 S 这两个元素都对应于同一个恒等变换 $x'=x$ 或者数 1;当 $k=1$,元素 I 对应于变换 $x'=x$,而元素 S 对应于变换 $x'=-x$,或者,一般来说,元素 I 对应于数 1,而元素 S 对应于数(-1).在物理应用上,由恒等变换和三维空间对于原点的对称变换:

$$x'=-x;y'=-y;z'=-z\quad(S)$$

所组成的群是很重要的.

显然,这就是 $m=2$ 的情形.上述两个表示可以称作对称于原点的恒等表示和变号表示.

例 2 考虑围绕 Z 轴的转动群.这个群的矩阵有下述形式:

$$\boldsymbol{Z}_\varphi=\begin{bmatrix}\cos\varphi & -\sin\varphi\\ \sin\varphi & \cos\varphi\end{bmatrix}\tag{91}$$

此外并满足显然的关系

$$\boldsymbol{Z}_{\varphi_2}\boldsymbol{Z}_{\varphi_1}=\boldsymbol{Z}_{\varphi_1}\boldsymbol{Z}_{\varphi_2}=\boldsymbol{Z}_{\varphi_1+\varphi_2}$$

这是我们早就知道的.

函数 $e^{l\varphi}$ 也同样地满足这个关系.

但是必须注意:如果 $\varphi=2\pi$,那么转动就等于恒等变换,因此我们必须有 $e^{2\pi l}=1$,也就是说,数 l 必须是 $l=k\mathrm{i}$,这里 k 是任意的整数.因此我们有转动群的线性表示的无穷集合,这里矩阵(91)对应于数

$$e^{\varphi k\mathrm{i}}$$

给整数 k 以所有可能的值

$$k=0,\pm1,\pm2,\cdots$$

我们就得到转动群的无穷多个线性表示.

例 3 现在来讨论由 n 个数的 $n!$ 个置换所组成的群.我们可以将每一个置换与数$(+1)$相重合,这样就得到所谓置换群的对称表示.另外,我们可以将第一类由偶数个对换组成的每个置换与数$(+1)$重合,而将第二类的每一个置换与数(-1)重合.这样就得到所谓置换群的扭对称表示.在这个表示中交替群中的每一个置换都对应于数$(+1)$,而其余的置换对应于数(-1).可以指明,上面所提起的两种情形,已经概括了置换群的所有可能的一阶线性表示.至于为什么我们就不加说明了,这个群还有高于一阶的另一些表示.

例 4 现在来讨论由所有平面的实正交变换所组成的群,即由平面围绕原点的转动和对于轴的对称变换同时施行所组成的群.我们在[52]知道,这个群的矩阵有下述形式:

$$\{\varphi,d\}=\begin{bmatrix} d\cos\varphi & -d\sin\varphi \\ \sin\varphi & \cos\varphi \end{bmatrix} \tag{92}$$

其中对于单纯的转动 $d=1$，而对于转动和反转同时施行，$d=-1$. 除了每一个矩阵(92) 都对应于数$(+1)$ 的显然的一阶线性表示外，我们再可以作另一个一阶线性表示：如果 $d=1$ 则矩阵(92) 对应于数$(+1)$，而当 $d=-1$ 则矩阵(92) 对应于数(-1)，因为当两个矩阵(92) 的 d 同号时，它们的积对应于单纯的转动，而当 d 异号时，它们的积对应于转动和反转同时施行.

68. 两个变数的 U 群的线性表示

现在来讨论两个变数的 U 群的线性表示. 我们知道，这个群有形式：

$$\begin{cases} x'_1=ax_1+bx_2 \\ x'_2=-\bar{b}x_1+\bar{a}x_2 \end{cases} \tag{93}$$

其中复数 a 和 b 必须受条件

$$a\bar{a}+b\bar{b}=1 \tag{94}$$

的限制.

作$(m+1)$ 个量：

$$\xi_0=x_1^m;\xi_1=x_1^{m-1}x_2;\cdots;\xi_m=x_2^m \tag{95}$$

假如我们取 $\xi'_k=x'^{m-k}_1x'^k_x$ 并且用 x'_1 和 x'_2 的表示式(93) 来代替 x'_1 和 x'_2，那么显然地，每一个 ξ'_k 被 ξ_k 所线性表示，因此群(93) 中的每一个变换将对应于由变数 ξ_k 到变数 ξ'_k 的一个线性变换. 显然，变换的乘积对应于变换的乘积，因此我们得到群(93) 的一个$(m+1)$ 阶线性表示. 但是，我们发现，这个表示不是 U 表示. 为了作成一个 U 表示，我们只需在变数(95) 中，对每一个变数乘上一个常数因子，就是，代替(95)，我们按照下述公式来定义变数：

$$\eta_k=\frac{x_1^{m-k}x_2^k}{\sqrt{(m-k)!\ k!}}\quad(k=0,1,\cdots,m) \tag{96$_1$}$$

同样地：

$$\eta'_k=\frac{x'^{m-k}_1x'^k_2}{\sqrt{(m-k)!\ k!}}\quad(k=0,1,\cdots,m) \tag{96$_2$}$$

和通常一样，在式中我们认为 $0!=1$.

我们来验明：在变数这样定义之下，我们的表示是 U 表示，即

$$\sum_{k=0}^{m}\eta'_k\bar{\eta}'_k=\sum_{k=0}^{m}\eta_k\bar{\eta}_k \tag{97}$$

事实上，应用牛顿的二项公式，有

$$m!\ \sum_{k=1}^{m}\eta'_k\bar{\eta}'_k=m!\ \sum_{k=0}^{m}\frac{x'^{m-k}_1\bar{x}'^{m-k}_1x'^k_2\bar{x}'^k_2}{(m-k)!\ k!}=(x'_1\bar{x}'_1+x'_2\bar{x}'_2)^m$$

同样有

$$m!\ \sum_{k=0}^{m}\eta_k\bar{\eta}_k=(x_1\bar{x}_1+x_2\bar{x}_2)^m$$

但因(93) 是一个 U 变换：

$$x'_1\bar{x}'_1+x'_2\bar{x}'_2=x_1\bar{x}_1+x_2\bar{x}_2$$

因此，可推出关系式(97) 成立.

我们现在来给出所建立的群(93) 的 U 表示的系数的明显形式的公式. 为了这个目的，上面的符号有一点儿改变，就是我们假设：

$$\eta_l=\frac{x_1^{j+l}x_2^{j-l}}{\sqrt{(j+l)!\ (j-l)!}}\quad (l=-j,-j+1,\cdots,j-1,j) \tag{98}$$

在我们以前的符号中，$m=2j$，因此当 m' 是偶数时，j' 是一个整数，而当 m 是奇数时，j 就等于某一个奇整数的二分之一. 例如，如果 $m=5$，那么公式(98) 给我们下面的六个变数：

$$\eta_{-\frac{5}{2}}=\frac{x_2^5}{\sqrt{5!}};\eta_{-\frac{3}{2}}=\frac{x_1x_2^4}{\sqrt{1!\ 4!}};\eta_{-\frac{1}{2}}=\frac{x_1^2x_2^3}{\sqrt{2!\ 3!}};$$

$$\eta_{\frac{1}{2}}=\frac{x_1^3x_2^2}{\sqrt{3!\ 2!}};\eta_{\frac{3}{2}}=\frac{x_2^4x_2}{\sqrt{4!\ 1!}};\eta_{\frac{5}{2}}=\frac{x_1^5}{\sqrt{5!}}.$$

在这个情形，我们的变数不是用前六个整数来编号，而是用分数来编号，这些分数从$\left(-\frac{5}{2}\right)$到$\left(+\frac{5}{2}\right)$每一个相当 1. 例如，如果 $m=4$，那么根据公式(98) 我们有五个变数：

$$\eta_{-2}=\frac{x_2^4}{\sqrt{4!}};\eta_{-1}=\frac{x_1x_2^3}{\sqrt{1!\ 3!}};\eta_0=\frac{x_1^2x_2^2}{\sqrt{2!\ 2!}};$$

$$\eta_1=\frac{x_1^3x_2}{\sqrt{3!\ 1!}};\eta_2=\frac{x_1^4}{\sqrt{4!}}.$$

这里变数用从(−2) 到(+2) 的整数编号. 对于每一个固定的 $m=2j$，在矩阵中，我们有完全相同的行和列的编号，这些矩阵是给出群(93) 的一个$(2j+1)$ 阶线性表示的.

现在来决定这些矩阵的元素. 我们有

$$\eta'_l=\frac{x'^{j+l}_1x'^{j-l}_2}{\sqrt{(j+l)!\ (j-l)!}}=\frac{(ax_1+bx_2)^{j+k}(-\bar{b}x_1+\bar{a}x_2)^{j-l}}{\sqrt{(j+l)!\ (j-l)!}}$$

我们必须将右边化为量 η_l 的线性组合. 牛顿二项公式的应用给出：

$$\eta'_l=\sum_{k=0}^{j+l}\sum_{k'=0}^{j-l}(-1)^{j-l-k'}\frac{\sqrt{(j+l)!\ (j-l)!}}{k!\ k'!\ (j+l-k)!\ (j-l-k)!}\times$$
$$\bar{a}^{k'}a^{j+l-k}\bar{b}^{j-l-k'}b^kx_1^{2j-k-k'}x_2^{k+k'}$$

假如我们认为当 p 是负整数时，$p!\ =\infty$，那么我们可以在上述公式中根据 k 和 k' 从$(-\infty)$ 到$(+\infty)$ 求和，因为所增加的项中包含等于无穷的分母的因子，因此等于零. 我们引进一个和的新的下标 $s=j-k-k'$ 来代替 k'，对于 s 我们仍可以从 $(-\infty)$ 到 $(+\infty)$ 按整值或者整数的二分之一来求和，这个要根据 j 是整数或者是整数的二分之一来决定. 因此我们得到：

$$\eta'_l=\sum_k\sum_s(-1)^{k+s-l}\frac{\sqrt{(j+l)!\ (j-l)!}}{k!\ (j-k-s)!\ (j+l-k)!\ (k+s-l)!}\times$$
$$\bar{a}^{j-k-s}a^{j+l-k}\bar{b}^{k+s-l}b^k x_1^{j+s}x_2^{j-s}$$

但是由于(98)我们有：

$$x_1^{j+s}x_2^{j-s}=\sqrt{(j+s)!\ (j-s)!}\ \eta_s$$

因此，最后我们就得到下述形式的显明的线性关系：

$$\eta'_l=\sum_k\sum_s(-1)^{k+s-l}\frac{\sqrt{(j+l)!\ (j-l)!\ (j+s)!\ (j-s)!}}{k!\ (j-k-s)!\ (j+l-k)!\ (k+s-l)!}\times$$
$$\bar{a}^{j-k-s}a^{j+l-k}\bar{b}^{k+s-l}b^k\eta_s$$

因此，对于已知固定的 j，对应于矩阵为

$$\begin{bmatrix}a & b\\ -\bar{b} & \bar{a}\end{bmatrix}$$

的 U 变换(93)的 $(2j+1)$ 阶线性表示的矩阵的元素是

$$D_j\begin{Bmatrix}a & b\\ -\bar{b} & \bar{a}\end{Bmatrix}_{ls}=(-1)^{s-l}\sum_k(-1)^k\frac{\sqrt{(j+l)!\ (j-l)!\ (j+s)!\ (j-s)!}}{k!\ (j-k-s)!\ (j+l-k)!\ (k+s-l)!}\times$$
$$\bar{a}^{j-k-s}a^{j+l-k}\bar{b}^{k+s-l}b^k$$

这里指数 l 和 s 取下列一系值：

$$l\text{ 和 }s=-j,-j+1,\cdots,j-1,j$$

并且我们再重复一遍：如果 j 是整数的二分之一，那么矩阵的行和列同样也以整数的二分之一来编号. 注意到当 p 是负整数时，$p!=\infty$，我们就得到下列按照公式(99)对 k 求和的极限：

$$k\geqslant 0;k\geqslant l-s;k\leqslant j-s;k\leqslant j+l \tag{100}$$

将矩阵化为相似矩阵，我们可以看出公式(99)的可能的简化. 设 $\boldsymbol{A}$ 是一个元素为 a_{pq} 的矩阵，$\boldsymbol{S}=[\delta_1,\cdots,\delta_n]$ 是一个对角矩阵.

应用一般的乘法规则，不难看出矩阵 $\boldsymbol{SAS}^{-1}$ 的元素是：

$$\{\boldsymbol{SAS}^{-1}\}_{pq}=\delta_p a_{pq}\delta_q^{-1}$$

假如现在我们将这个规则应用于矩阵

$$D_j\begin{Bmatrix}a & b\\ -\bar{b} & \bar{a}\end{Bmatrix}$$

并且取 $\delta_k=(-1)^k$，那么在公式(99)中因子 $(-1)^{5l}$ 就消去了，因此在以后我们将认为这个因子是没有的.

现在来证明：由元素为(99)的矩阵所决定的 U 群(93)的线性表示是不可

约的. 首先来证明两个引理.

引理 Ⅰ 如果某一个对角矩阵,它的对角线上的元素是各不相同的,与矩阵 $\boldsymbol{A}$ 是可交换的,那么 $\boldsymbol{A}$ 也是对角矩阵.

根据条件我们有

$$\boldsymbol{A}[\delta_1,\cdots,\delta_n]=[\delta_1,\cdots,\delta_n]\boldsymbol{A}$$

其中 δ_k 是各不相同的. 设矩阵 $\boldsymbol{A}$ 的元素是 a_{pq}. 应用乘法规则,由上述条件可得

$$a_{pq}\delta_q=\delta_p a_{pq} \text{ 或 } a_{pq}(\delta_q-\delta_p)=0$$

因此,$a_{pq}=0$ 如果 $p\neq q$,这就是说,矩阵 $\boldsymbol{A}$ 确实是一个对角矩阵.

引理 Ⅱ 假如某一个对角矩阵$[\delta_1,\cdots,\delta_n]$和矩阵 $\boldsymbol{A}$ 是可交换的,$\boldsymbol{A}$ 中至少有一列不包含一个零,那么 $\delta_1=\cdots=\delta_n$.

将矩阵的行和列调换,即化为相似矩阵,我们可以使不包含零的那一列在第一列. 在这种变换中,对角矩阵仍然为对角矩阵,并且依旧和我们的矩阵可交换. 因此,用 a_{pq} 表示矩阵 $\boldsymbol{A}$ 的元素,我们可以认为

$$a_{i1}\neq 0 \quad (k=1,2,\cdots,n)$$

此外根据条件,如前面一样有:

$$a_{i1}(\delta_1-\delta_i)=0 \quad (i=1,2,\cdots,n)$$

由此可得 $\delta_1=\cdots=\delta_n$,因此引理就被证明了.

现在来证明由矩阵(99) 所决定的线性表示是不可约的. 设 $\boldsymbol{Y}$ 是某一个 $(2j+1)$ 阶矩阵,它和所有的矩阵

$$\boldsymbol{D}_j\begin{Bmatrix} a & b \\ -\bar{b} & \bar{a}\end{Bmatrix}$$

都是可交换的,其中 $\boldsymbol{D}_j$ 由不同的 a 和 b 而得到,并满足条件(94). 为了证明不可约性,只需证明 $\boldsymbol{Y}$ 必须是数量矩阵. 首先考虑当 $b=0$ 而 $a=\mathrm{e}^{\mathrm{i}\alpha}$ 的情形. 这两个复数显然满足条件(94).

利用公式(99),我们首先可得出

$$\boldsymbol{D}_j\begin{Bmatrix} \mathrm{e}^{\mathrm{i}\alpha} & 0 \\ 0 & \mathrm{e}^{-\mathrm{i}\alpha}\end{Bmatrix}_{ls}=0 \quad \text{当 } l\neq s$$

而在这种情形对角线上的元素是

$$\boldsymbol{D}_j\begin{Bmatrix} \mathrm{e}^{\mathrm{i}\alpha} & 0 \\ 0 & \mathrm{e}^{-\mathrm{i}\alpha}\end{Bmatrix}_{ll}=\mathrm{e}^{\mathrm{i}2l\alpha} \quad (l=-j,-j+1,\cdots,j-1,j)$$

因此我们的矩阵将有下列形式:

$$D_j\begin{Bmatrix} \mathrm{e}^{\mathrm{i}\alpha} & 0 \\ 0 & \mathrm{e}^{-\mathrm{i}\alpha}\end{Bmatrix}=\begin{bmatrix} \mathrm{e}^{-\mathrm{i}2j\alpha} & 0 & 0 & \cdots & 0 \\ 0 & \mathrm{e}^{-\mathrm{i}2(j-1)\alpha} & 0 & \cdots & 0 \\ 0 & 0 & \mathrm{e}^{-\mathrm{i}2(j-2)\alpha} & \cdots & 0 \\ \vdots & \vdots & \vdots & & \vdots \\ 0 & 0 & 0 & \cdots & \mathrm{e}^{\mathrm{i}2j\alpha}\end{bmatrix}$$

这就是说，对于适当选择的 α，这是一个对角线上的元素都不相同的对角矩阵.应用第一个引理，我们可以断定，矩阵 $\boldsymbol{Y}$，它必须和矩阵(101) 是可交换的，也应该是一个对角矩阵，即

$$\boldsymbol{Y}=[\delta_1,\cdots,\delta_n] \tag{102}$$

现在来讨论当 a 和 b 都不是零的情形，并且取矩阵 $\boldsymbol{D}_j\begin{Bmatrix} a & b \\ -\bar{b} & \bar{a} \end{Bmatrix}$ 的第一列.矩阵的元素根据公式(99) 而决定，假如我们在那里假设 $s=-j$. 在这个情形，不等式(100) 给我们：

$$k\geqslant 0;k\geqslant l+j;k\leqslant 2j;k\leqslant j+l \quad (l=-j,-j+1,\cdots,j-1,j)$$

由此显然地，在这个情形下，公式(99) 中出现的和都归到同一个项，这个项是当 $k=j+l$ 时被得到的并且不等于零. 因此，在这个情形下，矩阵 $\boldsymbol{D}_j\begin{Bmatrix} a & b \\ -\bar{b} & \bar{a} \end{Bmatrix}$ 的第一列确实不包含零. 但是对角矩阵(102) 又必须和这个矩阵可交换，于是，根据引理 Ⅱ，所有的数 δ_p 都是相同的，这就是说，$\boldsymbol{Y}$ 是一个数量矩阵. 因此矩阵 $\boldsymbol{D}_j\begin{Bmatrix} a & b \\ -\bar{b} & \bar{a} \end{Bmatrix}$ 实际上给出 U 群(93) 的一个不可约线性表示. 给 j 以一列值：

$$j=0,\frac{1}{2},1,\frac{3}{2},2,\cdots$$

我们就得到无限多个这样的线性表示. 当 $j=0$ 时，我们得到恒等变换，在这个变换之下，群(93) 的每一个元素都对应于数 1. 现在来讨论，当 $j>0$ 时，群(93) 的那一些变换对应于表示群 $\boldsymbol{D}_j\begin{Bmatrix} a & b \\ -\bar{b} & \bar{a} \end{Bmatrix}$ 的恒等变换，这个变换是被等式 $\eta_l'=\eta_l$ 或同样地被等式

$$(ax_1+bx_2)^{j+l}(-\bar{b}x_1+\bar{a}x_2)^{j-l}=x_1^{j+l}x_2^{j-l}$$
$$(l=-j,-j+1,\cdots,j-1,j)$$

所决定的.

设 $j=l$，我们就得到

$$(ax_1+bx_2)^{2j}=x_1^{2j}$$

由此可推出 $b=0$，并且上列恒等式可写成：

$$a^{j+l}\bar{a}^{j-l}x_1^{j+l}x_2^{j-l}=x_1^{j+l}x_2^{j-l} \quad (l=-j,-j+1,\cdots,j-1,j)$$

因此 $a^{j+l}\bar{a}^{j-l}=1$. 但是当 $b=0$ 时 $|a|=1$，因此最后的等式可写成

$$a^{2l}=1 \quad (l=-j,-j+1,\cdots,j-1,j)$$

如果 j 是奇数的二分之一，那么我们可以令 $l=\frac{1}{2}$，就得到 $a=1$. 如果 j 是整数，那么等式 $a^{2l}=1$ 引出 $a^2=1$，因此 $a=\pm 1$.

因此,如果 j 是奇数的二分之一,那么群 $\boldsymbol{D}_j\begin{Bmatrix} a & b \\ -\bar{b} & \bar{a} \end{Bmatrix}$ 中的恒等变换对应于群(93) 的恒等变换,这就是说,这种情形下,$\boldsymbol{D}_j\begin{Bmatrix} a & b \\ -\bar{b} & \bar{a} \end{Bmatrix}$ 是群(93) 的一个 $1-1$ 单值的表示.如果 j 是一个整数,那么群 $\boldsymbol{D}_j\begin{Bmatrix} a & b \\ -\bar{b} & \bar{a} \end{Bmatrix}$ 中的恒等变换对应于群(93) 中矩阵为

$$\boldsymbol{E}=\begin{bmatrix} 1 & 0 \\ 0 & 1 \end{bmatrix};\boldsymbol{S}=\begin{bmatrix} -1 & 0 \\ 0 & -1 \end{bmatrix}=-\boldsymbol{E}$$

的两个变换.这两个变换组成一个两阶巡回群,而 $\boldsymbol{D}_j\begin{Bmatrix} a & b \\ -\bar{b} & \bar{a} \end{Bmatrix}$ 是商群[58]的单值表示.换句话说,当 j 是整数时,表示 $\boldsymbol{D}_j\begin{Bmatrix} a & b \\ -\bar{b} & \bar{a} \end{Bmatrix}$ 中的每一个变换对应于群(93) 的两个变换,这两个变换的 a 和 b 仅相差一个符号.

69. 转动群的线性表示

上面的结果是非常重要的,因为 U 群(93) 和三维空间的转动群有着紧密的联系并且上面得到的结果使我们得到转动群的一些不可约表示.

每一个 U 变换(93) 都对应于确定的转动,而且同时改变 a 和 b 的符号所得的 U 变换对应于同样的转动.参数 a 和 b 根据公式[63]:

$$a=\mathrm{e}^{-\frac{1}{2}\mathrm{i}(\gamma+\alpha)}\cos\frac{1}{2}\beta;b=-\mathrm{i}\mathrm{e}^{\frac{1}{2}\mathrm{i}(\gamma-\alpha)}\sin\frac{1}{2}\beta \tag{103}$$

和尤拉角联系着.

首先讨论当 j 是整数的情形.在这个情形下公式(99) 告诉我们:同时改变 a 和 b 的符号时,右边的项不改变,因为在这个情形 $a,\bar{a},b$ 和 $\bar{b}$ 的指标的和等于偶数 $2j$.因此,在这个情形下,给出同一个转动的两个 U 变换对应于线性表示中同一个矩阵.换句话说,当 j 是整数时每一个尤拉角为 $\{\alpha,\beta,\gamma\}$ 的转动对应于线性表示 $\boldsymbol{D}_j$ 中的一个确定的矩阵.现在我们代替 $\boldsymbol{D}_j\begin{Bmatrix} a & b \\ -\bar{b} & \bar{a} \end{Bmatrix}$ 而用

$$\boldsymbol{D}_j\{\alpha,\beta,\gamma\} \tag{104}$$

来表示这个矩阵.

如果 j 是整数的二分之一,那么同时改变 a,b 的符号使所有的表示(99) 的符号都改变,这就是说,在这个情形下,产生同一个运动的那些 U 变换对应于不同的矩阵,就是它们所有的元素都相差一个符号的矩阵,也就是说,在这个情形下,在(104) 中 D_j 的前面我们必须放上两个符号.因此,当 j 是整数时,矩阵

(104) 给我们转动群的一个线性表示. 当 j 等于整数的二分之一时，严格地说，我们得不到线性表示. 在这个情形就说是一个双值线性表示.

为了得到矩阵(104) 的元素的表示式，只要在式(99) 式中按照公式(103) 来代替 a 和 b. 因此，去掉前面的因子 $(-1)^{s-l}$，我们得到：

$$\begin{aligned}&\boldsymbol{D}_j\{\alpha,\beta,\gamma\}_{ls}=\\&\mathrm{i}^{s-l}\sum_k(-1)^k\frac{\sqrt{(j+l)!\ (j-l)!\ (j+s)!\ (j-s)!}}{k!\ (j-k-s)!\ (j+l-k)!\ (j+s-l)!}\times\\&\mathrm{e}^{-\mathrm{i}l\alpha-\mathrm{i}s\gamma}\cos^{2j+l-2k-s}\frac{1}{2}\beta\sin^{2k+s-l}\frac{1}{2}\beta\end{aligned}\tag{105}$$

如果利用矩阵

$$\boldsymbol{X}=\begin{bmatrix}0&0&\cdots&0&1\\0&0&\cdots&1&0\\\vdots&\vdots&&\vdots&\vdots\\0&1&\cdots&0&0\\1&0&\cdots&0&0\end{bmatrix}$$

化为等价表示，那么情况变为在相反的次序下对调行和列，也可以说在这个情形下，值 l 和 s 变为 $(-l)$ 和 $(-s)$. 因此，代替公式(105)，我们可以写下另一个公式：

$$\begin{aligned}\boldsymbol{D}'_j\{\alpha,\beta,\gamma\}_{ls}=\mathrm{i}^{l-s}\sum_k(-1)^k\frac{\sqrt{(j+l)!\ (j-l)!\ (j+s)!\ (j-s)!}}{k!\ (j-k+s)!\ (j-l-k)!\ (k-s+l)!}\times\\\mathrm{e}^{\mathrm{i}l\alpha+\mathrm{i}s\gamma}\cos^{2j-l-2k+s}\frac{1}{2}\beta\sin^{2k-s+l}\frac{1}{2}\beta\end{aligned}\tag{106}$$

而且，利用[68] 中同样的方法，我们可以把因子 i^{l-s} 去掉.

注意一个简单的特殊情形. 当 $j=0$ 我们有一阶线性表示

$$\eta'=\eta$$

这是恒等表示. 当 $j=\frac{1}{2}$ 时，我们有 $2j+1=2$，而量 $\eta_{-\frac{1}{2}}$ 和 $\eta_{\frac{1}{2}}$ 就简单地等于 x_2 和 x_1，这就是说，在这个情形下，U 群是它自身的线性表示(相差一个行和列的调换).

对于运动群，我们得到由矩阵

$$\boldsymbol{D}'_{1/2}\{\alpha,\beta,\gamma\}=\begin{bmatrix}\mathrm{e}^{-\frac{1}{2}\mathrm{i}(\gamma+\alpha)}\cos\frac{1}{2}\beta & \mathrm{i}\mathrm{e}^{\frac{1}{2}\mathrm{i}(\gamma-\alpha)}\sin\frac{1}{2}\beta\\ \mathrm{i}\mathrm{e}^{-\frac{1}{2}\mathrm{i}(\gamma-\alpha)}\sin\frac{1}{2}\beta & \mathrm{e}^{\frac{1}{2}\mathrm{i}(\gamma+\alpha)}\cos\frac{1}{2}\beta\end{bmatrix}$$

所决定的二阶双值表示，当 $j=1$ 时我们有三阶线性表示

$$
\boldsymbol{D}'_1\{\alpha,\beta,\gamma\}=\begin{bmatrix} e^{-i(\gamma+\alpha)}\dfrac{1+\cos\beta}{2} & -e^{i\alpha}\dfrac{\sin\beta}{\sqrt{2}} & e^{i(\gamma-\alpha)}\dfrac{1-\cos\beta}{2} \\ e^{-i\gamma}\dfrac{\sin\beta}{\sqrt{2}} & \cos\beta & -e^{i\gamma}\dfrac{\sin\beta}{\sqrt{2}} \\ e^{-i(\gamma-\alpha)}\dfrac{1-\cos\beta}{2} & e^{i\alpha}\dfrac{\sin\beta}{\sqrt{2}} & e^{i(\gamma+\alpha)}\dfrac{1+\cos\beta}{2} \end{bmatrix}
$$

当 j 是整数时，线性表示 $\boldsymbol{D}'_j\{\alpha,\beta,\gamma\}$ 给出转动群的一个 $1-1$ 单值表示. 这个情形可以直接从下述事实推出，每一个 $\boldsymbol{D}_j\{\alpha,\beta,\gamma\}$ 对应于群(93) 中的两个矩阵，它们只相差一个符号，而我们在前面已经提起过，这样的矩阵是对应于同一个转动的. 假如 j 是奇数的二分之一，那么每一个转动对应于表示 $\boldsymbol{D}'_j\{\alpha,\beta,\gamma\}$ 中的两个矩阵，它们只相差一个符号. 特别地，转动群的单位变换对应于 $\boldsymbol{D}_j\{\alpha,\beta,\gamma\}$ 中的矩阵 $\pm\boldsymbol{E}$，其中 $\boldsymbol{E}$ 是 $(2j+1)$ 阶的单位矩阵. 如果限制 $\boldsymbol{D}_j\{\alpha,\beta,\gamma\}$ 中的变换足够地接近于恒等变换，那么 $\boldsymbol{D}_j\{\alpha,\beta,\gamma\}$ 就是转动群的一个单值表示. 在这个情形，在一般的公式(106) 中只要限制 α,β 和 γ—— 足够地接近于零. 但是假如我们加 2π 到 α 或 γ，那么，因为 s 和 l 是奇数的一半，矩阵 $\boldsymbol{D}_j\{\alpha,\beta,\gamma\}$ 的元素都改变符号，因此我们就得到实际上是同一个转动的第二个表示. 我们更指明：所指出的表示是转动群的全部同构的不可约表示.

因为表示 $\boldsymbol{D}_j\{\alpha,\beta,\gamma\}$ 是转动群的不可约表示的全部，那么矩阵 $\boldsymbol{D}_j\{\alpha,\beta,\gamma\}$ 必须相似于矩阵 $\boldsymbol{D}\{\alpha,\beta,\gamma\}$，这个矩阵对应于尤拉角为 $\{\alpha,\beta,\gamma\}$ 的空间转动. 在[63] 我们看到，$\boldsymbol{D}=\boldsymbol{Z}_\alpha\boldsymbol{X}_\beta\boldsymbol{Z}_\gamma$，连乘左边的矩阵，我们得到：

$$
\boldsymbol{D}=\begin{vmatrix} \cos\alpha\cos\gamma-\sin\alpha\cos\beta\sin\gamma & -\cos\alpha\sin\gamma-\sin\alpha\cos\beta\cos\gamma & \sin\alpha\sin\beta \\ \sin\alpha\cos\gamma+\cos\alpha\cos\beta\sin\gamma & -\sin\alpha\sin\gamma+\cos\alpha\cos\beta\cos\gamma & -\cos\alpha\cos\beta \\ \sin\beta\sin\gamma & \sin\beta\cos\gamma & \cos\beta \end{vmatrix}
$$

并且不难验明公式：

$$
\boldsymbol{A}\boldsymbol{D}'_1\{\alpha,\beta,\gamma\}\boldsymbol{A}^{-1}=\boldsymbol{D}\{\alpha,\beta,\gamma\}
$$

其中

$$
\boldsymbol{A}=\begin{bmatrix} 1 & 0 & 1 \\ i & 0 & -i \\ 0 & \sqrt{2}i & 0 \end{bmatrix}
$$

70. 关于转动群的单纯性的定理

我们现在来证明转动群是单纯群，这就是说，它没有正常子群[58]. 假如有这样的子群，那么在[63] 已指出，它必须对应于行列式为 1 的变换(57) 的群 G 的一个正常子群，这个正常子群与由 $\boldsymbol{E}$ 及 $(-\boldsymbol{E})$ 所组成的正常子群 H 不同. 因此我们只要证明：群 G 没有异于 H 的正常子群，也就是说，我们必须指明，如果

群 G 的正常子群 H_1 包含矩阵 $\boldsymbol{A}$，不同于 $\boldsymbol{E}$ 和 $(-\boldsymbol{E})$，那么 H_1 与 G 重合. 首先注意，如果 H_1 包含某一个矩阵 $\boldsymbol{B}$，那么由正常子群的定义，它必须包含所有的矩阵 $\boldsymbol{U}^{-1}\boldsymbol{B}\boldsymbol{U}$，其中 $\boldsymbol{U}$ 是群 G 的任一个矩阵. 用适当的方法选择矩阵 $\boldsymbol{U}$，我们可以得到群 G 的任意一个和矩阵 $\boldsymbol{B}$ 有相同特征值的矩阵. 因此，为了证明 H_1 与 G 重合，只需证明 H_1 包含有任何可能的特征数的矩阵，这些数必须有 $\mathrm{e}^{\mathrm{i}\omega}$ 和 $\mathrm{e}^{-\mathrm{i}\omega}$ 的形式，其中 ω 是一个实数，因为是 $\boldsymbol{U}$ 矩阵，而且它的行列式等于 1.

在上面指出，我们可以取矩阵 $\boldsymbol{U}^{-1}\boldsymbol{A}\boldsymbol{U}$ 来代替 $\boldsymbol{A}$，因此可以认为 $\boldsymbol{A}$ 是一个对角矩阵.

这样，H_1 必须包含一个矩阵 $\boldsymbol{A}=\{\mathrm{e}^{\mathrm{i}\omega},\mathrm{e}^{-\mathrm{i}\omega}\}$，其中 φ 是实数并且 $\mathrm{e}^{\mathrm{i}\varphi}\neq\pm 1$. 因此 $\boldsymbol{A}^{-1}=\{\mathrm{e}^{\mathrm{i}\omega},\mathrm{e}^{-\mathrm{i}\omega}\}$. 取 G 中任一矩阵：

$$\boldsymbol{U}=\begin{bmatrix} x & y \\ -\bar{y} & \bar{x} \end{bmatrix} \quad (x\bar{x}+y\bar{y}=1)$$

在此

$$\boldsymbol{U}^{-1}=\begin{bmatrix} \bar{x} & -y \\ \bar{y} & x \end{bmatrix}$$

因为子群 H_1 包含 $\boldsymbol{A}$ 并且是正常子群，它必须也包含矩阵：

$$\boldsymbol{Y}=\boldsymbol{A}(\boldsymbol{U}\boldsymbol{A}^{-1}\boldsymbol{U}^{-1})$$

将矩阵连乘并应用等式 $x\bar{x}+y\bar{y}=1$，我们就得到矩阵 $\boldsymbol{Y}$ 的迹 s 的下列表示式

$$s=2-4y\bar{y}\sin^2\varphi=2-4\rho^2\sin^2\varphi$$

其中 $\rho=|y|$ 可以取区间 $0\leqslant\rho\leqslant 1$ 中的任意值，并且 $\sin\varphi\neq 0$. 矩阵 $\boldsymbol{Y}$ 的特征值 $\{\mathrm{e}^{\mathrm{i}\alpha},\mathrm{e}^{-\mathrm{i}\alpha}\}$ 是下列方程的根：

$$\lambda^2-s\lambda+1=0$$

即

$$\lambda^2+(4\rho^2\sin^2\varphi-2)\lambda+1=0$$

当 ρ 从 $\rho=0$ 到 $\rho=1$ 改变时，α 取从 $\alpha=0$ 到 $\alpha=2\varphi$ 的值. 引进下述符号：

$$U_\beta=[\mathrm{e}^{\mathrm{i}\beta},\mathrm{e}^{-\mathrm{i}\beta}]$$

综上所述可推出：H_1 包含所有的矩阵 $\boldsymbol{H}_\alpha$，$0\leqslant\alpha\leqslant 2\varphi$. 现在已经不难指出 H_1 包含任意的矩阵 $\boldsymbol{U}_\beta(\beta>0)$ 了. 事实上，选正整数 n 使得满足不等式 $0<\dfrac{\beta}{n}<2\varphi$. 于是 H_1 包含 $\boldsymbol{U}_{\frac{\beta}{n}}$，而因此也包含

$$\boldsymbol{U}_{\frac{\beta}{n}}^{n}=\boldsymbol{U}_\beta$$

因此 H_1 包含有任何特征值的矩阵，由上所述，它和 G 重合. 因此我们证明了：转动群是一个单纯群.

由此直接推出，转动群不可能有准同构（不是同构的）表示. 事实上，如果有这样的表示，那么对应于表示群中恒等变换的那些转动组成一个正常子群，而这是不可能的.

71. 拉普拉斯方程和转动群的线性表示

我们现在来说明群的线性表示和微分方程间的关系. 这个关系是线性表示在近代物理问题上的应用的基础. 我们从拉普拉斯方程的最简单情形开始[Ⅱ,192],它不给我们什么新的东西而只是用来说明一般的问题. 首先确定几个一般事实,它们在群的线性表示的问题中是很重要的,它们的特殊情形在前面提起的几个例子中我们已经知道了. 设群 G,它的线性表示已经构成了,是一个 n 阶的线性变换群:

$$x'_k = g_{k1}^{(\alpha)} x_1 + \cdots + g_{kn}^{(\alpha)} x_n \quad (k=1,2,\cdots,n) \tag{107}$$

其中指标 α 标志群 G 的元素. 它可以取遍一个值的有限或无穷集合. 再假设,有 m 个函数

$$\varphi_s(x_1,\cdots,x_n) \quad (s=1,2,\cdots,m) \tag{108}$$

它们是这样的:当独立变数按照公式(107) 变换时,这些函数也经受某一个线性变换:

$$\varphi_s(x'_1,\cdots,x'_n) = \alpha_{s1}^{(\alpha)} \varphi_1(x_1,\cdots,x_n) + \cdots + \alpha_{sm}^{(\alpha)} \varphi_m(x_1,\cdots,x_n) \quad (s=1,2,\cdots,m) \tag{109}$$

此处我们有元素为 $a_{ik}^{(\alpha)}$ 的矩阵 $\mathbf{A}_\alpha$,对应于群 G 的变换(107). 考虑群的两个变换

$$(x'_1,\cdots,x'_n) = G_{\alpha_1}(x_1,\cdots,x_n)$$
$$(x''_1,\cdots,x''_n) = G_{\alpha_2}(x'_1,\cdots,x'_n)$$
$$G_{\alpha_3} = G_{\alpha_2} G_{\alpha_1}$$

函数(108) 对应的变换是

$$\varphi_s(x'_1,\cdots,x'_n) = \alpha_{s1}^{(\alpha_1)} \varphi_1(x_1,\cdots,x_n) + \cdots + \alpha_{sm}^{(\alpha_1)} \varphi_m(x_1,\cdots,x_n) \tag{110_1}$$

及

$$\varphi_s(x''_1,\cdots,x''_n) = \alpha_{s1}^{(\alpha_2)} \varphi_1(x'_1,\cdots,x'_n) + \cdots + \alpha_{sm}^{(\alpha_2)} \varphi_m(x'_1,\cdots,x'_n) \tag{110_2}$$

在(110_2) 中用 $\varphi_s(x'_1,\cdots,x'_n)$ 的表示式(110_1) 来表示它们,就有用 $\varphi_s(x_1,\cdots,x_n)$ 来表 $\varphi_s(x''_1,\cdots,x''_n)$ 的直接关系,这个关系给出矩阵 $\mathbf{A}_{\alpha_3}$. 因此我们有

$$\{\mathbf{A}_{\alpha_3}\}_{ik} = \sum_{s=1}^{m} a_{is}^{(\alpha_2)} a_{sk}^{(\alpha_1)}, \text{即 } \mathbf{A}_{\alpha_3} = \mathbf{A}_{\alpha_2}\mathbf{A}_{\alpha_1}$$

公式(109) 显然决定了群 G 的一个 m 阶线性表示. 在上面的讨论中我们认为函数 φ_s 是线性无关的. 在这个条件下,变换(109) 完全和单值地决定了并且 $D(\mathbf{A}_\alpha) \neq 0$,因为否则 $\varphi_s(x'_1,\cdots,x'_n)$ 就是要线性相关的.

特别当建立 U 群的线性表示时，函数 φ_s 就是函数(96_1).

假设 G 是三维空间的转动群，因此 $n=3$，又假设函数 φ_s 在某一个以原点为中心的球 K 内是正交标准的，即

$$\iiint_K \varphi_p(x_1,x_2,x_3)\overline{\varphi_q(x_1,x_2,x_3)}\mathrm{d}x_1\mathrm{d}x_2\mathrm{d}x_3=\delta_{pq} \tag{111}$$

现在来说明，在这个情形下，转动群的线性表示(109) 是 U 表示. 事实上，转动 G_α 的结果，球 K 变为自己，并且我们知道 G_α 的行列式等于1. 条件(111) 给我们：

$$\iiint_K \varphi_p(x_1',x_2',x_3')\overline{\varphi_q(x_1',x_2',x_3')}\mathrm{d}x_1'\mathrm{d}x_2'\mathrm{d}x_3'=\delta_{pq}$$

或者由于(109)，得

$$\iiint_K \Big[\sum_{i=1}^m a_{pi}^{(\alpha)}\varphi_i(x_1,x_2,x_3)\sum_{j=1}^m \overline{a_{qj}^{(\alpha)}\varphi_j(x_1,x_2,x_3)}\Big]\mathrm{d}x_1'\mathrm{d}x_2'\mathrm{d}x_3'=\delta_{pq}$$

转到变数(x_1,x_2,x_3)，由于在三重积分中的变数变换规则，我们必须直接以 $\mathrm{d}x_1\mathrm{d}x_2\mathrm{d}x_3$ 代替 $\mathrm{d}x_1'\mathrm{d}x_2'\mathrm{d}x_3'$，然后对于同一个球 K 积分. 由于条件(111) 我们有

$$\sum_{i=1}^m a_{pi}^{(\alpha)}\overline{a_{qi}^{(\alpha)}}=\delta_{pq}\quad (p,q=1,2,\cdots,m)$$

其中，和通常一样，当 $p\neq q$ 时，$\delta_{pq}=0$ 而 $\delta_{pp}=1$，即在这种情形，矩阵 $\boldsymbol{A}$ 中的每一个的行都是正交的，因此它的转置矩阵的列是正交的，由[28] 它的行是正交的，这就是说，原来的矩阵的行和列都是正交的，或者换句话说，矩阵 $\boldsymbol{A}$ 实际上对于任一个 α 都是一个 $\boldsymbol{U}$ 矩阵.

现在来讨论含有两个变数的拉普拉斯方程

$$\frac{\partial^2\boldsymbol{U}}{\partial x^2}+\frac{\partial^2\boldsymbol{U}}{\partial y^2}=0 \tag{112}$$

或者用向量表示

$$\operatorname{div}\operatorname{grad}\boldsymbol{U}=0 \tag{113}$$

取 x,y 的一个 l 次齐次的多项式：

$$\varphi_l(x,y)=a_0x^l+a_1x^{l-1}y+\cdots+a_kx^{l-k}y^k+\cdots+a_ly^l \tag{114}$$

要说明，存在两个形式为(114) 的线性无关的多项式，它们是方程(112) 的解，并且每一个由齐 l 次多项式所表示的方程式(112) 的解都是它们的常系数的线性组合，事实上，多项式(114) 的系数被公式

$$a_k=\frac{1}{(l-k)!\ k!}\cdot\frac{\partial^l\varphi_l(x,y)}{\partial x^{l-k}\partial y^k}$$

所表示.

但是这个多项式又必须满足方程(112)，因此，因为方程(112) 可改写成：

$$\frac{\partial^2 \boldsymbol{U}}{\partial y^2}=-\frac{\partial^2 \boldsymbol{U}}{\partial x^2}$$

所以我们可以将同时改变符号的对 x 的双重积分代替对 y 的双重积分.

因此我们可将 a_k 表成:

$$a_k=\pm\frac{1}{(l-k)!\ k!}\frac{\partial^l \varphi_l}{\partial x^l}$$

或

$$a_k=\pm\frac{1}{(l-k)!\ k!}\frac{\partial^l \varphi_l}{\partial x^{l-1}\partial y}$$

即多项式(114) 所有的系数都可用 a_0 和 a_1 来表示. 这个结论告诉我们,不可能存在多于两个的线性无关的 l 次齐次多项式,满足方程(112). 现在来说明,这样的两个不同的多项式事实上是存在的. 为此,我们来考虑齐次多项式

$$\omega_l(x,y)=(x+\mathrm{i}y)^l$$

去括弧并分开虚实部分,我们得到

$$\omega_l(x,y)=\varphi_l(x,y)+\mathrm{i}\psi_l(x,y)$$

其中 φ_l 及 ψ_l 都是 l 次齐次实多项式,并且是彼此线性无关的. 微分 $\omega_l(x,y)$,得

$$\frac{\partial^2 \omega_l(x,y)}{\partial x^2}=l(l-1)(x+\mathrm{i}y)^{l-2}$$

$$\frac{\partial^2 \omega_l(x,y)}{\partial y^2}=-l(l-1)(x+\mathrm{i}y)^{l-2}$$

这就是说,$\omega_l(x,y)$ 满足方程(112). 因此,同样可指出它的虚实部分也各满足这个方程,这就是说,多项式 $\varphi_l(x,y)$ 和 $\psi_l(x,y)$ 给我们两个所要求的方程(112) 的解. 引进极坐标

$$x=r\cos\varphi; y=r\sin\varphi$$

由此

$$\omega_l(x,y)=r^l \mathrm{e}^{\mathrm{i}l\varphi}$$

于是多项式 φ_l 和 ψ_l 就有非常简单的形式:

$$\varphi_l(x,y)=r^l\cos l\varphi; \psi_l(x,y)=r^l\sin l\varphi$$

施行以 θ 角围绕原点的 XY 面的旋转:

$$\begin{cases}x'=x\cos\theta-y\sin\theta\\ y'=x\sin\theta+y\cos\theta\end{cases} \tag{115}$$

不难看出,在这个变换之下,方程(112) 保持不变,即,正确地说,在新的变数下,方程的形式完全像

$$\frac{\partial^2 \boldsymbol{U}}{\partial x'^2}+\frac{\partial^2 \boldsymbol{U}}{\partial y'^2}=0 \tag{116}$$

这个可以应用公式(115) 和复合函数的微分公式直接验明. 此外,所说情

况可从下列事实直接推出：方程(113)的左边有确定的意义，它不随坐标的选择而改变，因此，对于任何的直角坐标都有同一个形式. 多项式 $\varphi_l(x',y')$ 和 $\psi_l(x',y')$ 必须满足方程(116)，随之满足方程(112). 因此它们必须被 $\varphi_l(x,y)$ 和 $\psi_l(x,y)$ 所线性表示. 这就给了我们平面转动群的一个线性表示.

取另两个多项式来代替上述多项式，前者是后两者的线性组合：

$$\varphi'_l(x,y)=\varphi_l(x,y)-\mathrm{i}\psi_l(x,y);\psi'_l(x,y)=\varphi_l(x,y)-\mathrm{i}\psi_l(x,y)$$

或

$$\varphi'_l(x,y)=(x-\mathrm{i}y)^l=r^l\mathrm{e}^{\mathrm{i}l\varphi};\psi'_l(x,y)=(x+\mathrm{i}y)^l=r^l\mathrm{e}^{\mathrm{i}l\varphi}$$

这两个多项式给出下述变换

$$\varphi'_l(x',y')=r^l\mathrm{e}^{-\mathrm{i}l(\varphi+\theta)}=\mathrm{e}^{-\mathrm{i}l\theta}\varphi'_l(x,y)$$

$$\psi'_l(x',y')=r^l\mathrm{e}^{\mathrm{i}l(\varphi+\theta)}=\mathrm{e}^{\mathrm{i}l\theta}\psi'_l(x,y)$$

即变换(115)对应于线性表示中的矩阵

$$\begin{Vmatrix}\mathrm{e}^{-\mathrm{i}l\theta} & 0\\ 0 & \mathrm{e}^{\mathrm{i}l\theta}\end{Vmatrix}$$

其中角 θ 可以取任意的值. 从矩阵的形式可以直接看出，这个线性表示是已约的，它给出被数 $\mathrm{e}^{-\mathrm{i}l\theta}$ 和 $\mathrm{e}^{\mathrm{i}l\theta}$ 所决定的两个一阶线性表示. 在所有上面的讨论中，整数 l 可有任意值. 因此我们得出了平面转动群的那一些线性表示，关于它我们在前面[69]已经讨论过了.

现在来讨论三个变数的拉普拉斯方程：

$$\frac{\partial^2 U}{\partial x^2}+\frac{\partial^2 U}{\partial y^2}+\frac{\partial^2 U}{\partial z^2}=0 \tag{117}$$

或

$$\operatorname{div}\operatorname{grad}\boldsymbol{U}=0 \tag{118}$$

考虑三个变数的 l 次齐次多项式

$$\varphi_l(x,y,z)=a_0z^l+X_1(x,y)z^{l-1}+X_2(x,y)z^{l-2}+\cdots+$$
$$X_{l-1}(x,y)z+X_l(x,y) \tag{119}$$

其中 $x_k(x,y)$ 是 x,y 的 k 次齐次多项式. 每一个这样的多项式 $x_k(x,y)$ 包含 $(k+1)$ 个任意的系数，因此总的三个变数的齐 l 次多项式就包含下列个数的自由的系数：

$$1+2+3+\cdots+(l+1)=\frac{(l+1)(l+2)}{2}$$

将式(119)代入方程(117)，从左边得到一个 $(l-2)$ 次齐次多项式，让它的系数等于零，就得到多项式 $\varphi_l(x,y,z)$ 的 $\frac{(l+1)(l+2)}{2}$ 个未知系数的 $\frac{(l-1)l}{2}$ 个齐次方程. 我们有

$$\frac{(l+1)(l+2)}{2}-\frac{(l-1)l}{2}+2l+1$$

因此多项式 $\varphi_l(x,y,z)$ 中至少有 $(2l+1)$ 个系数是任意的，也就是说，至少将存在 $(2l+1)$ 个线性无关的齐 l 次多项式，满足方程(117). 应用前面对于两个变数的同样的方法，可以指明，它们不超过 $(2l+1)$，也就是说，恰好是 $(2l+1)$. 用

$$\psi_s^{(l)}(x,y,z)\quad (x=1,2,\cdots,2l+1)$$

来表示它们.

如果

$$(x',y',z')=U(x,y,z)$$

是三维空间的某一个围绕原点的转动，那么方程(117)保持不变，因此多项式 $\psi_s^{(l)}(x,y,z)$ 给出三度空间转动群的某一个 $(2l+1)$ 阶线性表示.

在以后我们将仔细说明这些调和多项式的理论，并且导出它们的明白的表示法. 我们看到，它们永远这样地被选择：它们是在一个任意的以原点为中心的球上正交的和标准化的. 在这个情形之下，它们生成的转动群的线性表示是 U 表示. 可以指出，它们恰好是与表示 $D_l\{\alpha,\beta,\gamma\}$ 等价的一个线性表示. 以后我们将要讨论这个问题.

72. 矩阵的直接乘积

设有两个矩阵

$$\boldsymbol{A}=\begin{bmatrix} a_{11} & a_{12} & \cdots & a_{1n}\\ a_{21} & a_{22} & \cdots & a_{2n}\\ \vdots & \vdots & & \vdots\\ a_{n1} & a_{n2} & \cdots & a_{nn}\end{bmatrix}\quad 和\quad \boldsymbol{B}=\begin{bmatrix} b_{11} & b_{12} & \cdots & b_{1m}\\ b_{21} & b_{22} & \cdots & b_{2m}\\ \vdots & \vdots & & \vdots\\ b_{m1} & b_{m2} & \cdots & b_{mm}\end{bmatrix}\tag{120}$$

第一个是 n 阶而第二个是 m 阶. 组成一个新矩阵 $\boldsymbol{C}$，它的元素是 $C_{ij;kl}$，是由矩阵 $\boldsymbol{A}$ 的每一个元素及矩阵 $\boldsymbol{B}$ 的每一个元素相乘而得到的：

$$\{\boldsymbol{C}\}_{ij;kl}=c_{ij;kl}=a_{ik}b_{jl}\tag{121}$$

在这个情形，第一个指标是两个整数 (i,j)，而第二个指标也是两个整数 (k,l)，而且

$$i,k=1,2,\cdots,n$$

$$j,l=1,2,\cdots,m$$

换句话说，在这里我们有特别的行列的名称，就是：行和列都用两个整数来编号，而且第一个数取从 1 到 n 的值，而第二个数取从 1 到 m 的值. 当然，我们可以用一般的方法来将行、列编号，即直接用一个从 1 到 nm 的整数来编号，而且每一对数 (i,j) 或 (k,l) 在新的编号下对应于一个确定的整数，并且如果两对值相同，那么它们就对应于同一个整数. 可以有不同的方法来用整数编号. 从一个

方法到另一个方法引起行列的同时调换，即变为相似矩阵，这在以后不起什么作用.

矩阵 $\boldsymbol{C}$ 叫作矩阵 $\boldsymbol{A}$ 和 $\boldsymbol{B}$ 的直接乘积，一般用

$$\boldsymbol{C}=\boldsymbol{A}\times\boldsymbol{B} \tag{122}$$

来表示.

在这个新的乘积中因子的次序不起作用.

例如，假如两个矩阵(120)都是两阶的.那么它们的直接乘积就是一个四阶矩阵，我们可以把它写成：

$$\boldsymbol{C}=\begin{bmatrix} a_{11}b_{11} & a_{11}b_{12} & a_{12}b_{11} & a_{12}b_{12} \\ a_{11}b_{21} & a_{11}b_{22} & a_{12}b_{21} & a_{12}b_{22} \\ a_{21}b_{11} & a_{21}b_{12} & a_{22}b_{11} & a_{22}b_{12} \\ a_{21}b_{21} & a_{21}b_{22} & a_{22}b_{21} & a_{22}b_{22} \end{bmatrix}=\begin{bmatrix} c_{11;11} & c_{11;12} & c_{11;21} & c_{11;22} \\ c_{12;11} & c_{12;12} & c_{12;21} & c_{12;22} \\ c_{21;11} & c_{21;12} & c_{21;21} & c_{21;22} \\ c_{22;11} & c_{22;12} & c_{22;21} & c_{22;22} \end{bmatrix}$$

或者可同时将行和列作一个调换.

假设 $\boldsymbol{A}$ 和 $\boldsymbol{B}$ 都是对角矩阵

$$\boldsymbol{A}=[\gamma_1,\cdots,\gamma_n];\boldsymbol{B}=[\delta_1,\cdots,\delta_m]$$

这种情形下，当 $i\neq k,j\neq l$ 时 $a_{ik}=0,b_{jl}=0$，因此由于(121) $c_{ij;kl}$ 仅当 (i,j) 与 (k,l) 重合时，$c_{ij;kl}$ 才不等于零，即矩阵 $\boldsymbol{C}$ 也是对角的，它的对角线上有所有可能的数 γ_k 与数 δ_l 的乘积.如果所有的 γ_k 及 δ_l 都等于1，那么 $\boldsymbol{C}$ 也是单位矩阵.因此我们有下述定理.

定理 Ⅰ　两个对角矩阵的直接乘积是对角矩阵，两个单位矩阵的直接乘积是单位矩阵。

现在来证明下述定理：

定理 Ⅱ　如果 $\boldsymbol{A}^{(1)}$ 和 $\boldsymbol{A}^{(2)}$ 是两个同阶矩阵，而 $\boldsymbol{B}^{(1)}$ 和 $\boldsymbol{B}^{(2)}$ 也是两个同阶矩阵，那么以下公式成立：

$$(\boldsymbol{A}^{(2)}\times\boldsymbol{B}^{(2)})(\boldsymbol{A}^{(1)}\times\boldsymbol{B}^{(1)})=\boldsymbol{A}^{(2)}\boldsymbol{A}^{(1)}\times\boldsymbol{B}^{(2)}\boldsymbol{B}^{(1)} \tag{123}$$

注意，当我们不用任何符号而写下两个同阶矩阵时，永远表示这两个矩阵的普通的乘积.用带有两个下标的对应的小写字母表示矩阵的元素，由直接乘积的定义，我们有

$$\{\boldsymbol{A}^{(t)}\times\boldsymbol{B}^{(t)}\}_{ij;kl}=a_{ik}^{(t)}b_{jl}^{(t)}\quad(t=1,2)$$

应用矩阵一般乘法的规则，对于等式(123)左边的元素，得到下述公式：

$$d_{ij;kl}=\sum_{p=1}^{n}\sum_{q=1}^{m}a_{ip}^{(2)}b_{jq}^{(2)}a_{pk}^{(1)}b_{ql}^{(1)} \tag{124}$$

要说明，对于右边的元素也有同样的公式.根据一般乘法规则，我们有

$$\{\boldsymbol{A}^{(2)}\boldsymbol{A}^{(1)}\}_{ik}=\sum_{p=1}^{n}a_{ip}^{(2)}a_{pk}^{(1)};\{\boldsymbol{B}^{(2)}\boldsymbol{B}^{(1)}\}_{jl}=\sum_{q=1}^{m}b_{jq}^{(2)}b_{ql}^{(1)}$$

因此根据直接乘积的定义：

$$d_{ij;kl}=\sum_{p=1}^{n}a_{ip}^{(2)}a_{pk}^{(1)}\sum_{q=1}^{m}b_{jq}^{(2)}b_{ql}^{(1)}$$

这与(124) 重合. 现在来证明关于直接乘积的最后一个定理：

定理 Ⅲ 如果 $\boldsymbol{A}$ 和 $\boldsymbol{B}$ 是 $\boldsymbol{U}$ 矩阵,那么它们的直接乘积也是 $\boldsymbol{U}$ 矩阵.

根据定理的条件我们有：

$$\sum_{s=1}^{n}a_{sp}\bar{a}_{sq}=\delta_{pq};\sum_{s=1}^{m}b_{sp}\bar{b}_{sq}=\delta_{pq} \tag{125}$$

对于矩阵 $\boldsymbol{C}$ 根据列来验明它的正交单位条件并按列表示成：

$$\sum_{i=1}^{n}\sum_{j=1}^{m}c_{ij;p_1q_1}\bar{c}_{ij;p_2q_2}=\delta_{p_1q_1;p_2q_2}$$

即,由于(121)：

$$\delta_{p_1q_1;p_2q_2}=\sum_{i=1}^{n}\sum_{j=1}^{m}a_{ip_1}\bar{a}_{ip_2}b_{jq_1}\bar{b}_{jq_2}\sum_{i=1}^{n}a_{ip_1}\bar{a}_{ip_2}\sum_{j=1}^{m}b_{jq_1}\bar{b}_{jq_2} \tag{126}$$

由(125),如果对(p_1,q_1) 和(p_2,q_2) 不同,那么(126) 右边的因子中至少有一个等于零,而如果这两对数重合,那么因子都等于 1. 因此,如果所提起的数对不重合,$\delta_{p_1q_1;p_2q_2}$ 等于零,如果两对重合,就等于 1,这就证明了我们的定理.

显然,我们可以在两个矩阵的直接乘积上再乘(直接乘) 上一个矩阵,因此而得到三个矩阵的直接乘积

$$\boldsymbol{A}^{(1)}\times\boldsymbol{A}^{(2)}\times\boldsymbol{A}^{(3)}$$

沿用前面的符号,我们可以用

$$c_{ikl;i'k'l'}=a_{ii'}^{(1)}a_{kk'}^{(2)}a_{ll'}^{(3)}$$

来表示新矩阵的元素.

用类似的方法可以组成任意有限个矩阵的直接乘积,而且乘积是一个矩阵,它的阶等于因子的阶的乘积. 因子的次序没有关系.

73. 群的两个线性表示的合成

设有某一个元素为 G_α 的群 G 并假设这个群的两个线性表示：

$$x'_i=a_{i1}^{(\alpha)}x_1+\cdots+a_{in}^{(\alpha)}x_n\quad(i=1,2,\cdots,n) \tag{127}$$

和

$$y'_k=b_{k1}^{(\alpha)}y_1+\cdots+b_{km}^{(\alpha)}y_m\quad(k=1,2,\cdots,m) \tag{128}$$

为已知,其中指标 α 取一个有限或无穷集合中的值. 我们用 $\boldsymbol{A}^{(\alpha)}$ 和 $\boldsymbol{B}^{(\alpha)}$ 表示变换(128) 及(129) 的矩阵并组成它们的直接乘积

$$\boldsymbol{C}^{(\alpha)}=\boldsymbol{A}^{(\alpha)}\times\boldsymbol{B}^{(\alpha)} \tag{129}$$

要证明,矩阵 $\boldsymbol{C}^{(\alpha)}$ 也给出群 G 的一个线性表示. 事实上,群 G 的每一个元素 G_α 对应于矩阵 $\boldsymbol{C}^{(\alpha)}$；乘积 $G_{\alpha_2}G_{\alpha_1}=G_{\alpha_3}$ 对应于矩阵 $\boldsymbol{C}^{(\alpha_2)}\boldsymbol{C}^{(\alpha_1)}$,由于(123) 它由以

下公式决定：

$$\boldsymbol{C}^{(\alpha_2)}\boldsymbol{C}^{(\alpha_1)}=(\boldsymbol{A}^{(\alpha_2)}\times\boldsymbol{B}^{(\alpha_2)})(\boldsymbol{A}^{(\alpha_1)}\times\boldsymbol{B}^{(\alpha_1)})=(\boldsymbol{A}^{(\alpha_2)}\boldsymbol{A}^{(\alpha_1)})\times(\boldsymbol{B}^{(\alpha_2)}\boldsymbol{B}^{(\alpha_1)})$$

但因矩阵 $\boldsymbol{A}^{(\alpha)}$ 和 $\boldsymbol{B}^{(\alpha)}$ 给出群的线性表示，故

$$\boldsymbol{A}^{(\alpha_2)}\boldsymbol{A}^{(\alpha_1)}=\boldsymbol{A}^{(\alpha_3)}\text{ 且 }\boldsymbol{B}^{(\alpha_2)}\boldsymbol{B}^{(\alpha_1)}=\boldsymbol{B}^{(\alpha_3)}$$

因此

$$\boldsymbol{C}^{(\alpha_2)}\boldsymbol{C}^{(\alpha_1)}=\boldsymbol{A}^{(\alpha_3)}\times\boldsymbol{B}^{(\alpha_3)}$$

即由(129)

$$\boldsymbol{C}^{(\alpha_2)}\boldsymbol{C}^{(\alpha_1)}=\boldsymbol{C}^{(\alpha_3)}$$

因此，元素 G_α 的乘积又对应于对应矩阵 $\boldsymbol{C}^{(\alpha)}$ 的乘积，故这些矩阵给出群 G 的一个新的线性表示. 在此我们注意，G 的单位元素对应于单位矩阵 $\boldsymbol{A}^{(\alpha)}$ 和 $\boldsymbol{B}^{(\alpha)}$ 的直接乘积，即单位矩阵 $\boldsymbol{C}^{(\alpha)}$.

组成 nm 个乘积 x_iy_k 并对每一个乘积作变换(127) 及(128). 我们就有：

$$x'_iy'_k=(a_{i1}^{(\alpha)}x_1+\cdots+a_{in}^{(\alpha)}x_n),(b_{k1}^{(\alpha)}y_1+\cdots+b_{km}^{(\alpha)}y_m)$$

或者，去括号得

$$x'_iy'_k=\sum_{p=1}^{n}\sum_{q=1}^{m}c_{ik;pq}^{(\alpha)}x_py_q$$

其中

$$c_{ik;pq}^{(\alpha)}=a_{ip}^{(\alpha)}b_{kq}^{(\alpha)}$$

即如果 x_i 和 y_k 是由矩阵 $\boldsymbol{A}^{(\alpha)}$ 和 $\boldsymbol{B}^{(\alpha)}$ 所决定的线性表示的对象，那么 x_iy_k 是同一个群的由矩阵 $\boldsymbol{C}^{(\alpha)}$ 所决定的线性表示的对象. 如果 $\boldsymbol{A}^{(\alpha)}$ 和 $\boldsymbol{B}^{(\alpha)}$ 给出不可约线性表示，那么矩阵 $\boldsymbol{C}^{(\alpha)}$ 不一定给出不可约线性表示. 在以后我们将仔细地讨论那种情形：群 G 是三维空间的转动群，而 $\boldsymbol{A}^{(\alpha)}$，$\boldsymbol{B}^{(\alpha)}$ 是这个群的两个不同的不可约线性表示，它们是我们在(69) 中建立的. 我们指明，在这种情形，乘积

$$D_{j1}\{\alpha,\beta,\gamma\}\times D_{j2}\{\alpha,\beta,\gamma\}$$

是可约的，并且我们要判断，它可以由怎样的不可约表示所组成.

作为一个例子，我们来考虑希吕丁格(Шредингер) 方程对于处于原子核的正电场中的两个电子的情形，这个方程的形式为

$$\left[-\frac{h^2}{8\pi^2m}\sum_{s=1}^{2}\left(\frac{\partial^2}{\partial x_s^2}+\frac{\partial^2}{\partial y_s^2}+\frac{\partial^2}{\partial z_s^2}\right)+V\right]\psi=E\psi \tag{130}$$

其中

$$V=\sum_{s=1}^{2}-\frac{\mathrm{e}^2\mathrm{e}_0}{\sqrt{x_s^2+y_s^2+z_s^2}}+\frac{1}{2}\frac{\mathrm{e}^2}{\sqrt{(x_1-x_2)^2+(y_1-y_2)^2+(z_1-z_2)^2}} \tag{131}$$

这里常数有通常的意义. 在 V 的表式中的第二项在电子互相作用时发生. 如果我们在第一近似值中忽略这种相互的作用，那么等式成为

$$(H_1+H_2)\psi=E\psi \tag{132}$$

其中

$$H_s=-\frac{h^2}{8\pi^2 m}\left(\frac{\partial^2}{\partial x_s^2}+\frac{\partial^2}{\partial y_s^2}+\frac{\partial^2}{\partial z_s^2}\right)-\frac{e^2 e_0}{\sqrt{x_s^2+y_s^2+z_s^2}}\quad (s=1,2)$$

假设单独的方程：

$$H_1\psi=E\psi;H_2\psi=E\psi \tag{133}$$

有特征值 E_1 和 E_2 及对应的特征函数

$$\psi_1(x_1,y_1,z_1) \text{ 和 } \psi_2(x_2,y_2,z_2)$$

即

$$H_1\psi_1=E_1\psi_1;H_2\psi_2=E_2\psi_2 \tag{134}$$

如果我们将

$$\psi=\psi_1(x_1,y_1,z_1)\cdot\psi_2(x_2,y_2,z_2)$$

代入方程(132)，那么由于(134)，显然可得到

$$(H_1+H_2)\psi=\psi_2 H_1\psi_1+\psi_1 H_2\psi_2=(E_1+E_2)\psi_1\psi_2=(E_1+E_2)\psi$$

即，方程(132) 有特征函数 $\psi_1\psi_2$，它对应于特征值(E_1+E_2). 方程(133) 的左边包含拉普拉斯运算子和从原点到点的距离，因此，当我们施行三维空间围绕原点的转动时，左边保持不变. 可以认为在方程(133) 第一个中，特征数 $E=E_1$ 对应于某一些特征函数 ψ_1. 所有这些函数是方程的解，给出转动群的一个线性表示，它们完全和[69] 中的齐次多项式一样，给我们以转动群的一个表示. 假设这是表示 $D_{j1}\{\alpha,\beta,\gamma\}$. 同样地，对于已知的特征值 $E=E_2$，解(133) 的第二个方程，将得到转动群的某一个线性表示. 如上所示，乘积 $\psi_1\psi_2$ 给我们转动群的一个线性表示，它和直接乘积 $D_{j1}\times D_{j2}$ 重合，并且对于方程(132) 的对应的特征值(E_1+E_2) 的物理特性来说，把那些出现在其中的不可约表示从这个表示中区分出来是重要的. 这个情形在微扰论(Теорин Воэмущений，又译作扰动论或摄动论) 中很重要.

74. 群的直接乘积和它的线性表示

矩阵的直接乘积在我们现在即将讨论的另一个问题中也起着作用. 假设有两个群 G 和 H，它们的元素用 G_α 和 H_β 来表示，而且指标 α 和 β 彼此独立地取值，一般来说，取值于不同的值的集合. 定义一个新的群 F，它的元素被定义为 G 及 H 的元素对：

$$F_{\alpha\beta}=(G_\alpha,H_\beta)$$

而且其中第一个是 G 的元素，第二个是 H 的元素，当 G_α 和 H_β 分别是 G 和 H 的单位元素时，$F_{\alpha\beta}$ 称作是群 F 的单位元素，又用同样的方法定义群 E 中的逆元素. 群 F 的乘法规则很自然地被下列公式所定义：

$$F_{\alpha_2\beta_2}F_{\alpha_1\beta_1}=(G_{\alpha_2}G_{\alpha_1},H_{\beta_2}H_{\beta_1})$$

不难证明,元素 $F_{\alpha\beta}$ 的全体确实组成一个群.这个群称作群 G 和 H 的直接乘积.设有群 G 的一个线性表示,它被矩阵 $\boldsymbol{A}^{(\alpha)}$ 所实现,又有群 H 的一个线性表示,被矩阵 $\boldsymbol{B}^{(\beta)}$ 所实现.应用公式(123),和前节中可以一样地证明:直接乘积:

$$\boldsymbol{C}^{(\alpha,\beta)}=\boldsymbol{A}^{(\alpha)}\times\boldsymbol{B}^{(\beta)}$$

给出群 F 的一个线性表示.此外,如果 $\boldsymbol{A}^{(\alpha)}$ 和 $\boldsymbol{B}^{(\beta)}$ 都是 U 表示,那么群 F 的表示 $\boldsymbol{C}^{(\alpha,\beta)}$ 也是 U 表示[72].

现在来证明:如果表示 $\boldsymbol{A}^{(\alpha)}$ 和 $\boldsymbol{B}^{(\beta)}$ 都是不可约的,那么群 F 的表示 $\boldsymbol{C}^{(\alpha,\beta)}$ 也是不可约的.假设矩阵 $\boldsymbol{A}^{(\alpha)}$ 和阶是 n,矩阵 $\boldsymbol{B}^{(\beta)}$ 的阶是 m.矩阵 $\boldsymbol{C}^{(\alpha,\beta)}$ 的阶是 nm.设有某一个 nm 阶矩阵 $\boldsymbol{X}$,它和所有的矩阵 $\boldsymbol{C}^{(\alpha,\beta)}$ 都是可交换的.用对应的小写字母表示矩阵的元素.对于任意的指标 i,j,p,q,及对于任意的 α 及 β,我们有

$$\sum_{l=1}^{m}\sum_{k=1}^{n}x_{ij;kl}a_{kp}^{(\alpha)}b_{lq}^{(\beta)}=\sum_{l=1}^{m}\sum_{k=1}^{n}a_{ik}^{(\alpha)}b_{jl}^{(\beta)}x_{kl;pq}\tag{135}$$

其中

$$a_{kp}^{(\alpha)}b_{lq}^{(\beta)}=c_{kl;pq}^{(\alpha,\beta)},a_{ik}^{(\alpha)}b_{jl}^{(\beta)}=c_{ij;kl}^{(\alpha,\beta)}$$

如果我们假设 $G^{(\alpha)}$ 是群 G 的单位元素,那么 $\boldsymbol{A}^{(\alpha)}$ 是单位矩阵,即当 $k\pm p$,$a_{kp}^{(\alpha)}=0$,而 $a_{pp}^{(\alpha)}=1$,公式(135)就给我们:

$$\sum_{l=1}^{m}x_{ij;pl}b_{lq}^{(\beta)}=\sum_{l=1}^{m}b_{jl}^{(\beta)}x_{il;pq}\tag{136}$$

并且,如果假设 $B^{(\beta)}$ 是群 B 的单位元素,那么同样地有

$$\sum_{k=l}^{n}x_{ij;kq}a_{kp}^{(\alpha)}=\sum_{k=i}^{n}a_{ik}^{(\alpha)}x_{kj;pq}\tag{137}$$

如果我们取 $(nm)^2$ 个元素 $x_{ij;kl}$ 并固定指标 i 和 k,那么就得到 m^2 个元素

$$x_{ij;kl}\quad(j,l=1,2,\cdots,m)$$

它们给出某一个 m 阶矩阵.用 $\boldsymbol{X}_1^{(i,k)}$ 表示这个矩阵.在 $x_{ij;kl}$ 中固定指标 j 和 l,就得到一个 n 阶矩阵 $\boldsymbol{X}_2^{(j,l)}$.由于(136),矩阵 $\boldsymbol{X}_1^{(i,k)}$ 全体都和矩阵 $\boldsymbol{B}^{(\beta)}$ 全体是可交换的,$\boldsymbol{B}^{(\beta)}$ 是组成群 B 的不可约表示的,因此,矩阵 $\boldsymbol{X}_1^{(i,k)}$ 都是单位矩阵的倍数,也就是说,对于固定的 i 和 k,如果 $j=l$,那么元素 $x_{ij;kl}$ 有相同的值,此外,如果 $j\neq l$,$x_{ij;kl}$ 就等于零.我们可以用下法来表示:

$$x_{ij;kl}=x_{i1;k1}\delta_{jl}\tag{138_1}$$

考虑矩阵 $\boldsymbol{X}_2^{(j,l)}$,我们就有

$$x_{ij;kl}=x_{1j;1l}\delta_{ik}\tag{138_2}$$

其中如通常一样

$$\delta_{pq}=0\quad 当\ p\neq\delta\ 而\ \delta_{pp}=1$$

比较(138_1)和(138_2)推出,仅当 $i=k$ 和 $j=l$ 时,$x_{ij;kl}$ 才异于零,而且此时

所有的 $x_{ij;ij}$ 都是相等的,这就是说,与所有的矩阵 $\boldsymbol{C}^{(\alpha,\beta)}$ 都是可交换的矩阵 $\boldsymbol{X}$ 必须是数量矩阵. 由此可直接推出:由直接乘积 $\boldsymbol{A}^{(\alpha)}\times\boldsymbol{B}^{(\beta)}$ 所决定的群 F 的线性变换是不可约的. 可以指明:用这种方法可以得到群 F 所有的不可约表示.

假设 G 和 H 是相同个数的变数的线性变换群,并且假设任两个矩阵 $\boldsymbol{G}_\alpha$ 和 $\boldsymbol{H}_\beta$ 都是成对地可交换的,即

$$\boldsymbol{G}_\alpha\boldsymbol{H}_\beta=\boldsymbol{H}_\beta\boldsymbol{G}_\alpha \tag{139}$$

在上面的讨论中我们认为群 F 的元素被定义为元素对$(\boldsymbol{G}_\alpha,\boldsymbol{H}_\beta)$,并且我们在群 F 内建立了确定的乘法规则,这个规则我们已经在上面写过了. 在现在这个情形,我们可以认为群 F 的元素就是矩阵的乘积(139),这个乘积是与次序无关的. 这个新的群 F 和原来的 F 是同构的①. 如果 $\boldsymbol{G}_{\alpha_0}$ 和 $\boldsymbol{H}_{\beta_0}$ 是单位矩阵,那么乘积 $\boldsymbol{G}_{\alpha_0}\boldsymbol{H}_{\beta_0}=\boldsymbol{H}_{\beta_0}\boldsymbol{G}_{\alpha_0}$ 也是单位矩阵. 显然,矩阵 $\boldsymbol{G}_\alpha^{-1}\boldsymbol{H}_\beta^{-1}=\boldsymbol{H}_\beta^{-1}\boldsymbol{G}_\alpha^{-1}$ 是乘积 $\boldsymbol{G}_\alpha\boldsymbol{H}_\beta$ 的逆,并且,由于(139) 我们有下述乘法规则:

$$\boldsymbol{G}_{\alpha_2}\boldsymbol{H}_{\beta_2}\cdot\boldsymbol{G}_{\alpha_1}\boldsymbol{H}_{\beta_1}=(\boldsymbol{G}_{\alpha_2}\boldsymbol{G}_{\alpha_1})(\boldsymbol{H}_{\beta_2}\boldsymbol{H}_{\beta_1})$$

这就是说,在上面建立群 F 时所提起的一切性质在现在仍被满足,于是乘积(139) 可以认为是群 F 的变元素. 作为一个特例,我们取 G 是三维空间的转动群,而 H 是由恒等变换 I 及对于原点的对称变换 S 所组成的二阶群[57]. 在这种情形,条件(139) 是满足的. 如果 G_α 是空间的任意一个转动,那么显然有 $G_\alpha S=SG_\alpha$. 在这个情形群 F 是由三维空间的全部实正交变换所组成的群. 对于群 H,我们有两个一阶线性表示[67]. 一个是恒等表示,由数(+1) 所组成,另一个是反对数表示,其中矩阵 $\boldsymbol{I}$ 对应于(+1) 而矩阵 $\boldsymbol{S}$ 对应于(−1),如果现在我们取转动群的某一个表示 $\boldsymbol{D}_j\{\alpha,\beta,\gamma\}$,那么我们可以取这个表示的矩阵和对于原点的对称变换群的两个表示的直接乘积. 在一个情形我们得到整个正交群的线性表示,在这个表示之下,每一个有尤拉角$\{\alpha,\beta,\gamma\}$ 的转动,不论是单纯的转动或者再联结一个对于原点的对称变换,都对应于同一个矩阵 $\boldsymbol{D}_j\{\alpha,\beta,\gamma\}$. 用 $\boldsymbol{D}_j^+\{\alpha,\beta,\gamma\}$ 表示正交变换群的这个表示. 在另一个情形,单纯的转动对应于矩阵 $\boldsymbol{D}_j\{\alpha,\beta,\gamma\}$,而转动和对称变换之积对应于矩阵 $-\boldsymbol{D}_j\{\alpha,\beta,\gamma\}$. 我们用 $\boldsymbol{D}_j^-\{\alpha,\beta,\gamma\}$ 来表示正交变换群的这个表示.

再来考察一个两个群的直接乘积的例子. 假设我们有两个点(x_1,y_1,z_1)和(x_2,y_2,z_2). 假设群 G 是三维空间的转动群. 在这里,我们的变数受到线性变换:

$$\begin{aligned}x_k'&=g_{11}x_k+g_{12}y_k+g_{13}z_k\\ y_k'&=g_{21}x_k+g_{22}y_k+g_{23}z_k\quad(k=1,2)\\ z_k'&=g_{31}x_k+g_{32}y_k+g_{33}z_k\end{aligned}\tag{140}$$

① 译者注:这里需假定 G 和 H 除单位矩阵外,无其他公共元素,否则不一定同构.

其中表 g_{ik} 是某一个转动的矩阵. 再假设 H 是一个群，它由恒等变换及对应于我们的点的读数 1,2 的对换的变换所组成. 后一个变换为

$$\begin{pmatrix}1 & 2\\ 2 & 1\end{pmatrix}(S) \tag{141}$$

显然我们有 $S^2=I$，因此群 H 由两个变换 I 和 S 所组成. 如果 G_α 是某一个转动，那么显然 $G_\alpha S=SG_\alpha$，因为不论是在转动之前后将点的读数改变都是一样的. 在这个情形，我们得到和上面相同的群 F 的线性表示. 如果我们取 n 个点，那么由改变这些点的编号所组成的群 H 的元素是 n 个变数的变换，并且 H 和 n 个元素的置换群同构. 在这个情形，转动和点的编号的置换仍旧是可交换的，并且，取转动群的线性表示的矩阵和置换群的某一个线性表示的矩阵的直接乘积，我们得到群 F 的一个线性表示.

75. 转动群的线性表示的合成 $D_j\times D_{j'}$ 的分解

现在我们回到[73] 所说到的事情. 在那里我们看到，如果我们考虑两个电子的希吕丁格方程，并且不考虑电子的相互作用，那么希吕丁格方程的特征函数将给我们转动群的一个线性表示，这个表示是用转动群的两个线性表示由合成方法得到的. 上节的结果告诉我们，将这样的表示分解为不可约部分是非常重要的. 在这一节中我们就要讨论这个问题. 数学的问题可用下法叙述. 设有转动群的两个不可约表示 $D_j\{\alpha,\beta,\gamma\}$ 和 $D_{j'}\{\alpha,\beta,\gamma\}$，组成它们的合成 $D_j\times D_{j'}$，这也给出转动群的一个线性表示[73]. 现在要分解出组成这个合成线性表示的不可约部分.

$2j+1$ 阶线性表示 D_j 的对象是量

$$U_m=\frac{u_1^{j+m}u_2^{j-m}}{\sqrt{(j+m)!\,(j-m)!}}\quad(m=-j,-j+1,\cdots,j-1,j) \tag{142}$$

而线性表示 $D_{j'}$ 的对象是量

$$V_{m'}=\frac{v_1^{j'+m'}v_2^{j'-m'}}{\sqrt{(j'+m')!\,(j'-m')!}}\quad(m'=-j',-j'+1,\cdots,j'-1,j') \tag{143}$$

这里 (u_1,u_2) 和 (v_1,v_2) 受到同一个矩阵为 $(+1)$ 的 U 变换[68]. 如果我们组成 $(2j+1)(2j'+1)$ 个量：

$$W_{mm'}=U_mV_{m'}=\frac{u_1^{j+m}u_2^{j-m}v_1^{j'+m'}v_2^{j'-m'}}{\sqrt{(j+m)!\,(j-m)!\,(j'+m')!\,(j'-m')!}}, \tag{144}$$

$$\begin{pmatrix}m=-j,-j+1,\cdots,j-1,j\\ m'=-j',-j'+1,\cdots,j'-1,j'\end{pmatrix}$$

那么这些量是转动群的那个由合成 $D_j\times D_{j'}$ 所决定的线性表示的对象.

在下面我们将认为 j 和 j' 或者是整数，或者是整数的二分之一，即，严格地说，取行列式等于 1 的两个变数的 U 群的一个线性表示.

设 k 是一个整数(或者是整数的二分之一)，满足不等式：

$$|j-j'|\leqslant k\leqslant j+j' \tag{145}$$

要来证明，我们可以由量(144) 作成 $2k+1$ 个线性组合，它们给出转动群的线性表示 D_k.

为了证明这个断言，我们作下述表示式：

$$L=(u_1v_2-u_2v_1)^l(u_1x_1+u_2x_2)^{2j-l}(v_1x_1+v_2x_2)^{2j'-l} \tag{146}$$

其中 l 是某一个固定的整数，满足如下不等式：

$$l\geqslant 0;l\leqslant 2j;l\leqslant 2j' \tag{147}$$

如果变数 (u_1,u_2) 和 (v_1,v_2) 经受同一个线性变换

$$u_1'=a_{11}u_1+a_{12}u_2;v_1'=a_{11}v_1+a_{12}v_2$$

$$u_2'=a_{21}u_1+a_{22}u_2;v_2'=a_{21}v_1+a_{22}v_2$$

变换的行列式为(+1)，即 $a_{11}a_{22}-a_{12}a_{21}=1$，那么不难看出，式(146) 中第一个因子保持不变. 事实上

$$u_1'v_2'-u_2'v_1'=(a_{11}a_{22}-a_{12}a_{21})(u_1v_2-u_2v_1)$$

式(146) 显然是 x_1 及 x_2 的 $2(j+j'-l)$ 次齐次多项式. 因此它由下列形式的项所组成

$$a_sx_1^sx_2^{2(j+j'-l)-s}\quad [s=0,1,\cdots,2(j+j'-l)]$$

引进符号

$$k=j+j'-l \tag{148}$$

$$y_{m''}=\frac{x_1^{k+m''}x_2^{k-m''}}{\sqrt{(k+m'')!\ (k-m'')!}}\quad (m''=-k,-k+1,\cdots,k-1,k) \tag{149}$$

我们可以将式(146) 写成：

$$L=\sum_{m''=-k}^{+k}c_{m''}y_{m''} \tag{150}$$

系数 $c_{m''}$ 依赖于变数 $(u_1,u_2)(v_1,v_2)$.

从式(146) 直接推出：$c_{m''}$ 是 (u_1,u_2) 的 $2j$ 次齐次多项式且是 (v_1,v_2) 的 $2j'$ 次齐次多项式，即 $c_{m''}$ 由下列形式的项所组成：

$$a'_{pq}u_1^pu_2^{2j-p}v_1^qv_2^{2j'-q}$$

或者，应用(142) 和(143) 我们可以断言：$c_{m''}$ 是下列乘积的线性组合：

$$c_{m''}=\sum_m\sum_{m'}d_{mm'}^{(m'')}U_mV_{m'}\quad (m''=-k,-k+1,\cdots,k-1,k) \tag{151}$$

其中系数 $d_{mm'}^{(m'')}$ 不再包含 u_p 和 v_k. 注意，在式(146) 中变数 u_1 和 v_1 或者和 x_1 同时出现，或者包含在第一个因子中，而在第一个因子中 u_1 和 v_1 的次数之和为 l. 再注意到 $y_{m''}$ 包含 $x_1^{k+m''}$，我们可以断言：在和(151) 的项中，u_1 和 v_1 的指数之和

是 $k+m''+l$，或者，由于(148)，这个指数和为 $j+j'+m''$. 但是 U_m 包含 u_1^{j+m} 而 $V_{m'}$ 包含 $v_1^{j'+m'}$，故由此可直接推出：式(151)中每一个都只包含满足 $m+m'=m''$ 的乘积 $U_mV_{m'}$. 现在我们可以示明：量 $U_mV_{m'}$ 的线性组合给出转动群的一个线性表示，此表示与 U_m 等价.

首先来提一下逆步变换的定义. 如果有两个线性变换

$$(x'_1,\cdots,x'_n)=\boldsymbol{A}(x_1,\cdots,x_n) \text{ 和 } (y'_1,\cdots,y'_n)=\boldsymbol{B}(y_1,\cdots,y_n)$$

那么，为了满足等式

$$x'_1y'_1+\cdots+x'_ny'_n=x_1y_1+\cdots+x_ny_n$$

必要和充分条件是 $\boldsymbol{B}$ 和 $\boldsymbol{A}$ 是逆步的，即 $\boldsymbol{B}=\boldsymbol{A}^{(*)-1}$[见(21)和(40)].

假设变数 (u_1,u_2) 和 (v_1,v_2) 同时受到一个行列式为 $(+1)$ 的 U 变换 $\boldsymbol{A}$. 假设在这个变换之下，变数 x_1 和 x_2 受到与 $\boldsymbol{A}$ 逆步的变换 $\boldsymbol{A}^{(*)-1}$. 从逆步变换的定义推出：在这个变换之下，和

$$u_1x_1+u_2x_2 \quad \text{及} \quad v_1x_1+v_2x_2$$

保持不变. 此外，就如我们在上面所示明的，在我们的变数的上述变换之下，式(146)中的第一个因子也保持不变. 因此整个和 L 也保持不变，换句话说，即：由于(150)，变数 $c_{m''}$ 受到变换 B，这个变换与变数 $y_{m''}$ 所受到的变换 C 是逆步的.

引进能的变数

$$z_{m''}=\frac{u_1^{k+m''}n_2^{k-m''}}{\sqrt{(k+m'')!\ (k-m'')!}} \quad (m''=-k,-k+1,\cdots,k-1,k)$$

应用牛顿二项公式，可以写成：

$$(u_1x_1+u_2x_2)^{2k}=(2k)!\sum_{m''=-k}^{+k}z_{m''}y_{m''}$$

在我们的变换下，上式式之左边保持不变，因此，右边也该不变，即：变数 $z_{m''}$ 也受以同一个与 $\boldsymbol{C}$ 为逆步的变换 $\boldsymbol{B}$，也就是变数 $c_{m''}$ 所受到的变换. 但是我们知道，如果 (u_1,u_2) 是行列式为 $(+1)$ 的 U 群的对象，那么变数 $z_{m''}$ 恰好给出转动群的线性表示 D_k. 因此，我们的断言就被证明了.

将变数(144)解释作为 $(2j+1)(2j'+1)$ 维空间的矢量，我们可以由它们组成 $(2k+1)$ 个线性组合，这些组合给出转动群的线性表示 $\boldsymbol{D}_k$. 注意公式(148)和不等式(147)，我们就可看到：我们可以给 k 以下列的值：

$$k=k+j',j+j'-1,\cdots,|j-j'| \tag{152}$$

现在来计算一下，我们一共组成了多少个量(144)的线性组合. 为了清楚起见，假设 $j\geqslant j'$. 我们提到的线性组合的个数是：

$$(2j+2j'+1)+(2j+2j'-1)+\cdots+(2j-2j'+1)$$

这是一个算术阶数的和，这个阶数有

$$\frac{(2j+2j'+1)-(2j-2j'+1)}{2}+1=2j'+1$$

项,因此线性组合的总数是$(2j+1)(2j'+1)$,即等于量(144) 的个数.如果假设$j<j'$,也可得到同样的结果.为了简单起见,假设

$$(2j+1)(2j'+1)=r$$

用

$$w_1,w_2,\cdots,w_r \tag{153}$$

表示上面所说的量(144) 的线性组合,并且我们认为这些线性组合的次序是这样的:它们给出线性表示 $\boldsymbol{D}_k$,其中 k 的值是(152).在变数(u_1,u_2) 和(v_1,v_2) 的某一个行列式为(+1) 的U 变换的结果下,我们得到变换(144) 的新的值$U'_mV'_m$ 及变数(153) 的新的值 $w'_s(s=1,2,\cdots,r)$,并且 w'_s被 w_s 表示是根据一个准对角矩阵

$$[\boldsymbol{D}_{j+j'},\boldsymbol{D}_{j+j'-1},\cdots,\boldsymbol{D}_{|j-j'|}] \tag{154}$$

而其中每一个 $\boldsymbol{D}_k$ 都对应于我们作用于(u_1,u_2) 及(v_1,v_2) 的那个U 变换.下面我们将示明:量(144) 的线性型(153) 是线性无关的.设 $\boldsymbol{T}$ 是借以使 w_s 被变数(144) 所表示的那个矩阵.直接乘积 $\boldsymbol{D}_j\times\boldsymbol{D}_{j'}$ 是变数(144) 的线性变换的矩阵,由上,我们有

$$[\boldsymbol{D}_{j+j'},\boldsymbol{D}_{j+j'-1},\cdots,\boldsymbol{D}_{|j-j'|}]=\boldsymbol{T}(\boldsymbol{D}_j\times\boldsymbol{D}_{j'})\boldsymbol{T}^{-1} \tag{155}$$

这就把直接乘积分解成了不可约部分.上面的公式通常写成下述形式:

$$\boldsymbol{D}_j\times\boldsymbol{D}_{j'}=\boldsymbol{D}_{j+j'}+\boldsymbol{D}_{j+j'-1}+\cdots+\boldsymbol{D}_{|j-j'|} \tag{156}$$

应该注意:每一个 $\boldsymbol{D}_k$ 被 U 变换所完全决定而且写成 $\boldsymbol{D}_k\left\{\dfrac{a}{-b},\dfrac{b}{a}\right\}$.上面的结果还可以推广到几个因子的情形.例如,我们可以写:

$$\begin{aligned}\boldsymbol{D}_1\times\boldsymbol{D}_1\times\boldsymbol{D}_1=(\boldsymbol{D}_2+\boldsymbol{D}_1+\boldsymbol{D}_0)\times\boldsymbol{D}_1=&\\ \boldsymbol{D}_3+\boldsymbol{D}_2+\boldsymbol{D}_1+\boldsymbol{D}_2+\boldsymbol{D}_1+\boldsymbol{D}_0+\boldsymbol{D}_1=&\\ \boldsymbol{D}_3+2\boldsymbol{D}_2+3\boldsymbol{D}_1+\boldsymbol{D}_0&\end{aligned}$$

矩阵 $\boldsymbol{D}_1$ 本身是一个三阶矩阵[68].直接乘积 $\boldsymbol{D}_1\times\boldsymbol{D}_1$ 是九阶矩阵,而最后直接乘积 $\boldsymbol{D}_1\times\boldsymbol{D}_1\times\boldsymbol{D}_1$ 是二十七阶矩阵.上面的公式说明:在任意选择的U 变换之下,这个矩阵与准对角矩阵

$$[\boldsymbol{D}_3,\boldsymbol{D}_2,\boldsymbol{D}_2,\boldsymbol{D}_1,\boldsymbol{D}_1,\boldsymbol{D}_1,\boldsymbol{D}_0]$$

等价.

最后的这个矩阵的阶数等于[68]

$$(2.3+1)+2(2.2+1)+3(2.1+1)+(2.0+1)=27$$

现在来证明 w_s 的线性无关性,w_s 看作是量(144) 的线性型.在以前的表示中,量 w_s 就是量$c_{m''}$,但只需注意:当建立 $c_{m''}$ 时,我们可以取不同的 k 的值,或者同样的,可以取不同的 l 的值,因此正确的是写成 $c_{m''}^{(l)}$.正如我们在前面看到的:

每一个 $c_{m''}^{(l)}$ 只被满足 $m+m'=m''$ 的 $U_m V'_m$ 所表示. 由此可直接推出：线性无关性可以只从 l 是不同而 m'' 是相同的情形来证明. 在式(146) 中去掉最后两个括弧并合并项 $x_1^{k+m''} x_2^{k-m''}$，其中 k 由公式(148) 所决定，除了相差一个常数因子外，我们得到以 u_k 和 v_k 表示 $c_{m''}^{(l)}$ 的式子. 它们显然是 $(u_1 v_2 - u_2 v_1)^l$ 乘上某一个正整数系数的 u_1, u_2, v_1, v_2 的多项式. 不难看出，对于不同的 l，这些表示式不可能是线性相关的. 例如，假设我们有线性关系：

$$\alpha_1 c_{m''}^{(l_1)} + \alpha_2 c_{m''}^{(l_2)} + \alpha_3 c_{m''}^{(l_3)} = 0$$

其中 $l_1 < l_2 < l_3$，而 α_k 是异于零的某一些常数. 对于任何 u_1, u_2, v_1 和 v_2，我们所写的关系必须恒等地被满足. 假如假设 $u_2 = v_1 = v_2 = 1$. 由于上面提起的关于表示型 $c_{m''}^{(l)}$ 的性质，我们得到下列形式的关系：

$$\alpha_1 (u_1 - 1)^{l_1} p_1(u_1) + \alpha_2 (u_1 - 1)^{l_2} p_2(u_1) + \alpha_3 (u_1 - 1)^{l_3} p_3(u_1) = 0$$

其中 $p_k(u_1)$ 是 u_1 的正整系数的多项式. 在上述关系式中除以 $(u_1 - 1)^{l_1}$，然后，再令 $u_1 = 1$，得到 $\alpha_1 = 0$，这与上面所说的矛盾，因此证明了线性相关的不可能性.

在式(146) 中去括弧，我们自然就可以具体地得到以变数(144) 表示的 w_s 的表示式.

76. 正交的性质

组成不等价的不可约 U 表示的矩阵具有某些性质，这些性质通常被称为正交性质. 它们时常在将群论应用于物理时被用到. 首先来叙述这个性质.

设有 m 阶有限群 G，它的元素是

$$G_1, G_2, \cdots, G_m$$

又设

$$\boldsymbol{A}^{(1)}, \cdots, \boldsymbol{A}^{(m)} \text{ 和 } \boldsymbol{B}^{(1)}, \cdots, \boldsymbol{B}^{(m)}$$

是给出群 G 的线性表示的两组矩阵. 用带有两个下标的小写字母表示这些矩阵的元素，并且认为所述两个线性表示是不等价的不可约表示，且由 $\boldsymbol{U}$ 矩阵所组成，我们有下列等式：

$$\sum_{s=1}^{m} a_{ij}^{(s)} \overline{b}_{kl}^{(s)} = 0 \tag{157}$$

对于任意的下标，这个等式都成立. 对于一个不可约 U 变换类似的等式成立. 设给出的不可约 U 表示的矩阵 $\boldsymbol{A}^{(s)}$ 的阶是 p. 下列公式成立：

$$\sum_{s=1}^{m} a_{ij}^{(s)} \overline{a}_{kl}^{(s)} = \frac{m}{p} \delta_{ik} \delta_{jl} \tag{158}$$

即，左边的和当数对 (i, j) 和 (k, l) 不同时等于零，而当它们相同时等于 $\frac{m}{p}$.

正交性的证明是基于[66] 的定理 Ⅲ. 首先提一下长方矩阵的乘法，没有两

矩阵 $\boldsymbol{C}$ 和 $\boldsymbol{D}$，它们的元素分别是：

$$\{\boldsymbol{D}\}_{ik}\begin{pmatrix}i=1,2,\cdots,n_1\\k=1,2,\cdots,n_2\end{pmatrix}\quad 和 \quad \{\boldsymbol{C}\}_{jl}\begin{pmatrix}j=1,2,\cdots,n_2\\l=1,2,\cdots,n_3\end{pmatrix}$$

而且矩阵 $\boldsymbol{D}$ 的列数 n_2 与矩阵 $\boldsymbol{C}$ 的行数相等. 我们用常通的公式

$$\{\boldsymbol{DC}\}_{ik}=\sum_{s=1}^{n_2}\{\boldsymbol{D}\}_{is}\{\boldsymbol{C}\}_{sk}$$

来定义乘积 $\boldsymbol{DC}$ 的元素.

现在来叙述基本定理.

定理 如果 p 阶 $\boldsymbol{U}$ 矩阵 $\boldsymbol{A}^{(s)}$ 和 q 阶 $\boldsymbol{U}$ 矩阵 $\boldsymbol{B}^{(s)}$ 给出群 G 的两个不等价的不可约表示，而某一个 p 行 q 列的矩阵 $\boldsymbol{C}$ 对任一个 s 都满足条件：

$$\boldsymbol{A}^{(s)}\boldsymbol{C}=\boldsymbol{CB}^{(s)}\quad(s=1,2,\cdots,m)\tag{159}$$

则 $\boldsymbol{C}$ 为零矩阵，即它的每一个元素都等于零.

首先讨论 $p=q$ 的情形，此时 $\boldsymbol{C}$ 也是一个方阵. 如果 $\boldsymbol{C}$ 的行列式异于零，那么 $\boldsymbol{C}^{-1}$ 存在，且由(159)，有

$$\boldsymbol{A}^{(s)}=\boldsymbol{CB}^{(s)}\boldsymbol{C}^{-1}$$

这就是说我们的两个表示是等价的，这与定理的条件矛盾. 因此，$\boldsymbol{C}$ 的行列式必须等于零. 假设 $\boldsymbol{C}$ 的元素不全为零，并且 $\boldsymbol{C}_{ik}$ 表示它的元素. 显然，线性型

$$C_{i1}x_1+\cdots+C_{ip}x_p\quad(i=1,2,\cdots,p)$$

对于任意的 x_s 决定一个子空间，这个子空间的维数等于 C 的秩[14]，即在这个情形，这个子空间的维数大于等于 1 而小于 p. 换句话说，这个不是整个的 p 维子空间，而是某一个子空间 R. 将(159) 写作分量为$(x_1,\cdots,x_p)$ 的向量的某一个线性变换：

$$\boldsymbol{A}^{(s)}\boldsymbol{C}(x_1,\cdots,x_p)=\boldsymbol{CB}^{(s)}(x_1,\cdots,x_p)\quad(s=1,2,\cdots,m)$$

左边的 $\boldsymbol{C}(x_1,\cdots,x_p)$ 是 R 中的任意向量，而整个右边是线性表示 $\boldsymbol{C}$ 作用在向量 $\boldsymbol{B}^{(s)}(x_1,\cdots,x_p)$ 上，也属于 R. 换句话说，变换 $\boldsymbol{A}^{(s)}$ 作用于 R 中的任一个矢量仍给出 R 中的矢量. 在这个情形下，就如我们在[66] 中所知道的，$\boldsymbol{A}^{(s)}$ 给出可约表示，这与定理的条件相矛盾.

这需证明当 $p>q$ 时也对. 在这个情形矩阵 $\boldsymbol{C}$ 的秩永远小于 p，因此线性型

$$C_{i1}x_1+\cdots+C_{iq}x_q\quad(i=1,2,\cdots,p)$$

在 p 维空间中决定某一个子空间 R，它的维数小于 p，因此上面的证明仍然是正确的. 最后假设 $p<q$，并在(159) 中取转置矩阵. 这个给我们以

$$\boldsymbol{B}^{(s)(*)}\boldsymbol{C}^{(*)}=\boldsymbol{C}^{(*)}\boldsymbol{A}^{(s)(*)}$$

在这个情形，矩阵 $\boldsymbol{R}^{(s)(*)}$ 的阶 q 比矩阵 $\boldsymbol{A}^{(s)(*)}$ 的阶 p 大，因此，由上所知，我们可以推出：$\boldsymbol{U}$ 矩阵 $\boldsymbol{B}^{(s)(*)}$ 保持某一个子空间不变，因此我们可以适当地选择基，化为准对角形. 于是矩阵 $\boldsymbol{B}^{(s)}$ 也化成了广义对角形，这与定理的条件矛盾.

因此定理就被证明了.

在定理的条件中,我们可以不提起 $\boldsymbol{A}^{(s)}$ 和 $\boldsymbol{B}^{(s)}$ 是 $\boldsymbol{U}$ 矩阵. 如我们所知,化为相似矩阵后,我们永远可以认为 $\boldsymbol{A}^{(s)}$ 和 $\boldsymbol{B}^{(s)}$ 是 $\boldsymbol{U}$ 矩阵,而且化为相似变换后,在 (159) 中引进一个新矩阵 $\boldsymbol{C}_1$ 代替 $\boldsymbol{C}$,它们之间的关系是:

$$\boldsymbol{C}=\boldsymbol{D}_1\boldsymbol{C}_1\boldsymbol{D}_2$$

而 $\boldsymbol{C}_1$ 既然是零矩阵,那么 $\boldsymbol{C}$ 也是零矩阵.

现在来证明公式(157). 引进符号 $\boldsymbol{A}(G_s)$ 和 $\boldsymbol{B}(G_s)$ 来代替 $\boldsymbol{A}^{(s)}$ 和 $\boldsymbol{B}^{(s)}$,其中 G_s 是群 G 中对应于矩阵 $\boldsymbol{A}^{(s)}$ 和 $\boldsymbol{B}^{(s)}$ 的那一个元素. 设 $\boldsymbol{X}$ 是有 p 行和 q 列的任意一个矩阵. 引进矩阵

$$\boldsymbol{C}=\sum_{s=1}^{m}\boldsymbol{A}(G_s)\boldsymbol{X}\boldsymbol{B}(G_s)^{-1} \tag{160}$$

并来证明:它满足关系式(159).

设 G_t 是群 G 中某一个固定的元素,我们有

$$\boldsymbol{A}(G_t)\boldsymbol{C}=\sum_{s=1}^{m}\boldsymbol{A}(G_t)\boldsymbol{A}(G_s)\boldsymbol{X}\boldsymbol{B}(G_s)^{-1}$$

但是由线性表示的定义

$$\boldsymbol{A}(G_t)\boldsymbol{A}(G_s)=\boldsymbol{A}(G_tG_s)\text{ 和 }\boldsymbol{B}(G_t)\boldsymbol{B}(G_s)=\boldsymbol{B}(G_tG_s)$$

由此推出

$$\boldsymbol{A}(G_t)\boldsymbol{C}=\sum_{s=1}^{m}\boldsymbol{A}(G_tG_s)\boldsymbol{X}\boldsymbol{B}(G_tG_s)^{-1}\boldsymbol{B}(G_t)$$

如果 G_s 取过群的所有的元素,那么乘积 G_tG_s 也如此,因此,上述公式可写成下列形式:

$$\boldsymbol{A}(G_t)\boldsymbol{C}=\boldsymbol{C}\boldsymbol{B}(G_t)$$

即公式(160) 所定义的矩阵 $\boldsymbol{C}$,实际上是满足关系式(159) 的,因此,这个矩阵 $\boldsymbol{C}$ 是零矩阵. 这样,对于任意选择的 $\boldsymbol{X}$,有

$$\sum_{s=1}^{m}\boldsymbol{A}(G_s)\boldsymbol{X}\boldsymbol{B}(G_s)^{-1}=0$$

假设在矩阵 $\boldsymbol{X}$ 中某一个固定的元素 $\{X\}_{jl}$ 是 1,而其余的元素是零. 于是上述公式给出:

$$\sum_{s=1}^{m}\{\boldsymbol{A}(G_s)\}_{ij}\{\boldsymbol{B}(G_s)^{-1}\}_{lk}=0$$

因为 $\boldsymbol{B}(G_s)$ 是一个 $\boldsymbol{U}$ 矩阵,所以它可由 $B(G_s)^{-1}$ 行列互换并且将元素改为共轭元素而得到,所以上面的式子在以前的符号下可以写成:

$$\sum_{s=1}^{m}a_{ij}^{(s)}\overline{b}_{kl}^{(s)}=0$$

这就是(159).

同样地作矩阵

$$\boldsymbol{D}=\sum_{s=1}^{m}\boldsymbol{A}(G_s)\boldsymbol{X}\boldsymbol{A}(G_s)^{-1}$$

其中 $\boldsymbol{X}$ 是任一个 p 阶方阵. 我们可以示明：

$$\boldsymbol{A}(G_s)\boldsymbol{D}=\boldsymbol{D}\boldsymbol{A}(G_s)\quad(s=1,2,\cdots,m)$$

并且由于[66] 中的定理 Ⅲ 可以断言：$\boldsymbol{D}$ 是数量矩阵，或者

$$\sum_{s=1}^{m}\boldsymbol{A}(G_s)\boldsymbol{X}\boldsymbol{A}(G_s)^{-1}=c\boldsymbol{I}$$

其中数 c 依 $\boldsymbol{X}$ 的选择而改变. 再假设 $\{\boldsymbol{X}\}_{jl}=1$，而 $\boldsymbol{X}$ 的其余的元素等于零. 并且 c_{jl} 表示对应的数 c. 我们可以写下：

$$\sum_{s=1}^{m}\{\boldsymbol{A}(G_s)\}_{ij}\{\boldsymbol{A}(G_s)^{-1}\}_{lk}=c_{jl}\delta_{ik}\tag{161}$$

为了决定 c_{jl}，假设 $i=k$ 并令 i 从 1 到 p 而求和

$$pc_{jl}=\sum_{s=1}^{m}\sum_{i=1}^{p}\{\boldsymbol{A}(G_s)^{-1}\}_{li}\{\boldsymbol{A}(G_s)\}_{ij}=\sum_{s=1}^{m}\{\boldsymbol{I}\}_{lj}$$

如果 $l=j$，那么右边等于 m，而当 $l\neq j$. 它就等于零. 由此，$c_{jl}=\dfrac{m}{p}\delta_{jl}$，因此，公式(161) 可改写成：

$$\sum_{s=1}^{m}\{\boldsymbol{A}(G_s)\}_{ij}\{\boldsymbol{A}(G_s)^{-1}\}_{lk}=\frac{m}{p}\delta_{ik}\delta_{jl}\tag{162}$$

如果应用到 $\boldsymbol{A}(G_s)$ 是 $\boldsymbol{U}$ 矩阵这一点，上式即与(158) 重合.

不难看出，式(157) 不但对于群的 U 表示成立，并且对于任意的不等价的不可约表示都成立. 设 $\boldsymbol{A}'(G_s)$ 和 $\boldsymbol{B}'(G_s)$ 是这样的两个表示，它们的阶数分别是 p 和 q，而 $\boldsymbol{A}(G_s)$ 和 $\boldsymbol{B}(G_s)$ 是分别和它们旧价的 U 表示，因为

$$\boldsymbol{A}(G_s)=\boldsymbol{C}_1\boldsymbol{A}'(G_s)\boldsymbol{C}_1^{-1};\boldsymbol{B}(G_s)=\boldsymbol{C}_2\boldsymbol{B}'(G_s)\boldsymbol{C}_2^{-1}$$

其中 $\boldsymbol{C}_1$ 和 $\boldsymbol{C}_2$ 是与 s 无关的确定的矩阵. 因为 $\boldsymbol{B}(G_s)$ 是 $\boldsymbol{U}$ 矩阵，故有

$$\boldsymbol{B}(G_s)^{-1}=\overline{\boldsymbol{B}(G_s)}^{*}=\overline{(\boldsymbol{C}_2^{-1})}^{*}\ \overline{\boldsymbol{B}'(G_s)}^{*}\,\overline{\boldsymbol{C}}_2^{*}$$

而公式(157) 可写为

$$\sum_{s=1}^{m}\boldsymbol{C}_1\boldsymbol{A}'(G_s)\boldsymbol{C}_1^{-1}\boldsymbol{X}\,\overline{(\boldsymbol{C}_2^{-1})}^{*}\ \overline{\boldsymbol{B}'(G_t)}^{*}\,\overline{\boldsymbol{C}}_2^{*}=0$$

以 $\boldsymbol{C}_1^{-1}$ 左乘，以 $\overline{(\boldsymbol{C}_2^{*})^{-1}}$ 右乘，并引进 p 行 q 列的任意矩阵 $\boldsymbol{Y}=\boldsymbol{C}_1^{-1}\boldsymbol{X}\,\overline{(\boldsymbol{C}_2^{-1})^{*}}$，就得

$$\sum_{s=1}^{m}\boldsymbol{A}'(G_s)\boldsymbol{Y}\,\overline{\boldsymbol{B}'(G_s)}^{*}=0$$

利用 $\boldsymbol{Y}$ 的任意性，与上面一样得到：

$$\sum_{s=1}^{m}a_{ij}^{(s)}\overline{b}_{kl}^{(s)}=0$$

同样地可以注意：式(162) 不只对于 U 表示，它对于任意的表示都成立，这个可以从它的证明和下述事实推出：在证明此定理时，不必要提起 $\boldsymbol{A}^{(s)}$ 和 $\boldsymbol{B}^{(s)}$ 是 $\boldsymbol{U}$ 矩阵.

77. 品格

和上面一样，假设 $\boldsymbol{A}(G_s)$ 和 $\boldsymbol{B}(G_s)$ 是群 G 的两个不等价的不可约表示，它们的阶分别是 p 和 q，而群 G 的元素是 $G_1, G_2, \cdots, G_m$. 用 $\boldsymbol{X}(G_s)$ 和 $\boldsymbol{X}'(G_s)$ 表示这两个表示中的矩阵的迹，即矩阵的主对角线上的元素的和：

$$\boldsymbol{X}(G_s)=\sum_{i=1}^{p}\{\boldsymbol{A}(G_s)\}_{ii};\boldsymbol{X}'(G_s)=\sum_{k=1}^{q}\{\boldsymbol{B}(G_s)\}_{kk}$$

这些数被称作上述表示的品格. 对于等价表示，它们的品格显然是相同的[27]，而且我们可以认为：所讨论的表示是 U 表示. 已交公式给出：

$$\sum_{s=1}^{m}\{\boldsymbol{A}(G_s)\}_{ii}\overline{\{\boldsymbol{B}(G_s)\}_{kk}}=0$$

对 i 和 k 求和，就得到品格的正交公式：

$$\sum_{s=1}^{m}\boldsymbol{X}(G_s)\overline{\boldsymbol{X}'(G_s)}=0 \tag{163}$$

同样地，式(158) 给出：

$$\sum_{s=1}^{m}\{\boldsymbol{A}(G_s)\}_{ii}\overline{\{\boldsymbol{A}(G_s)\}_{kk}}=\frac{m}{p}\delta_{ik}$$

对 i 和 k 求和，就得到

$$\sum_{s=1}^{m}\boldsymbol{X}(G_s)\overline{\boldsymbol{X}(G_s)}=m \tag{164}$$

应用这些公式，我们来证明一些定理.

定理 Ⅰ 两个不可约表示等价的充要条件是它们的品格都相同.

我们已经提起过，等价(可约的或不可约的) 表示的品格是相同的，这是条件的必要性. 现在假设：已知两个不可约表示的品格是相等的，即 $\boldsymbol{X}(G_s)=\boldsymbol{X}'(G_s)(s=1,2,\cdots,m)$，要证明这两个表示是等价的. 由于(164)，有

$$\sum_{s=1}^{m}\boldsymbol{X}(G_s)\overline{\boldsymbol{X}'(G_s)}=m$$

由此推出表示的等价性，因为如果它们不是等价的，那么我们必须有等式(163). 注意，等价表示的矩阵显然必须是同阶的. 对应于每一个不可约表示，在 m 维复空间 R_m 中引进分量为

$$\frac{1}{\sqrt{m}}\boldsymbol{X}(G_1),\frac{1}{\sqrt{m}}\boldsymbol{X}(G_2),\cdots,\frac{1}{\sqrt{m}}\boldsymbol{X}(G_m)$$

的向量. 由于(164)，这些向量是单位的，并且由于(163)，对应于不等价的表示

的向量是互相正交的.由此推出:阶为 m 的群 G 的不等价的不可约表示不可能多于 m 个.在以后我们要确定一个群的不等价的不可约表示的个数.暂时我们用字母 l 来表示这个数目.设 $\omega^{(i)}(i=1,2,\cdots,l)$ 是这些不等价不可约表示而

$$\boldsymbol{X}^{(i)}(G_1),\boldsymbol{X}^{(i)}(G_2),\cdots,\boldsymbol{X}^{(i)}(G_m)\quad(i=1,2,\cdots,l)$$

是这些表示的品格.设有某一个表示 ω 的品格为

$$\boldsymbol{X}(G_1),\boldsymbol{X}(G_2),\cdots,\boldsymbol{X}(G_m)$$

由于表示 ω 是可约的结果,它被准对角矩阵所表示,这些准对角矩阵由表示 $\omega^{(l)}$ 的矩阵所组成.因此对于品格,我们有

$$\boldsymbol{X}(G_s)=\sum_{i=1}^{l}a_i\boldsymbol{X}^{(i)}(G_s)\tag{165}$$

其中 a_i 是不小于零的整数,它们表示在表示 ω 化为已约表示后 $\omega^{(i)}$ 在其中出现的次数.

根据表示 ω 的品格,可以指出决定系数 a_i 的公式.设 k 是数 $1,2,\cdots,l$ 中的一个.用 $\overline{\boldsymbol{X}^{(k)}(G_s)}$ 乘(165)的两边并对 s 求和.应用(163)和(164),得到

$$\sum_{s=1}^{m}\boldsymbol{X}(G_s)\ \overline{\boldsymbol{X}^{(k)}(G_s)}=a_km$$

由此

$$a_k=\frac{1}{m}\sum_{s=1}^{m}\boldsymbol{X}(G_s)\ \overline{\boldsymbol{X}^{(k)}(G_s)}\tag{166}$$

这个公式对于每一个 a_k 给出一个确定的值,由此推出下述定理.

定理 Ⅱ 每一个可约表示都可分解为唯一的不可约表示的集合.

利用式(166)不难把定理 1 推广到任意表示的情形,不只是对于不可约表示.

定理 Ⅲ 两个表示等价的必要充分条件是它们的品格相等.

条件的必要性在证明定理 1 时已经看出.反之,如果两个表示的品格 $\boldsymbol{X}(G_s)$ 相重,那么由于式(166)我们得到数 a_k 的相同的值,因此两个表示都化为由相同的不可约表示组成的准对角矩阵.于是,如果必要,将它们化为等价表示后,可以认为所说到的不可约表示在准对角矩阵中位于相同的次序,因为将它同时对换行列所得的矩阵是等价的.

那些具有相同的品格的表示可化为同一个矩阵,也就是说,它们是等价的.

现在来讨论群 G 所有的不等价的不可约表示的个数 l,这个群的元素被分为类.在同一个类中全部的元素可由类中一个元素 G_t 按照下面公式而得到:

$$G_sG_tG_s^{-1}\quad(s=1,2,\cdots,m)$$

在任一个表示中所有这些元素对应于具有同一个迹的相似矩阵.设 r 是群 G 的类的个数.由上所示,群 G 的任一个线性表示的品格中不可能有多于 r 个相

异的数值，而且品格的每一个值不只是对应于个别的元素而是对应于属于某一个类的所有的元素. 设类 C_1 由 g_1 个元素组成，类 C_2 由 g_2 个元素组成，等等，最后，类 C_n 由 g_n 个元素组成. 和(163) 中的项对于同一类中的元素是相同的，我们用 $\boldsymbol{X}(C_k)\boldsymbol{X}'(C_k)$ 表示对应于类 C_k 中的元素的品格，对于不等价的不可约表示，可以将(163) 改写成

$$\sum_{k=1}^{r}\boldsymbol{X}(C_k)\,\overline{\boldsymbol{X}'(C_k)}g_k=0$$

而将(164) 改写成

$$\sum_{k=1}^{r}\boldsymbol{X}(C_k)\,\overline{\boldsymbol{X}(C_k)}g_k=m$$

因此，对于不等价的不可约表示 $\omega^{(i)}(i=1,2,\cdots,l)$ 的品格 $\boldsymbol{X}^{(i)}(C_k)$，我们有

$$\left.\begin{aligned}&\sum_{k=1}^{r}\boldsymbol{X}^{(i_1)}(C_k)\,\overline{\boldsymbol{X}^{(i_2)}(C_k)}g_k=0\\&\sum_{k=1}^{r}\boldsymbol{X}^{(i)}(C_k)\,\overline{\boldsymbol{X}^{(i)}(C_k)}g_k=m\end{aligned}\right.\quad \text{当 } i_1\neq i_2 \tag{167}$$

在 r 维空间 R_r 中，引进 l 个向量，它们的分量为

$$\sqrt{\frac{g_1}{m}}\boldsymbol{X}^{(i)}(C_1),\sqrt{\frac{g_2}{m}}\boldsymbol{X}^{(i)}(C_2),\cdots,\sqrt{\frac{g_r}{m}}\boldsymbol{X}^{(i)}(C_r)\quad(i=1,2,\cdots,l)$$

前面的等式说明：这些向量成对地正交且是单位的，因此是线性无关的. 由此推出，它们的个数 l 不超过维数，即 $l\leqslant r$. 我们得到定理.

定理 Ⅳ　一个群的不等价的不可约表示的个数不超过群的类的个数.

下一节中我们要证明 $l=r$. 既然我们证明了 $l\leqslant r$，那么为了证明等式 $l=r$，我们只要证明不等式 $l\geqslant r$. 这个不等式的证明与某一些新的概念和品格间的关系相联系着，而这些东西本身也是很有兴趣的.

再来建立任意的不可约表示的品格之间的一个关系. 假设类 C_k 由元素 $G_1^{(k)},G_2^{(k)},\cdots,G_{g_k}^{(k)}$ 所组成. 如果 G_s 是群中的任意一个元素，那么元素 $G_sG_i^{(k)}G_s^{-1}$ 又重新给出数 C_k 中所有的元素，但是已经是另一个次序了. 由此推出，如果我们取某两个类 C_p 和 C_q 中的元素的所有乘积

$$G_u^{(p)}G_v^{(q)}\quad(u=1,2,\cdots,g_p;v=1,2,\cdots,g_q) \tag{168}$$

的集合，那么元素

$$G_sG_u^{(p)}G_v^{(q)}G_s^{-1}=(G_sG_u^{(p)}G_s^{-1})(G_sG_v^{(q)}G_s^{-1})$$

的全体仍将是原来的那个集合. 由此推出，元素(168) 的集合具有这样的性质：如果某一个元素属于这个集合，那么包含这个元素的类整个都属于这个集合，而且类中的元素在这个元素(168) 的集合中出现的次数相同. 用不小于零的整数 a_{pqk} 表示类 C_k 中的元素在元素(168) 的集合中出现的次数. 我们可以用另一种方法来表示：

$$C_pC_q=\sum_{k=1}^{r}a_{pqk}C_k \tag{169}$$

或

$$(G_1^{(p)}+G_2^{(p)}+\cdots+G_{g_p}^{(p)})(G_1^{(q)}+G_2^{(q)}+\cdots+G_{g_q}^{(q)})=$$
$$\sum_{k=1}^{r}a_{pqk}(G_1^{(k)}+G_2^{(k)}+\cdots+G_{g_k}^{(k)}) \tag{170}$$

设 $\boldsymbol{A}(G_s)$ 是群 G 的某一个不可约线性表示的 n 阶矩阵. 组成对应于类 C_k 的元素的矩阵的和,并且 $\boldsymbol{A}(C_k)$ 表示这个矩阵:

$$\boldsymbol{A}(C_k)=\sum_{j=1}^{g_k}\boldsymbol{A}(G_j^{(k)})$$

注意到当 $i=1,2,\cdots,g_k$,对 G 中任一元素 G_s,元素 $G_sG_i^{(k)}G_s^{-1}$ 给出类 C_k 中的元素的整个集合,我们看出,矩阵 $\boldsymbol{A}(C_k)$ 和所有的矩阵 $\boldsymbol{A}(C_s)$ 都是可交换的. 由此推出,这个矩阵 $\boldsymbol{A}(C_k)$ 是数字矩阵[66],于是我们可以写成

$$\boldsymbol{A}(C_k)=b_k\boldsymbol{I}\quad(k=1,2,\cdots,r) \tag{171}$$

其中 b_k 是某一个数. 注意到数 a_{pqk} 的定义,即符号公式(170),我们得到数 b_k 之间的下述关系

$$b_pb_q=\sum_{k=1}^{r}a_{pqk}b_k \tag{172}$$

矩阵 $\boldsymbol{A}(C_k)$ 的迹等于矩阵 $\boldsymbol{A}(G_i^{(k)})(i=1,2,\cdots,g_k)$ 的迹之和,即等于 $g_k\boldsymbol{X}(C_k)$. 另一方面,从(171) 推出:$\boldsymbol{A}(C_k)$ 的迹等于 nb_k,即 $nb_k=g_k\boldsymbol{X}(C_k)$,于是

$$b_k=\frac{g_k}{n}\boldsymbol{X}(C_k)$$

而式(172) 使我们得到下述定理.

定理 Ⅴ　在由 n 阶矩阵所组成的任一个不可约表示的品格之间,下述关系成立:

$$g_p\boldsymbol{X}(C_p)g_k\boldsymbol{X}(C_q)=n\sum_{k=1}^{r}a_{pqk}\boldsymbol{X}(C_k) \tag{173}$$

注意,在类 C_k 之中,有只有群 G 的单位元素 E 所组成的类. 在任一个线性表示中,它对应于单位矩阵,这个矩阵的迹等于它的阶 n. 我们永远用 C_1 来表示这个类,于是 $\boldsymbol{X}(C_1)=n$,上面的公式可以写成:

$$g_p\boldsymbol{X}(C_p)g_q\boldsymbol{X}(C_q)=\boldsymbol{X}(C_1)\sum_{k=1}^{r}a_{pqk}\boldsymbol{X}(C_k) \tag{174}$$

现在来决定常数 a_{pqk} 的值. 每一个类 C_p 对应于一个类 $C_{p'}$,$C_{p'}$ 是由 C_p 中的元素的逆所组成的. 这个可由类的定义和下述事实直接推出:公式 $G_sG_tG_s^{-1}=G_u$ 给出公式 $G_sG_t^{-1}G_s^{-1}=G_u^{-1}$.

类 $C_{p'}$ 可能与 C_p 重合,即可能 $p'=p$. 在任何情形下,类 C_p 和 $C_{p'}$ 包含相同

数目的元素，即 $g_{p'}=g_p$. 如果在公式(173) 或(174) 中取 $q=p'$，那么在右边类 C_1 将出现 g_p 次，当 $q\neq p'$ 时，右边不包含 C_1，即

$$a_{pq1}=\begin{cases}0 & \text{当 } q\neq p' \\ g_p & \text{当 } q=p'\end{cases} \tag{175}$$

78. 群的正则表示

我们已经说过借置换群来表示任意有限群的方法. 我们可以把每个置换群看成变换群.

实际上，如果有一个置换

$$\begin{matrix}1,2,3,4\\2,4,3,1\end{matrix}$$

则它可以写成这样一个变换，它将 x_1,x_2,x_3 与 x_4 分别变到 y_2,y_4,y_3 与 y_1

$$\begin{aligned}y_1&=0x_1+0x_2+0x_3+x_4\\y_2&=x_1+0x_2+0x_3+0x_4\\y_3&=0x_1+0x_2+x_3+0x_4\\y_4&=0x_1+x_2+0x_3+0x_4\end{aligned}$$

我们来考察群 G 的如下的表示，即用元素 G_s 右乘群 G 的诸元素 $G_1,G_2,\cdots,G_m$ 所得到的置换群，这个表示使 G 的元素与元素的某些置换对应，根据上面的说法，就是说，它与某些矩阵 $\boldsymbol{P}_s$ 对应，这个表示通常叫作群 G 的正则表示. 我们通常用 E 来表示群 G 的单位元素，单位矩阵 $\boldsymbol{P}_s$ 就对应于这个元素，因此，这个矩阵的迹等于 m，即 $\boldsymbol{X}(E)=m$. 当用任意一个非单位元素 G_s 乘元素 $G_1,G_2,\cdots,G_m$ 时，没有一个元素是保持不动的，就是说，在对应的矩阵内所有对角线上元素皆等于零，因而在正则表示中当 $G\neq E$ 时 $\boldsymbol{X}(G_s)=0$.

假设在正则表示中前面谈到的表示 $\omega^{(k)}$ 出现 h_k 次. 于是，根据上面所说的，我们有

$$\sum_{t=1}^{l}h_t\boldsymbol{X}^{(t)}(G_s)=\begin{cases}0 & \text{当 } G_s\neq E\\ m & \text{当 } G_s=E\end{cases} \tag{176}$$

将此方程两端乘以 $\overline{\boldsymbol{X}^{(k)}(G_s)}$ 而且对 s 求和，根据(163) 及(164)，我们得到

$$h_km=m\,\overline{\boldsymbol{X}^{(k)}(E)}$$

但是 $\boldsymbol{X}^{(k)}(E)$ 等于表示 $\omega^{(k)}$ 中矩阵的阶，我们用 n_k 来表示这个阶，于是 $\boldsymbol{X}^{(k)}(E)=\overline{\boldsymbol{X}^{(k)}(E)}=h_k$，从而 $h_k=n_k$，而且公式(176) 可以换写成

$$\sum_{t=1}^{l}\boldsymbol{X}^{(t)}(E)\boldsymbol{X}^{(t)}(G_s)=\sum_{t=1}^{l}n_t\boldsymbol{X}^{(t)}(G_s)=\begin{cases}0 & \text{当 } G_s\neq E\\ m & \text{当 } G_s=E\end{cases} \tag{177}$$

所以我们得到下面的定理.

定理 Ⅵ 在已约的正则表示中每个不可约表示 $\omega^{(k)}$ 的重复次数等于在该表示 $\omega^{(k)}$ 中矩阵的阶,而且对于表示 $\omega^{(k)}$ 的品格,公式(177) 成立.

对于表示 $\omega^{(k)}$,公式(174) 为

$$g_p\boldsymbol{X}^{(t)}(C_p)g_q\boldsymbol{X}^{(t)}(C_q)=\boldsymbol{X}^{(t)}(C_1)\sum_{k=1}^{r}a_{pqk}g_k\boldsymbol{X}^{(t)}(C_k)$$

对 t 从 $t=1$ 到 $t=l$ 求和

$$g_pg_q\sum_{t=1}^{l}\boldsymbol{X}^{(t)}(C_p)\boldsymbol{X}^{(t)}(C_q)=\sum_{k=1}^{r}a_{pqk}\sum_{t=1}^{l}\boldsymbol{X}^{(t)}(C_1)g_k\boldsymbol{X}^{(t)}(C_k)$$

根据(177),得到

$$g_pg_q\sum_{t=1}^{l}\boldsymbol{X}^{(t)}(C_p)\boldsymbol{X}^{(t)}(C_q)=a_{pq1}m$$

就是说,由于(175)

$$\sum_{t=1}^{l}\boldsymbol{X}^{(t)}(C_p)\boldsymbol{X}^{(t)}(C_q)=\begin{cases}0 & \text{当 } q\neq p' \\ \dfrac{m}{g_{p'}} & \text{当 } q=p'\end{cases}\tag{178}$$

作 l 个关于 $x_1,x_2,\cdots,x_r$ 的线性齐次方程

$$\sum_{q=1}^{r}x_q\boldsymbol{X}^{(k)}(C_q)=0\quad(k=1,2,\cdots,l)\tag{179}$$

我们来证明它只有零解.

实际上,用 $\boldsymbol{X}^{(k)}(C_q)$ 乘(179) 的两端而且对 k 求和,即得 $x_{p'}=0$ 而且 p' 可以取从 1 到 r 的任何数. 因为方程组(179) 只有零解,这方程组中的方程的个数不能小于未知数的个数,即 $l\geqslant r$. 以前我们曾经证明过 $l\leqslant r$,由是推得 $l=r$,即:

定理 Ⅶ 一个有限群 G 的所有不等价的不可约表示的个数等于该群的类数.

我们还要说明定理 6 的一个推论,群 G 的正则表示系由 m 阶矩阵所组成. 另一方面,由于定理6,它包含每个表示 $\omega^{(k)}$ n_k 次而每个表示 $\omega^{(k)}$ 恰好由 n_k 阶矩阵所组成.

由此推得等式

$$\sum_{k=1}^{r}n_k^2=m\tag{180}$$

这个等式可以表述如下:

定理 Ⅷ 所有不等价的不可约的表示 $\omega^{(k)}$ 的阶的平方和等于群 G 的阶.

79. 有限群表示举例

1. 我们来看由下列元素作成的阿贝尔群 G:$A_2^kA_1^i$,其中 $i=0,1,2,\cdots,m-$

1；$k=0,1,2,\cdots,n-1$，而且元素 A_1 与 A_2 可交换，$A_1^m=E$；$A_2^n=E$，当 $i=k=0$ 时必须认为 $A_2^0A_1^0=E$. G 的每个单独元素作成一类而且所有不可约的群表示都是一阶的. 假设 α 与 β 分别为任意两个 m 与 n 次单位根. 如果我们把数 $\beta^k\alpha^i$ 与元素 $A_2^kA_1^i$ 对应起来，则易知我们因此得到一个群表示. 让 α 和 β 分别取上述单位根的所有可能的值，于是得到所有 mn 个不同的一阶表示. 群 G 的类(即元素)的总数也等于 mn，因而所有不等价的不可约表示正是上述的那些表示. 当群 G 的"生成元素"(即元素 A_s) 多于两个时，我们仍然可用上述方法作出它的一切表示来.

2. 现在来看 n 边的两面体群，它由下列 $2n$ 个元素所组成：

$$E,A^i,T,TA^i \quad (i=1,2,\cdots,n-1)$$

这里

$$A^n=E;T^2=E;TAT^{-1}=A^{-1} \quad (T^{-1}=T) \tag{181}$$

这些关系中的最后一个直接从转动 A 与 T 的几何意义来看是显然的. 从这些关系直接推出关系 $TA^iT^{-1}=A^{-i}$. 首先假设 $n=2m+1$ 为奇数. 此时群由 $(m+2)$ 个类所组成. 其中之一为 E，有 m 个类其中每类只包含两个元素 A^s 与 $A^{-s}(s=1,2,\cdots,m)$，这里 $A^{-s}=A^{2m+1-s}$，而另一类包含所有的下列元素 T 与 $TA^i(i=1,2,\cdots,n-1)$，所有这一切都不难根据上述关系验证.

这群有两个一阶表示. 其中之一为每个元素皆与 1 对应. 而另一为元素 A 与 1 对应而元素 T 与 (-1) 对应，其次令 $\mathrm{e}=\cos\dfrac{2\pi}{n}+\mathrm{i}\sin\dfrac{2\pi}{n}$. m 个二阶表示可如下作出：令

$$A\to\begin{bmatrix}\varepsilon^s & 0\\ 0 & \varepsilon^{-s}\end{bmatrix};T\to\begin{bmatrix}0 & 1\\ 1 & 0\end{bmatrix} \quad (s=1,2,\cdots,m) \tag{182}$$

这些矩阵满足关系(181)，因而可以推知(182) 确为群表示，这是因为元素 A 与 T 之间的每个关系都是关系(181) 的结果. 这 m 个表示的不可约性可以如下推知，假如不然，这些表示都将化成两个一阶表示，因而对应于 A 与 T 的矩阵非交换不可，我们容易看到这是绝不可能的.

对于不同的 s 表示(182) 是互不等价的. 证明如下：对于不同的 s，对应于元素 A 的矩阵有不同的特征值 ε^s 与 ε^{-s}. 所以我们得到了所有的不等价的不可约的表示. 公式(180) 在目前的情形就是

$$2\times1^2+m\times2^2=4m+2=2n$$

对于偶数 $n=2m$，与 $s=m$ 相当的表示(182) 取下面的形式：

$$A\to\begin{bmatrix}-1 & 0\\ 0 & -1\end{bmatrix};T\to\begin{bmatrix}0 & 1\\ 1 & 0\end{bmatrix}$$

它可分解成两个一阶表示：

$$A \to (-1); T \to (+1) \text{ 以及 } A \to (-1); T \to (-1)$$

为此我们只须利用这样一个矩阵 $\boldsymbol{S}$，使得 $\boldsymbol{STS}^{-1}$ 化成对角线形式，这里 $\boldsymbol{T}$ 的特征值显然等于 ± 1. 因此，当 $n=2m$ 时，群有四个一阶表示以及 $(m-1)$ 个二阶表示. 公式(180) 此时取下列形式：

$$4 \times 1^2 + (m-1) \times 2^2 = 4m = 2n$$

3. 我们来考察四面体群，也就等于来考察与它同构的在[59] 内 $n=4$ 的交替群. 此群由四个类组成而且它的阶为 12. 因而它必须有四个不等价的不可约表示. 这些表示的阶必须满足下列等式：

$$n_1^2 + n_2^2 + n_3^2 + n_4^2 = 12$$

如果不计等式左端各项的次序，这个方程在正整数的范围内只有一解，即

$$n_1 = n_2 = n_3 = 1; n_4 = 3$$

就是说，我们的群具有三个一阶表示与一个三阶表示. 在这些一阶表示中，属于同一类的各元素对应于同一个数，不难证明，在这三个一阶表示中对应于每类的数如下：

$$\text{I} \to 1; \text{II} \to 1; \text{III} \to 1; \text{IV} \to 1$$
$$\text{I} \to 1; \text{II} \to 1; \text{III} \to \varepsilon; \text{IV} \to \varepsilon^2$$
$$\text{I} \to 1; \text{II} \to 1; \text{III} \to \varepsilon^2; \text{IV} \to \varepsilon$$

其中

$$\varepsilon = \cos\frac{2\pi}{3} + i\sin\frac{2\pi}{3}$$

四面体群本身就提供了不可约的三阶表示，就是说，所有使四面体变到其自身的空间转动(相当于三阶矩阵) 群，假如这个表示是可约的，则它必须化成三个一阶表示，由于四面体群不是阿贝尔群，这种化法是绝不可能的. 在上节中所阐明的理论只涉及有限群，为了把这种理论搬到转动群去，我们必须更详细地来研究依赖于参变数的无限群. 在对于这种群做一般的研究以前，我们来阐明关于劳伦次群的线性表示的问题. 与转动群的表示一样，这种表示可作为我们对依赖于参变数的无限群的研究的基本例子.

80. 两个变数的线性群的表示

在[68] 中我们曾作得二变数 U 群的线性表示，它使我们获得转动群的线性表示. 同样，我们可以来作行列式为 1 的二变数线性群的表示：

$$\begin{aligned} x_1' &= ax_1 + bx_2 \\ x_2' &= cx_1 + dx_2 \end{aligned} \quad ad - bc = 1 \tag{183}$$

根据在[64] 中所说的结果，这使我们获得正劳伦次变换群的单值和二值表示. 这种结果却基本上不同于[68] 中的结果.

U 群(93) 的可能线性表示之一就是这个群本身作成的表示，就是使得对应于每个变换(93) 的就是这个变换自身. 容易见到，另一个线性表示如下：用下列具有复数共轭系数的变换对应于每个变换(93)：

$$\begin{cases} y_1' = \bar{a} y_1 + \bar{b} y_2 \\ y_2' = -b y_1 + a y_2 \end{cases}$$

但是这个表示与上述的表示等价，这可由下面容易验算的公式直接推得：

$$\begin{bmatrix} 0 & 1 \\ -1 & 0 \end{bmatrix} \begin{bmatrix} a & b \\ -\bar{b} & \bar{a} \end{bmatrix} = \begin{bmatrix} \bar{a} & \bar{b} \\ -b & a \end{bmatrix} \begin{bmatrix} 0 & 1 \\ -1 & 0 \end{bmatrix}$$

然而对于群(183) 共轭表示

$$\begin{aligned} y_1' &= \bar{a} y_1 + \bar{b} y_2 \\ y_2' &= \bar{c} y_1 + \bar{d} y_2 \end{aligned} \tag{184}$$

与群(183) 本身是不等价的，为了证明这一点，只要看 $b = c = 0$ 的情形，此时变换(183) 的矩阵的特征值为 a 与 d，而(184) 的矩阵的特征值为 $\bar{a}$ 与 $\bar{d}$. 显然，我们可以如此选择满足条件 $ad = 1$ 的复数 a 与 d，使得 $\bar{a}$ 与 $\bar{d}$ 这对数不同于 a 与 d 这对数，故而互相对应的变换绝不可能相似. 因此，在现在情形下，我们已经得到两个不等价的二阶表示 —— 群(183) 本身与群(184). 以后再来谈这两个表示的不可约性.

其次，完全与在[68] 中曾经作过的一样，我们可以作出群(183) 的表示，在公式(99) 中我们只需将 $\bar{a}$ 换成 d，$\bar{b}$ 换成 $(-c)$，这就使我们获得下列的 $(2j+1)$ 阶的表示，其中 j 为非负整数或为分母为 2，分子为奇数的分数：

$$\boldsymbol{D}_j = \begin{Bmatrix} a & b \\ c & d \end{Bmatrix}_{ls} = \sum_k \frac{\sqrt{(j+l)!\ (j-l)!\ (j+s)!\ (j-s)!}}{k!\ (j-k-s)!\ (j+l-k)!\ (k+s-l)!} \times$$

$$a^{j+l-k} b^k c^{k+s-l} d^{j-k-s} \quad \left(j = 0, \frac{1}{2}, 1, \frac{3}{2}, \cdots\right) \tag{185}$$

这里的 l 与 s 取下列的值

$$l \text{ 与 } s = -j, -j+1, \cdots, j-1, j$$

而上面和号下的 k 须满足不等式

$$k \geqslant 0; k \geqslant l - s; k \leqslant j - s; k \leqslant j + l$$

在公式(185) 中应当看作 $0! = 1$ 与 $0^0 = 1$. 当 $j = 0$ 时我们得到恒等表示 1，除了表示(185) 以外，我们可以直接写出其他的表示，这种表示系在(185) 的右端将 a, b, c 与 d 换成它们的共轭数而得到，我们用下列记号来表达与之相当的表示：

$$\bar{\boldsymbol{D}}_{j'} = \begin{Bmatrix} a & b \\ c & d \end{Bmatrix} \quad \left(j = 0, \frac{1}{2}, 1, \frac{3}{2}, \cdots\right) \tag{186}$$

现在我们可以来作表示(185) 与(186) 的合成[73]，由此得到新的 $(2j+1)$ ·

$(2j'+1)$ 阶的表示.这种表示我们用下面记号来表它:

$$\boldsymbol{E}_{j,j'}\begin{Bmatrix} a & b \\ c & d \end{Bmatrix} \tag{187}$$

应用公式(185)容易定出这个表示中矩阵的元素.在(187)中取定两个不同的表示,但是使得它们有相等的阶:

$$\boldsymbol{E}_{p,q}\begin{Bmatrix} a & b \\ c & d \end{Bmatrix} 与 \boldsymbol{E}_{p_1,q_1}\begin{Bmatrix} a & b \\ c & d \end{Bmatrix},(2p+1)(2q+1)=(2p_1+1)(2q_1+1)$$

我们来证明,这两个表示是不等价的,假设 $b=c=0$.于是,矩阵(185)化成对角形矩阵,其对角线上元素为

$$\boldsymbol{D}_j\begin{Bmatrix} a & 0 \\ 0 & d \end{Bmatrix}_{ll}=a^{j+l}d^{j-l}\quad(l=-j,-j+1,\cdots,j-1,j)$$

两个对角形矩阵的直接乘积仍是对角形矩阵,因而矩阵 $\boldsymbol{E}_{p,q}$ 与 $\boldsymbol{E}_{p_1,q_1}$ 当 $b=c=0$ 具有下列的特征值:

$$\boldsymbol{E}_{p,q}:a^{p+l}d^{p-l}(\bar{a})^{q+m}(\bar{d})^{q-m}\begin{pmatrix} l=-p,-p+1,\cdots,p-1,p \\ m=-q,-q+1,\cdots,q-1,q \end{pmatrix}$$

$$\boldsymbol{E}_{p_1,q_1}:a^{p_1+l_1}d^{p_1-l_1}(\bar{a})^{q_1+m_1}(\bar{d})^{q_1-m_1}\begin{pmatrix} l_1=-p_1,-p_1+1,\cdots,p_1-1,p_1 \\ m_1=-q_1,-q_1+1,\cdots,q_1-1,q_1 \end{pmatrix}$$

或,注意 $ad=1$:

$$\boldsymbol{E}_{p,q}:a^{2l}(\bar{a})^{2m};\boldsymbol{E}_{p_1,q_1}:a^{2l_1}(\bar{a})^{2m_1}$$

我们可以取任意非零复数作为 a,而且显然可以如此选择使得矩阵 $\boldsymbol{E}_{p,q}$ 的特征值集合不同于矩阵 $\boldsymbol{E}_{p_1,q_1}$ 的特征值集合,这就证明了,对于不同的值 j 与 j' 表示(187)是不等价的.必须注意,当 $j'=0$ 时表示(187)与表示(185)一致,而当 $j=0$ 时它就与这样的表示一致,这个表示系在(185)中令 $j=j'$ 而且把 a,b,c 与 d 用它们的共轭数代替而得到.必须注意表示(187)的一个特点,这些表示不等价于 U 表示.假定它们每个是与某一个 U 表示等价,则这个表示的任意矩阵的所有特征值必须有值等于1的模,而在上面我们看到,在表示 $\boldsymbol{E}_{p,q}$ 中这些特征值当 $b=c=0$ 时等于 $a^{2l}(\bar{a})^{2m}$,而这些值的模显然可能不等于1,不过有一个例外,就是表示 $\boldsymbol{E}_{0,0}$,这个表示显然是一个恒等表示,它使得单位1对应于群(183)的所有元素.

在[66]中我们曾经看到,如果某一个表示,但不一定与 U 表示等价,是可约的,就是说等价于这样的表示,其矩阵都是具有同一结构的准对角形式,则必定存在有这样的矩阵,它不是单位矩阵的倍数,但是与该表示中所有矩阵可以交换.因此,为了证明(187)中的任意表示绝不是可约的,那只需表明,如果有一个矩阵,它与(187)的某一个表示的所有矩阵可以交换,则它必是单位矩阵的倍数.这可以完全仿[68]来作.因此,表示(187)中每两个不互相等价而且每

一个都是不可约的表示. 与我们在[65] 中曾经引进的可约性的定义不同,可约性常常还有另一个定义,那就是,一个表示叫作可约的,如果它的所有变换(假设它们的阶为 n) 使同一个子空间 L_k 不变,而 $0 < k < n$.

[65] 中我们看到,如果在现在意义下的可约表示系由 $\boldsymbol{U}$ 矩阵组成,则它在[65] 的意义下也是可约的,就是说,它等价于某一准对角形的表示. 如果表示不是 U 形的,则从某子空间的不变性不能推出在[65] 的意义下的可约性. 我们可以指出,(187) 的每个群表示不仅在原来意义下是不可的,如我们曾经证明的,而且它不使任何子空间不变. 此外我们可以指出,群(183) 的每个线性表示或者等价于表示(187) 的某一个或者等价于由(187) 中的某些表示所组成的一个已约形式的表示.

在[73] 中我们看到,群的两个线性表示的合成与参与合成的该两线性表示的对象的连乘有同等的意义. 如果能注意这一点,则可以断定,对表示(187) 而言,其表示的对象系为表达式:

$$\eta_{kk'} = \frac{x_1^{j+k} x_2^{j-k}}{\sqrt{(j+k)!\ (j-k)!}} \cdot \frac{y_1^{j'+k'} y_2^{j'-k'}}{\sqrt{(j'+k')!\ (j'-k')!}}$$

$$\begin{pmatrix} k = j, j-1, \cdots, -j+1, -j \\ k' = j', j'-1, \cdots, -j'+1, -j' \end{pmatrix}$$

而且 x_1 与 x_2 承受变换(183),而 y_1 与 y_2 承受变换(184).

到目前为止,我们只谈到正劳伦次变换群的表示[64]. 正劳伦次变换仅系劳伦次变换的一部分,即行列式等于 1 的那些变换. 此外,还有行列式为(-1) 的劳伦次变换. 关于这个更一般的变换集合的研究,以及关于把正劳伦次变换群的线性表示推到整个劳伦次群的情形的研究,如果和三维空间的正交变换群的情形加以比较,就表现了某些特点. 必须注意,当定义整个劳伦次群时,我们能够规定关于读时间的方向的不变性的条件,此时我们必须把反射

$$x'_1 = -x_1;\ x'_2 = -x_2;\ x'_3 = -x_3;\ x'_4 = -x_4$$

加到所考察的劳伦次群中去.

关于上面提到的所有问题的研究,可以在卡丹(Cardan) 的《旋量论》(莫斯科,1947r.) 以及在范·德·瓦尔登(Van der Waerden) 的《在量子力学中的群论方法》中皆可找到.

81. 关于劳伦次群的单纯性的定理

仿照在[70] 中我们曾经应用过的方法,我们现在来证明,劳伦次群是一个单纯群. 为此只需指出,由变换(183) 所组成的群 G 除了由 E 与 $-E$ 所做成的正规子群以外不包含其他任何正规子群. 假设 G 含有这样一个正规子群 H_1,它包含一个与 $E, -E$ 不同的矩阵

$$A = \begin{bmatrix} a & b \\ c & d \end{bmatrix} \quad (ad - bc = 1)$$

要来证明,H_1 与 G 一致. 如果 H_1 包含某一矩阵 $\boldsymbol{B}$,则 H_1 包含所有矩阵 $\boldsymbol{U}^{-1}\boldsymbol{B}\boldsymbol{U}$,其中 $\boldsymbol{U}$ 取 G 中任意矩阵. 注意关于化矩阵为标准形式的基本结果,以及下列的事实,用以化任一矩阵为标准形式的矩阵 $\boldsymbol{U}$,其行列式恒可取为 1[27],于是我们只需证明,H_1 首先包含具有任意可能不同的特征值 t 与 t^{-1} 的矩阵,其中 t 为任意不为 0 和(+1) 的复数. 必须注意,群 G 的矩阵的特征值的乘积应当等于 1,其次,H_1 必须包含矩阵 $\boldsymbol{E}$ 与 $-\boldsymbol{E}$,此外,如果考虑到特征值相等以及有重初等因子的情形,我们还应当证明,H_1 包含矩阵

$$\begin{bmatrix} 1 & 0 \\ 1 & 1 \end{bmatrix} \quad 与 \quad \begin{bmatrix} -1 & 0 \\ 1 & -1 \end{bmatrix} \tag{188}$$

在 G 中取一个未定的矩阵

$$\boldsymbol{X} = \begin{bmatrix} x & y \\ z & x \end{bmatrix} \quad (x^2 - yz = 1)$$

而且作矩阵

$$\boldsymbol{Y} = \boldsymbol{A}(\boldsymbol{X}\boldsymbol{A}^{-1}\boldsymbol{X}^{-1})$$

这个矩阵应当属于 H_1. 矩阵 $\boldsymbol{Y}$ 的迹 s 可以表成下式:

$$s = 2 + bz^2 + cy^2 - [(a-d)^2 + 2bc]yz$$

因为矩阵 $\boldsymbol{A}$ 不等于 $\boldsymbol{E}$, $-\boldsymbol{E}$,我们决不能同时有 $b=c=0$ 与 $a=d$. 因此 s 绝不是一个常数,而且当 y 与 z 变化时,我们可以赋予 s 以任何复数值. 在另一方面,矩阵 $\boldsymbol{Y}$ 的特征值系由下列二次方程来决定:

$$\lambda^2 - s\lambda + 1 = 0$$

所以这对根可以取任意的值 t 与 t^{-1},因而 H_1 包含所有这样的特征值不同而行列式为 1 的矩阵. 其次,H_1 显然包含 $\boldsymbol{E}$,同时包含 $-\boldsymbol{E}$,因为它可表成两个矩阵的乘积:

$$-\boldsymbol{E} = [t, t^{-1}][-t^{-1}, -t]$$

而其中每个因子皆属于 H_1. 其次,矩阵(188) 容易表成两个特征值不同而行列式为 1 的矩阵的乘积,从而它包含在 H_1 中,实际上:

$$\begin{bmatrix} 1 & 0 \\ 1 & 1 \end{bmatrix} = \begin{bmatrix} \frac{1}{\beta} & 0 \\ 0 & \beta \end{bmatrix} \cdot \begin{bmatrix} \beta & 0 \\ \frac{1}{\beta} & \frac{1}{\beta} \end{bmatrix}$$

$$\begin{bmatrix} -1 & 0 \\ 1 & -1 \end{bmatrix} = \begin{bmatrix} \frac{1}{\beta} & 0 \\ 0 & \beta \end{bmatrix} \cdot \begin{bmatrix} -\beta & 0 \\ \frac{1}{\beta} & -\frac{1}{\beta} \end{bmatrix} \quad (\beta \neq 0, \pm 1)$$

这样就证明了,H_1 必须与 G 一致,就是说,除了由 $\boldsymbol{E}$ 及 $-\boldsymbol{E}$ 组成的正规子群外,G 不包含其他正规子群,同时也就证明了,正劳伦次变换群是一个单纯群. 与

[70]一样，从而可以推出，这个群绝不可能有准同构(不为同构)表示.

82. 连续群·结构常数

三维空间的转动群与正劳伦次变换群系为无限群的这样的例子，其元素依赖于连续变化的参变数. 对于转动群，例如，尤拉角就可以作为参变数. 在讨论过的各种情形中，群都是由线性变换所组成，而且群对参变数的依赖关系就归结为用以决定上述线性变换的矩阵依赖于这些参变数. 以下我们将考察线性变换群.

假设有某一个群系由线性变换所组成，而这些线性变换的矩阵的元素 a_{ik} 为 r 个实参变数 $\alpha_1,\alpha_2,\cdots,\alpha_r$ 的函数，而且适合现在要来指出的条件. 假设对于所有充分逼近于零的参变数 α_s 的值；a_{ik} 为这些参变数的单值函数，而且参变数的零值 $\alpha_1=\alpha_2=\cdots=\alpha_r=0$ 对应于群 G 的单位矩阵，就是：$a_{ik}=0$ 当 $i\neq k$ 而 $a_{ii}=1$. 其次假设对于充分逼近于单位元素的群 G 的每个元素都有充分逼近于零的参变数 α_s 的一个确定的值对应于它. 所谓群元素逼近于单位元素的意义就是，与该群元素相当的矩阵的元素 a_{ik} 当 $i\neq k$ 时它逼近于零而当 $i=k$ 时它逼近于 1. 因此，在上述假设下，在单位元素的一个确定的邻域内的群 G 的元素与 r 维实空间 T_r 的坐标原点的某一个邻域内的元素之间存在有一个一一对应关系. 以后我们不仅有这样的一个局部的一一对应关系，而且有一个整体的一一对应关系，这个整体的一一对应使得对于群 G 的每一个元素，在空间 T_r 的包含原点在内的某一区域 V 内都有一个确定的点与之对应，而且反过来，V 内每一点恒对应于群 G 的某一确定的元素. 目前我们只需要提出上述局部的对应关系. 对应于参变数值 $\alpha_s,\beta_s,\gamma_s(s=1,2,\cdots,r)$ 的群 G 的元素分别表作 $G_\alpha,G_\beta,G_\gamma$. 就局部的观点看来，应当认为，参变数应充分与零逼近，而群元素应充分与单位逼近.

我们来看任何两个群元素的乘积：

$$G_\beta G_\alpha=G_\gamma$$

这个由乘法得来的对应于群元素 G_γ 的参数 γ_s 是参数 α_s 与 β_s 的单值函数：

$$\gamma_s=\varphi_s(\beta_1,\beta_2,\cdots,\beta_r;\alpha_1,\alpha_2,\cdots,\alpha_r) \tag{189}$$

我们预先假设，这是连续函数而且对于所有充分逼近于零的 α_s 与 β_s 有连续的微商，直到四阶为止.

因为参变数的零值对应于群的单位元素，我们得到等式

$$\left.\begin{aligned}&\varphi_s(\beta_1,\beta_2,\cdots,\beta_r;0,0,\cdots 0)=\beta_s\\&\varphi_s(0,0,\cdots,0;\alpha_1,\alpha_2,\cdots,\alpha_r)=\alpha_s\end{aligned}\right\}\quad(s=1,2,\cdots,r) \tag{190}$$

从而推出

$$\begin{aligned}\frac{\partial\varphi_i}{\partial\beta_k}=\delta_{ik}\quad \text{当 } \alpha_s=0\\ \frac{\partial\varphi_i}{\partial\alpha_k}=\delta_{ik}\quad \text{当 } \beta_s=0\end{aligned}\quad (s=1,2,\cdots,r) \tag{191}$$

显然对应于逆元素 G_α^{-1} 的参变数 $\tilde{\alpha}_s$ 是被下列关系

$$\varphi_s(\tilde{\alpha}_1,\tilde{\alpha}_2,\cdots,\tilde{\alpha}_r;\alpha_1,\alpha_2,\cdots,\alpha_r)=0\quad (s=1,2,\cdots,r) \tag{192}$$

确定而且这个关系当所有 α_s 与 $\tilde{\alpha}_s$ 为零时仍然成立.方程(192)的左端对 $\tilde{\alpha}_s$ 的函数行列式,由于(191),当 α_s 与 $\tilde{\alpha}_s$ 等于零时它等于1.因此,按照关于隐函数的定理,方程(192)对于所有充分逼近于零的 α_s 确定 $\tilde{\alpha}_s$ 为连续函数,而且当 $\alpha_s=0$ 时 $\tilde{\alpha}_s$ 变成零.利用马克劳林公式,按 α 与 β_s 的幂展开函数(189),一直展到三次项为止,注意公式(190)与(191),即得

$$\gamma_s=\alpha_s+\beta_s+\sum_{i,k}a_{i,k}^{(s)}\alpha_i\beta_k+\sum_{i,k,l}a_{i,k,l}^{(s)}\alpha_i\alpha_k\beta_l+\sum_{i,k,L}b_{i,k,l}^{(s)}\alpha_i\beta_k\beta_l+\varepsilon^{(s)} \tag{193}$$

其中 $a_{i,k}^{(s)},a_{i,k,l}^{(s)}$ 与 $b_{i,k,l}^{(s)}$ 是数字系数,$\varepsilon^{(s)}$ 对于 α_s 与 β_s 而言至低是一个四阶无穷小,而且和数系按 i,k,l 独立地取从1到 r 的值.差数

$$C_{ik}^{(s)}=a_{ik}^{(s)}-a_{ki}^{(s)}\quad (s,i,k=1,2,\cdots,r) \tag{194}$$

叫作在所取的参变数 α_s 的选择下的群 G 的结构常数.

如果引进新的参变数 α'_s 以代替 α_s:

$$\alpha_s=\omega_s(\alpha'_1,\alpha'_2,\cdots,\alpha'_r)\quad (s=1,2,\cdots,r)$$

使得 $\omega_s(0,0,\cdots,0)=0$,此等式当所有 α_s 充分逼近于零时,可以对 α'_s 唯一地解出来,而且函数 ω_s 具有充分高阶的微商,则在新参变数 α'_s 下的结构常数可能是别样的.

从定义(194)直接推出:

$$C_{ki}^{(s)}=-C_{ik}^{(s)} \tag{194$_1$}$$

此外,利用(192)以及关于群 G 元素乘法的结合律,还可以证明结构常数间的如下的关系:

$$\sum_{s=1}^{r}(C_{is}^{(t)}C_{jk}^{(s)}+C_{js}^{(t)}C_{ki}^{(s)}+C_{ks}^{(t)}C_{ij}^{(s)})=0\quad (i,j,k,t=1,2,\cdots,r) \tag{194$_2$}$$

以下我们并不用这个关系而且也不证明它.

现在回到公式(193).当 α_s 与 β_s 充分逼近于零时,γ_s 即逼近于零.参照公式(191)以及关于隐函数的定理,即可以断言,在空间 T_r 的坐标原点的某一个邻域内方程(193)对 β_s 是可解的:

$$\beta_s=\psi_s(\gamma_1,\gamma_2,\cdots,\gamma_r;\alpha_1,\alpha_2,\cdots,\alpha_r)\quad (s=1,2,\cdots,r) \tag{195}$$

同时必须注意,条件:$\beta_s=0(s=1,2,\cdots,r)$ 与条件:$\gamma_s=\alpha_s(s=1,2,\cdots,r)$ 是一样的.利用公式(193)与(195),我们来作两个 r 阶正方矩阵 $\boldsymbol{S}(\alpha_s)$ 与 $\boldsymbol{T}(\alpha_s)$,其元素

系为依赖于参变数 α_s 的 $\boldsymbol{S}_{ik}(\alpha_s)$ 与 $\boldsymbol{T}_{ik}(\alpha_s)$：

$$\boldsymbol{S}_{ik}(\alpha_s)=\left(\frac{\partial\gamma_i}{\partial\beta_k}\right)_{\beta_s=0};\boldsymbol{T}_{ik}(\alpha_s)=\left(\frac{\partial\beta_i}{\partial\gamma_k}\right)_{\gamma_s=\alpha_s}\quad(s,i,k=1,2,\cdots,r)\tag{196}$$

参考复合函数的微商法则而且计算出 γ_i 对于 γ_k 的微商或 β_i 对于 β_k 的微商，我们得到

$$\boldsymbol{S}(\alpha_s)\boldsymbol{T}(\alpha_s)=\boldsymbol{E}\text{ 与 }\boldsymbol{T}(\alpha_s)\boldsymbol{S}(\alpha_s)=\boldsymbol{E}\tag{197}$$

其中 $\boldsymbol{E}$ 为 r 阶单位矩阵. 从公式(191) 推出，$\boldsymbol{S}(\alpha_s)$ 当参变数 $\alpha_s=0$ 时变成单位矩阵. 同时从(197) 推出，$\boldsymbol{T}(\alpha_s)$ 具有同样的性质. 不难用上述矩阵的元素表出结构常数 $C_{ik}^{(s)}$，即

$$C_{ik}^{(p)}=\left(\frac{\partial\boldsymbol{S}_{pk}(\alpha_s)}{\partial\alpha_i}-\frac{\partial\boldsymbol{S}_{pi}(\alpha_s)}{\partial\alpha_k}\right)_{\alpha_s=0}\tag{198}$$

或

$$C_{ik}^{(p)}=\left(\frac{\partial\boldsymbol{T}_{pi}(\alpha_s)}{\partial\alpha_k}-\frac{\partial\boldsymbol{T}_{pk}(\alpha_s)}{\partial\alpha_i}\right)_{\alpha_s=0}\tag{199}$$

实际上，由于(193) 与(196)，得到

$$a_{ik}^{(p)}=\left(\frac{\partial\gamma_p}{\partial\alpha_i\partial\beta_k}\right)_{\alpha_s=\beta_s=0}=\left(\frac{\partial\boldsymbol{S}_{pk}(\alpha_s)}{\partial\alpha_i}\right)_{\alpha_s=0}\tag{200}$$

改换指标 i 与 k，又可以写成

$$a_{ki}^{(p)}=\left(\frac{\partial\boldsymbol{S}_{pi}(\alpha_s)}{\partial\alpha_k}\right)_{\alpha_s=0}\tag{201}$$

由此即可直接推式(198)，其次，注意(197)，遂有

$$\sum_{j=1}^{r}\boldsymbol{S}_{pj}(\alpha_s)\boldsymbol{T}_{jk}(\alpha_s)=\delta_{pk}$$

对 α_i 微分两端，然后使所有 α_s 等于零. 注意矩阵 $\boldsymbol{S}(\alpha_s)$ 与 $\boldsymbol{T}(\alpha_s)$ 当 $\alpha_s=0(s=1,2,\cdots,r)$ 时变成单位矩阵，即得

$$\left(\frac{\partial\boldsymbol{S}_{pk}(\alpha_s)}{\partial\alpha_i}\right)_{\alpha_s=0}+\left(\frac{\partial\boldsymbol{T}_{pk}(\alpha_s)}{\partial\alpha_i}\right)_{\alpha_s=0}=0$$

即由于(201)：

$$a_{ik}^{(p)}=-\left(\frac{\partial\boldsymbol{T}_{pk}(\alpha_s)}{\partial\alpha_i}\right)_{\alpha_s=0}$$

由此同样推出公式(199). 公式(193) 确定了基本的群运算，它根据群 G 的元素 G_α 与 G_β 的参变数 α_s 与 β_s 即可给出对应于乘积 $G_\beta G_\alpha$ 的参变数 γ_s. 从表达式(193) 看出当 α_s 与 β_s 充分逼近于零时，就第一近似值而言，群运算被化成下式：$\gamma_s=\alpha_s+\beta_s$，以至于就第一近似值而言群是可交换的. 如果群确实是可交换的，则：

$$\begin{aligned}&\varphi_s(\beta_1,\beta_2,\cdots,\beta_r;\alpha_1,\alpha_2,\cdots,\alpha_r)=\\&\varphi_s(\alpha_1,\alpha_2,\cdots,\alpha_r;\beta_1,\beta_2,\cdots,\beta_r)\quad(s=1,2,\cdots,r)\end{aligned}$$

并且在展开式(193) 中 $a_{ki}^{(s)}=a_{ik}^{(s)}$,就是说,阿贝尔群的所有结构常数皆等于零.对于一般群来说,正是展开式中的二次项使得交换律不成立,这就是由非零的结构常数的存在所说明.利用展开式(193),不难得到对应于元素 G_{α}^{-1} 的参变数 $\tilde{\alpha}_s$ 的展开式.为此应当在公式(193) 内令 $\gamma_s=0$ 而且用 $\tilde{\alpha}_s$ 代替 β_s.应用隐函数的通常的微分法则,得到

$$\tilde{\alpha}_s=-\alpha_s+\sum_{i,k}a_{ik}^{(s)}\alpha_i\alpha_k+\varepsilon_1^{(s)}$$

其中 $\varepsilon_1^{(s)}$ 对于 $\alpha_1,\alpha_2,\cdots,\alpha_r$ 而言至低是一个三阶无穷小.

83. 无穷小变换

假设和前面一样有一个连续的 n 阶线性变换群 G,它由参变数 $\alpha_s(s=1,2,\cdots,r)$ 所确定.对应于参变数 α_s 的变换的矩阵仍用记号 $\boldsymbol{G}_{\alpha}$ 来表示,使得变换取下列形式:

$$\boldsymbol{x}=\boldsymbol{G}_{\alpha}\boldsymbol{u} \tag{202}$$

其中 $\boldsymbol{u}$ 为 n 维复空间 R_n 的任意向量而 $\boldsymbol{x}$ 系变成的向量.我们来引进矩阵的微分运算,就是:如果某矩阵 $\boldsymbol{A}$ 的元素是某参变数 t 的可微函数,则矩阵 $\boldsymbol{A}$ 对参变数 t 的微商定义为这样的矩阵,其元素系为 $\boldsymbol{A}$ 的元素对 t 的微商,即

$$\left\{\frac{\mathrm{d}\boldsymbol{A}}{\mathrm{d}t}\right\}_{ik}=\frac{\mathrm{d}\{\boldsymbol{A}\}_{ik}}{\mathrm{d}t}$$

如果 $\boldsymbol{A}$ 的元素依赖于多个变数,则我们仿上可以定义 $\boldsymbol{A}$ 的偏微商.

完全一样,如果空间 R_n 的向量 $\boldsymbol{z}(z_1,z_2,\cdots,z_n)$ 的分量是 t 的可微函数,则向量 $\frac{\mathrm{d}\boldsymbol{z}}{\mathrm{d}t}$ 定义为具有分量 $\frac{\mathrm{d}z_i}{\mathrm{d}t}$ 的向量,就是说,微分向量归到微分它的分量[Ⅱ;107].

现在引进所谓群 G 的无穷小变换:

$$\boldsymbol{I}_k=\left(\frac{\partial G_{\alpha}}{\partial\alpha_k}\right)_{\alpha_s=0}\quad(k=1,2,\cdots,r) \tag{203}$$

记号 $\boldsymbol{I}_k$ 显然表示某一数字元素的 n 阶矩阵.

现在回到公式(202) 而且假设 $\boldsymbol{u}$ 是一个固定向量,即它的分量与 α_s 无关.变到的向量,一般说来,是依赖于这些参变数,现在我们来导出关于这个向量的基本微分方程.为此将(202) 两端施以由矩阵 $\boldsymbol{G}_{\beta}$ 所确定的线性变换:

$$\boldsymbol{G}_{\beta}\boldsymbol{x}=\boldsymbol{G}_{\gamma}\boldsymbol{u}$$

其中 $\boldsymbol{G}_{\gamma}=\boldsymbol{G}_{\beta}\boldsymbol{G}_{\alpha}$,而参变数 γ_s 系按照基本群运算(193) 被 α_s 与 β_s 确定.将这公式的两端对 β_p 微分,然后令 $\beta_s=0$,即 $\gamma_s=\alpha_s$.引用定义(203),我们得到

$$\boldsymbol{I}_p\boldsymbol{x}=\sum_{j=1}^{r}\left[\frac{\partial(\boldsymbol{G}_{\gamma}\boldsymbol{u})}{\partial\gamma_j}\right]_{\gamma_s=\alpha_s}\left(\frac{\partial\gamma_j}{\partial\beta_p}\right)_{\beta_s=0}$$

在和号下的第一个因子显然等于(202)的左端对 α_j 的微商，而且注意符号(196)，上面公式可以换写成

$$\boldsymbol{I}_p\boldsymbol{x}=\sum_{j=1}^{r}\boldsymbol{S}_{jp}(\alpha_s)\frac{\partial\boldsymbol{x}}{\partial\alpha_j}\quad(p=1,2,\cdots,r)$$

如果引进向量：

$$\boldsymbol{X}\left(\frac{\partial\boldsymbol{x}}{\partial\alpha_1},\frac{\partial\boldsymbol{x}}{\partial\alpha_2},\cdots,\frac{\partial\boldsymbol{x}}{\partial\alpha_r}\right)\text{与}\boldsymbol{Y}(\boldsymbol{I}_1\boldsymbol{x},\boldsymbol{I}_2\boldsymbol{x},\cdots,\boldsymbol{I}_r\boldsymbol{x})$$

则前面的公式又可以改写成线性变换的形式：

$$\boldsymbol{Y}=\boldsymbol{S}^*(\alpha_s)\boldsymbol{X}$$

其中 $\boldsymbol{S}^*(\alpha_s)$ 系通常的转置矩阵的记号. 将两端从左边乘以 $\boldsymbol{T}^*(\alpha_s)$ 并且注意(197)，即得

$$\boldsymbol{X}=\boldsymbol{T}^*(\alpha_s)\boldsymbol{Y}$$

把它明白地写出来：

$$\frac{\partial\boldsymbol{x}}{\partial\alpha_p}=\sum_{j=1}^{r}\boldsymbol{T}_{jp}(\alpha_s)\boldsymbol{I}_j\boldsymbol{x}\quad(p=1,2,\cdots,r)\tag{204}$$

对于由公式(202)确定的向量 $\boldsymbol{x}$ 的分量 x_k，我们有

$$\frac{\partial x_k}{\partial\alpha_p}=\sum_{j=1}^{r}\boldsymbol{T}_{jp}(\alpha_s)\sum_{t=1}^{n}\{\boldsymbol{I}_j\}_{kt}x_t\quad\begin{pmatrix}k=1,2,\cdots,n\\p=1,2,\cdots,r\end{pmatrix}\tag{205}$$

其中 $\{\boldsymbol{I}_j\}_{kt}$ 系矩阵 $\boldsymbol{I}_j$ 的第 k 行 t 列元素. 我们应当添加初值条件于 $\boldsymbol{x}$ 的方程(204)，这个条件可直接从公式(202)得到：

$$\boldsymbol{x}\big|_{\alpha_s=0}=\boldsymbol{u}\tag{206}$$

其中 $\boldsymbol{u}$ 为任意给定的向量. 必须注意，出现在方程(204)的系数中的量 $\boldsymbol{T}_{jp}(\alpha_s)$ 系直接由群运算(193)确定. 方程(204)使得我们可以得到 $\boldsymbol{I}_j$ 间的某种关系，为此只需求出 $\boldsymbol{x}$ 对 α_p 与 α_q 的二阶微商而且注意其结果与微分的次序无关.

从(204)推得

$$\frac{\partial^2\boldsymbol{x}}{\partial\alpha_p\partial\alpha_q}=\sum_{j=1}^{r}\left(\frac{\partial\boldsymbol{T}_{jp}(\alpha_s)}{\partial\alpha_q}\boldsymbol{I}_j\boldsymbol{x}+\boldsymbol{T}_{jp}(\alpha_s)\boldsymbol{I}_j\frac{\partial\boldsymbol{x}}{\partial\alpha_q}\right)$$

或，利用 $\frac{\partial\boldsymbol{x}}{\partial\alpha_p}$ 当 $p=q$ 的表达式(204)以代替 $\frac{\partial\boldsymbol{x}}{\partial\alpha_q}$，我们得到

$$\frac{\partial^2\boldsymbol{x}}{\partial\alpha_p\partial\alpha_q}=\sum_{j=1}^{r}\frac{\partial\boldsymbol{T}_{jp}(\alpha_s)}{\partial\alpha_q}\boldsymbol{I}_j\boldsymbol{x}+\sum_{j=1}^{r}\sum_{k=1}^{r}\boldsymbol{T}_{jp}(\alpha_s)\boldsymbol{T}_{kq}(\alpha_s)\boldsymbol{I}_j\boldsymbol{I}_k\boldsymbol{x}$$

在这等式的右端调换 p 与 q，然后让如此得到的表达式与上面等式右端相等，于是即得到方程组(205)的推论如下：

$$\left[\sum_{j=1}^{r}\left(\frac{\partial\boldsymbol{T}_{jp}(\alpha_s)}{\partial\alpha_q}-\frac{\partial\boldsymbol{T}_{jq}(\alpha_s)}{\partial\alpha_p}\right)\boldsymbol{I}_j+\sum_{j=1}^{r}\sum_{k=1}^{r}[\boldsymbol{T}_{jp}(\alpha_s)\boldsymbol{T}_{kq}(\alpha_s)-\boldsymbol{T}_{jq}(\alpha_s)\boldsymbol{T}_{kp}(\alpha_s)]\boldsymbol{I}_j\boldsymbol{I}_k\right]\boldsymbol{x}=0\tag{207}$$

假设在这个关系内所有 α_s 等于零. 注意公式(199) 以及,如果所有 α_s 等于零,则 $\boldsymbol{T}(\alpha_s)=\boldsymbol{E}$ 的这一结果,我们得到

$$\left[\sum_{j=1}^{r} C_{pq}^{(j)} \boldsymbol{I}_j+(\boldsymbol{I}_p \boldsymbol{I}_q-\boldsymbol{I}_q \boldsymbol{I}_p)\right] \boldsymbol{u}=0$$

由于向量 $\boldsymbol{u}$ 可以任意,从而推出无穷小变换间的下列关系:

$$\boldsymbol{I}_q \boldsymbol{I}_p-\boldsymbol{I}_p \boldsymbol{I}_q=\sum_{j=1}^{r} C_{pq}^{(j)} \boldsymbol{I}_j \quad (p, q=1,2, \cdots, r) \tag{208}$$

从给定的连续群 G 出发,我们定义了 $\boldsymbol{I}_j$,而且利用方程(204),我们又证明了关系(208),现在我们来证明,方程(204) 或者同样的方程组(205) 对于给出的初值条件(206) 有唯一解. 假定有两个这样的解. 由于方程(204) 是线性的,这两解的差仍然应当适合该方程而且当 $\alpha_s=0$ 时应当变成零向量. 因此只需证明,方程(204) 的解 $\boldsymbol{x}$ 在初值条件为零的情形下恒等于零. 为了书写简单起见,我们只看 $r=3$ 的情形. 设 $\boldsymbol{x}(\alpha_1,\alpha_2,\alpha_3)$ 为这样的一解. 我们来看当 $p=1$ 的方程(204) 而且在其右端令 $\alpha_2=\alpha_3=0$. 于是得到一个独立变数为 α_1 的常微分方程,其初值条件为零. 由于已知的唯一性定理[Ⅱ,50],其解恒等于零,即 $\boldsymbol{x}(\alpha_1,0,0)\equiv 0$. 现在来看当 $p=2$ 的方程(204) 而且在其右端令 $\alpha_3=0$. 这个独立变数为 α_2 的常微分方程,如刚才所表明的,具有为零的初值条件:当 $\alpha_2=0$ 时 $\boldsymbol{x}(\alpha_1,\alpha_2,0)=0$,所以,根据唯一性定理,$\boldsymbol{x}(\alpha_1,\alpha_2,0)\equiv 0$. 现在来看当 $p=3$ 的方程(204). 这个常微分方程具有为零的初值条件:当 $\alpha_3=0$,$\boldsymbol{x}(\alpha_1,\alpha_2,\alpha_3)=0$,因此,$\boldsymbol{x}(\alpha_1,\alpha_2,\alpha_3)=0$. 这就是所求证的.

所以当无穷小变换 $\boldsymbol{I}_j$ 以及由群运算(193) 所确定的 $\boldsymbol{T}_{jp}(\alpha_s)$ 皆被给出的时候,方程(204) 只能导出一个有限的变换,换句话说,群可由无穷小变换来确定. 这对于我们今后是重要的. 方程(204) 的解的存在证明是建立在关于有偏微分方程的一个一般的定理,当其应用于方程(204) 时可表述如下:使得方程(204) 在任意初值条件(206) 下恒有解的充分与必要条件为,包含在公式(207) 内的方括号,不管 p,q 怎样选取,对于 α_s 总是恒等于零. 以后我们并不利用这个存在定理.

84. 转动群

作为一个例子,我们来考察在空间中绕坐标原点的空间转动群. 与此对应的三阶矩阵依赖于三个参变数. 这些参变数可以取尤拉角. 我们现在来引进其他的参变数 $\alpha_1,\alpha_2,\alpha_3$,以下的一切计算都要借它们表达出来. 我们可以把每个转动看作绕某一有方向的轴 l 取逆时针方向的转动,而这轴 l 通过坐标原点,所转动的角度不超过 π. 据此,对于绕同一轴转动同一角度 π 的两个转动,纵使它们的轴所取的方向相反,这两个转动仍然导出同一的终极位置,因此,对于每个

转动，我们可以用这样一个从原点出发的向量来表示它，这个向量的方向与转动轴的方向一致而它的长度等于该转动的角度. 这个向量在三坐标轴上的射影 $(\alpha_1,\alpha_2,\alpha_3)$ 将作为我们的参变数.

如果我们取以坐标原点为心的以 π 为半径的球 V，而且该球的每个直径的两端点看作等同的点，则在球 V 的点 $(\alpha_1,\alpha_2,\alpha_3)$ 与转动群的元素之间建立了一个一一对应关系. 在现在的情形，这种关系不仅在坐标原点与群单位的一个邻域之内成立，而且也在整个的群内成立，只要取整个球 V，于是，凡出现在转动群内的所有矩阵都可以用参变数 $\alpha_1,\alpha_2,\alpha_3$ 来表示，而且可以证明它们有我们在上面曾经谈到的连续性并且微商存在.

如果我们直接来计算无穷小变换的矩阵，我们不必求出在所考虑的情形下关于基本群运算的公式(193)，即可定义结构常数.

为了计算 $\boldsymbol{I}_1$，我们可以认为 $\alpha_2=\alpha_3=0$，然后对 α_1 微分变换的矩阵，最后令 $\alpha_1=0$. 但是当 $\alpha_2=\alpha_3=0$ 时，此时转动系绕轴 X，转动一个 α_1 的角度，它可表成下面的形式

$$\begin{cases}x'_1=x_1\\ x'_2=x_2\cos\alpha_1-x_3\sin\alpha_1\\ x'_3=x_2\sin\alpha_1+x_3\cos\alpha_1\end{cases}$$

α_1 微分这个变换的矩阵，然后令 $\alpha_1=0$，即得

$$\boldsymbol{I}_1=\begin{bmatrix}0&0&0\\0&0&-1\\0&1&0\end{bmatrix}\tag{209}$$

仿此可得

$$\boldsymbol{I}_2=\begin{bmatrix}0&0&1\\0&0&0\\-1&0&0\end{bmatrix};\boldsymbol{I}_3=\begin{bmatrix}0&-1&0\\1&0&0\\0&0&0\end{bmatrix}\tag{210}$$

此后我们可以直接算出关系(208)的左端，而且正是用它来确定结构常数. 这种初等计算使我们得到下列三关系

$$\boldsymbol{I}_1\boldsymbol{I}_2-\boldsymbol{I}_2\boldsymbol{I}_1=\boldsymbol{I}_3,\boldsymbol{I}_2\boldsymbol{I}_3-\boldsymbol{I}_3\boldsymbol{I}_2=\boldsymbol{I}_1,\boldsymbol{I}_3\boldsymbol{I}_1-\boldsymbol{I}_1\boldsymbol{I}_3=\boldsymbol{I}_2\tag{211}$$

如果把公式(202)的右端按 α_s 的幂展开而且只限于考虑它的一次项，则近似地得到

$$\boldsymbol{x}=\boldsymbol{u}+(\alpha_1\boldsymbol{I}_1+\alpha_2\boldsymbol{I}_2+\alpha_3\boldsymbol{I}_3)\boldsymbol{u}$$

因此向量 $\boldsymbol{u}$ 在上述变换(对应于参变数 $\alpha_1,\alpha_2,\alpha_3$)的作用下经受一个如下的改变：

$$\delta\boldsymbol{u}\doteq\alpha_1\boldsymbol{I}_1\boldsymbol{u}+\alpha_2\boldsymbol{I}_2\boldsymbol{u}+\alpha_3\boldsymbol{I}_3\boldsymbol{u}$$

等式右端每一项使得 $\boldsymbol{u}$ 在绕坐标轴之一的一个微小转动下引起一个改变.

例如,当绕轴 X 转动一个微小的角度 α_1 的时候,我们得向量 $\boldsymbol{u}$ 的分量(u_1,u_2,u_3)的一个改变

$$\delta u_1 \doteq 0;\delta u_2 \doteq -u_3\alpha_1;\delta u_3 \doteq u_2\alpha_1$$

此时和上面一样,我们只考虑限于 α_1 的一次项.

85. 无穷小变换与转动群的表示

现在我们来阐明关于无穷小变换与转动群表示的关系.所谓在恒等变换的邻域内的一个一一对应的表示我们了解为 n 阶矩阵 $\boldsymbol{F}(\alpha_1,\alpha_2,\alpha_3)$,而矩阵的元素是参变数 $\alpha_1,\alpha_2,\alpha_3$ 的连续而且可微的函数.每个转动 D 可以表示在上述邻域内的有限多个转动的乘积,于是对应于这有限多个转动的矩阵的乘积就是 D 的表示.但是,就整个群来讲,由此可以产生一个转动群的多值表示,因为当转动参变数连续变化而且在重新回到原来的转动时,我们可能得到该转动的一个新的表示,以前当讨论整个转动群的变值表示时我们曾经遇到过它[69].

对于矩阵 $\boldsymbol{F}(\alpha_1,\alpha_2,\alpha_3)$ 我们有如转动本身一样的群运算,因而也有同样的结构常数.对于由矩阵 $\boldsymbol{F}(\alpha_1,\alpha_2,\alpha_3)$ 所组成的群 G' 我们可以作无穷小变换 $\boldsymbol{I}_k$,它们是某些被关系(211)联结着的 n 阶矩阵.如果我们能够找着矩阵 $\boldsymbol{I}_k$,则我们可以写出关于 R_n 中的向量 $\boldsymbol{x}$ 的微分方程(204),因为 $\boldsymbol{T}_{ip}(\alpha_s)$ 单由群运算来决定.这些方程对于给定的初值条件(206)只能有一解;显然,只有这个解才可能是那样的变换

$$\boldsymbol{x}=\boldsymbol{F}(\alpha_1,\alpha_2,\alpha_3)\boldsymbol{u}$$

它在恒等变换的邻域内给出转动群的一个表示.

在现在的情形 $r=3$,如果将方程(204)换成向量 $\boldsymbol{x}$ 的分量的写法,则我们得到关于 n 个分量

$$\boldsymbol{x}(x_1,x_2,\cdots,x_n)$$

的 $3n$ 个方程.以后对于我们重要的只是,在给定的初值条件(206)下方程(204)决不可能有个数多于 1 的解,如在前面已经说过的,它可表述如下:转动群的每个表示完全决定于它的无穷小变换 $\boldsymbol{I}_1,\boldsymbol{I}_2,\boldsymbol{I}_3$.

因此,所有一切皆归结到决定表示的无穷小变换,我们现在就转到这个问题上来.代替要寻找的矩阵 $\boldsymbol{I}_1,\boldsymbol{I}_2,\boldsymbol{I}_3$,我们来引进矩阵:

$$\boldsymbol{A}_1=-\boldsymbol{I}_2+\mathrm{i}\boldsymbol{I}_1,\boldsymbol{A}_2=\boldsymbol{I}_2+\mathrm{i}\boldsymbol{I}_1,\boldsymbol{A}_3=\mathrm{i}\boldsymbol{I}_3 \tag{212}$$

容易验算,代替(211),对于这些矩阵我们得到下列关系:

$$\begin{cases}\boldsymbol{A}_3\boldsymbol{A}_1-\boldsymbol{A}_1\boldsymbol{A}_3=\boldsymbol{A}_1\\ \boldsymbol{A}_3\boldsymbol{A}_2-\boldsymbol{A}_2\boldsymbol{A}_3=-\boldsymbol{A}_2\\ \boldsymbol{A}_1\boldsymbol{A}_2-\boldsymbol{A}_2\boldsymbol{A}_1=2\boldsymbol{A}_3\end{cases} \tag{213}$$

在以矩阵 $\boldsymbol{F}(\alpha_1,\alpha_2,\alpha_3)$ 的表示内应当包含有,绕 Z 轴的阿贝尔转动群的表

示，这个阿贝尔群的元素对应于矩阵 $\boldsymbol{F}(0,0,\alpha_3)$. 适当地选择基本向量，所有这些矩阵可以同时化成对角形式，因为阿贝尔群的不可约表示都是一阶表示. 对于这样选定的基本向量，变换 $\boldsymbol{F}(0,0,\alpha_3)$ 将取下列形式[69]：

$$\boldsymbol{F}(0,0,\alpha_3)\boldsymbol{v}=\mathrm{e}^{l\alpha_s}\boldsymbol{v}$$

或，令 $l=-\mathrm{i}m$ 且用 $\boldsymbol{v}_m$ 记 $\boldsymbol{v}$：

$$\boldsymbol{F}(0,0,\alpha_3)\boldsymbol{v}_m=\mathrm{e}^{-\mathrm{i}m\alpha_s}\boldsymbol{v}_m$$

因为我们只在 $\alpha_s=0(s=1,2,3)$ 的邻域内规定存在表示的单值性，我们不必把 m 看作整数. 根据 $\boldsymbol{I}_3$ 的定义，由是得到

$$\boldsymbol{A}_3\boldsymbol{v}_m=\mathrm{i}\boldsymbol{I}_3\boldsymbol{v}_m=\mathrm{i}\left[\frac{\partial}{\partial\alpha_3}\boldsymbol{F}(0,0,\alpha_3)\boldsymbol{v}_m\right]=\mathrm{i}\left(\frac{\partial}{\partial\alpha_3}\mathrm{e}^{-\mathrm{i}m\alpha_s}\boldsymbol{v}_m\right)=m\boldsymbol{v}_m$$

那么

$$\boldsymbol{A}_3\boldsymbol{v}_m=m\boldsymbol{v}_m \tag{214}$$

就是说，$\boldsymbol{v}_m$ 为算子 $\boldsymbol{A}_3$ 的特征向量，它对应于特征值 m. 如果这样的特征向量不止一个，则用 $\boldsymbol{v}_m$ 代表其中之一.

现在我们来证明下列引理：

引理 如果某一向量 $\boldsymbol{v}$ 为算子 $\boldsymbol{A}_3$ 的特征向量，它对应于特征值 a，则向量 $\boldsymbol{A}_1\boldsymbol{v}$，如果它不等于零，仍是 $\boldsymbol{A}_3$ 的特征向量而且对应于特征值 $(a+1)$，同样地，$\boldsymbol{A}_2\boldsymbol{v}$ 为 $\boldsymbol{A}_3$ 的特征向量而且对应于特征值 $(a-1)$.

按照引理的条件 $\boldsymbol{A}_3\boldsymbol{v}=a\boldsymbol{v}$，由于(213)，我们有

$$\boldsymbol{A}_3(\boldsymbol{A}_1\boldsymbol{v})=(\boldsymbol{A}_1\boldsymbol{A}_3+\boldsymbol{A}_1)\boldsymbol{v}=\boldsymbol{A}_1(\boldsymbol{A}_3\boldsymbol{v})+\boldsymbol{A}_1\boldsymbol{v}=\boldsymbol{A}_1(a\boldsymbol{v})+\boldsymbol{A}_1\boldsymbol{v}=(a+1)\boldsymbol{A}_1\boldsymbol{v}$$

而且完全同样有

$$\boldsymbol{A}_3(\boldsymbol{A}_2\boldsymbol{v})=(a-1)\boldsymbol{A}_2\boldsymbol{v}$$

$\boldsymbol{A}_3$ 的不同的特征值的个数不能超过 n. 在这些值中间一定有一个或几个的实数部分是最大的. 用 j 来表示这个特征值，如有几个，即表示其中的一个，而且令 $\boldsymbol{v}_j$ 表相当的特征向量(如果对应于 j 的特征向量不止一个，即表其中的某一个)，根据引理，向量 $\boldsymbol{A}_1\boldsymbol{v}_j$ 可能属于特征值$(j+1)$，但是，按照 j 的定义，这样的特征值 $\boldsymbol{A}_3$ 是没有的. 因而我们必须有

$$\boldsymbol{A}_1\boldsymbol{v}_j=0 \tag{215}$$

根据在上面证明的引理，向量

$$\boldsymbol{v}_{j-1}=\boldsymbol{A}_2\boldsymbol{v}_j;\boldsymbol{v}_{j-2}=\boldsymbol{A}_2\boldsymbol{v}_{j-1};\cdots \tag{216}$$

如果它们皆不等于零，依次属于算子 $\boldsymbol{A}_3$ 的特征值$(j-1)$，$(j-2)$，…. 向量序列(216) 最后必须终止于零向量，因为 $\boldsymbol{A}_3$ 的不同的特征值的个数不超过 n. 现在来证明公式

$$\boldsymbol{A}_1\boldsymbol{v}_k=\rho_k\boldsymbol{v}_{k+1}\quad(k=j,j-1,j-2,\cdots) \tag{217}$$

其中 ρ_k 为整数. 根据(215),当 $k=j$ 时,公式是对的,因为此时可令 $\rho_j=0$ 而把 $\boldsymbol{v}_{j+1}$ 可取作零向量. 现在假定,公式(217) 对于上述的某一个 k 是对的,而来证明它对于$(k-1)$ 也是对的,根据(213),(216),(217),我们有

$$\begin{aligned}\boldsymbol{A}_1\boldsymbol{v}_{k-1}&=\boldsymbol{A}_1(\boldsymbol{A}_2\boldsymbol{v}_k)=(\boldsymbol{A}_2\boldsymbol{A}_1+2\boldsymbol{A}_3)\boldsymbol{v}_k=\\&\boldsymbol{A}_2(\boldsymbol{A}_1\boldsymbol{v}_k)+2\boldsymbol{A}_3\boldsymbol{v}_k=\\&\boldsymbol{A}_2(\rho_k\boldsymbol{v}_{k+1})+2k\boldsymbol{v}_k=(\rho_k+2k)\boldsymbol{v}_k\end{aligned}$$

必须注意,当 $k=j$ 时,我们不必利用公式:

$$\boldsymbol{A}_2\boldsymbol{v}_{k+1}=\boldsymbol{v}_k\quad\text{因为 }\rho_k=0\text{ 当 }k=j$$

公式(217) 因此被证明,而且数 ρ_k 由下列关系确定:

$$\rho_{k-1}=\rho_k+2k;\rho_j=0\quad(k=j,j-1,\cdots)$$

施行一序列的计算,我们得到

$$\rho_k=j(j+1)-k(k+1)$$

即

$$\boldsymbol{A}_1\boldsymbol{v}_k=[j(j+1)-k(k+1)]\boldsymbol{v}_{k+1}\quad(k=j,j-1,\cdots)\tag{218}$$

利用这个等式来确定在向量(216) 中第一个等于零的向量的指标 s,即 $\boldsymbol{v}_s=0$ 而向量 $\boldsymbol{v}_{s+1}\neq 0$. 此时从(217) 推得 $\rho_s=0$,即

$$j(j+1)-s(s+1)=0$$

这个关于 s 的二次方程有两个根 $s=j$ 与 $s=-(j+1)$. $s=j$ 的值不合我们的要求,因为向量 $\boldsymbol{v}_j$ 不等于零而且不包含在序列(216) 里面. 在序列(216) 中的向量以及向量

$$\boldsymbol{v}_j,\boldsymbol{v}_{j-1},\cdots,\boldsymbol{v}_{-j+1},\boldsymbol{v}_{-j}\tag{219}$$

皆不等于零,且 $\boldsymbol{A}_2\boldsymbol{v}_{-j}=0$. 这些向量的个数等于$(2j+1)$,由此看出,$j$ 或者是一个不小于零的整数或者就是一个正奇数的二分之一. 如果 $2j+1=n$,则我们可以把向量(219) 取作空间 R_n 的基本向量. 如果 $2j+1<n$,则它们在 R_n 内组成某一子空间 L_{2j+1}. 假设是后一种情形,序列(219) 中的每个向量 $\boldsymbol{v}_k$ 满足方程

$$\boldsymbol{A}_3\boldsymbol{v}_k=k\boldsymbol{v}_k\quad(k=j,j-1,\cdots,-j+1,-j)$$

其次我们有 $\boldsymbol{A}_2\boldsymbol{v}_k=\boldsymbol{v}_{k-1}$,而且 $\boldsymbol{v}_{-j-1}=0$,以及公式(218),因而,算子 A_1,A_2 与 A_3 将子空间 L_{2j+1} 变到它自身,而且上述诸公式完全确定了在子空间 L_{2j+1} 内所表明的算子,再则,从公式(216) 与(218) 直接推出,在 L_{2j+1} 内没有任何子空间 L_k,其维数 $0<k<2j+1$,而能在算子 $\boldsymbol{A}_1,\boldsymbol{A}_2,\boldsymbol{A}_3$ 的作用下保持不变,在确定 $\boldsymbol{A}_k$ 以后,对于子空间 L_{2j+1} 我们可以建立方程(204),此方程系为在子空间 L_{2j+1} 内所寻求的表示

$$\boldsymbol{x}=\boldsymbol{F}_j(\alpha_1,\alpha_2,\alpha_3)\boldsymbol{u}\tag{220}$$

的向量 $\boldsymbol{x}$ 所满足. 这个表示绝不可能使包含在 L_{2j+1} 内的任何子空间 L_k 不变,就是说,表示在 L_{2j+1} 内不可约,因为,如果不然,则每个 $\boldsymbol{A}_s$,由于它的定义,将必须

使 L_k 不变，如刚才所见，这是决不能成立的，如果 $2j+1=n$，则上述的讨论适用于整个的 R_n. 当 $2j+1<n$ 时，我们可以从 R_n 内的总的表示分离出一个在上述意义下不可约的 $(2j+1)$ 阶表示，就是说，它不保持任何子空间 L_k 当 $0<k<2j+1$ 不变，从我们的讨论直接推出，在对于相似表示不加区别的情形下，具有指定的阶的表示只有一个. 但是，在[69] 我们已经作出不可约的任意阶 U 表示.

因此这些 U 表示取尽了所有可能的不可约的表示，而且基于在 L_{2j+1} 内所作得的算子 $\boldsymbol{A}_s$ 的上述的表示必须与它们相似.

向量(219) 可以乘上一个不为零的任意数字因子，此时在关系(216) 与 (218) 内也出现数字因子，这个因子可以如此选取，使得最后有下列关系：

$$\begin{aligned} \boldsymbol{A}_1 \boldsymbol{v}_k &= \sqrt{j(j+1)-k(k+1)}\, \boldsymbol{v}_{k+1} \\ \boldsymbol{A}_2 \boldsymbol{v}_k &= \sqrt{j(j+1)-k(k+1)}\, \boldsymbol{v}_{k-1} \\ \boldsymbol{A}_3 \boldsymbol{v}_k &= k\boldsymbol{v}_k \end{aligned} \tag{221}$$

而且 $\boldsymbol{v}_{j+1}=0$ 与 $\boldsymbol{v}_{-j-1}=0$.

当这样选取因子时，我们就得到了那些表示，就是从量

$$\eta_l = \frac{x_1^{j+l} x_2^{j-l}}{\sqrt{(j+l)!\ (j-l)!}} \tag{222}$$

出发的在[69] 所作出的那些表示.

上面所述的作法使我们能够从任意表示中析出它的不可约部分，所有一切皆归结到找出属于算子 $\boldsymbol{A}_3$ 的具有最大特征值的特征向量以及(216) 的建立.

86. 劳伦次群的表示

我们来考察行列式为 1 的线性变换群：

$$\begin{aligned} x_1' &= a x_1 + b x_2 \\ x_2' &= c x_1 + d x_2 \end{aligned} \quad (ad-bc=1) \tag{223}$$

这变换的矩阵包含四个复系数，其间存有一个关系，保留任意的三个复数值可化成六个实参变数. 如果对于变换的矩阵采取下面的记号：

$$\boldsymbol{A} = \begin{bmatrix} 1+\alpha_1+\mathrm{i}\alpha_2 & \alpha_3+\mathrm{i}\alpha_4 \\ \alpha_5+\mathrm{i}\alpha_6 & d(\alpha_s) \end{bmatrix} \tag{224}$$

其中

$$d(\alpha_s) = \frac{1+(\alpha_3+\mathrm{i}\alpha_4)(\alpha_5+\mathrm{i}\alpha_6)}{1+\alpha_1+\mathrm{i}\alpha_2}$$

于是我们就引进了这些参变数. 进而我们即得到六个无穷小变换 $\boldsymbol{I}_k$. 这是容易作出的，例如，为了作 $\boldsymbol{I}_1$，必须在矩阵 $\boldsymbol{A}$ 内除了 α_1 以外令所有其余 α_s 等于零，对 α_1 微分矩阵，然后令 $\alpha_1=0$. 这样即得到

$$\boldsymbol{I}_1=\begin{bmatrix}1 & 0\\0 & -1\end{bmatrix};\boldsymbol{I}_2=\begin{bmatrix}\mathrm{i} & 0\\0 & -\mathrm{i}\end{bmatrix};\boldsymbol{I}_3=\begin{bmatrix}0 & 1\\0 & 0\end{bmatrix}$$

$$\boldsymbol{I}_4=\begin{bmatrix}0 & \mathrm{i}\\0 & 0\end{bmatrix};\boldsymbol{I}_5=\begin{bmatrix}0 & 0\\1 & 0\end{bmatrix};\boldsymbol{I}_6=\begin{bmatrix}0 & 0\\\mathrm{i} & 0\end{bmatrix}$$

包含在关系(208)中的结构常数 $C_{pq}^{(i)}$，按照它们的定义，必须是实数. 这简单地化成 $\boldsymbol{I}_k$ 间的十五个关系，结构常数还可以由群运算来确定，现在的群运算简单地就是两个矩阵连乘的结果：

$$\begin{bmatrix}1+\beta_1+\mathrm{i}\beta_2 & \beta_3+\mathrm{i}\beta_4\\\beta_5+\mathrm{i}\beta_6 & d(\beta_s)\end{bmatrix}\cdot\begin{bmatrix}1+\alpha_1+\mathrm{i}\alpha_2 & \alpha_3+\mathrm{i}\alpha_4\\\alpha_5+\mathrm{i}\alpha_6 & d(\alpha_s)\end{bmatrix}$$

我们并不实行这些简单的，但是长的计算，只是写出最后的结果，为此我们首先引进下列的记号：

$$\begin{aligned}&\boldsymbol{I}_3+\mathrm{i}\boldsymbol{I}_4=2\boldsymbol{A}_1;\boldsymbol{I}_5+\mathrm{i}\boldsymbol{I}_6=2\boldsymbol{A}_2;\boldsymbol{I}_1+\mathrm{i}\boldsymbol{I}_2=4\boldsymbol{A}_3\\&\boldsymbol{I}_3-\mathrm{i}\boldsymbol{I}_4=2\boldsymbol{B}_1;\boldsymbol{I}_5-\mathrm{i}\boldsymbol{I}_6=2\boldsymbol{B}_2;\boldsymbol{I}_1-\mathrm{i}\boldsymbol{I}_2=4\boldsymbol{B}_3\end{aligned}\tag{225}$$

上述的 15 个关系全部归结到，矩阵 $\boldsymbol{A}$ 与矩阵 $\boldsymbol{B}$ 可以交换这一关系，即

$$\boldsymbol{A}_p\boldsymbol{B}_q-\boldsymbol{A}_q\boldsymbol{B}_p=0\quad(p,q=1,2,3)\tag{226}$$

以及下列六个关系

$$\begin{aligned}&\boldsymbol{A}_3\boldsymbol{A}_1-\boldsymbol{A}_1\boldsymbol{A}_3=\boldsymbol{A}_1\\&\boldsymbol{A}_3\boldsymbol{A}_2-\boldsymbol{A}_2\boldsymbol{A}_1=-\boldsymbol{A}_2\\&\boldsymbol{A}_1\boldsymbol{A}_2-\boldsymbol{A}_2\boldsymbol{A}_1=2\boldsymbol{A}_3\end{aligned}\tag{227}$$

$$\begin{aligned}&\boldsymbol{B}_3\boldsymbol{B}_1-\boldsymbol{B}_1\boldsymbol{B}_3=\boldsymbol{B}_1\\&\boldsymbol{B}_3\boldsymbol{B}_2-\boldsymbol{B}_2\boldsymbol{B}_1=-\boldsymbol{B}_2\\&\boldsymbol{B}_1\boldsymbol{B}_2-\boldsymbol{B}_2\boldsymbol{B}_1=2\boldsymbol{B}_3\end{aligned}\tag{227_1}$$

这些关系与关系(213)是一样的，而且前小节的讨论基本上仍然有效. 为了群(223)的任意线性表示的无穷小变换，我们来应用上面的关系，如果 $\boldsymbol{v}_j$ 为算子 $\boldsymbol{A}_3$ 的属于最大特征值的特征向量，则算子 $\boldsymbol{A}_3$ 具有 $(2j+1)$ 个特征向量 $\boldsymbol{v}_k(k=j,j-1,\cdots,-j+1,-j)$ 以至当施以算子 $\boldsymbol{A}_1,\boldsymbol{A}_2,\boldsymbol{A}_3$ 时它们是按照公式(221)而变换的，而且 $\boldsymbol{v}_{j+1}=0$ 与 $\boldsymbol{v}_{-j-1}=0$，令 $L^{(j)}$ 为由算子 $\boldsymbol{A}_3$ 的属于特征值 j 所有特征向量所组成的子空间，我们来表明，如果向量 $\boldsymbol{v}$ 属于 $L^{(j)}$，则向量 $\boldsymbol{B}_q\boldsymbol{v}(q=1,2,3)$ 也属于 $L^{(j)}$. 实际上，由于(226)，有

$$\boldsymbol{A}_3(\boldsymbol{B}_q\boldsymbol{v})=\boldsymbol{B}_q(\boldsymbol{A}_3\boldsymbol{v})=\boldsymbol{B}_q(j\boldsymbol{v})=j\boldsymbol{B}_q\boldsymbol{v}\tag{228}$$

从而推出，$\boldsymbol{B}_q\boldsymbol{v}$ 是 $\boldsymbol{A}_3$ 的属于特征值 j 的特征向量(或零向量)，就是说，$\boldsymbol{B}_q\boldsymbol{v}$ 属于 $L^{(j)}$，只要用算子 $\boldsymbol{B}_k$ 来替换 $\boldsymbol{A}_k$，仿照[85]，我们可以在 $L^{(j)}$ 内来建立类似的理论，因此在 $L^{(j)}$ 内可以作出一串向量 $\boldsymbol{v}_{jk'}(k'=j',j'-1,\cdots,-j'+1,-j')$，以至当 j' 代替 j 与 $\boldsymbol{B}_k$ 代替 $\boldsymbol{A}_k$ 时它们按照公式(221)而变换. 当算子 $\boldsymbol{A}_2$ 作用在每个向量 $\boldsymbol{v}_{jk'}$ 时，由 $\boldsymbol{v}_{jk'}$ 即可产生 $(2j+1)$ 个向量 $\boldsymbol{v}_{kk'}(k=j,j-1,\cdots,-j+1,-j)$.

因而，我们最后得到 $(2j+1)(2j'+1)$ 个向量 $\boldsymbol{v}_{kk'}$，对于这些向量下列关系成立：

$$
\begin{aligned}
&\boldsymbol{A}_1\boldsymbol{v}_{kk'}=\sqrt{j(j+1)-k(k+1)}\,\boldsymbol{v}_{k+1,k'}\\
&\boldsymbol{A}_2\boldsymbol{v}_{kk'}=\sqrt{j(j+1)-k(k-1)}\,\boldsymbol{v}_{k-1,k'}\\
&\boldsymbol{A}_3\boldsymbol{v}_{kk'}=k\boldsymbol{v}_{kk'}\\
&\boldsymbol{B}_1\boldsymbol{v}_{kk'}=\sqrt{j(j+1)-k'(k'+1)}\,\boldsymbol{v}_{k,k'+1}\\
&\boldsymbol{B}_2\boldsymbol{v}_{kk'}=\sqrt{j(j+1)-k'(k'-1)}\,\boldsymbol{v}_{k,k'-1}\\
&\boldsymbol{B}_3\boldsymbol{v}_{kk'}=k'\boldsymbol{v}_{kk'}
\end{aligned}
\tag{229}
$$

这些公式在一个 $(2j+1)(2j'+1)$ 维空间内确定了算子 $\boldsymbol{A}_p$ 与 $\boldsymbol{B}_q$，而且按照公式(225)进而确定算子 $\boldsymbol{I}_k$，此后方程(204)可以导出唯一的一个群线性表示. 这就是我们在[80]曾经作出的那个表示.

在前面小节中我们所作的说明系引自范·德·瓦尔登所作的《在量子力学中的群论方法》一书.

87. 辅助公式

现在回到[82]中的公式. 我们有

$$G_\beta G_\alpha=G_\gamma \tag{230}$$

而且 γ_s 系按照用以确定基本群运算的公式(189)或(193)由 α_s 与 β_s 表达出来. 我们来作一个依赖于变数 α_s 与 β_s，也就是依赖于群元素 G_α 与 G_β 的矩阵. 用记号 $S(G_\beta,G_\alpha)$ 来表这个矩阵而它的元素系由下式来定义：

$$\boldsymbol{S}_{ik}(G_\beta,G_\alpha)=\frac{\partial\gamma_i}{\partial\beta_k}\quad(i,k=1,2,\cdots,r) \tag{231}$$

我们在[82]已经考察过这个矩阵当 $\beta_s=0$ 的情形，也就是当 $G_\beta=E$ 的情形，这里 E 为群单位元素. 我们来研究这个矩阵的性质，从它的定义直接推出：

$$\boldsymbol{S}(G_\beta,E)=\boldsymbol{I} \tag{232}$$

我们还来证明下面的公式：

$$\boldsymbol{S}(G_\beta,G_\alpha):\boldsymbol{S}(E,G_\beta)=\boldsymbol{S}(E,G_\beta G_\alpha) \tag{233}$$

令 $G_\alpha=G_{\alpha''}G_{\alpha'}$，遂有

$$G_\gamma=G_\beta G_\alpha=(G_\beta G_{\alpha''})G_{\alpha'}=G_\delta G_{\alpha'}\quad(G_\delta=G_\beta G_{\alpha''})$$

应用复合函数的微分法则

$$\frac{\partial\gamma_i}{\partial\beta_k}=\sum_{s=1}^{r}\frac{\partial\gamma_i}{\partial\delta_s}\frac{\partial\delta_s}{\partial\beta_k}=\sum_{s=1}^{r}\boldsymbol{S}_{is}(G_\delta,G_{\alpha'})\boldsymbol{S}_{sk}(G_{\beta'},G_{\alpha''})$$

于是有

$$\boldsymbol{S}(G_\beta,G_{\alpha''},G_{\alpha'})=\boldsymbol{S}(G_\delta,G_{\alpha'})\boldsymbol{S}(G_\beta,G_{\alpha''})$$

在这个等式中如令 $G_\beta=E,G_{\alpha''}=G_\beta$ 与 $G_{\alpha'}=G_\alpha$，即得等式(233). 当 $G_\alpha=G_\beta^{-1}$，即得矩阵 $\boldsymbol{S}(E,G_\beta)$ 的逆矩阵的表达式：

$$\boldsymbol{S}^{-1}(E,G_\beta)=\boldsymbol{S}(G_\beta,G_\beta^{-1}) \tag{234}$$

依照[82] 中的记号,矩阵 $\boldsymbol{S}(E,G_\beta)$ 是 $\boldsymbol{S}(\beta_s)$,而它的逆矩阵是 $\boldsymbol{T}(\beta_s)$. 现在用记号 $\boldsymbol{S}(G_\beta)$ 与 $\boldsymbol{T}(G_\beta)$ 来表这些矩阵:

$$\boldsymbol{S}(E,G_\beta)=\boldsymbol{S}(G_\beta);\boldsymbol{S}^{-1}(E,G_\beta)=\boldsymbol{T}(G_\beta) \tag{235}$$

我们有

$$\boldsymbol{S}(G_\beta)\boldsymbol{T}(G_\beta)=\boldsymbol{T}(G_\beta)\boldsymbol{S}(G_\beta)=E \tag{236}$$

由公式(233) 即得

$$\boldsymbol{S}(G_\beta,G_\alpha)=\boldsymbol{S}(E,G_\gamma)\boldsymbol{S}^{-1}(E,G_\beta)=\boldsymbol{S}(G_\gamma)\boldsymbol{S}^{-1}(G_\beta) \tag{237}$$

因而关系(231) 可写成下式

$$\frac{\partial\gamma_i}{\partial\beta_k}=\sum_{s=1}^{r}\boldsymbol{S}_{is}(G_\gamma)\boldsymbol{T}_{sk}(G_\beta) \tag{238}$$

用 $\boldsymbol{T}_{mi}(G_\gamma)$ 乘上面等式的两端,然后对 i 求和,由(236) 即得

$$\sum_{i=1}^{r}\boldsymbol{T}_{mi}(G_\gamma)\frac{\partial\gamma_i}{\partial\beta_k}=\boldsymbol{T}_{mk}(G_\beta) \tag{239}$$

求(238) 对 β_l 的微商:

$$\frac{\partial^2\gamma_i}{\partial\beta_k\partial\beta_l}=\sum_{s,p=1}^{r}\frac{\partial\boldsymbol{S}_{is}(G_\gamma)}{\partial\gamma_p}\frac{\partial\gamma_p}{\partial\beta_l}\boldsymbol{T}_{sk}(G_\beta)\sum_{s=1}^{r}\boldsymbol{S}_{is}(G_\gamma)\frac{\partial\boldsymbol{T}_{sk}(G_\beta)}{\partial\beta_l}$$

然后将$\dfrac{\partial\gamma_p}{\partial\beta_l}$ 换成它的在公式(238) 中的表达式,由是即

$$\frac{\partial^2\gamma_i}{\partial\beta_k\partial\beta_l}=\sum_{s,p,q=1}^{r}\frac{\partial\boldsymbol{S}_{is}(G_\gamma)}{\partial\gamma_p}\boldsymbol{S}_{pq}(G_\gamma)\boldsymbol{T}_{ql}(G_\beta)\boldsymbol{T}_{sk}(G_\beta)+\sum_{s=1}^{r}\boldsymbol{S}_{is}(G_\gamma)\frac{\partial\boldsymbol{T}_{sk}(G_\beta)}{\partial\beta_l}$$

将等式两端的 k 与 l 对换,而且将和数中的变数 s 与 q 对换,利用等式左端与微分的次序无关这一性质,即得

$$\sum_{s,p,q=1}^{r}\left[\frac{\partial\boldsymbol{S}_{is}(G_\gamma)}{\partial\gamma_p}\boldsymbol{S}_{pq}(G_\gamma)-\frac{\partial\boldsymbol{S}_{iq}(G_\gamma)}{\partial\gamma_p}\boldsymbol{S}_{ps}(G_\gamma)\right]\boldsymbol{T}_{ql}(G_\beta)\boldsymbol{T}_{sk}(G_\beta)=$$
$$-\sum_{s=1}^{r}\boldsymbol{S}_{is}(G_\gamma)\left[\frac{\partial\boldsymbol{T}_{sk}(G_\beta)}{\partial\beta_l}-\frac{\partial\boldsymbol{T}_{sl}(G_\beta)}{\partial\beta_k}\right]$$

用积 $\boldsymbol{S}_{lf}(G_\beta)\boldsymbol{S}_{kg}(G_\beta)\boldsymbol{T}_{hi}(G_\gamma)$ 乘此等式两端,然后对 i,k,l 从 1 到 r 求和,注意(236),于是得到等价的一组等式:

$$\sum_{i,p=1}^{r}\left[\frac{\partial\boldsymbol{S}_{ig}(G_\gamma)}{\partial\gamma_p}\boldsymbol{S}_{pf}(G_\gamma)-\frac{\partial\boldsymbol{S}_{if}(G_\gamma)}{\partial\gamma_p}\boldsymbol{S}_{pq}(G_\gamma)\right]\boldsymbol{T}_{hi}(G_\gamma)=$$
$$-\sum_{k,l=1}^{r}\boldsymbol{S}_{lf}(G_\beta)\boldsymbol{S}_{kg}(G_\beta)\left[\frac{\partial\boldsymbol{T}_{hk}(G_\beta)}{\partial\beta_l}-\frac{\partial\boldsymbol{T}_{hl}(G_\beta)}{\partial\beta_k}\right]$$

因为,只要将这等式两端乘以积 $\boldsymbol{T}_{fl_1}(G_\beta)\boldsymbol{T}_{gk_1}(G_\beta)\boldsymbol{S}_{i_1h}(G_\gamma)$,然后对 f,g,h 求和,就很容易从这些等式得到前面的等式,在最后那组等式的左端只与 γ_s 有关,而右端只与 β_s 有关. 因此,由于在公式(230) 中 α_s 的任意性,以及由此得出的 β_s 与

γ_s 的彼此独立性，最后等式的两端必须等于同一个常数，特别是

$$\sum_{k,l=1}^{r} \boldsymbol{S}_{lf}(G_\beta)\boldsymbol{S}_{kg}(G_\beta)\left[\frac{\partial \boldsymbol{T}_{hk}(G_\beta)}{\partial \beta_l} - \frac{\partial \boldsymbol{T}_{hl}(G_\beta)}{\partial \beta_k}\right] = C_{fg}^{(h)}$$

改换指标可以写成

$$\sum_{s,t=1}^{r} \boldsymbol{S}_{ti}(G_\alpha)\boldsymbol{S}_{sk}(G_\alpha)\left[\frac{\partial \boldsymbol{T}_{ps}(G_\alpha)}{\partial \alpha_t} - \frac{\partial \boldsymbol{T}_{pt}(G_\alpha)}{\partial \alpha_s}\right] = -C_{ik}^{(p)} \tag{240}$$

如果在这恒等式中令 $G_\alpha = E$，即 $\alpha_s = 0(s=1,\cdots,r)$，而且注意 $\boldsymbol{S}(E) = E$，于是得到

$$-C_{ik}^{(p)} = \left[\frac{\partial \boldsymbol{T}_{hk}(G_\alpha)}{\partial \alpha_i} - \frac{\partial \boldsymbol{T}_{pi}(G_\alpha)}{\partial \alpha_k}\right]$$

将此与[82]中公式(199)加以比较，我们看出，这里的 $C_{ik}^{(p)}$ 就是以前定义的结构常数. 用 $\boldsymbol{T}_{il}(G_\alpha)\boldsymbol{T}_{km}(G_\alpha)$ 乘(240)的两端，然后对 i 与 k 作和数，利用(236)即得

$$\frac{\partial \boldsymbol{T}_{pm}(G_\alpha)}{\partial \alpha_l} - \frac{\partial \boldsymbol{T}_{pl}(G_\alpha)}{\partial \alpha_m} = -\sum_{i,k=1}^{r} C_{ik}^{(p)} \boldsymbol{T}_{il}(G_\alpha)\boldsymbol{T}_{km}(G_\alpha) \tag{241}$$

现在回到公式(207)与(208)，公式(208)系将公式(207)中的方括弧在 $\alpha_s = 0$ $(s=1,\cdots,r)$ 的情形下使等于零而得到的，利用(241)，我们容易证明，从(208)推出，公式(207)中的方括弧对于任意的 α_s 等于零.

该括弧中的第二项可以改变成

$$\sum_{j,k=1}^{r} \boldsymbol{T}_{jp}\boldsymbol{T}_{kq}\boldsymbol{I}_j\boldsymbol{I}_k - \sum_{j,k=1}^{r} \boldsymbol{T}_{jq}\boldsymbol{T}_{kp}\boldsymbol{I}_j\boldsymbol{I}_k$$

此时我们不必写出 $\boldsymbol{T}$ 中的元 G_α，在被减数中将 j 与 k 对换，于是得到：

$$\sum_{j,k=1}^{r} \boldsymbol{T}_{jp}\boldsymbol{T}_{kq}(\boldsymbol{I}_j\boldsymbol{I}_k - \boldsymbol{I}_k\boldsymbol{I}_j) = \sum_{j,k,s=1}^{r} \boldsymbol{T}_{jp}\boldsymbol{T}_{kg}C_{pq}^{(s)}\boldsymbol{I}_s$$

当把公式(207)的括弧中的第一项：

$$\sum_{j=1}^{r}\left(\frac{\partial \boldsymbol{T}_{jp}}{\partial \alpha_q} - \frac{\partial \boldsymbol{T}_{jq}}{\partial \alpha_p}\right) I_j$$

按照(241)加以变换时，我们直接得到只差一个符号的同样的结果. 与矩阵 $\boldsymbol{S}(G_\beta, G_\alpha)$ 同时，我们来考察其元素系由下列公式定义的矩阵 $\boldsymbol{S}'(G_\beta, G_\alpha)$：

$$\frac{\partial \gamma_i}{\partial \alpha_k} = \boldsymbol{S}'(G_\beta, G_\alpha) \tag{242}$$

与上完全一样可以证明下列的公式：

$$\begin{gathered} \boldsymbol{S}'(E, G_\alpha) = \boldsymbol{I} \\ \boldsymbol{S}'(G_\beta G_\alpha, E) = \boldsymbol{S}'(G_\beta, G_\alpha)\boldsymbol{S}'(G_\alpha, E) \\ \boldsymbol{S}'^{-1}(G_\alpha, E) = \boldsymbol{S}'(G_\alpha^{-1}, G_\alpha) \end{gathered} \tag{243}$$

这些公式以后对我们是需要的.

88. 根据结构常数来建立群

在这一小节我们将概括地来讨论一下根据给定的结构常数来建立群的运算以及线性变换群的问题，所给的结构常数当然适合关系式(194_1)和(194_2). 这个建立的方法是基于偏微分方程论中的一个定理，这个定理在上面我们已经提起过. 现在我们来叙述这个定理.

假设我们有了下面这样一组偏微分方程

$$\frac{\partial z_i}{\partial x_k}=X_{ik}(x_1,\cdots,x_n;z_1,\cdots,z_m)\quad(i=1,2,\cdots,m;k=1,2,\cdots,n)\tag{244}$$

利用这个方程组，我们来写出下面这个条件

$$\frac{\partial^2 z_i}{\partial x_k\partial x_l}=\frac{\partial^2 z_i}{\partial x_l\partial x_k}$$

显然我们有

$$\frac{\partial X_{ik}}{\partial x_l}+\sum_{s=1}^{m}\frac{\partial X_{ik}}{\partial z_s}\frac{\partial z_s}{\partial x_l}=\frac{\partial X_{il}}{\partial x_k}+\sum_{s=1}^{m}\frac{\partial X_{il}}{\partial z_s}\frac{\partial z_s}{\partial x_k}$$

或者，用方程组(244)替换$\frac{\partial z_s}{\partial x_l}$和$\frac{\partial z_s}{\partial x_k}$：

$$\frac{\partial X_{ik}}{\partial x_l}+\sum_{s=1}^{m}\frac{\partial X_{ik}}{\partial z_s}X_{sl}=\frac{\partial X_{il}}{\partial x_k}+\sum_{s=1}^{m}\frac{\partial X_{il}}{\partial z_s}X_{sk}\quad(k\neq l)\tag{245}$$

这个等式是变数 x_k,z_i 之间的关系.

定理 如果函数 X_{ik} 在 $x_k=x_k^{(0)},z_i=z_i^{(0)}$ 的一个邻域中(包括这一点本身)连续并有连续的偏微商，这些偏微商就是出现在关系式(245)中的，并且所有关系式(245)对于 x_k,z_i 都恒等地成立，那么方程组(244)对于初始条件

$$z_i\mid_{x_k=x_k^{(0)}}=z_i^{(0)}$$

有解，并且是唯一的.

在上面所说的连续性条件下，所有的关系式(245)恒等地成立，这个通常叫作方程组(244)的完全可积性条件. 现在我们来描述一下根据给定的结构常数来建立群的运算以及线性变换群的步骤.

假设给定了常数 $C_{ik}^{(p)}$，这里 $i,k,p=1,2,\cdots$，并且这些常数适合关系式(194_1)和(194_2).

如果对于偏微商来解出方程组(241)，那么可以验证，上面所说的关系式就是方程组(241)的完全可积性条件. 因此存在一个唯一以 $\boldsymbol{T}_{pq}(G_\alpha)(p,q=1,2,\cdots,r)$ 为元素的矩阵 $\boldsymbol{T}(G_\alpha)$，为 $G_\alpha=E$，也就是 $\alpha_s=0(s=1,2,\cdots,r)$ 时，这个矩阵就变成单位矩阵，并且它适合方程组(241). 在有了 $\boldsymbol{T}(G_\alpha)$ 之后，我们就可以作逆矩阵 $\boldsymbol{S}(G_\alpha)=\boldsymbol{T}^{-1}(G_\alpha)$. 为了建立群的运算我们回到方程组(238). 这些方程的右边是 β_s 和 $\gamma_S(s=1,2,\cdots,r)$ 的已知函数. 可以验证，方程组(241)正好

表达了方程组(238)的完全可积性条件.因此方程组(238)有一个唯一解,它满足初始条件

$$\gamma_i \mid_{\beta_k=0} = \alpha_i$$

这样做出的解就给出了群的运算.初始条件是表示这样一个事实,即当 $\beta_s = 0$ $(s=1,2,\cdots,r)$ 时,由公式(230)定义的元素 G_α 就变成了 G_α.现在我们转入线性变换群的建立,也就是说,根据结构常数来建立已知阶的矩阵群,这里如上面所指出的,我们是已经有了矩阵 $\boldsymbol{T}(G_\alpha)$.在[83]中我们已经证明过,方程组(204)或者(205)的完全可积性条件就是方程(207)中的方括弧对任意的指标都恒等于零,同时在[87]中我们证明了,如果矩阵 $\boldsymbol{I}_s$ 适合关系式(208),那么就满足上面的条件.这样一来,解决这个问题就应该由作出给定阶的并且适合关系式(208)的矩阵 $\boldsymbol{I}_s$ 开始.这是一个复杂的代数问题.在有了矩阵 $\boldsymbol{I}_s$ 之后,我们就可以断言,方程组(205)有唯一的解,它满足初始条件(206).这个解给出了带有给定的结构常数 $C_{ik}^{(p)}$ 的矩阵群.

可以证明,在初始条件 $\boldsymbol{T}(E) = \boldsymbol{I}$ 之下,方程组(241)的积分归结为一个常系数常线性微分方程组的积分.我们来叙述这个结果.我们作下面这个常系数的常线性微分方程组:

$$\frac{\mathrm{d}w_{ik}(t)}{\mathrm{d}t} = \delta_{ik} + \sum_{p,q=1}^{r} C_{pq}^{(i)} \alpha_p w_{qk}(t)$$

这里 $\delta_{ik} = 0$ 当 $i \neq k$,$\delta_{ii} = 1$,并且 $\alpha_1, \alpha_2, \cdots, \alpha_r$ 看作给定的常数.这样,函数 $\boldsymbol{T}_{ik}(\alpha) = w_{ik}(1)$ 就适合方程组(241)以反初始条件 $\boldsymbol{T}(E) = \boldsymbol{I}$.关于根据给定的结构常数来建立连续问题的详尽的研究以及连续群论中其他问题的讨论可以参看 Л. С. Понтрягин 的《连续群论》.

89. 群上的积分

在[76,77]中我们证明过一系列的关系式,其中含有一些依赖于群的元素的数量的和,并且是对群全部的元素求和.在连续群的情形,求和要以对于定义群的元素的参数的积分来代替.假设 G 是一个连续群,在某一个参数的选择下,这些参数 $\alpha_1, \alpha_2, \cdots, \alpha_r$ 在实 r 维空间 $\boldsymbol{T}_r$ 中对应一个有界的闭域 V(域加上它的边界),并且对应于 G 的每个元素有 V 的一个确定的点,反过来也如此.在域 V 内定义群运算的函数 $\varphi_j(\beta_1, \cdots, \beta_r, \alpha_1, \cdots, \alpha_r)$ 假定是连续的并可以微分足够多次.此外,再假定这些函数和它们的微商直到 V 的边界都连续.对应于元素 G_α^{-1} 的参数 $\tilde{\alpha}_s$ 对于 α_s 的依赖关系也假定是连续的.带有这一些性质的群通常称为紧密的.为了定义群上的积分我们来考虑矩阵 $\boldsymbol{S}'(G_\beta, G_\alpha)$[87]的行列式,并为它引入下面的符号:

$$\Delta'(G_\beta, G_\alpha) = \left| \frac{\partial \gamma_i}{\partial \alpha_k} \right|_1^r \tag{246}$$

由(243) 直接得出

$$\Delta'(E,G_\alpha)=1 \tag{247_1}$$

$$\Delta'(G_\beta G_\alpha,E)=\Delta'(G_\beta,G_\alpha)\cdot\Delta'(G_\alpha,E) \tag{247_2}$$

令 $\delta'(G_\beta)=\Delta'(G_\beta,E)$,我们可以写

$$\Delta'(G_\gamma,G_\alpha)=\frac{\delta'(G_\beta G_\alpha)}{\delta'(G_\alpha)} \tag{248}$$

注意到 $\delta'(E)=\Delta'(E,E)=1$,由上面的式子得到:

$$\Delta'(G_\alpha^{-1},G_\alpha)=\frac{1}{\delta'(G_\alpha)} \tag{249}$$

我们再引进一个符号:

$$u'(G_\alpha)=\Delta'(G_\alpha^{-1},G_\alpha) \tag{250}$$

根据上面所做的假定,$u'(G_\alpha)$ 在闭域 V 上是一个连续函数. 它不能变成零,因为

$$\frac{1}{u'(G_\alpha)}=\delta'(G_\alpha)=\Delta'(G_\alpha,E)$$

也是一个连续函数. 如果注意到 $u'(E)=1$,我们可以断定,$u'(G_\alpha)$ 和 $\delta(G_\alpha)$ 都是正函数. 根据(248) 对于 $\Delta'(G_\beta,G_\alpha)$ 也可以如此断定.

假设 $f(G_\alpha)=f(\alpha_1,\cdots,\alpha_r)$ 是闭域 V 上一个任意的连续函数.

我们按下面的公式来定义这个函数在群 G 上的积分:

$$\int_G f(G_\alpha)\mathrm{d}G_\alpha=\int_V f(\alpha_1,\cdots,\alpha_r)u'(G_\alpha)\mathrm{d}\alpha_1,\cdots,\mathrm{d}\alpha_r \tag{251}$$

这里右边的积分就是域 V 上通常的积分. 我们来证明,这样的积分有下面的左不变性:

$$\int_G f(G_\alpha)\mathrm{d}G_\alpha=\int_G f(G_\beta G_\alpha)\mathrm{d}G_\alpha \tag{252}$$

或者写成坐标形式

$$\int_V f(\alpha_1,\cdots,\alpha_r)u'(G_\alpha)\mathrm{d}\alpha,\cdots,\mathrm{d}\alpha_r=\int_V f(\gamma_1,\cdots,\gamma_r)u'(G_\alpha)\mathrm{d}\alpha_1,\cdots,\mathrm{d}\alpha_r \tag{253}$$

这里 G_β 是群 G 中任一个固定的元素. 为了证明这个式子,在左边的积分中用变元素 G_δ 来替换变元素 G_α,令 $G_\alpha=G_\beta G_\delta$,这里参数 $\delta_1,\cdots,\delta_r$ 的变动区域仍为 V. 变换的行列式是

$$\left|\frac{\partial\alpha_i}{\partial\delta_k}\right|_1^r=\Delta'(G_\beta,G_\delta)=\frac{\delta'(G_\beta G_\delta)}{\delta'(G_\delta)}=\frac{u'(G_\delta)}{u'(G_\beta G_\delta)}=\frac{u'(G_\delta)}{u'(G_\alpha)}$$

我们得到

$$\int_V f(\alpha_1,\cdots,\alpha_r)u'(G_\alpha)\mathrm{d}\alpha_1,\cdots,\mathrm{d}\alpha_r=\int_V f(\alpha_1,\cdots,\alpha_r)u'(G_\alpha)\frac{u'(G_\delta)}{u'(G_\alpha)}\mathrm{d}\delta_1\cdots\mathrm{d}\delta_r=$$

$$\int_G f(G_\beta G_\delta)\mathrm{d}G_\delta$$

这个就和(253)重合.在右边以 G_δ 替换 G_α 是无关紧要的.

相仿地,可以建立右不变积分.我们引入矩阵 $\boldsymbol{S}(G_\beta,G_\alpha)$ 的行列式

$$\Delta(G_\beta,G_\alpha)=\left|\frac{\partial\gamma_i}{\partial\beta_k}\right|_1^r \tag{254}$$

和以上一样,我们有

$$\begin{gathered}\Delta(G_\alpha,E)=1\\ \Delta(E,G_\beta G_\alpha)=\Delta(G_\beta,G_\alpha)\Delta(E,G_\beta)\\ \Delta(G_\beta,G_\alpha)=\frac{\delta(G_\beta G_\alpha)}{\delta(G_\beta)}\end{gathered} \tag{255}$$

这里

$$\delta(G_\alpha)=\Delta(E,G_\alpha)$$

引入正函数

$$u(G_\alpha)=\frac{1}{\delta(G_\alpha)}=\Delta(G_\alpha,G_\alpha^{-1}) \tag{256}$$

并定义积分

$$\int_V f(\alpha_1,\cdots,\alpha_r)u(G_\alpha)\mathrm{d}\alpha_1,\cdots,\mathrm{d}\alpha_r=\int_G f(G_\alpha)\mathrm{d}\widetilde{G}_\alpha \tag{257}$$

微分上的波形符号是区别这个积分和积分(251).

在这里积分的右不变性成立:

$$\int_G f(G_\alpha)\mathrm{d}\widetilde{G}_\alpha=\int_G f(G_\alpha G_\beta)\mathrm{d}\widetilde{G}_\alpha \tag{258}$$

我们现在要来证明,如果把积分号下的函数中的 G_α 换成 G_α^{-1},左不变积分就变成了右不变积分,反过来也如此.把写成参数式的等式 $G_\lambda=G_\alpha G_\beta$ 对 α_s 微分,并且在以后所有的公式中都假定 $G_\beta=G_\alpha^{-1}$:

$$\frac{\partial\lambda_\alpha}{\partial\alpha_k}+\sum_{s=1}^{r}\frac{\partial\lambda_i}{\partial\beta_s}\cdot\frac{\partial\beta_s}{\partial\alpha_k}=0$$

由此得

$$\left|\frac{\partial\lambda_i}{\partial\alpha_k}\right|_1^r=(-1)^r\left|\frac{\partial\lambda_i}{\partial\beta_k}\right|_1^r\left|\frac{\partial\beta_i}{\partial\alpha_k}\right|_1^r$$

再利用(246)和(254),得

$$\left|\frac{\partial\beta_i}{\partial\alpha_k}\right|_1^r=(-1)^r\frac{\Delta(G_\alpha,G_\alpha^{-1})}{\Delta'(G_\alpha,G_\alpha^{-1})}=(-1)^r\frac{u(G_\alpha)}{u'(G_\alpha^{-1})} \tag{259}$$

可以给出这个行列式的另一种表示.由等式

$$\left|\frac{\partial\beta_i}{\partial\alpha_k}\right|_1^r\left|\frac{\partial\alpha_i}{\partial\beta_k}\right|_1^r=1$$

得

$$\left|\frac{\partial\alpha_i}{\partial\beta_k}\right|_1^r=(-1)^r\frac{u'(G_\alpha^{-1})}{u(G_\alpha)} \tag{260}$$

或者,交换 G_α 和 G_α^{-1} 的位置:

$$\left|\frac{\partial \beta_i}{\partial \alpha_k}\right|_1^r = (-1)^r \frac{u'(G_\alpha)}{u(G_\alpha^{-1})} \tag{261}$$

现在回到积分,按通常的办法换积分变数,并且利用(260):

$$\int_V f(\alpha_1,\cdots,\alpha_r)u'(G_\alpha)\mathrm{d}\alpha_1,\cdots,\mathrm{d}\alpha_r = \int_V f(\tilde{\beta}_1,\cdots,\tilde{\beta}_r)u'(G_\alpha)\left|\left|\frac{\partial \alpha_i}{\partial \beta_k}\right|_1^r\right|\mathrm{d}\beta_1\cdots\mathrm{d}\beta_r =$$

$$\int_V f(\tilde{\beta}_1,\cdots,\tilde{\beta}_r)u'(G_\alpha)\frac{u(G_\beta)}{u'(G_\alpha)}\mathrm{d}\beta_1\cdots\mathrm{d}\beta_r$$

消去 $u'(G_\alpha)$,再把变元素 G_β 换成变元素 G_α,得

$$\int_V f(\tilde{\alpha}_1,\cdots,\tilde{\alpha}_r)u(G_\alpha)\mathrm{d}\alpha_1,\cdots,\mathrm{d}\alpha_r = \int_V f(\alpha_1,\cdots,\alpha_r)u'(G_\alpha)\mathrm{d}\alpha_1,\cdots,\mathrm{d}\alpha_r \tag{262}$$

完全相同地,利用公式(261)即得

$$\int_V f(\tilde{\alpha}_1,\cdots,\tilde{\alpha}_r)u'(G_\alpha)\mathrm{d}\alpha_1,\cdots,\mathrm{d}\alpha_r = \int_V f(\alpha_1,\cdots,\alpha_r)u(G_\alpha)\mathrm{d}\alpha_1,\cdots,\mathrm{d}\alpha_r \tag{263}$$

直到目前为止我们没有用到群的紧密性.区域 V 可以是无限的.不过这样就必须对函数 $f(\alpha_1,\cdots,\alpha_r)$ 作一些假定使所有写出的积分都有意义.现在利用紧密性我们来证明 $u(G_\alpha)=u'(G_\alpha)$.为了这个目的我们来考虑行列式

$$D(G_\beta,G_\alpha)=\left|\frac{\partial \mu_i}{\partial \beta_k}\right|_1^r \tag{264}$$

这里 $G_\mu=G_\alpha^{-1}G_\beta G_\alpha$,并来证明公式

$$D(G_\beta,G_{\alpha''}G_{\alpha'})=D(G_{\alpha''}^{-1}G_\beta G_{\alpha''},G_{\alpha'})D(G_\beta,G_{\alpha''}) \tag{265}$$

我们可以写

$$G_\mu=(G_{\alpha''}G_{\alpha'})^{-1}G_\beta(G_{\alpha''}G_{\alpha'})=G_{\alpha'}^{-1}G_\nu G_{\alpha'}$$

这里 $G_\nu=G_{\alpha''}^{-1}G_\beta G_\alpha$,因为

$$\left|\frac{\partial \mu_i}{\partial \beta_k}\right|_1^r=\left|\frac{\partial \mu_i}{\partial \nu_k}\right|_1^r\left|\frac{\partial \nu_i}{\partial \beta_k}\right|_1^r=D(G_\nu,G_{\alpha'})D(G_\beta,G_{\alpha''})$$

由此即得(265).在这个公式中假定 $G_\beta=E$,得

$$D(E,G_{\alpha''},G_{G'})=D(E,G_{\alpha'})D(E,G_{\alpha''}) \tag{266}$$

如果我们引入元素的一个数值函数

$$\eta(G_\alpha)=D(E,G_\alpha) \tag{267}$$

那么根据(266)可以写成

$$\eta(G_{\alpha''}G_{\alpha'})=\eta(G_{\alpha''})\eta(G_{\alpha'}) \tag{268}$$

这就是说,元素的相乘对应于相应函数值 $\eta(G_\alpha)$ 的相乘.显然我们有

$$\eta(E)=1 \text{ 和 } \eta(G_\alpha)\eta(G_\alpha^{-1})=1 \tag{269}$$

并且函数 $\eta(G_\alpha)$ 在区域 V 上是连续的和正的.利用群的紧密性,现在我们来证

明对于任何元素 $G_\alpha \eta(G_\alpha)=1$. 假设对于某一个元素 G_α 我们有 $\eta(G_\alpha)\neq 1$. 譬如说，如果 $\eta(G_\alpha)<1$，那么根据(269)：$\eta(G_\alpha^{-1})>1$，因此我们总可以认为 $\eta(G_\alpha)>1$. 在这个情形下

$$\eta(G_\alpha^n)=[\eta(G_\alpha)]^n\to\infty \quad 当\ n\to\infty$$

这个和在闭域 V 上连续的函数 $\eta(G_\alpha)$ 一定有界这件事实抵触. 现在我们来建立 $u(G_\alpha)$ 和 $u'(G_\alpha)$ 之间的关系. 设

$$G_\gamma=G_\beta G_\alpha=G_\alpha^{-1}(G_\alpha G_\beta)G_\alpha=G_\alpha^{-1}G_\rho G_\alpha \quad (G_\rho=G_\alpha G_\beta)$$

我们有

$$\left|\frac{\partial\gamma_i}{\partial\beta_k}\right|_1^r=\Delta(G_\beta,G_\alpha)$$

不过在另一方面

$$\left|\frac{\partial\gamma_i}{\partial\beta_k}\right|_1^r=\left|\frac{\partial\gamma_i}{\partial\rho_k}\right|_1^r\left|\frac{\partial\rho_i}{\partial\beta_k}\right|_1^r=D(G_\rho,G_\alpha)\Delta'(G_\alpha,G_\beta)$$

即

$$\Delta(G_\beta,G_\alpha)=D(G_\alpha G_\beta,G_\alpha)\cdot\Delta'(G_\alpha,G_\beta)$$

令 $G_\beta=G_\alpha^{-1}$，即得

$$\Delta(G_\alpha^{-1},G_\alpha)=D(E,G_\alpha)\cdot\Delta'(G_\alpha,G_\alpha^{-1})$$

这就是

$$u(G_\alpha^{-1})=\eta(G_\alpha)u'(G_\alpha^{-1})$$

或者

$$u(G_\alpha^{-1})=u'(G_\alpha^{-1})$$

因为对任何 G_α，$\eta(G_\alpha)=1$. 因此，对于紧密的群左不变积分(251)与右不变积分(257)重合. 除此之外，由(262)和(263)知道这个积分和积分

$$\int_V f(\tilde{\alpha}_1,\cdots,\tilde{\alpha}_r)u'(G_\alpha)\mathrm{d}\alpha_1,\cdots,\mathrm{d}\alpha_r$$

也是一样的.

对于非紧密的群左不变积分可以不同于右不变积分. 作为一个例子我们来看下面这种形式的线性变换群：

$$z'=\mathrm{e}^{\alpha_1}z+\alpha_2$$

这里 α_1 和 α_2 从$(-\infty)$变到$(+\infty)$. 在这个情形 $r=2$，V 是整个的平面. 结合两个变换给出：

$$z'=\mathrm{e}^{\alpha_1}z+\alpha_2;z''=\mathrm{e}^{\beta_1}z'+\beta_2$$
$$z''=\mathrm{e}^{\beta_1+\alpha_1}z+(\mathrm{e}^{\beta_1}\alpha_2+\beta_2)$$

这就是说

$$\gamma_1=\varphi_1(\beta_1,\beta_2;\alpha_1,\alpha_2)=\beta_1+\alpha_1$$
$$\gamma_2=\varphi_2(\beta_1,\beta_2;\alpha_1,\alpha_2)=\mathrm{e}^{\alpha_1}\beta_2+\alpha_2$$

参数 $\alpha_1=\alpha_2=0$ 对应于单位元素. 元素 G_α^{-1} 的参数是 $\tilde{\alpha}_1=-\alpha_1,\tilde{\alpha}_2=-\alpha_2 e^{-\alpha_1}$. 我们来计算函数行列式:

$$\Delta'(G_\beta,G_\alpha)=\begin{vmatrix}1 & 0\\ 0 & e^{\alpha_1}\end{vmatrix}=e^{\alpha_1};\delta'(G_\alpha)=e^{\alpha_1};u'(G_\alpha)=e^{-\alpha_1}$$

$$\Delta(G_\beta,G_\alpha)=\begin{vmatrix}1 & e^{\alpha_1}\beta_2\\ 0 & 1\end{vmatrix}=1;\delta(G_\alpha)=u(G_\alpha)=1$$

左不变积分是

$$\int_{-\infty}^{+\infty}\int_{-\infty}^{+\infty}f(\alpha_1,\alpha_2)e^{-\alpha_1}d\alpha_1 d\alpha_2$$

右不变积分是

$$\int_{-\infty}^{+\infty}\int_{-\infty}^{+\infty}f(\alpha_1,\alpha_2)d\alpha_1 d\alpha_2$$

应该指出,为了证明右不变积分与左不变积分相等,也就是等式 $u(G_\alpha)=u'(G_\alpha)$,我们可以用其他的条件来代替群的紧密性的条件.

设 G' 是一个子群,它由 G 的形式为

$$G_\alpha G_\beta G_\alpha^{-1}G_\beta^{-1} \tag{270}$$

的元素或者由这些元素经乘法所得出的元素所组成,这里 G_α 和 G_β 是 G 的任意元素.

不难看出,如果元素 G_γ 是元素(270)中的一个,那么它的逆元素 G_γ^{-1} 也是.

同样地,对于 G 中的任意元素 G_δ,元素 $G_\delta^{-1}G_\gamma G_\delta$ 也是元素(270)中的一个. 换句话说,G' 是由元素(270)所生成的. 由上面所说的可以推知,G' 是 G 的一个正规子群. 子群 G' 归结成单个的单位元素在而且仅在所有的元素(270)都是单位元素的情形,也就是说,当 G 是一个阿贝尔群. 子群 G' 也可以和 G 重合. 特别地,如果 G 是一个非交换的单纯群时,G' 和 G 重合. 子群 G' 通常叫作群 G 的交换子群.

由定义(268)和(269)得知,$\eta(G_\alpha G_\beta G_\alpha^{-1}G_\beta^{-1})=1$,对 G' 中所有的 G_γ,$\eta(G_\gamma)=1$,并且 $\eta(G_\alpha)$ 对于所有的属于同一个按子群 G' 分成的集合的元素取相同的值,这就是说,函数 $\eta(G_\alpha)$ 对于 G' 的商群的每个元素有确定的值. 如果 G' 和 G 重合,那么对于 G 的任何元素 G_α 有 $\eta(G_\alpha)=1$. 如果上面所说的商群是紧密的,情形也是如此. 既然

$$\eta(G_\alpha)=1$$

那么就有

$$u(G_\alpha)=u'(G_\alpha)$$

90. 正交性质例子

在有限群里,对于一个变元素 G_s 和一个固定的元素 G_t,乘积 G_sG_t 或者

G_tG_s 取群内所有的元素，且各取一次，上一节所讨论的积分的左不变性和右不变性和这个性质相仿. 对于有限群，在证明每一个群的表示都等价于一个 U 表示以及证明它们的正交性时我们就利用了上面这个性质. 利用不变积分，对于紧密的群我们也可以证明相仿的命题. 如果 $\boldsymbol{A}(G_\alpha)$ 是 $\boldsymbol{U}$ 矩阵，它给出紧密的群 G 的一个不可约的线性表示，$\boldsymbol{B}(G_\alpha)$ 也是 $\boldsymbol{U}$ 矩阵，它给出另一个不等价的不可约表示，和平常一样，我们以两个下标来表示矩阵的元素，那么我们就有以下的公式，它表示出互不等价的不可约 $\boldsymbol{U}$ 表示的正交性：

$$\int_V \{\boldsymbol{A}(G_\alpha)\}_{ij}\{\boldsymbol{B}(G_\alpha)\}_{kl}u(G_\alpha)\mathrm{d}\alpha_1\cdots\mathrm{d}\alpha_r=0 \tag{271}$$

对于一个不可约的表示我们有

$$\int_V \{\boldsymbol{A}(G_\alpha)\}_{ij}\{\overline{\boldsymbol{A}(G_\alpha)}\}_{kl}u(G_\alpha)\mathrm{d}\alpha_1\,\mathrm{d}\alpha_r=\frac{\delta_{ik}\delta_{jl}}{p}\int_V u(G_\alpha)\mathrm{d}\alpha_1\,\mathrm{d}\alpha_r \tag{272}$$

这里 p 是矩阵的阶. 对于品格

$$\boldsymbol{X}(G_\alpha)=\sum_{i=1}^{p}\{\boldsymbol{A}(G_\alpha)\}_{ii}$$

$$\boldsymbol{X}'(G_\alpha)=\sum_{i=1}^{q}\{\boldsymbol{B}(G_\alpha)\}_{ii}$$

这里 p 和 q 是矩阵 $\boldsymbol{A}(G_\alpha)$ 和 $\boldsymbol{B}(G_\alpha)$ 的阶，同样地，下面的性质成立：

$$\int_V \boldsymbol{X}(G_\alpha)\overline{\boldsymbol{X}'(G_\alpha)}u(G_\alpha)\mathrm{d}\alpha_1\,\mathrm{d}\alpha_r=0 \tag{273}$$

$$\int_V \boldsymbol{X}(G_\alpha)\overline{\boldsymbol{X}(G_\alpha)}u(G_\alpha)\mathrm{d}\alpha_1\,\mathrm{d}\alpha_r=\int_V u(G_\alpha)\mathrm{d}\alpha_1\,\mathrm{d}\alpha_r \tag{274}$$

1. 我们来看几个例子. 设 G 是平面上绕原点转动的阿贝尔群. 对于它 $r=1$，唯一的参数 α 给出转动的角度. 我们认定 α 是属于区间 $(0,2\pi)$，并且把区间的两端等同起来. 相继地转动角 α 和角 β 相当于转动角 $\alpha+\beta$，有时候为了使加得的和仍属于区间 $(0,2\pi)$，需要减去 2π. 在这个情形，函数行列式 $\Delta(G_\beta,G_\alpha)$ 和 $\Delta'(G_\beta,G_\alpha)$ 归结成 $\beta+\alpha$ 对 β 或者 α 的微商，因而等于 1，所以 $u(G_\alpha)=u'(G_\alpha)=1$. 我们知道，群 G 有一阶不可约的 U 表示 $\mathrm{e}^{\mathrm{i}m\alpha}$ $(m=0,\pm1,\pm2,\cdots)$，并且公式 (273) 和 (274) 给出我们所熟知的公式：

$$\int_0^{2\pi}\mathrm{e}^{\mathrm{i}m_1\alpha}\,\overline{\mathrm{e}^{\mathrm{i}m_2\alpha}}\mathrm{d}\alpha=\int_0^{2\pi}\mathrm{e}^{\mathrm{i}(m_1-m_2)\alpha}\mathrm{d}\alpha=\begin{cases}0 & 当\ m_1\neq m_2\\ 2\pi & 当\ m_1=m_2\end{cases} \tag{275}$$

应该指出，由于要使和 $\beta+\alpha$ 始终在区间 $(0,2\pi)$ 上，在 α 和 β 都在区间 $(0,2\pi)$ 内而它们的和等于 2π 的情形，这个和的连续性和微商需要做一些特别的说明.

2. 我们来考虑三维空间的转动群，并将取与[84]中所谈的有一些不同的参数. 假设空间绕一根轴转动角度 ω，两这根轴与坐标轴 X，Y 和 Z 所成的角是 α，β 和 γ.

我们引入四个参数

$$
\begin{aligned}
a_0 &= \cos \frac{1}{2}\omega \\
a_1 &= \cos \alpha \sin \frac{1}{2}\omega \\
a_2 &= \cos \beta \sin \frac{1}{2}\omega \\
a_3 &= \cos \gamma \sin \frac{1}{2}\omega
\end{aligned} \tag{276}
$$

它们被关系式

$$
a_0^2 + a_1^2 + a_2^2 + a_3^2 = 1 \tag{277}
$$

联系着.数值 $a_0 = 1, a_1 = a_2 = a_3 = 0$ 对应于单位变换.我们可以取 a_1, a_2, a_3 作为参数.把 a_3 看作它们的函数.

如果相继施行两个转动,它们被参数(a_0, a_1, a_2, a_3)和(b_0, b_1, b_2, b_3)确定,那么不难验证,结果所得的转动的参数(c_0, c_1, c_2, c_3)是被以下的公式决定:

$$
\begin{aligned}
c_0 &= a_0 b_0 - a_1 b_1 - a_2 b_2 - a_3 b_3 \\
c_1 &= a_0 b_1 + a_1 b_0 + a_2 b_3 - a_3 b_2 \\
c_2 &= a_0 b_2 - a_1 b_3 + a_2 b_0 + a_3 b_1 \\
c_3 &= a_0 b_3 + a_1 b_2 - a_2 b_1 + a_3 b_0
\end{aligned} \tag{278}
$$

把 a_0 看作 a_1, a_2, a_3 的函数,根据(277)得

$$
a_0 \frac{\partial a_0}{\partial a_j} + a_j = 0 \quad (j = 1, 2, 3)
$$

从而对于 E,$\frac{\partial a_0}{\partial a_j} = 0$.利用这一点,我们可以很容易地得出当 $b_0 = 1, b_1 = b_2 = b_3 = 0$ 时的函数行列式:

$$
\frac{D(c_1, c_2, c_3)}{D(b_1, b_2, b_3)} = \begin{vmatrix} a_0 & -a_3 & a_2 \\ a_3 & a_0 & -a_1 \\ -a_2 & a_1 & a_0 \end{vmatrix} = a_0(a_0^2 + a_1^2 + a_2^2 + a_3^2) =
$$

$$
a_0 = \sqrt{1 - a_1^2 - a_2^2 - a_3^2}
$$

又变积分就是

$$
\int_V f(a_1, a_2, a_3) \frac{1}{\sqrt{1 - a_1^2 - a_2^2 - a_3^2}} \mathrm{d}a_1 \mathrm{d}a_2 \mathrm{d}a_3 \tag{279}
$$

区域 V 是半径为 1 以原点为中心的球.应该指出,公式(278)可以直接由四元数的乘法规则得出

$$
c_0 + c_1 \mathrm{i} + c_2 \mathrm{j} + c_3 \mathrm{k} = (a_0 + a_1 \mathrm{i} + a_2 \mathrm{j} + a_3 \mathrm{k})(b_0 + b_1 \mathrm{i} + b_2 \mathrm{j} + b_3 \mathrm{k})
$$

这里单位 i,j 和 k 服从下面的乘法规则:

$$
\mathrm{i}^2 = \mathrm{j}^2 = \mathrm{k}^2 = -1
$$

$$\mathrm{ij}=-\mathrm{ji}=\mathrm{k}$$
$$\mathrm{jk}=-\mathrm{kj}=\mathrm{i}$$
$$\mathrm{ki}=-\mathrm{ik}=\mathrm{j}$$

不难建立参数(a_0,a_1,a_2,a_3)与尤拉角α,β,γ之间的关系.相当的公式是

$$a_0=\cos\frac{1}{2}\beta\cos\frac{1}{2}(\alpha+\gamma)$$
$$a_1=\sin\frac{1}{2}\beta\cos\frac{1}{2}(\gamma-\alpha)$$
$$a_2=\sin\frac{1}{2}\beta\sin\frac{1}{2}(\gamma-\alpha)$$
$$a_3=\cos\frac{1}{2}\beta\sin\frac{1}{2}(\alpha+\gamma)$$

对于参数(α,β,γ)不变积分的形式为

$$\int_V f(\alpha,\beta,\gamma)\sin\beta\sin^2\frac{1}{2}(\alpha-\gamma)\mathrm{d}\alpha\mathrm{d}\beta\mathrm{d}\gamma \tag{280}$$

这里$0\leqslant\alpha<2\pi,0\leqslant\beta<\pi,0\leqslant\gamma<2\pi$.应该指出,在积分(279)中,如果$\omega=\pi$,函数

$$\frac{1}{a_0}=\frac{1}{\sqrt{1-a_1^2-a_2^2-a_3^2}}$$

变成无限大.这是由于在公式(276)中a_1,a_2,a_3含有的是$\sin\frac{1}{2}\omega$.因此应该指出,在[89]中联系于紧密性的定义所谈到的那一些性质只是对于某一些参数的选择是满足的.在改变了参数之后这些性质可能就丧失了.此外,对于三维空间的转动群,连续性和微商的定义有一些特殊性,这一点在上一个例子的最后说到平面上绕原点的转动群时已经提到过.

再有一点应该指出,对于空间的转动群,两种不变积分是相同的这一点可以由它是一个非交换的单纯群这件事实直接得出.

3.对于劳伦次群,根据直接计算不难验证左不变积分和右不变积分是重合的,我们知道,劳伦次群是准同构于行列式为1的线性变换群:

$$\begin{aligned}x_1'&=a_0x_1+a_1x_2\\x_2'&=a_2x_1+a_3x_2\end{aligned}\quad(a_0a_3-a_1a_2=1) \tag{281}$$

数值$a_0=a_3=1,a_1=a_2=0$对应于单位元素.可以把a_0看作a_1,a_2,a_3的函数,并取a_1,a_2和a_3的实数和虚数部分作为参数.群的运算就是二阶矩阵的乘法,我们有

$$\begin{aligned}c_0&=b_0a_0+b_1a_2\\c_1&=b_0a_1+b_1a_3\\c_2&=b_2a_0+b_3a_2\\c_3&=b_2a_1+b_3a_3\end{aligned} \tag{282}$$

如果假定 $a_k=\alpha_k'+\mathrm{i}\alpha_k''(k=0,1,2,3)$，那么 $\alpha_1',\alpha_2',\alpha_3',\alpha_1'',\alpha_2'',\alpha_3''$ 就是群的参数，再假定 $b_k=\beta_k'+\mathrm{i}\beta_k''$ 和 $c_k=\gamma_k'+\mathrm{i}\gamma_k''$，为了定义不变积分我们必须计算函数行列式：

$$\frac{D(\gamma_1',\gamma_2',\gamma_3',\gamma_1'',\gamma_2'',\gamma_3'')}{D(\beta_1',\beta_2',\beta_3',\beta_1'',\beta_2'',\beta_3'')}\quad 当\ \beta_1'=\beta_2'=\beta_1''=\beta_2''=\beta_3''=0;\beta_s'=1$$

或者

$$\frac{D(\gamma_1',\gamma_2',\gamma_3',\gamma_1'',\gamma_2'',\gamma_3'')}{D(\alpha_1',\alpha_2',\alpha_3',\alpha_1'',\alpha_2'',\alpha_3'')}\quad 当\ \alpha_1'=\alpha_2'=\alpha_1''=\alpha_2''=\alpha_3''=0;\alpha_3'=1$$

这里对应于恒等变换的是 $\alpha_3'=1$ 而不全是零，这件事实是无关紧要的. 在两种情形下，我们得到同一个不变积分：

$$\int_V f(\alpha_1',\alpha_2',\alpha_3',\alpha_1'',\alpha_2'',\alpha_3'')\frac{1}{\alpha_3'^2+\alpha_3''^2}\mathrm{d}\alpha_1'\mathrm{d}\alpha_2'\mathrm{d}\alpha_3',\mathrm{d}\alpha_1''\mathrm{d}\alpha_2''\mathrm{d}\alpha_3'' \tag{283}$$

区域 V 是整个的六维空间. 两种不变积分重合是联系于这样一个事实，即对于群(281)，我们在[89]中所提到的由乘积 $G_\alpha G_\beta G_\alpha^{-1}G_\beta^{-1}$ 所生成的子群与这个群本身重合. 事实上，不难证明，G' 既不是单个的恒等变换又不是由元素 E 和 $(-E)$ 所组成的正规子群. 在不变积分(283)中实际计算函数 $u(G_\alpha)$ 可以简单地利用下面这个引理，这个引理要用到多个复变数的解析函数的概念(参看本卷第二部第四章).

引理 设 $w_s=u_s+\mathrm{i}v_s(s=1,2,\cdots,k)$ 是复变数，$z_s=x_s+\mathrm{i}y_s(s=1,2,\cdots,k)$ 是解析函数. 那么函数 $(u_1,v_1,\cdots,u_k,v_k)$ 对于变数 $(x_1,y_1,\cdots,x_k,y_k)$ 的函数行列式等于函数 $(w_1,\cdots,w_k)$ 对于变数 $(z_1,\cdots,z_k)$ 的函数行列式模的平方.

我们有(参看本卷第二部第一和第四章)

$$\frac{\partial u_i}{\partial x_k}=\frac{\partial v_i}{\partial y_k};\frac{\partial v_i}{\partial x_k}=-\frac{\partial u_i}{\partial y_k}$$

并且可以写成

$$\frac{D(u_1,v_1,\cdots,u_k,v_k)}{D(x_1,y_1,\cdots,x_k,x_k)}=\begin{vmatrix} a_{11} & b_{11} & a_{12} & b_{12} & \cdots & a_{1k} & b_{1k}\\ -b_{11} & a_{11} & -b_{12} & a_{12} & \cdots & -b_{1k} & a_{1k}\\ \vdots & \vdots & \vdots & \vdots & & \vdots & \vdots\\ a_{k1} & b_{k1} & a_{k2} & b_{k2} & \cdots & a_{kk} & b_{kk}\\ -b_{k1} & a_{k1} & -b_{k2} & a_{k2} & \cdots & -b_{kk} & a_{kk}\end{vmatrix}$$

其中

$$a_{ik}=\frac{\partial u_i}{\partial x_k};b_{ik}=\frac{\partial v_i}{\partial x_k}$$

把偶数的列乘上 i 加到奇数列去，我们就得到行列式：

$$\begin{vmatrix} c_{11} & b_{11} & c_{12} & b_{12} & \cdots & c_{1k} & b_{1k} \\ \mathrm{i}c_{11} & a_{11} & \mathrm{i}c_{12} & a_{12} & \cdots & \mathrm{i}c_{1k} & a_{1k} \\ \vdots & \vdots & \vdots & \vdots & & \vdots & \vdots \\ c_{k1} & b_{k1} & c_{k2} & b_{k2} & \cdots & c_{kk} & b_{kk} \\ \mathrm{i}c_{k1} & a_{k1} & \mathrm{i}c_{k2} & a_{k2} & \cdots & \mathrm{i}c_{kk} & a_{kk} \end{vmatrix} (c_{ik} = a_{ik} + \mathrm{i}b_{ik})$$

进一步,从偶数的行减去奇数的行的 i 倍,即得

$$\begin{vmatrix} c_{11} & b_{11} & c_{12} & b_{12} & \cdots & c_{1k} & b_{1k} \\ 0 & \bar{c}_{11} & 0 & \bar{c}_{12} & \cdots & 0 & \bar{c}_{1k} \\ \vdots & \vdots & \vdots & \vdots & & \vdots & \vdots \\ c_{k1} & b_{k1} & c_{k2} & b_{k2} & \cdots & c_{kk} & b_{kk} \\ 0 & \bar{c}_{k1} & 0 & \bar{c}_{k2} & \cdots & 0 & \bar{c}_{kk} \end{vmatrix}$$

把全部奇数的列移到左边,把全部奇数的行移到上边,即得

$$\begin{vmatrix} c_{11} & c_{12} & \cdots & c_{1k} & b_{11} & b_{12} & \cdots & b_{1k} \\ c_{21} & c_{22} & \cdots & c_{2k} & b_{21} & b_{22} & \cdots & b_{2k} \\ \vdots & \vdots & & \vdots & \vdots & & \vdots & \vdots \\ c_{k1} & c_{k2} & \cdots & c_{kk} & b_{k1} & b_{k2} & \cdots & b_{kk} \\ 0 & 0 & \cdots & 0 & \bar{c}_{11} & \bar{c}_{12} & \cdots & \bar{c}_{1k} \\ \vdots & \vdots & & \vdots & \vdots & & \vdots & \vdots \\ 0 & 0 & \cdots & 0 & \bar{c}_{k1} & \bar{c}_{k2} & \cdots & \bar{c}_{kk} \end{vmatrix}$$

从而推出

$$\frac{D(u_1,v_1,\cdots,u_k,v_k)}{D(x_1,y_1,\cdots,x_k,y_k)} = \begin{vmatrix} c_{11} & \cdots & c_{1k} \\ \vdots & & \vdots \\ c_{k1} & \cdots & c_{kk} \end{vmatrix} \cdot \begin{vmatrix} \bar{c}_{11} & \cdots & \bar{c}_{1k} \\ \vdots & & \vdots \\ \bar{c}_{k1} & \cdots & \bar{c}_{kk} \end{vmatrix} = \left| \frac{D(w_1,\cdots,w_k)}{D(z_1,\cdots,z_k)} \right|^2$$

我们回过来计算不变积分中的函数 $u(G_a)$. 为了这个目的. 根据引理,只需要计算下面的函数行列:

$$\frac{D(c_1,c_2,c_3)}{D(b_1,b_2,b_3)} \quad 当\ b_0 = b_3 = 1; b_1 = b_2 = 0 \tag{284}$$

或者

$$\frac{D(c_1,c_2,c_3)}{D(a_1,a_2,a_3)} \quad 当\ a_0 = a_3 = 1; a_1 = a_2 = 0 \tag{285}$$

由关系式 $a_0a_3 - a_1a_2 = 0$ 得

$$-a_2 + a_3\frac{\partial a_0}{\partial a_1} = 0; -a_1 + a_3\frac{\partial a_0}{\partial a_2} = 0; a_0 + a_3\frac{\partial a_0}{\partial a_3} = 0$$

再有

$$\frac{\partial c_1}{\partial a_1}=b_0;\quad \frac{\partial c_1}{\partial a_2}=b_0;\quad \frac{\partial c_1}{\partial a_3}=b_1;$$

$$\frac{\partial c_2}{\partial a_1}=b_2\frac{\partial a_0}{\partial a_1};\quad \frac{\partial c_2}{\partial a_2}=b_2\frac{\partial a_0}{\partial a_2}+b_3;\quad \frac{\partial c_2}{\partial a_3}=b_2\frac{\partial a_0}{\partial a_3};$$

$$\frac{\partial c_3}{\partial a_1}=b_2;\quad \frac{\partial c_3}{\partial a_2}=0;\quad \frac{\partial c_3}{\partial a_3}=b_3.$$

由此得(283).根据公式(284)我们会得到同样的结果.

俄国大众数学传统——过去和现在

附录

本附录的作者为 A. B. Sossinsky，译者为吴雅萍. A. B. Sossinsky 现为莫斯科电子学与数学研究所高级研究员及莫斯科独立大学讲师.

对西方观察家来说，下述事实令他们深感奇怪：在赫鲁晓夫与勃列日涅夫的极权统治年代里，几乎处于完全孤立的情形下繁荣一时的俄国数学学派，在国家向民主和正规市场经济迈进的今天却面临消亡的威胁. 当然，至少对目前正发生的空前的数学人才外流现象，有其明显的经济原因. 然而如果人们想解释这一矛盾现象，还应了解这一问题的一些更深层的、不那么明显的方面，在西方这是鲜为人知的.

其中一个方面可称作“非正规的大众化数学的传统”——正是本附录的主题.

社会和文化范畴

苏联的大众数学传统的特定形式，只能在俄罗斯文化遗产的框架内以及苏联政体的政治范畴内才能理解. 前者包括俄国科学职业在长时期内的威望，它把东方人对“宗教领袖”的尊崇与德国人对“绅士教授”的尊敬融合起来；同时它还包括传统的对自谦的钦佩,以及优秀的公民、贵族或知识分子通过“走向人民”和与大众分享其文化遗产以增进社会的公正所做出的常常是天真的努力.

这一背景对所有的学科都是相同的,但由于起决定作用的政治性原因,其对数学的影响却是独特的:几十年来在苏联,数学是唯一的一门其自身发展不受意识形态权威人物的严密监督和左右的科学,这一事实是众所周知的.有才能的年轻人很快就认识到学习生物学就意味着要遵从李森科的荒谬原理,研究历史则意味着要遵循马克思主义的一家之言.而数学却保持其独立和纯洁:一条定理,一旦被证明了,则不管党魁们喜欢与否都是正确的.事实上,直到20世纪60年代末,党魁们不仅对定理而且对证明它们的人都并不是特别介意.

因此苏联数学家有极好的机遇来吸引最有才能的学生从事他们的职业,并且他们抓住了这一机遇,并为此建立了新的非官方的机构.

奥林匹克竞赛与数学兴趣小组

首届数学奥林匹克竞赛是在1936年由B. N. Delone在列宁格勒组织的,他在第二年还发起了莫斯科数学奥林匹克竞赛. B. N. Delone是一位多面手,他既是数论专家、几何学家,又是有成就的登山运动员、说书人及讲师.他自己设计这些数学竞赛的形式——现今在很多文明国家中已很流行,且使这些竞赛有了成功的开始.他得到了权威数学家们的支持,特别是A. N. Kolmogorov和I. G. Petrovsky.就其特色而言,近40年来,数学奥林匹克竞赛一直是非官方的,在没有重大经济资助下发挥了作用,并且是靠年轻数学家的无私热情来完成的.

在因第二次世界大战而中断一段时间后,奥林匹克竞赛扩展到全国,并形成了金字塔式结构:首届全俄数学奥林匹克竞赛在1961年举行,首届全苏决赛则于1967年在第比利斯举行.直到20世纪70年代中期,它基本上仍是一项非官方的活动,并从Petrovsky所在的莫斯科大学得到一些经济资助,还从当地一些数学家那里获得帮助.奥林匹克数学竞赛是一种多阶段性竞赛,它从学校一级开始,一个有才能的高中生要在城市、地区以及共和国等各种级别的竞赛中取胜,才可以参加权威性的全苏决赛甚至于有资格参加国际竞赛.

从20世纪40年代后期起,大城市的奥林匹克竞赛与所谓的“数学兴趣小组”密切相关,数学兴趣小组是非常规的解题数学班,通常在周末由年轻的专业研究数学家来指导并向所有有兴趣的高中生开放.俄国的这一非常规的学习小组的传统可追溯到19世纪,小组(在圣彼得堡的列宁的“马克思主义小组”)活动的内容从政治宣传到文学、科学或艺术,以及手工艺等.实际上,对这种非常规的活动没有历史的记载,但为了了解我们这一代的每一个主要的苏联数学家是怎样产生的,那么了解他们参加的是哪个小组和说明谁是他们的论文导师可能同样重要.

从统计数据看,当时50多岁的苏联最好的数学家中,几乎所有的人都参加了数学小组及奥林匹克竞赛. Novikov, Arnold, Kirillov 及 Fuchs 都是20世纪50年代的奥林匹克竞赛获奖者.

数学学校及数学班

20世纪60年代可能是苏联数学发展中最值得称道的时期. 尽管"赫鲁晓夫的春天"没有达到预期的效果,俄国知识分子从斯大林时期的由恐惧造成的麻木中觉醒过来,而且艺术及科学活动通常能在政治允许的范围内得以重新恢复. 数学家们利用这个有利形势创立新的机构以吸引有才能的年轻人投身数学事业.

第一个也最具雄心的是"物理和数学寄宿学校". 第一所学校是1961年在新西伯利亚附近,由有"科学城的沙皇"之称的 M. I. Lavrentiev 创建的;他是来自莫斯科的一流数学家,承担了在西伯利亚传播科学这一重要计划的实施. 第二年, A. N. Kolmogorov 及 I. K. Kikoin(氢弹物理学家) 在莫斯科建立了类似的学校,随后有人在列宁格勒、基辅及埃里温也仿效了这一做法.

Lavrentiev 和 Kolmogorov 认为,未来的数学家未必来自社会及知识界的精英阶层,在全国各地,特别是在小城镇,有巨大的民间人才宝库. 大城市里有才能的年轻人已经得到了广为宣传的奥林匹克竞赛及数学小组的关怀,而小城镇里的年轻人既缺少称职的数学教师又完全没有与年轻的研究人员 —— 其任务是塑造成杰出的未来数学家 —— 接触的机会. 为挑选最有才能的高中生,来自莫斯科、列宁格勒、基辅及科学城的年轻数学家,游历全国的所有边远地区以帮助组织当地的奥林匹克竞赛,同时指导物理和数学寄宿学校的入学考试.

几乎同时,几个杰出的数学家(例如 A. Cronrod, E. Dynkin, I. M. Gelfand) 决定为较大的城市居民组办数学学校(注意,确切地说是为那些上中学的最后二或三年的孩子举办的). 于是,莫斯科的第2,7,9,444中学成为具有强化数学课程的一流学校.

同时出现的另一个不那么雄心勃勃的机构,称为"普通"学校里的数学班,在那里,有兴趣的高中生可学到更多的(且更高等的) 数学知识.

归功于 I. M. Gelfand 的另一个重要的创造,是在1964年创立的全苏数学函授学校. 这一著名的机构(只有几个领(低) 报酬的长期合作者),借助于莫斯科大学数学专业的人才始终如一的帮助(几年以后,大部分帮助来自函授学校的毕业生),设法吸引成千上万的高中生学习课程以外的数学.当然,大部分学生来自那些不能提供上述常规及非常规的数学学习条件的地方.

随着函授学校的工作的推进,又演化出一种新形式的功能,称为"集体学生",这与当地教师直接相关.即一组学生在本校一名教师的指导下做函授学校指定的作业,每月提交一份共同完成的作业论文.个人及集体这两类工作形式经证明都是卓有成效的.

在20世纪60年代中期,为愿意从事数学研究的有才能的年轻人提供了一个很广阔的供选择的天地.数学兴趣小组、奥林匹克竞赛,多种特殊的班以及学校,其中包括寄宿学校及函授学校,用以满足各种潜在的人才的需要.所有这些机构,在某种意义上,都是外围组织(不是由上面权力机关强加的,也不是由教育体系派生的).幸亏由于投入该事业的人(大多是青年数学家)的热情,使它有效地发挥了作用.这些机构还趋于自我再生:例如数学寄宿学校的校友常常在他们成为研究生后(有时在之前)回到数学寄宿学校当教师.

实际上所有在20世纪60年代上学的领头数学家都进过上面提到的人才学校之一.在他们的班里,他们受到很强的激励去取得成功.环绕在大城市数学奥林匹克竞赛优胜者周围的热烈气氛,可与美国高中篮球队队长周围的气氛相比.下面将简单列举一下 Kolmogorov 寄宿学校培养的一些校友的名字,他们是:Varchenko,Matiyasevich,Levin,Nikulin 及 Krichever.

大众数学书及 *Kvant* 杂志

苏联科学事业中最值得称颂的成就之一是大众科学出版业的成就.在20世纪50,60及70年代中,用买两杯柠檬水(或半个冰激凌)的钱,你便可买到诸如:Khinchin 的《数论的3个宝石》或 Kirillov 的《极限》那样的数学科普书籍.甚至在20世纪80年代,Boltyansky Efremovich 的绝妙的介绍拓扑的科普书或 Arnold 的《突变理论》一书,售价不及一个橘子或半个香蕉.

但对出版业在数学普及中所做的这些事,Kolmogorov 感到还不够.他与 Kikoin 在1969年协力创办了 *Kvant*(《量子》杂志),一个由科学院资助的、面向高中学生的物理和数学方面的科普月刊.结果它成为出版业的一次不寻常的成功:(尽管仅能通过按年的订阅来销售)到1972年(这期间可描述为数学事业的繁荣时期)销售量达到令人难以置信的370 000份,其后有所下降,在20世纪80年代保持在200 000份左右.

该杂志的经常性撰稿人是 A. N. Kolmogorov,A. D. Alexandrov,

L. S. Pontryagin, V. A. Rokhlin, S. Gindikin, D. B. Fuchs, M. Bashmakov, V. I. Arnold, A. Kushnirenko, A. A. Kirillov, N. Vaguten (=N. Vassiliev + V. Gutenmakher), Yu. P. Soloviev, V. M. Tikhomirov 等. 西方读者通过阅读由"自然科学教师协会"在华盛顿出版的基于 *Kvant* 过刊的美国版本的《量子》(*Quantum*)杂志,便可了解 *Kvant* 杂志的主要内容.

数学事业中的停滞

20 世纪 60 年代的数学繁荣未能持续很久,在不祥的 1968 年(苏联坦克滞留布拉格)以后,勃列日涅夫及其密友严厉加强了对意识形态领域的控制,特别是对科学界,再一次强烈主张科学的党性原则. 这一时期是数学界发生最惹人注目的变化的时期,原因可能是在此之前数学是一片被偶然遗忘在沙漠中的绿洲.

在莫斯科,从 1968 年开始,伴随着"Esenin Volpin 案件",即所谓的"99 人信件"以及随后的发展,发生了一系列事件:莫斯科大学力学数学系行政管理方面的变化,反对犹太人进入莫斯科大学的政策的重新执行(本来自 1955 年已中止执行),对数学家的铁幕又一次拉上了(除了那些对共产党或克格勃有特殊贡献的人). 这些事实众所周知,然而,人们并不总是清楚地认识到,当时执政的政策不仅是种族歧视的一种特殊的丑恶形式,而且更一般的是试图对人的自尊心及公正的遏制,以及对科学事业中的卓越人才及成就的摧残,随后,迟钝与驯服成为在学术事业中成功的主要因素.

可以预料,当时会对前文中提到的所有从事大众数学的外围机构采取些行动,实际也确实如此.

在莫斯科,莫斯科大学的力学数学系党组织控制了 Kolmogorov 寄宿学校,清除了"不合需要"的教师(包括本附录作者),解雇了思想自由化的导师,引入禁止犹太人入学的政策.

就全苏联而言,教育部控制了数学奥林匹克竞赛. 1976 年在第比利斯举行的第 13 届全苏数学奥林匹克决赛是评委会以重大的牺牲而换取的一次胜利,他们成功地保留了竞赛的传统(通过与那些想管理及毁掉竞赛的教育部官僚们进行的为外人所不知晓的斗争):第二年,忠实的官僚们几乎全部地用那些更容易驾驭的数学家来替换原全苏评委会.

很多数学学校被迫关闭或被重新组织. 著名的莫斯科 2 中和 7 中及很多(特别是那些最有创新精神的教师指导的)数学班被迫中断.

并非对这些机构的所有打击都是成功的. Gelfand 的数学函授学校在意识

形态上好像是无懈可击的. 然而,力学数学系新的领导班子组织了一个相应的与之竞争的学校,叫作“Malyǐ 力学数学学校”,并诱惑性地向其学生许诺:他们更易进入该系且劝阻该系大学生不要帮助 Gelfand 学校. 但这些并未起很大作用,Gelfand 学校依然办得很成功.

由 Pontryagin 及 Vinogradov 负责执行的另一接管任务也失败了,他们要从太自由化的 Kolmogorov 和 Kikoin 手中争到 *Kvant* 杂志的控制权.

也许更典型的例子是过去在传统上由莫斯科大学的数学家们指导的莫斯科数学奥林匹克竞赛的命运. 曾在 1978 年被选为奥林匹克委员会领导人的 Kirillov,根据力学数学系主任签署的一项行政命令而被调离此职位,该系主任指派 Mishchenko 担任这一职务且完全改变了管理此竞赛的队伍. 这导致了竞赛氛围的根本变化:它变得非常刻板且开始模仿莫斯科大学的入学考试.

另一鲜为人知但具戏剧性的故事与 Bella Muchnik 的数学讲习班(被人挖苦地称作“人民大学”)有关. 它开办于 1979 年,旨在为那些未能通过莫斯科大学的具种族歧视性入学考试的学生提供学习最高水平数学知识的机会. 在它的 3 年开办期内,很多很好的数学家在那里执教而没有任何物质报酬. 当克格勃逮捕了两名学生后该校才停办. Bella Muchnik 在被克格勃审讯后,一天深夜不幸死于一次车祸,肇事者逃离,很多人相信这不是一次偶然的事故.

但这只是一个极端情形. 大多数半官方的大众数学机构未被破坏,相反它们变得更官方化了. 靠机构的再生,在很多情形下它们保持了高度专业化水平,但同时失去了很多原有的非常规的特点. 值得注意的例外是 *Kvant* 杂志和 Gelfand 函授学校,它们均设法保持其专业质量和办学精神.

新竞赛、新纪元

一般来说,20 世纪 70 年代及 80 年代初是令人沮丧的时期,当时大众对数学的兴趣逐渐下降,而且 20 世纪 50 年代及 60 年代创立的机构失去了很多吸引力. 但至少有一个人没有陷入这种沮丧中,他就是 Konstantinov. 尽管他从全苏奥林匹克评委会及莫斯科奥林匹克评委会被解职,而且他的数学学校被关闭,但他又重新行动起来:为中学生创立了一非正规的数学暑期讲习班,按惯例应在爱沙尼亚举办;把莫斯科 57 中学办成数学人才学校直至今日;又在莫斯科发起 Lomonosov 竞赛(一种受欢迎的中学多学科的群众性竞赛)且创立了非常成功的城市间竞赛(现为一种国际竞赛).

Konstantinov 是俄罗斯数学竞赛史上一位真正的传奇人物,然而在莫斯科、圣彼得堡、车里雅宾斯克等地还有很多不如他知名但同样致力于此事业的教师. 例如 B. Davidovich，A. Shen 及 A. Vaintrob，他们帮助把莫斯科 57 中学办成一个杰出的学校且保持其最高水平，尽管受到官方机构的行政方面的困扰.

这些以及其他的“手持火炬的人”，穿过勃列日涅夫时期的重重封锁把大众化数学的传统一直延续到“改革”的来临时. 在西方观察家看来，符合逻辑的应是标榜自由化的政权会立即引发生机勃勃的对最好的民主传统的恢复，特别是在科学和教育方面，但这并未出现. 主要原因是（不是西方人通常想的那样）政治机构最高层的急剧变化并未伴随着低层的行政人事的变化. 那些在极权体制下曾竭力反对任何革新及自由化的官僚们，今天仍在这么做，而且又补充了新的能量：这么做，不单单是为维护旧体制，而且是为他们自己的生存而斗争. 同时很多本可以在恢复最好传统中起积极作用的数学家，在条件允许时情愿移居国外，他们有理由把为他们的家人提供舒适的生活及良好的研究条件，看得比这里的不确定的前途及拯救濒临消亡的传统更重要. 这主要是指那些当时处在 30 至 40 岁的数学家，这一代人最好的年华不幸正处在那令人沮丧的停滞时期（1968 ～ 1986 年）.

莫斯科独立大学的数学学院

然而，那些仍根植于莫斯科的领头数学家们又精力充沛地创立了一个雄心勃勃的新机构，称为莫斯科独立大学（IUM）的数学学院，一个培养未来数学研究工作者的小型人才学校. 它的创建人感到，莫斯科国立大学的力学数学系由于受 20 年的错误管理的破坏，且从根本上讲，现在仍受那些招致该系衰退的强硬路线人的领导；它对造就新的数学人才已不再发挥作用. 从观念及教学方面看，创建数学学院的带头人是 Arnold，而在实际执行中，其机构由 Konstantinov 管理. 在 1991 年 7 月进行了非常难的笔试（一种从 0 分到 120 分的评分制），在 9 月开学，首批注册的是 45 名学生. Konstantinov 成功地在莫斯科大学附近的一个学校借到了办公室及教室，甚至从莫斯科的资助者那里得到一些钱，以给学院的教师一些酬劳，并为一些学生提供奖学金.

当时在俄罗斯还没有办私立（非公立）教育机构的立法. 特别是，这意味着莫斯科独立大学不能使其学生免于兵役，使得大多数男生不得不同时也进入莫斯科国立大学. 于是莫斯科独立大学只能在晚上上课，该校大部分学生有双份的学习负担.

尽管有这样或那样的困难，莫斯科独立大学的数学学院正在成功地发挥作用，它现有 25 个二年级学生及 35 个一年级新生. 美国数学会已向该校教师提供了一些资助，教师中包括 D. V. Alekseevsky，B. L. Feigin，A. L. Gorodentsev，

S. M. Gusein-Zade, A. A. Kirillov, Elena Korkina, S. K. Lando, Yu. A. Neretin, V. P. Palamodov, V. S. Retakh, A. N. Rudakov, V. M. Tikhomirov, V. A. Vassiliev, E. B. Vinberg 及本附录的作者. 教师们感到他们有能力把莫斯科数学学派最好的传统传给他们的学生(到现在为止,他们已被证明是有才能的及可培养的),并希望莫斯科独立大学的数学学院能克服目前的困难(需要一所永久性教学场所及好的图书馆),成为(不仅面向苏联学生的)一个具有一流水平研究生院的人才大学.

现在怎么样

现在让我们估计一下当今的形势. 圣彼得堡的数学学派无论从象征性意义上还是字面上已不复存在. 就莫斯科及圣彼得堡国立大学的数学系来说,修修补补已无济于事. 实际上所有40岁以下的领头数学家已经或正打算移居国外. 在莫斯科,大学教授的月工资不够维持一周的生活.

另一方面,我们这一代的很多领头数学家,尽管经常居住在国外,但还没有永久地移居国外:Novikov, Arnold, Maslov, Anosov, Faddeev, Vershik, Kirillov, Vinberg, Sinai 及 Zakharov 仍扎根于这里. 下一代的一些数学家也是如此:Ilyashenko, Helemsky, Feigin, Vassiliev, Khovansky, Rudakov, Soloviev, Fomenko, Drinfeld 及 Krichever. 文化的数学传统至今仍充满活力,但不是靠国立大学及公办奥林匹克竞赛,而是以其新的、非正规的机构来传授下去. 仍有很多数学班及数学兴趣小组,莫斯科数学奥林匹克竞赛正努力以重新获得其传统的价值,*Kvant* 杂志正为生存而顽强地奋斗着,Konstantinov 负责的城市间竞赛及 Lomonosov 竞赛仍在很好地进行. 莫斯科数学会也仍在发挥其质朴的凝聚作用,且出现了一些试验性新机构:在圣彼得堡的以 Faddeev 为首的欧拉研究所,在莫斯科的独立大学及以 Khovansky 为首的数学研究所.

这些足够了吗? 从现在起5年或10年里,当我们这一代人太老了以致不能把从事数学研究的乐趣传给有才能的学生时,是否有人会接过这一火炬呢? 显然逻辑推理告诉我们这两个问题的答案是"不". 但在此宁愿无视所有的逻辑,而祝愿美好的数学文化传统,其中一些是这里已描述过的,将不会消亡.

编辑手记

本丛书在中国的第一次出版距今已有半个世纪.

时光留予人的,从来不仅是它决然的背影,更有负载其上的努力、挣扎,以及由此生发出的意义与希望.

如果读一下我国老一代数学家和工程技术专家的回忆录,就会发现许多人在谈到读书生涯时都会提到斯米尔诺夫的这套高等数学教程.

其实俄罗斯几乎同时代有两位数学家都叫斯米尔诺夫.一位是V.I.斯米尔诺夫(Vladimir Ivanovič Smirnov(Владимир Иванович Смирнов),1887—1974).1887年生于彼得堡.1910年毕业于彼得堡大学.1912年至1930年任彼得堡交通道路工程学院教授.1936年获博士学位.1943年被选为苏联科学院院士.

斯米尔诺夫在数学上的主要贡献有:

1.他与索波列夫一道从事固体力学和数学物理方程的研究,得到了带平面边界条件的弹性介质中波传播理论某些问题的新解法,并引入了欧几里得空间中共轭函数的概念;在偏微分方程、变分学、应用数学方面也取得了重要成果;他还开创了地震学理论的新的研究方向.

2. 斯米尔诺夫长期领导物理数学史委员会工作，为出版奥斯特罗格拉德斯基、李雅普诺夫(1857—1918)、克雷洛夫等的著作，做出了巨大的努力.

3. 斯米尔诺夫是位数学教育家，非常重视高等数学教材建设. 他著的《高等数学教程》(共 5 卷)，重印了 20 多次. 还被翻译成几种国家的文字出版，中文版也重印过多次(高等教育出版社从 1952 年起出版各卷).

斯米尔诺夫曾获斯大林奖金；1967 年获苏联社会主义劳动英雄称号；还曾获列宁勋章和其他许多勋章、奖章.

另一位是 N.V. 斯米尔诺夫 (Nikolai Vasil'evič Smirnov(Николай Васильевич Смирнов)，1900—1966). 1900 年 10 月 17 日生于莫斯科. 第一次世界大战期间在前线做医疗救护工作. 十月革命后加入红军. 1921 年复员后考入莫斯科大学，毕业后在莫斯科一些高校工作. 1938 年获数学物理学博士学位. 同年开始在苏联科学院数学研究所从事研究. 1939 年成为教授. 1960 年成为苏联科学院通讯院士，同年开始主持该院数理统计研究室的工作. 1966 年 6 月 2 日逝世.

斯米尔诺夫主要研究数理统计和概率论. 在非参数统计、变分级数的项的分布以及其他概率论、数理统计问题上取得了许多成果；对概率论的极限定理理论，提出了斯米尔诺夫判别法. 他所编著的涉及概率论及数理统计的应用的教材和教学参考书在苏联和许多其他国家被广泛采用. 他与鲍尔舍夫合作编制的多种数理统计表继承了斯卢茨基开创的这一重要工作，为现代计算数学做出了贡献. 1970 年由鲍尔舍夫主持出版了他的著作选.

斯米尔诺夫是苏联国家奖金获得者，并曾被授予劳动红旗勋章和多种奖章. 本书作者是第一位斯米尔诺夫.

作为本书的策划编辑，理应在书后介绍一点重版的理由，其实就是要说明为什么我们要向俄罗斯学习，要对俄罗斯优秀的数学传统表示敬畏. 正在为此捻断数根须之际，在微信公众号“赛先生”2016 年 6 月 25 日上的一篇由数学家张羿写的题为《顶级俄国数学家是怎样炼成的》的文章，正好回答了这一疑问. 经作者同意转录于后.

顶级俄国数学家是怎样炼成的?

在过去的半个世纪中，俄国的顶尖大学产生了全世界近 25% 的菲尔兹奖得主. 科研与教学相结合是俄式教育的一大亮点，也是其能培养出大批非常年轻的顶尖科学家的原因之一. 此外，俄国的科研院所气氛宽松自由，所谓领导的任务就是制造环境、创造气氛，使研究人员不受外部环境的干扰，全力投入到研究中去. 20 世纪 50 年代，中国基本照搬了苏联的科研教育体系，但我们只抄来了形式，并没有真正地将如何协调、配合、鼓励创新的俄国精髓学到手.

俄国的精英教育起源于彼得大帝时代. 我们熟知的莫斯科大学、圣彼得堡大学，包括今日的列宾美术学院等①，从建成的第一天起，其目标就很明确，即培养西式精英人才. 这使得俄国在过去一段时间里，在科技、艺术、文化等几乎各个领域都产生了大量的明星，成为世界上唯一一个可以和美国拿奖数量相接近的超级大国. 其在昔日帝国时代提出的“我们要向欧洲学习，但我们一定要超越欧洲”的口号激励着一代又一代的俄国青年在各个领域努力成为精英.

俄国的精英教育基本上学自法国模式，只是它的规模更大、更系统，且目标更明确. 俄国人把这一系统用在人文、艺术、体育，乃至科学等各个方面，尽管因为专业的不同而略有调整，但基本思想是一致的.

下面笔者将以数学为例，简述这一教育系统. 对于数学精英，俄国人大致是这样定义的：

• 首先，他应该在约 22 岁时解决一个众多著名数学家都不能解决的大问题(即证明大定理)，并将成果公开发表出来. 这个问题或定理有多大，也多少决定了他未来的成就有多大.

• 在 30 ～ 35 岁时，在前面解决各种实际问题的基础上建立自己的理论，并为同行接受.

• 在 40 ～ 45 岁，在国际学术界建立自己的学派，有相当数量的跟随者.

培养数学精英，从初中开始

俄国中学、大学的精英教育基本上是为学生能够达到第一步而设计的. 但同时，它有各类的文化教育、社会教育等为后两步打基础.

俄罗斯的精英教育始于初中阶段. 以数学为例，在学生小学即将毕业时，他

---

① 俄国在彼得大帝改革之时，早就有着自己的文化传统，然而彼得大帝的改革是要将俄国拉向西方，建立大学也是为了培养西式人才. 俄国大学(如莫斯科大学、圣彼得堡大学等) 从一开始就与旧的俄国传统文化无关，而且从一开始，就定位在培养顶级精英人才. 在学生来源上也是这样，宁缺毋滥. 据笔者所知，圣彼得堡大学刚开始创办时，学生的人数少得可怜，只有 7 人. 但同时，为了培养真正的人才，学校的大门又是向全社会敞开的，即便是农奴，只要有才能，也可以进入大学学习，并得到各类资助而成为大师. 例如，18 ～ 19 世纪的 Andrey Veronikin 就是农奴出身，最终因其在建筑、艺术等多方面的成就而被选为俄罗斯科学院的院士，成为永垂史册的人物. 类似的例子很多，这是笔者知道的最典型的一例. 从大学创建之初直至今日，对传统俄国文化的学习仍在继续，但大学等当时的新生事物建立在圣彼得堡，所以新、旧两种教育体系基本相安无事，但切割得很清楚，没有利益上的冲突. 新的大学尽管起步艰难，但最后终于成为主流，成为俄国乃至世界科学文化明星的摇篮.

们可以从全国公开发行的一本数学物理科普杂志 *Quant*(KBAHT)[①] 中得到一份试题. 学生可以把自己做好的试题答案寄到其所在城市的指定部门，再由专家评阅试卷，成绩得出之后，城市的指定部门再组织对通过笔试的同学进行口试. 对学生进行口试的人员包括中学教师、大学教授及科学研究所的研究人员. 被选中的同学将进入所谓的“专业中学”(如果是数学，即数学中学) 学习，三年以后初中升高中时，将有一次考试(淘汰)，弱者将转入普通高中.

在莫斯科或圣彼得堡这样的城市中，一般都有四五所这种以数学为主的中学. 在那里，学生们将接受普通的中学教育(包括相当多的文化、艺术以及其他的基本科学知识课程) 以完成其人生必备的基本知识，但一半左右的时间将花在数学学习上. 每周他们还有两个下午去城市少年宫，在这里，有俄国的顶级数学大师[②]，如柯尔莫戈洛夫(Andrey Kolmogorov，1903—1987)、盖尔范特(Iserale Gelfand，1913—2009)、马蒂雅谢维奇(Yuri Matiyasevich，1947—) 等，为他们讲授数学课. 这些课程的讲稿经过整理后也大都会发表在 *Quant* 这一类科普性质的数学物理杂志上. 这一杂志影响极广，在欧美国家有着众多的读者，包括大学教授、中学老师、学生等. 这种少年宫课程一般都设计得深入浅出，与前沿数学研究中重大问题的提出、现在发展的阶段乃至其解决紧密相连. 为了让学生理解并掌握好内容，科学院联合大学一起为这一类课程配备了大量的助教，这些助教一般包括大学三年级以上的数学系学生和各级大学教师、科研人员等，并且他们以前也都是毕业于这种数学专业中学的学生，基本上每三位中学生配备一位助教，这特别类似于法国巴黎高师中的辅导员(tutor).

夏天时，数学中学的同学们还将在老师的带领下去黑海海滨等地的度假胜地参加夏令营. 在那里，他们一边学习提高，一边玩耍. 同时，他们会遇到国内其他城市地区乃至部分外国来的数学中学生，大家可以彼此增进了解，几年下来，慢慢会形成一个所谓的圈子[③]. 在夏令营中，还有众多来教课、辅导的科研人员、大学生、中学老师等. 笔者认识的许多俄国著名数学家(有的已在 20 世纪 90 年代移民西方了) 都会在夏天时去这些夏令营辅导学生、认识学生，同时去发现那些有才华、有潜力的中学生，以吸引他们进入数学研究领域. 有些极有才华的中学生正是通过这种方式在高中时就和科学院或大学中的科研人员建立联系，并进入他们的讨论班开始做研究工作的.

因为这一制度，有许多知名的俄国数学家在 18 岁上大学一年级时(或在此之前) 就取得了重要的成果，并且将论文发表在国际顶级数学杂志上. 该制度

---

① 这是一份创立于 1970 年，以数学和物理为主要专业的科普杂志，其对象是普通大众和学生. 该杂志在俄国、欧美都有众多读者.

② 俄国的顶级数学大师也是世界的顶级数学大师.

③ 这一圈子可以说对他们终身都有很大影响，尤其是在学术职业生涯上的互相帮助等方面.

激发了优秀“天才”少年的活力，使他们能有用武之地，这一点是极其重要的！俄式教育强调基础，无论是在科学，还是在体育、表演、艺术等诸多方面都非常出色，这一点也为中国人所熟知，但它还有我们不了解的另一面，就是更注重实践. 在数学(乃至大多数科学领域) 上就是鼓励研究、创新，去解决实际问题、大问题. 另一点值得指出的是，数学中学与少年宫、数学夏令营的教育本身也是一个系统工程. 它把中学数学知识、奥林匹克性质的数学竞赛技巧、大学各门数学课程的基本数学理念与思想、前沿问题等巧妙地结合在了一起. 它使得一小部分学生从高中转入大学以后，立刻就能进入研究状态并开始实质性有意义的研究，即攻克著名数学难题. 从高中进入大学以后，这些数学学生中只有少数人能剩下来，继续作为潜在的专业数学家被培养. 在我们熟悉的莫斯科大学、圣彼得堡大学等部分高校里，每个学校会有一个由大约三十人组成的“精英”数学班来继续这部分人的数学学习与研究. 笔者在此想指出，这些大学的数学系中当然还有众多别的数学学生，但他们的培养方向、要求等各方面都是不一样的①，甚至他们将来的毕业文凭都是不一样的②.

对于这些所谓的精英学生(乃至一般的普通学生)，他们在选课学习上有相当大的自由度. 例如，莫斯科大学、圣彼得堡大学的学生，可以去科学院的斯捷克洛夫(Steklov) 数学研究所的专业讨论班中去学习，还可以去别的大学中修习一些本校没有开设的课程，甚至可以去别的学校(科研院所) 选择自己喜欢的教师的课程等. 同时，他们也可以在一入大学(甚至在入大学之前)，就跟从科学院的研究所中的一些科研人员进行研究、写论文等. 这种科研与教学相结合的模式是俄式教育的一大亮点，也是为什么俄国能够培养出大批非常年轻的科学家的原因之一.

等大学二年级结束时，这三十几位精英学生的大部分已在学习过程中被淘汰了，只有五六名能剩下来，此时他们基本都已证明了可以令他们终生为之骄傲的定理，并开始撰写论文，且都已将论文发表出来了. 他们活跃在名师的讨论班里，向着新的目标前进. 他们的前程在此时也已基本上根据这时的成就而多少确定下来，即成为研究型的数学工作者.

笔者想在此指出，在俄国研究型大学的数学系中，有相当数量的课程供学生自由选择，绝非像我们的学校那样强迫学生去学那些必修课、限制性选修课

---

① 他们的培养方式有些类似于我们20世纪50年代从苏联学到的那一套比较正规的、严格的数学教育. 如今这套教育在中国已经大大缩了水，原因是我们大学的数学系不断扩招，且20世纪90年代以后又开始向美国学习其大众教育模式，所以目前我国高等学校的数学教育完全就不是为了打造精英而设置的.

② 俄国的大学文凭(Diploma) 相当于美国或中国的硕士，有普通文凭和红色文凭两种，极少数优秀学生能拿到红色文凭.

乃至公共课[①]. 而许多做出过好的科研工作的数学学生甚至可以免掉大部分的课程,以保证他们在黄金创造期间不停地去深入研究学术. 许多俄国大数学家是在副博士毕业以后留校任教期间通过教书来学习普通大学生必须掌握的数学知识的[②].

攻克难题,成为精英的关键一步

在俄制大学中,被选入精英小组的学生在二年级下半学年(第二学期)将按要求在一个学期左右的时间内完成他们的第一篇学术论文. 对数学而言,这篇论文的结果必须是解决学科中的某个重要公开问题,而回顾、综述之类的论文是不允许的. 论文成绩的好坏也基本上决定了该学生的学术前途,即是否能进入科学院的顶级研究所成为研究人员,或进入俄国顶级大学成为教师,等等. 值得强调的是,在俄式数学精英教育体制中,要求学生(或未来的精英数学家)必须在 22 岁左右公开发表论文正是由这一在二年级下半学年结束时写出论文的措施决定的. 该措施能够得以施行,对老师、学生的质量都有相当高的要求[③].

这里例子有很多,比如柯尔莫戈洛夫将希尔伯特第 13 问题给了阿诺德(Arnold,1937—2010,曾获克拉福德奖、沃尔夫奖),马斯洛夫(Sergey Maslov)将希尔伯特第 10 问题给了马蒂雅谢维奇等. 解决这类数学问题本身是任何一

---

① 我们的学校应该学着尊重学生的选择,而不是强迫他们接受学校的安排. 笔者在美国的 Rutgers 大学哲学系念书时,在数学系、语言学系、心理学系、计算机系乃至艺术史系都修习过研究生课程,从来没觉得 Rutgers 大学强迫我学过任何一门课程. 我们国内的许多做法(如学校的课程安排、教学管理等)是为了便于外行进行管理,而不是为了培养人才而设立的.

② 其实,许多欧美顶级大学都有类似的情况. 例如笔者的博士导师 Simon Thomas 在伦敦大学博士毕业以后还没学过"泛函分析"课,那时他才 23 岁,已解决了简单群分类这一重要问题,并因此拿到了耶鲁大学的教职.

③ 这里所说的精英学生在第二学年下半年用一学期左右完成第一篇学术论文,在完成论文的时间长短方面是有一定弹性的,有时为了彻底解决一个大问题,会拖上一两年的时间. 这一时间尺度基本上由学生的导师和他(她)所在的研究室主任来把握,如果时间过长,导师与研究室主任将不得不承受巨大的压力. 例如,笔者曾经听到著名的逻辑学家沙宁(Shanin)讲起过马蒂雅谢维奇用了近两年的时间才解决了希尔伯特第 10 问题. 在接近问题最终解决的关键时刻,大学乃至研究所里的行政人员开始不停地找沙宁谈话,希望马蒂雅谢维奇拿出"应有"的成果. 对于沙宁来说,这种压力是巨大的,他不得不要求马蒂雅谢维奇找一些在解决希尔伯特第 10 问题之前所做的小结果以应付来自各方的压力. 但同时,沙宁觉得马蒂雅谢维奇绝对有希望拿下希尔伯特第 10 问题,因此尽全力保护马蒂雅谢维奇,使他能够不受干扰并最终将问题解决掉. 在精英教育中,对导师乃至导师的上级领导的素质都有着很高的要求,如何协调行政与科研教学的关系是我们的大学中亟待解决的问题,如果我们要发展精英教育,这一点则更为重要.

位数学家都想得到的荣誉,我们完全可以相信柯尔莫戈洛夫和马斯洛夫本人对如何解答希尔伯特第13、第10问题是根本不知道的,但他们对自己的学生的数学能力有着相当的了解,故此可以直截了当将问题告诉学生.对学生而言,拿到这类问题之后的前途基本上有两种:一是把前人有关该问题的部分结果做些修补,再添些新的部分结果;二是直截了当地将问题彻底解决掉.选择后者的学生很难从老师那里得到真正"具体"的帮助,因为老师也不可能知道答案,但作为老师,他知道前人失败的教训,知道问题难在哪里,为什么有些路走不通(或者可能走得通,但在什么地方必须克服什么样的困难).更重要的是,这些伟大的数学导师们作为国际数学家核心圈子的成员,他们对问题是否到了该被解决的时刻本身有着敏锐的洞察力与基本直觉,这一点对圈外的人而言是很难觉察到的.因此他们可以在对学生有相当了解的情况下将问题在合适的时机告诉某个学生,并期望他(她)能成功地解决问题①.

对于精英小组的学生们而言,二年级下半学年的论文选题是他们步入学术界最关键的几步之一.可以说,他们为此已经做了多年的准备.此时,他们要在自己诸多非常熟悉的老师们当中选择一位作为自己今后多年的导师.一般来说,每个学生会在听课、讨论班,以及私下接触的基础上先去和三位(有时甚至是四位)老师进行接触,慎重考虑他们给出的研究问题,并同时要考虑多种其他因素,如自己是否愿意和某位老师长期共事,大家性格是否合得来,等等.当然,学生此时首先考虑的是自己的兴趣,然后是从老师那里得到的题目的难度,以及自己有多少把握,等等.但老师的非学术因素,如人品、性格、爱好,在此时也对学生的选择起着重要作用.

在经过极其慎重的考虑之后,学生最终自己做出最后的决定.对于一位18～19岁的青年人来说,这一选择并不容易.其实,在俄国的知识分子家庭(或世家)中,在这样的关键时刻,许多时候学生父母的意见是很重要的.有的

---

① 笔者这样写,也许多少有些唯心论的味道,但在数学界,许多大问题在解决之前的确是有先兆的,而这种先兆可以多少被圈内的大数学家(们)觉察到(只不过这些大数学家本人在该问题上已是"江郎才尽",没有什么新主意、新思想去克服解决该问题所要面临的诸多困难).

我们可以举几个现成的例子.美国数学家马丁·戴维斯(Martin Davis)在20世纪60年代末即感觉到希尔伯特第10问题应该快被解决了,他甚至有直觉这一问题可能会被一位极年轻的俄国数学家解决,他唯一没猜到的是马蒂雅谢维奇的名字.群论中的Burnside问题被俄国数学家Peter Novikov和他的学生Sergey Adian及英国数学家共同猜到,而最终由Peter Novikov和Sergey Adian联合解决.在20世纪50年代初期,20世纪最伟大的逻辑学家哥德尔(K. Godel)就已模模糊糊地猜到了乔治·康托的连续统假设(即希尔伯特第1问题)的独立性,并为此写了一篇结合数学和哲学的颇具科普色彩的文章来阐释他的观点.最后这一问题在20世纪50年代末、60年代初由年轻的Paul Colien在发明了新的数学工具——力迫法的基础上将其解决.在我国吵得沸沸扬扬的庞加莱猜想(Poincaré Conjecture),丘成桐、汉密尔顿(Hamiton)等人都猜到了它有可能将被解决掉,最后由俄罗斯圣彼得堡的佩雷尔曼(G. Perelman)将其成功解决.

时候,学生也会听取他本人从中学时形成的那个精英学生圈子内的“学生长辈”或是他(她)曾经的辅导员们的意见.选择什么样的题目、进入什么样的领域或哪一个分支等,这些对学生来说,有时候是很难把握的.尤其对于某个学科将来的走向,或者某些新兴学科的前途,学生不仅要经过慎重思考,许多时候也不得不多方咨询之后,才能做出决定.另一方面,有的学生不仅志向高远,而且有极其超常的能力和解决问题的欲望,他们会选择最艰难的著名问题,如我们前面提到的阿诺德、马蒂雅谢维奇等人.但我们必须指出,这种选择是有其冒险性的,我们知道的只是成功者的姓名.笔者遇到过一些失败者,他们早已被普通人忘记了,只有他们过去的同学或曾经的学生们还记得甚至欣赏他们的才华和勇气.尽管对某些人来说,俄国精英教育机制是残酷的,但无可否认,这一制度产生了大量的年轻精英人才,成就了20世纪苏联科学界一个群星灿烂的时代.

在拿到副博士学位以后,俄国的科学家们开始进入大学或研究所“正式”工作.与法国一样,如果他们要拿到相当于大学教授的高级职位,必须要再继续努力,写出所谓的“科学博士”论文.需要指出的是,俄国的科学博士论文水平极高,如果不是解决行业中的顶尖大问题(从数学上讲,应是拿到菲尔兹奖级别的工作),则必须是建立理论体系的大工程.以数学为例,美国数学学会专门组织专家将所有俄国数学方面的科学博士论文翻译成英文,可见对它的重视程度,同时,也是对俄国数学的尊敬①.

俄国的大学与科研院所是一个大型的系统工程,为俄国精英在毕业以后的发展,也为年轻精英的培养提供了舞台、条件及各种职业上的保障.中国在20世纪50年代时从苏联基本照搬了俄国模式,但是,我们只抄来了形式,并没有真正地将如何协调、配合、鼓励创新的精髓学到.

在俄国的主要高等教育发达城市(如莫斯科、圣彼得堡、新西伯利亚、喀山等)中,都有大学(包括综合性大学、师范类院校、理工大学,以及各类更专业的工科、文科、艺术院校)以及一些科学院的研究所.大学担负着教学任务,而各种研究所是科研潮流与时尚的引领者.俄国大学中的许多老师一般都在研究所中担任一定的正式职位(有半职的,有四分之一职的),在完成教学任务以后,他们都主动去研究所参加各种科研活动,并辅导在所里学习、研究的年轻学生们.这一办法使得研究所里的老师和大学里的学生都有了更多的选择,比如圣彼得堡大学的数学老师可以通过斯捷克洛夫研究所来正式辅导圣彼得堡师范大学的数学系学生写作论文,指导其进行研究;斯捷克洛夫研究所的研究人员可以

---

① 其实,美国数学学会、伦敦数学学会联合起来,将俄国几乎所有的知名综合数学杂志,以及众多的专业数学杂志一字不漏地全部翻译成英文,这本身就说明问题.同时,大量的俄国教科书被翻译成英文等多种文字在全世界发行并应用,也说明了人们对这一教育、科研体系的认可.

指导俄国各大学的数学系学生进行论文写作、研究，这样可以使有限的教师资源得到更合理的配置与利用.

从另一方面讲，科学院的研究所里的科研人员大都会在当地的大学中兼职授课，有的资深学术大师同时还是大学里的教研室主任，通过教学（包括对大学教师的直接影响、接触等）来传授他们的学术见解与理念. 通过在大学中教课，他们也可以及时发现有潜力的学生，将他们及早地吸收到科研队伍中来. 与此同时，研究所本身还举办各种讨论班、演讲、系列课程等，这些活动大都安排在下午 5 点以后，使得周边的大学、中学的专业教师和有兴趣的学生能够找到时间来参加这些活动，为他们提高自己的科研水平创造机会. 研究所与大学既竞争又合作的互动关系是我们当年没能从苏联学到的东西①.

中国在20世纪50年代向苏联学习，照搬照抄了苏联的高等教育模式，将苏联的教材、课程设置等一律搬过来. 然而，我们好像没有学到俄式教育的灵魂②. 其实，俄国大学尽管设置了这些课程，用的教材我们也曾用过，但如何教、怎么教才是最关键的. 比如在圣彼得堡大学，学生的基础课都是由一流的有过辉煌科研成果的资深教授来讲授的（比如逻辑入门课常常由马蒂雅谢维奇讲授，几何介绍由布莱格（Yuri Burago）讲授，传统分析由 Sergey Kisliyakov 讲授等）. 他们在讲授这些大学入门课时，也绝不是照本宣科，而是结合着当代的研究潮流与最新成果一起来讲授. 同时，他们在讲课时对所讲的内容不时做出判断、评价，并指出新的研究问题，这才是课程真正的精彩之处，这些也是课程的核心和灵魂. 对于书上的内容，学生自己要花时间去读去想，每门课程还配有习题课，习题课的老师一般是中年或青年教师，他们在专业研究领域极其活跃，具有过硬的专业技术，同时也愿意花大量的时间与学生去想一些艰难的技术问题. 在学习正常基础课的同时，学生可以自由地去修习各种讨论班. 在莫斯科大学、圣彼得堡大学这些顶级学校的数学系中，各种专业的数学讨论班每年有不下一百个，为学生提供了丰富的选择③. 正是这种自由的学术氛围激发着年轻学生的热情，同时，也为教师的科研提供着动力.

无论是在科学院还是大学，教课或领导研究的老师要对学生（尤其是精英学生）有足够的了解，即对他们的科研潜力、兴趣等都要有正确的估计. 如前所

---

① 如何发展大学与科学院下属研究院所的功能，使之更有效地联合起来为培养中国高端人才做出实质贡献是我们今天所面临的一个严肃而且紧迫的课题.

② 笔者想指出，在过去的半个世纪中，俄国的顶尖大学（如莫斯科大学、圣彼得堡大学、新西伯利亚大学等）产生了全世界近 25% 的菲尔兹奖得主，每个大学都有多名诺贝尔奖得主（不包括文学奖、和平奖）.

③ 当然，我们不得不看到，能够组织如此众多的讨论班需要学校本身拥有众多的人才，这些人才可以全身心地投入到他们的科研事业（外加部分组织工作）中.

述,俄国学生如果要进入职业数学家的圈子,就必须在22岁左右拿下大问题(这个问题一定是行业内的著名难题,且被别的名家试过而没被做出来的).学生固然要战胜挑战,但老师在这里的作用(包括选题等)是必不可少的,如何指导学生达到这一步,对老师的智慧也是极大的挑战.

而在另一方面,大学与科研院所也要在制度上提供各种保障.尽管我们看每位成功的俄国数学家(科学家)好像各有各的故事,有些人甚至还常常与领导发生各类冲突,但总的来说,俄国的科研院所是相当宽松自由的,而科研院所的所谓领导们的任务就是制造环境、创造气氛,使研究人员不受外部环境的干扰,全力投入到研究中去.以著名的斯捷克洛夫研究所为例,该所五年才考核一次,常有人五年什么成果也没有,甚至十年过去了还没有,如果一个研究人员十年没有一篇论文,他(她)也只不过到所长那里去解释一下,他(她)在这段时间里到底在做什么,思考什么问题,遇到了什么困难,等等.据说斯捷克洛夫研究所还没有出过一个一事无成的研究人员,如果有什么人写的文章不多,他必定是做出了可以载入史册的工作(如马蒂雅谢维奇、佩雷尔曼),或者他培养出了一群星光燦烂的学生(如布莱格).

不难看出,源于苏联的俄式精英教育系统要远远比法国的复杂,并且它是一个牵涉到中学、大学、科学院乃至许多政府职能部门的一个庞大的系统工程,它的投入以及对各种人力资源的调用是相当巨大的.如果我们要学习这一系统,不可能是某个大学、某个地方(大概除北京以外)可以去仿效的.尽管我们在建国初期模仿了苏联的教育系统、科研院所模式,但直到现在,我们也没能积聚起如此大量的高级人力资源.所以,我们能做的也只能是像美国或其他欧洲国家,如英、法、德乃至日本那样,以各种方式引进其高端人力资源为我们的科研和教学服务.

有一个胖子的自嘲是这样的:书,买过等于读过;化妆品,摸过等于化过;健身卡,办过等于练过;唯有吃的,买了肯定吃完.

不过对于这套书一定要知道,买过、读过才能算自己的.

刘培杰

2017.2.4

于哈工大

刘培杰数学工作室
已出版(即将出版)图书目录——高等数学

书　名	出版时间	定　价	编号
距离几何分析导引	2015—02	68.00	446
大学几何学	2017—01	78.00	688
关于曲面的一般研究	2016—11	48.00	690
近世纯粹几何学初论	2017—01	58.00	711
拓扑学与几何学基础讲义	2017—04	58.00	756
物理学中的几何方法	2017—06	88.00	767
几何学简史	2017—08	28.00	833
微分几何学历史概要	2020—07	58.00	1194
解析几何学史	2022—03	58.00	1490

复变函数引论	2013—10	68.00	269
伸缩变换与抛物旋转	2015—01	38.00	449
无穷分析引论(上)	2013—04	88.00	247
无穷分析引论(下)	2013—04	98.00	245
数学分析	2014—04	28.00	338
数学分析中的一个新方法及其应用	2013—01	38.00	231
数学分析例选:通过范例学技巧	2013—01	88.00	243
高等代数例选:通过范例学技巧	2015—06	88.00	475
基础数论例选:通过范例学技巧	2018—09	58.00	978
三角级数论(上册)(陈建功)	2013—01	38.00	232
三角级数论(下册)(陈建功)	2013—01	48.00	233
三角级数论(哈代)	2013—06	48.00	254
三角级数	2015—07	28.00	263
超越数	2011—03	18.00	109
三角和方法	2011—03	18.00	112
随机过程(Ⅰ)	2014—01	78.00	224
随机过程(Ⅱ)	2014—01	68.00	235
算术探索	2011—12	158.00	148
组合数学	2012—04	28.00	178
组合数学浅谈	2012—03	28.00	159
分析组合学	2021—09	88.00	1389
丢番图方程引论	2012—03	48.00	172
拉普拉斯变换及其应用	2015—02	38.00	447
高等代数.上	2016—01	38.00	548
高等代数.下	2016—01	38.00	549
高等代数教程	2016—01	58.00	579
高等代数引论	2020—07	48.00	1174
数学解析教程.上卷.1	2016—01	58.00	546
数学解析教程.上卷.2	2016—01	38.00	553
数学解析教程.下卷.1	2017—04	48.00	781
数学解析教程.下卷.2	2017—06	48.00	782
数学分析.第1册	2021—03	48.00	1281
数学分析.第2册	2021—03	48.00	1282
数学分析.第3册	2021—03	28.00	1283
数学分析精选习题全解.上册	2021—03	38.00	1284
数学分析精选习题全解.下册	2021—03	38.00	1285
函数构造论.上	2016—01	38.00	554
函数构造论.中	2017—06	48.00	555
函数构造论.下	2016—09	48.00	680
函数逼近论(上)	2019—02	98.00	1014
概周期函数	2016—01	48.00	572
变叙的项的极限分布律	2016—01	18.00	573
整函数	2012—08	18.00	161
近代拓扑学研究	2013—04	38.00	239
多项式和无理数	2008—01	68.00	22
密码学与数论基础	2021—01	28.00	1254

刘培杰数学工作室
已出版(即将出版)图书目录——高等数学

书　　名	出版时间	定　价	编号
模糊数据统计学	2008－03	48.00	31
模糊分析学与特殊泛函空间	2013－01	68.00	241
常微分方程	2016－01	58.00	586
平稳随机函数导论	2016－03	48.00	587
量子力学原理.上	2016－01	38.00	588
图与矩阵	2014－08	40.00	644
钢丝绳原理:第二版	2017－01	78.00	745
代数拓扑和微分拓扑简史	2017－06	68.00	791
半序空间泛函分析.上	2018－06	48.00	924
半序空间泛函分析.下	2018－06	68.00	925
概率分布的部分识别	2018－07	68.00	929
Cartan 型单模李超代数的上同调及极大子代数	2018－07	38.00	932
纯数学与应用数学若干问题研究	2019－03	98.00	1017
数理金融学与数理经济学若干问题研究	2020－07	98.00	1180
清华大学"工农兵学员"微积分课本	2020－09	48.00	1228
力学若干基本问题的发展概论	2020－11	48.00	1262
受控理论与解析不等式	2012－05	78.00	165
不等式的分拆降维降幂方法与可读证明(第 2 版)	2020－07	78.00	1184
石焕南文集:受控理论与不等式研究	2020－09	198.00	1198
实变函数论	2012－06	78.00	181
复变函数论	2015－08	38.00	504
非光滑优化及其变分分析	2014－01	48.00	230
疏散的马尔科夫链	2014－01	58.00	266
马尔科夫过程论基础	2015－01	28.00	433
初等微分拓扑学	2012－07	18.00	182
方程式论	2011－03	38.00	105
Galois 理论	2011－03	18.00	107
古典数学难题与伽罗瓦理论	2012－11	58.00	223
伽罗华与群论	2014－01	28.00	290
代数方程的根式解及伽罗瓦理论	2011－03	28.00	108
代数方程的根式解及伽罗瓦理论(第二版)	2015－01	28.00	423
线性偏微分方程讲义	2011－03	18.00	110
几类微分方程数值方法的研究	2015－05	38.00	485
分数阶微分方程理论与应用	2020－05	95.00	1182
N 体问题的周期解	2011－03	28.00	111
代数方程式论	2011－05	18.00	121
线性代数与几何:英文	2016－06	58.00	578
动力系统的不变量与函数方程	2011－07	48.00	137
基于短语评价的翻译知识获取	2012－02	48.00	168
应用随机过程	2012－04	48.00	187
概率论导引	2012－04	18.00	179
矩阵论(上)	2013－06	58.00	250
矩阵论(下)	2013－06	48.00	251
对称锥互补问题的内点法:理论分析与算法实现	2014－08	68.00	368
抽象代数:方法导引	2013－06	38.00	257
集论	2016－01	48.00	576
多项式理论研究综述	2016－01	38.00	577
函数论	2014－11	78.00	395
反问题的计算方法及应用	2011－11	28.00	147
数阵及其应用	2012－02	28.00	164
绝对值方程—折边与组合图形的解析研究	2012－07	48.00	186
代数函数论(上)	2015－07	38.00	494
代数函数论(下)	2015－07	38.00	495

刘培杰数学工作室
已出版(即将出版)图书目录——高等数学

书　名	出版时间	定　价	编号
偏微分方程论:法文	2015－10	48.00	533
时标动力学方程的指数型二分性与周期解	2016－04	48.00	606
重刚体绕不动点运动方程的积分法	2016－05	68.00	608
水轮机水力稳定性	2016－05	48.00	620
Lévy 噪音驱动的传染病模型的动力学行为	2016－05	48.00	667
铣加工动力学系统稳定性研究的数学方法	2016－11	28.00	710
时滞系统:Lyapunov 泛函和矩阵	2017－05	68.00	784
粒子图像测速仪实用指南:第二版	2017－08	78.00	790
数域的上同调	2017－08	98.00	799
图的正交因子分解(英文)	2018－01	38.00	881
图的度因子和分支因子:英文	2019－09	88.00	1108
点云模型的优化配准方法研究	2018－07	58.00	927
锥形波入射粗糙表面反散射问题理论与算法	2018－03	68.00	936
广义逆的理论与计算	2018－07	58.00	973
不定方程及其应用	2018－12	58.00	998
几类椭圆型偏微分方程高效数值算法研究	2018－08	48.00	1025
现代密码算法概论	2019－05	98.00	1061
模形式的 p－进性质	2019－06	78.00	1088
混沌动力学:分形、平铺、代换	2019－09	48.00	1109
微分方程,动力系统与混沌引论:第 3 版	2020－05	65.00	1144
分数阶微分方程理论与应用	2020－05	95.00	1187
应用非线性动力系统与混沌导论:第 2 版	2021－05	58.00	1368
非线性振动,动力系统与向量场的分支	2021－06	55.00	1369
遍历理论引论	2021－11	46.00	1441
动力系统与混沌	2022－05	48.00	1485
Galois 上同调	2020－04	138.00	1131
毕达哥拉斯定理:英文	2020－03	38.00	1133
模糊可拓多属性决策理论与方法	2021－06	98.00	1357
统计方法和科学推断	2021－10	48.00	1428
有关几类种群生态学模型的研究	2022－04	98.00	1486
加性数论:典型基	2022－05	48.00	1491
乘性数论:第三版	2022－07	38.00	1528
交替方向乘子法及其应用	2022－08	98.00	1553
吴振奎高等数学解题真经(概率统计卷)	2012－01	38.00	149
吴振奎高等数学解题真经(微积分卷)	2012－01	68.00	150
吴振奎高等数学解题真经(线性代数卷)	2012－01	58.00	151
高等数学解题全攻略(上卷)	2013－06	58.00	252
高等数学解题全攻略(下卷)	2013－06	58.00	253
高等数学复习纲要	2014－01	18.00	384
数学分析历年考研真题解析.第一卷	2021－04	28.00	1288
数学分析历年考研真题解析.第二卷	2021－04	28.00	1289
数学分析历年考研真题解析.第三卷	2021－04	28.00	1290
超越吉米多维奇.数列的极限	2009－11	48.00	58
超越普里瓦洛夫.留数卷	2015－01	28.00	437
超越普里瓦洛夫.无穷乘积与它对解析函数的应用卷	2015－05	28.00	477
超越普里瓦洛夫.积分卷	2015－06	18.00	481
超越普里瓦洛夫.基础知识卷	2015－06	28.00	482
超越普里瓦洛夫.数项级数卷	2015－07	38.00	489
超越普里瓦洛夫.微分、解析函数、导数卷	2018－01	48.00	852
统计学专业英语(第二版)	2012－07	48.00	176
统计学专业英语(第三版)	2015－04	68.00	465
代换分析:英文	2015－07	38.00	499

刘培杰数学工作室
已出版(即将出版)图书目录——高等数学

书　名	出版时间	定　价	编号
历届美国大学生数学竞赛试题集.第一卷(1938—1949)	2015—01	28.00	397
历届美国大学生数学竞赛试题集.第二卷(1950—1959)	2015—01	28.00	398
历届美国大学生数学竞赛试题集.第三卷(1960—1969)	2015—01	28.00	399
历届美国大学生数学竞赛试题集.第四卷(1970—1979)	2015—01	18.00	400
历届美国大学生数学竞赛试题集.第五卷(1980—1989)	2015—01	28.00	401
历届美国大学生数学竞赛试题集.第六卷(1990—1999)	2015—01	28.00	402
历届美国大学生数学竞赛试题集.第七卷(2000—2009)	2015—08	18.00	403
历届美国大学生数学竞赛试题集.第八卷(2010—2012)	2015—01	18.00	404
超越普特南试题:大学数学竞赛中的方法与技巧	2017—04	98.00	758
历届国际大学生数学竞赛试题集(1994—2020)	2021—01	58.00	1252
历届美国大学生数学竞赛试题集:1938—2017	2020—11	98.00	1256
全国大学生数学夏令营数学竞赛试题及解答	2007—03	28.00	15
全国大学生数学竞赛辅导教程	2012—07	28.00	189
全国大学生数学竞赛复习全书(第2版)	2017—05	58.00	787
历届美国大学生数学竞赛试题集	2009—03	88.00	43
前苏联大学生数学奥林匹克竞赛题解(上编)	2012—04	28.00	169
前苏联大学生数学奥林匹克竞赛题解(下编)	2012—04	38.00	170
大学生数学竞赛讲义	2014—09	28.00	371
大学生数学竞赛教程——高等数学(基础篇、提高篇)	2018—09	128.00	968
普林斯顿大学数学竞赛	2016—06	38.00	669
考研高等数学高分之路	2020—10	45.00	1203
考研高等数学基础必刷	2021—01	45.00	1251
考研概率论与数理统计	2022—06	58.00	1522
越过211,刷到985:考研数学二	2019—10	68.00	1115
初等数论难题集(第一卷)	2009—05	68.00	44
初等数论难题集(第二卷)(上、下)	2011—02	128.00	82,83
数论概貌	2011—03	18.00	93
代数数论(第二版)	2013—08	58.00	94
代数多项式	2014—06	38.00	289
初等数论的知识与问题	2011—02	28.00	95
超越数论基础	2011—03	28.00	96
数论初等教程	2011—03	28.00	97
数论基础	2011—03	18.00	98
数论基础与维诺格拉多夫	2014—03	18.00	292
解析数论基础	2012—08	28.00	216
解析数论基础(第二版)	2014—01	48.00	287
解析数论问题集(第二版)(原版引进)	2014—05	88.00	343
解析数论问题集(第二版)(中译本)	2016—04	88.00	607
解析数论基础(潘承洞,潘承彪著)	2016—07	98.00	673
解析数论导引	2016—07	58.00	674
数论入门	2011—03	38.00	99
代数数论入门	2015—03	38.00	448
数论开篇	2012—07	28.00	194
解析数论引论	2011—03	48.00	100
Barban Davenport Halberstam 均值和	2009—01	40.00	33
基础数论	2011—03	28.00	101
初等数论100例	2011—05	18.00	122
初等数论经典例题	2012—07	18.00	204
最新世界各国数学奥林匹克中的初等数论试题(上、下)	2012—01	138.00	144,145
初等数论(Ⅰ)	2012—01	18.00	156
初等数论(Ⅱ)	2012—01	18.00	157
初等数论(Ⅲ)	2012—01	28.00	158

刘培杰数学工作室
已出版(即将出版)图书目录——高等数学

书　　名	出版时间	定　价	编号
Gauss,Euler,Lagrange 和 Legendre 的遗产:把整数表示成平方和	2022－06	78.00	1540
平面几何与数论中未解决的新老问题	2013－01	68.00	229
代数数论简史	2014－11	28.00	408
代数数论	2015－09	88.00	532
代数、数论及分析习题集	2016－11	98.00	695
数论导引提要及习题解答	2016－01	48.00	559
素数定理的初等证明.第 2 版	2016－09	48.00	686
数论中的模函数与狄利克雷级数(第二版)	2017－11	78.00	837
数论:数学导引	2018－01	68.00	849
域论	2018－04	68.00	884
代数数论(冯克勤　编著)	2018－04	68.00	885
范氏大代数	2019－02	98.00	1016
新编 640 个世界著名数学智力趣题	2014－01	88.00	242
500 个最新世界著名数学智力趣题	2008－06	48.00	3
400 个最新世界著名数学最值问题	2008－09	48.00	36
500 个世界著名数学征解问题	2009－06	48.00	52
400 个中国最佳初等数学征解老问题	2010－01	48.00	60
500 个俄罗斯数学经典老题	2011－01	28.00	81
1000 个国外中学物理好题	2012－04	48.00	174
300 个日本高考数学题	2012－05	38.00	142
700 个早期日本高考数学试题	2017－02	88.00	752
500 个前苏联早期高考数学试题及解答	2012－05	28.00	185
546 个早期俄罗斯大学生数学竞赛题	2014－03	38.00	285
548 个来自美苏的数学好问题	2014－11	28.00	396
20 所苏联著名大学早期入学试题	2015－02	18.00	452
161 道德国工科大学生必做的微分方程习题	2015－05	28.00	469
500 个德国工科大学生必做的高数习题	2015－06	28.00	478
360 个数学竞赛问题	2016－08	58.00	677
德国讲义日本考题.微积分卷	2015－04	48.00	456
德国讲义日本考题.微分方程卷	2015－04	38.00	457
二十世纪中叶中、英、美、日、法、俄高考数学试题精选	2017－06	38.00	783
博弈论精粹	2008－03	58.00	30
博弈论精粹.第二版(精装)	2015－01	88.00	461
数学 我爱你	2008－01	28.00	20
精神的圣徒　别样的人生——60 位中国数学家成长的历程	2008－09	48.00	39
数学史概论	2009－06	78.00	50
数学史概论(精装)	2013－03	158.00	272
数学史选讲	2016－01	48.00	544
斐波那契数列	2010－02	28.00	65
数学拼盘和斐波那契魔方	2010－07	38.00	72
斐波那契数列欣赏	2011－01	28.00	160
数学的创造	2011－02	48.00	85
数学美与创造力	2016－01	48.00	595
数海拾贝	2016－01	48.00	590
数学中的美	2011－02	38.00	84
数论中的美学	2014－12	38.00	351
数学王者　科学巨人——高斯	2015－01	28.00	428
振兴祖国数学的圆梦之旅:中国初等数学研究史话	2015－06	98.00	490
二十世纪中国数学史料研究	2015－10	48.00	536
数字谜、数阵图与棋盘覆盖	2016－01	58.00	298
时间的形状	2016－01	38.00	556
数学发现的艺术:数学探索中的合情推理	2016－07	58.00	671
活跃在数学中的参数	2016－07	48.00	675

刘培杰数学工作室
已出版(即将出版)图书目录——高等数学

书　名	出版时间	定　价	编号
格点和面积	2012－07	18.00	191
射影几何趣谈	2012－04	28.00	175
斯潘纳尔引理——从一道加拿大数学奥林匹克试题谈起	2014－01	28.00	228
李普希兹条件——从几道近年高考数学试题谈起	2012－10	18.00	221
拉格朗日中值定理——从一道北京高考试题的解法谈起	2015－10	18.00	197
闵科夫斯基定理——从一道清华大学自主招生试题谈起	2014－01	28.00	198
哈尔测度——从一道冬令营试题的背景谈起	2012－08	28.00	202
切比雪夫逼近问题——从一道中国台北数学奥林匹克试题谈起	2013－04	38.00	238
伯恩斯坦多项式与贝齐尔曲面——从一道全国高中数学联赛试题谈起	2013－03	38.00	236
卡塔兰猜想——从一道普特南竞赛试题谈起	2013－06	18.00	256
麦卡锡函数和阿克曼函数——从一道前南斯拉夫数学奥林匹克试题谈起	2012－08	18.00	201
贝蒂定理与拉姆贝克莫斯尔定理——从一个拣石子游戏谈起	2012－08	18.00	217
皮亚诺曲线和豪斯道夫分球定理——从无限集谈起	2012－08	18.00	211
平面凸图形与凸多面体	2012－10	28.00	218
斯坦因豪斯问题——从一道二十五省市自治区中学数学竞赛试题谈起	2012－07	18.00	196
纽结理论中的亚历山大多项式与琼斯多项式——从一道北京市高一数学竞赛试题谈起	2012－07	28.00	195
原则与策略——从波利亚“解题表”谈起	2013－04	38.00	244
转化与化归——从三大尺规作图不能问题谈起	2012－08	28.00	214
代数几何中的贝祖定理(第一版)——从一道 IMO 试题的解法谈起	2013－08	18.00	193
成功连贯理论与约当块理论——从一道比利时数学竞赛试题谈起	2012－04	18.00	180
素数判定与大数分解	2014－08	18.00	199
置换多项式及其应用	2012－10	18.00	220
椭圆函数与模函数——从一道美国加州大学洛杉矶分校(UCLA)博士资格考题谈起	2012－10	28.00	219
差分方程的拉格朗日方法——从一道 2011 年全国高考理科试题的解法谈起	2012－08	28.00	200
力学在几何中的一些应用	2013－01	38.00	240
高斯散度定理、斯托克斯定理和平面格林定理——从一道国际大学生数学竞赛试题谈起	即将出版		
康托洛维奇不等式——从一道全国高中联赛试题谈起	2013－03	28.00	337
西格尔引理——从一道第 18 届 IMO 试题的解法谈起	即将出版		
罗斯定理——从一道前苏联数学竞赛试题谈起	即将出版		
拉克斯定理和阿廷定理——从一道 IMO 试题的解法谈起	2014－01	58.00	246
毕卡大定理——从一道美国大学数学竞赛试题谈起	2014－07	18.00	350
贝齐尔曲线——从一道全国高中联赛试题谈起	即将出版		
拉格朗日乘子定理——从一道 2005 年全国高中联赛试题的高等数学解法谈起	2015－05	28.00	480
雅可比定理——从一道日本数学奥林匹克试题谈起	2013－04	48.00	249
李天岩－约克定理——从一道波兰数学竞赛试题谈起	2014－06	28.00	349
整系数多项式因式分解的一般方法——从克朗耐克算法谈起	即将出版		

刘培杰数学工作室
已出版(即将出版)图书目录——高等数学

书　名	出版时间	定　价	编号
布劳维不动点定理——从一道前苏联数学奥林匹克试题谈起	2014-01	38.00	273
伯恩赛德定理——从一道英国数学奥林匹克试题谈起	即将出版		
布查特-莫斯特定理——从一道上海市初中竞赛试题谈起	即将出版		
数论中的同余数问题——从一道普特南竞赛试题谈起	即将出版		
范·德蒙行列式——从一道美国数学奥林匹克试题谈起	即将出版		
中国剩余定理:总数法构建中国历史年表	2015-01	28.00	430
牛顿程序与方程求根——从一道全国高考试题解法谈起	即将出版		
库默尔定理——从一道 IMO 预选试题谈起	即将出版		
卢丁定理——从一道冬令营试题的解法谈起	即将出版		
沃斯滕霍姆定理——从一道 IMO 预选试题谈起	即将出版		
卡尔松不等式——从一道莫斯科数学奥林匹克试题谈起	即将出版		
信息论中的香农熵——从一道近年高考压轴题谈起	即将出版		
约当不等式——从一道希望杯竞赛试题谈起	即将出版		
拉比诺维奇定理	即将出版		
刘维尔定理——从一道《美国数学月刊》征解问题的解法谈起	即将出版		
卡塔兰恒等式与级数求和——从一道 IMO 试题的解法谈起	即将出版		
勒让德猜想与素数分布——从一道爱尔兰竞赛试题谈起	即将出版		
天平称重与信息论——从一道基辅市数学奥林匹克试题谈起	即将出版		
哈密尔顿-凯莱定理:从一道高中数学联赛试题的解法谈起	2014-09	18.00	376
艾思特曼定理——从一道 CMO 试题的解法谈起	即将出版		
一个爱尔特希问题——从一道西德数学奥林匹克试题谈起	即将出版		
有限群中的爱丁格尔问题——从一道北京市初中二年级数学竞赛试题谈起	即将出版		
糖水中的不等式——从初等数学到高等数学	2019-07	48.00	1093
帕斯卡三角形	2014-03	18.00	294
蒲丰投针问题——从 2009 年清华大学的一道自主招生试题谈起	2014-01	38.00	295
斯图姆定理——从一道"华约"自主招生试题的解法谈起	2014-01	18.00	296
许瓦兹引理——从一道加利福尼亚大学伯克利分校数学系博士生试题谈起	2014-08	18.00	297
拉姆塞定理——从王诗宬院士的一个问题谈起	2016-04	48.00	299
坐标法	2013-12	28.00	332
数论三角形	2014-04	38.00	341
毕克定理	2014-07	18.00	352
数林掠影	2014-09	48.00	389
我们周围的概率	2014-10	38.00	390
凸函数最值定理:从一道华约自主招生题的解法谈起	2014-10	28.00	391
易学与数学奥林匹克	2014-10	38.00	392
生物数学趣谈	2015-01	18.00	409
反演	2015-01	28.00	420
因式分解与圆锥曲线	2015-01	18.00	426
轨迹	2015-01	28.00	427
面积原理:从常庚哲命的一道 CMO 试题的积分解法谈起	2015-01	48.00	431
形形色色的不动点定理:从一道 28 届 IMO 试题谈起	2015-01	38.00	439
柯西函数方程:从一道上海交大自主招生的试题谈起	2015-02	28.00	440

刘培杰数学工作室
已出版(即将出版)图书目录——高等数学

书　　名	出版时间	定　价	编号
三角恒等式	2015－02	28.00	442
无理性判定:从一道2014年"北约"自主招生试题谈起	2015－01	38.00	443
数学归纳法	2015－03	18.00	451
极端原理与解题	2015－04	28.00	464
法雷级数	2014－08	18.00	367
摆线族	2015－01	38.00	438
函数方程及其解法	2015－05	38.00	470
含参数的方程和不等式	2012－09	28.00	213
希尔伯特第十问题	2016－01	38.00	543
无穷小量的求和	2016－01	28.00	545
切比雪夫多项式:从一道清华大学金秋营试题谈起	2016－01	38.00	583
泽肯多夫定理	2016－03	38.00	599
代数等式证题法	2016－01	28.00	600
三角等式证题法	2016－01	28.00	601
吴大任教授藏书中的一个因式分解公式:从一道美国数学邀请赛试题的解法谈起	2016－06	28.00	656
易卦——类万物的数学模型	2017－08	68.00	838
"不可思议"的数与数系可持续发展	2018－01	38.00	878
最短线	2018－01	38.00	879

从毕达哥拉斯到怀尔斯	2007－10	48.00	9
从迪利克雷到维斯卡尔迪	2008－01	48.00	21
从哥德巴赫到陈景润	2008－05	98.00	35
从庞加莱到佩雷尔曼	2011－08	138.00	136

从费马到怀尔斯——费马大定理的历史	2013－10	198.00	Ⅰ
从庞加莱到佩雷尔曼——庞加莱猜想的历史	2013－10	298.00	Ⅱ
从切比雪夫到爱尔特希(上)——素数定理的初等证明	2013－07	48.00	Ⅲ
从切比雪夫到爱尔特希(下)——素数定理100年	2012－12	98.00	Ⅲ
从高斯到盖尔方特——二次域的高斯猜想	2013－10	198.00	Ⅳ
从库默尔到朗兰兹——朗兰兹猜想的历史	2014－01	98.00	Ⅴ
从比勃巴赫到德布朗斯——比勃巴赫猜想的历史	2014－02	298.00	Ⅵ
从麦比乌斯到陈省身——麦比乌斯变换与麦比乌斯带	2014－02	298.00	Ⅶ
从布尔到豪斯道夫——布尔方程与格论漫谈	2013－10	198.00	Ⅷ
从开普勒到阿诺德——三体问题的历史	2014－05	298.00	Ⅸ
从华林到华罗庚——华林问题的历史	2013－10	298.00	Ⅹ

数学物理大百科全书.第1卷	2016－01	418.00	508
数学物理大百科全书.第2卷	2016－01	408.00	509
数学物理大百科全书.第3卷	2016－01	396.00	510
数学物理大百科全书.第4卷	2016－01	408.00	511
数学物理大百科全书.第5卷	2016－01	368.00	512

朱德祥代数与几何讲义.第1卷	2017－01	38.00	697
朱德祥代数与几何讲义.第2卷	2017－01	28.00	698
朱德祥代数与几何讲义.第3卷	2017－01	28.00	699

刘培杰数学工作室
已出版(即将出版)图书目录——高等数学

书　　名	出版时间	定　价	编号
闵嗣鹤文集	2011—03	98.00	102
吴从炘数学活动三十年(1951～1980)	2010—07	99.00	32
吴从炘数学活动又三十年(1981～2010)	2015—07	98.00	491
斯米尔诺夫高等数学.第一卷	2018—03	88.00	770
斯米尔诺夫高等数学.第二卷.第一分册	2018—03	68.00	771
斯米尔诺夫高等数学.第二卷.第二分册	2018—03	68.00	772
斯米尔诺夫高等数学.第二卷.第三分册	2018—03	48.00	773
斯米尔诺夫高等数学.第三卷.第一分册	2018—03	58.00	774
斯米尔诺夫高等数学.第三卷.第二分册	2018—03	58.00	775
斯米尔诺夫高等数学.第三卷.第三分册	2018—03	68.00	776
斯米尔诺夫高等数学.第四卷.第一分册	2018—03	48.00	777
斯米尔诺夫高等数学.第四卷.第二分册	2018—03	88.00	778
斯米尔诺夫高等数学.第五卷.第一分册	2018—03	58.00	779
斯米尔诺夫高等数学.第五卷.第二分册	2018—03	68.00	780
zeta 函数,q-zeta 函数,相伴级数与积分(英文)	2015—08	88.00	513
微分形式:理论与练习(英文)	2015—08	58.00	514
离散与微分包含的逼近和优化(英文)	2015—08	58.00	515
艾伦·图灵:他的工作与影响(英文)	2016—01	98.00	560
测度理论概率导论,第 2 版(英文)	2016—01	88.00	561
带有潜在故障恢复系统的半马尔柯夫模型控制(英文)	2016—01	98.00	562
数学分析原理(英文)	2016—01	88.00	563
随机偏微分方程的有效动力学(英文)	2016—01	88.00	564
图的谱半径(英文)	2016—01	58.00	565
量子机器学习中数据挖掘的量子计算方法(英文)	2016—01	98.00	566
量子物理的非常规方法(英文)	2016—01	118.00	567
运输过程的统一非局部理论:广义波尔兹曼物理动力学,第 2 版(英文)	2016—01	198.00	568
量子力学与经典力学之间的联系在原子、分子及电动力学系统建模中的应用(英文)	2016—01	58.00	569
算术域(英文)	2018—01	158.00	821
高等数学竞赛:1962—1991 年的米洛克斯·史怀哲竞赛(英文)	2018—01	128.00	822
用数学奥林匹克精神解决数论问题(英文)	2018—01	108.00	823
代数几何(德文)	2018—04	68.00	824
丢番图逼近论(英文)	2018—01	78.00	825
代数几何学基础教程(英文)	2018—01	98.00	826
解析数论入门课程(英文)	2018—01	78.00	827
数论中的丢番图问题(英文)	2018—01	78.00	829
数论(梦幻之旅):第五届中日数论研讨会演讲集(英文)	2018—01	68.00	830
数论新应用(英文)	2018—01	68.00	831
数论(英文)	2018—01	78.00	832
测度与积分(英文)	2019—04	68.00	1059
卡塔兰数入门(英文)	2019—05	68.00	1060
多变量数学入门(英文)	2021—05	68.00	1317
偏微分方程入门(英文)	2021—05	88.00	1318
若尔当典范性:理论与实践(英文)	2021—07	68.00	1366

刘培杰数学工作室
已出版(即将出版)图书目录——高等数学

书　　名	出版时间	定　价	编号
湍流十讲(英文)	2018－04	108.00	886
无穷维李代数:第3版(英文)	2018－04	98.00	887
等值、不变量和对称性(英文)	2018－04	78.00	888
解析数论(英文)	2018－09	78.00	889
《数学原理》的演化:伯特兰·罗素撰写第二版时的手稿与笔记(英文)	2018－04	108.00	890
哈密尔顿数学论文集(第4卷):几何学、分析学、天文学、概率和有限差分等(英文)	2019－05	108.00	891
数学王子——高斯	2018－01	48.00	858
坎坷奇星——阿贝尔	2018－01	48.00	859
闪烁奇星——伽罗瓦	2018－01	58.00	860
无穷统帅——康托尔	2018－01	48.00	861
科学公主——柯瓦列夫斯卡娅	2018－01	48.00	862
抽象代数之母——埃米·诺特	2018－01	48.00	863
电脑先驱——图灵	2018－01	58.00	864
昔日神童——维纳	2018－01	48.00	865
数坛怪侠——爱尔特希	2018－01	68.00	866
当代世界中的数学.数学思想与数学基础	2019－01	38.00	892
当代世界中的数学.数学问题	2019－01	38.00	893
当代世界中的数学.应用数学与数学应用	2019－01	38.00	894
当代世界中的数学.数学王国的新疆域(一)	2019－01	38.00	895
当代世界中的数学.数学王国的新疆域(二)	2019－01	38.00	896
当代世界中的数学.数林撷英(一)	2019－01	38.00	897
当代世界中的数学.数林撷英(二)	2019－01	48.00	898
当代世界中的数学.数学之路	2019－01	38.00	899
偏微分方程全局吸引子的特性(英文)	2018－09	108.00	979
整函数与下调和函数(英文)	2018－09	118.00	980
幂等分析(英文)	2018－09	118.00	981
李群,离散子群与不变量理论(英文)	2018－09	108.00	982
动力系统与统计力学(英文)	2018－09	118.00	983
表示论与动力系统(英文)	2018－09	118.00	984
分析学练习.第1部分(英文)	2021－01	88.00	1247
分析学练习.第2部分.非线性分析(英文)	2021－01	88.00	1248
初级统计学:循序渐进的方法:第10版(英文)	2019－05	68.00	1067
工程师与科学家微分方程用书:第4版(英文)	2019－07	58.00	1068
大学代数与三角学(英文)	2019－06	78.00	1069
培养数学能力的途径(英文)	2019－07	38.00	1070
工程师与科学家统计学:第4版(英文)	2019－06	58.00	1071
贸易与经济中的应用统计学:第6版(英文)	2019－06	58.00	1072
傅立叶级数和边值问题:第8版(英文)	2019－05	48.00	1073
通往天文学的途径:第5版(英文)	2019－05	58.00	1074

刘培杰数学工作室
已出版(即将出版)图书目录——高等数学

书　　名	出版时间	定　价	编号
拉马努金笔记. 第 1 卷(英文)	2019—06	165.00	1078
拉马努金笔记. 第 2 卷(英文)	2019—06	165.00	1079
拉马努金笔记. 第 3 卷(英文)	2019—06	165.00	1080
拉马努金笔记. 第 4 卷(英文)	2019—06	165.00	1081
拉马努金笔记. 第 5 卷(英文)	2019—06	165.00	1082
拉马努金遗失笔记. 第 1 卷(英文)	2019—06	109.00	1083
拉马努金遗失笔记. 第 2 卷(英文)	2019—06	109.00	1084
拉马努金遗失笔记. 第 3 卷(英文)	2019—06	109.00	1085
拉马努金遗失笔记. 第 4 卷(英文)	2019—06	109.00	1086
数论:1976 年纽约洛克菲勒大学数论会议记录(英文)	2020—06	68.00	1145
数论:卡本代尔 1979:1979 年在南伊利诺伊卡本代尔大学举行的数论会议记录(英文)	2020—06	78.00	1146
数论:诺德韦克豪特 1983:1983 年在诺德韦克豪特举行的 Journees Arithmetiques 数论大会会议记录(英文)	2020—06	68.00	1147
数论:1985—1988 年在纽约城市大学研究生院和大学中心举办的研讨会(英文)	2020—06	68.00	1148
数论:1987 年在乌尔姆举行的 Journees Arithmetiques 数论大会会议记录(英文)	2020—06	68.00	1149
数论:马德拉斯 1987:1987 年在马德拉斯安娜大学举行的国际拉马努金百年纪念大会会议记录(英文)	2020—06	68.00	1150
解析数论:1988 年在东京举行的日法研讨会会议记录(英文)	2020—06	68.00	1151
解析数论:2002 年在意大利切特拉罗举行的 C. I. M. E. 暑期班演讲集(英文)	2020—06	68.00	1152
量子世界中的蝴蝶:最迷人的量子分形故事(英文)	2020—06	118.00	1157
走进量子力学(英文)	2020—06	118.00	1158
计算物理学概论(英文)	2020—06	48.00	1159
物质,空间和时间的理论:量子理论(英文)	即将出版		1160
物质,空间和时间的理论:经典理论(英文)	即将出版		1161
量子场理论:解释世界的神秘背景(英文)	2020—07	38.00	1162
计算物理学概论(英文)	即将出版		1163
行星状星云(英文)	即将出版		1164
基本宇宙学:从亚里士多德的宇宙到大爆炸(英文)	2020—08	58.00	1165
数学磁流体力学(英文)	2020—07	58.00	1166
计算科学:第 1 卷,计算的科学(日文)	2020—07	88.00	1167
计算科学:第 2 卷,计算与宇宙(日文)	2020—07	88.00	1168
计算科学:第 3 卷,计算与物质(日文)	2020—07	88.00	1169
计算科学:第 4 卷,计算与生命(日文)	2020—07	88.00	1170
计算科学:第 5 卷,计算与地球环境(日文)	2020—07	88.00	1171
计算科学:第 6 卷,计算与社会(日文)	2020—07	88.00	1172
计算科学. 别卷,超级计算机(日文)	2020—07	88.00	1173
多复变函数论(日文)	2022—06	78.00	1518
复变函数入门(日文)	2022—06	78.00	1523

刘培杰数学工作室
已出版(即将出版)图书目录——高等数学

书　　名	出版时间	定　价	编号
代数与数论:综合方法(英文)	2020－10	78.00	1185
复分析:现代函数理论第一课(英文)	2020－07	58.00	1186
斐波那契数列和卡特兰数:导论(英文)	2020－10	68.00	1187
组合推理:计数艺术介绍(英文)	2020－07	88.00	1188
二次互反律的傅里叶分析证明(英文)	2020－07	48.00	1189
旋瓦兹分布的希尔伯特变换与应用(英文)	2020－07	58.00	1190
泛函分析:巴拿赫空间理论入门(英文)	2020－07	48.00	1191
典型群,错排与素数(英文)	2020－11	58.00	1204
李代数的表示:通过 gln 进行介绍(英文)	2020－10	38.00	1205
实分析演讲集(英文)	2020－10	38.00	1206
现代分析及其应用的课程(英文)	2020－10	58.00	1207
运动中的抛射物数学(英文)	2020－10	38.00	1208
2－扭结与它们的群(英文)	2020－10	38.00	1209
概率,策略和选择:博弈与选举中的数学(英文)	2020－11	58.00	1210
分析学引论(英文)	2020－11	58.00	1211
量子群:通往流代数的路径(英文)	2020－11	38.00	1212
集合论入门(英文)	2020－10	48.00	1213
酉反射群(英文)	2020－11	58.00	1214
探索数学:吸引人的证明方式(英文)	2020－11	58.00	1215
微分拓扑短期课程(英文)	2020－10	48.00	1216
抽象凸分析(英文)	2020－11	68.00	1222
费马大定理笔记(英文)	2021－03	48.00	1223
高斯与雅可比和(英文)	2021－03	78.00	1224
π与算术几何平均:关于解析数论和计算复杂性的研究(英文)	2021－01	58.00	1225
复分析入门(英文)	2021－03	48.00	1226
爱德华·卢卡斯与素性测定(英文)	2021－03	78.00	1227
通往凸分析及其应用的简单路径(英文)	2021－01	68.00	1229
微分几何的各个方面.第一卷(英文)	2021－01	58.00	1230
微分几何的各个方面.第二卷(英文)	2020－12	58.00	1231
微分几何的各个方面.第三卷(英文)	2020－12	58.00	1232
沃克流形几何学(英文)	2020－11	58.00	1233
仿射和韦尔几何应用(英文)	2020－12	58.00	1234
双曲几何学的旋转向量空间方法(英文)	2021－02	58.00	1235
积分:分析学的关键(英文)	2020－12	48.00	1236
为有天分的新生准备的分析学基础教材(英文)	2020－11	48.00	1237

刘培杰数学工作室
已出版(即将出版)图书目录——高等数学

书　　名	出版时间	定　价	编号
数学不等式.第一卷.对称多项式不等式(英文)	2021－03	108.00	1273
数学不等式.第二卷.对称有理不等式与对称无理不等式(英文)	2021－03	108.00	1274
数学不等式.第三卷.循环不等式与非循环不等式(英文)	2021－03	108.00	1275
数学不等式.第四卷.Jensen不等式的扩展与加细(英文)	2021－03	108.00	1276
数学不等式.第五卷.创建不等式与解不等式的其他方法(英文)	2021－04	108.00	1277
冯·诺依曼代数中的谱位移函数:半有限冯·诺依曼代数中的谱位移函数与谱流(英文)	2021－06	98.00	1308
链接结构:关于嵌入完全图的直线中链接单形的组合结构(英文)	2021－05	58.00	1309
代数几何方法.第1卷(英文)	2021－06	68.00	1310
代数几何方法.第2卷(英文)	2021－06	68.00	1311
代数几何方法.第3卷(英文)	2021－06	58.00	1312
代数、生物信息和机器人技术的算法问题.第四卷,独立恒等式系统(俄文)	2020－08	118.00	1119
代数、生物信息和机器人技术的算法问题.第五卷,相对覆盖性和独立可拆分恒等式系统(俄文)	2020－08	118.00	1200
代数、生物信息和机器人技术的算法问题.第六卷,恒等式和准恒等式的相等 问题、可推导性和可实现性(俄文)	2020－08	128.00	1201
分数阶微积分的应用:非局部动态过程,分数阶导热系数(俄文)	2021－01	68.00	1241
泛函分析问题与练习:第2版(俄文)	2021－01	98.00	1242
集合论、数学逻辑和算法论问题:第5版(俄文)	2021－01	98.00	1243
微分几何和拓扑短期课程(俄文)	2021－01	98.00	1244
素数规律(俄文)	2021－01	88.00	1245
无穷边值问题解的递减:无界域中的拟线性椭圆和抛物方程(俄文)	2021－01	48.00	1246
微分几何讲义(俄文)	2020－12	98.00	1253
二次型和矩阵(俄文)	2021－01	98.00	1255
积分和级数.第2卷,特殊函数(俄文)	2021－01	168.00	1258
积分和级数.第3卷,特殊函数补充:第2版(俄文)	2021－01	178.00	1264
几何图上的微分方程(俄文)	2021－01	138.00	1259
数论教程:第2版(俄文)	2021－01	98.00	1260
非阿基米德分析及其应用(俄文)	2021－03	98.00	1261

刘培杰数学工作室
已出版(即将出版)图书目录——高等数学

书　　名	出版时间	定　价	编号
古典群和量子群的压缩(俄文)	2021－03	98.00	1263
数学分析习题集.第3卷,多元函数:第3版(俄文)	2021－03	98.00	1266
数学习题:乌拉尔国立大学数学力学系大学生奥林匹克(俄文)	2021－03	98.00	1267
柯西定理和微分方程的特解(俄文)	2021－03	98.00	1268
组合极值问题及其应用:第3版(俄文)	2021－03	98.00	1269
数学词典(俄文)	2021－01	98.00	1271
确定性混沌分析模型(俄文)	2021－06	168.00	1307
精选初等数学习题和定理.立体几何.第3版(俄文)	2021－03	68.00	1316
微分几何习题:第3版(俄文)	2021－05	98.00	1336
精选初等数学习题和定理.平面几何.第4版(俄文)	2021－05	68.00	1335
曲面理论在欧氏空间 En 中的直接表示	2022－01	68.00	1444
维纳－霍普夫离散算子和托普利兹算子:某些可数赋范空间中的诺特性和可逆性(俄文)	2022－03	108.00	1496
Maple 中的数论:数论中的计算机计算(俄文)	2022－03	88.00	1497
贝尔曼和克努特问题及其概括:加法运算的复杂性(俄文)	2022－03	138.00	1498
复分析:共形映射(俄文)	2022－07	48.00	1542
微积分代数样条和多项式及其在数值方法中的应用(俄文)	2022－08	128.00	1543
蒙特卡罗方法中的随机过程和场模型:算法和应用(俄文)	2022－08	88.00	1544

狭义相对论与广义相对论:时空与引力导论(英文)	2021－07	88.00	1319
束流物理学和粒子加速器的实践介绍:第2版(英文)	2021－07	88.00	1320
凝聚态物理中的拓扑和微分几何简介(英文)	2021－05	88.00	1321
混沌映射:动力学、分形学和快速涨落(英文)	2021－05	128.00	1322
广义相对论:黑洞、引力波和宇宙学介绍(英文)	2021－06	68.00	1323
现代分析电磁均质化(英文)	2021－06	68.00	1324
为科学家提供的基本流体动力学(英文)	2021－06	88.00	1325
视觉天文学:理解夜空的指南(英文)	2021－06	68.00	1326
物理学中的计算方法(英文)	2021－06	68.00	1327
单星的结构与演化:导论(英文)	2021－06	108.00	1328
超越居里:1903年至1963年物理界四位女性及其著名发现(英文)	2021－06	68.00	1329
范德瓦尔斯流体热力学的进展(英文)	2021－06	68.00	1330
先进的托卡马克稳定性理论(英文)	2021－06	88.00	1331
经典场论导论:基本相互作用的过程(英文)	2021－07	88.00	1332
光致电离量子动力学方法原理(英文)	2021－07	108.00	1333
经典域论和应力:能量张量(英文)	2021－05	88.00	1334
非线性太赫兹光谱的概念与应用(英文)	2021－06	68.00	1337
电磁学中的无穷空间并矢格林函数(英文)	2021－06	88.00	1338
物理科学基础数学.第1卷,齐次边值问题、傅里叶方法和特殊函数(英文)	2021－07	108.00	1339
离散量子力学(英文)	2021－07	68.00	1340
核磁共振的物理学和数学(英文)	2021－07	108.00	1341
分子水平的静电学(英文)	2021－08	68.00	1342
非线性波:理论、计算机模拟、实验(英文)	2021－06	108.00	1343
石墨烯光学:经典问题的电解解决方案(英文)	2021－06	68.00	1344
超材料多元宇宙(英文)	2021－07	68.00	1345
银河系外的天体物理学(英文)	2021－07	68.00	1346
原子物理学(英文)	2021－07	68.00	1347

刘培杰数学工作室
已出版(即将出版)图书目录——高等数学

书　名	出版时间	定　价	编号
将光打结:将拓扑学应用于光学(英文)	2021—07	68.00	1348
电磁学:问题与解法(英文)	2021—07	88.00	1364
海浪的原理:介绍量子力学的技巧与应用(英文)	2021—07	108.00	1365
多孔介质中的流体:输运与相变(英文)	2021—07	68.00	1372
洛伦兹群的物理学(英文)	2021—08	68.00	1373
物理导论的数学方法和解决方法手册(英文)	2021—08	68.00	1374
非线性波数学物理学入门(英文)	2021—08	88.00	1376
波:基本原理和动力学(英文)	2021—07	68.00	1377
光电子量子计量学.第1卷,基础(英文)	2021—07	88.00	1383
光电子量子计量学.第2卷,应用与进展(英文)	2021—07	68.00	1384
复杂流的格子玻尔兹曼建模的工程应用(英文)	2021—08	68.00	1393
电偶极矩挑战(英文)	2021—08	108.00	1394
电动力学:问题与解法(英文)	2021—09	68.00	1395
自由电子激光的经典理论(英文)	2021—08	68.00	1397
曼哈顿计划——核武器物理学简介(英文)	2021—09	68.00	1401
粒子物理学(英文)	2021—09	68.00	1402
引力场中的量子信息(英文)	2021—09	128.00	1403
器件物理学的基本经典力学(英文)	2021—09	68.00	1404
等离子体物理及其空间应用导论.第1卷,基本原理和初步过程(英文)	2021—09	68.00	1405
伽利略理论力学:连续力学基础(英文)	2021—10	48.00	1416
拓扑与超弦理论焦点问题(英文)	2021—07	58.00	1349
应用数学:理论、方法与实践(英文)	2021—07	78.00	1350
非线性特征值问题:牛顿型方法与非线性瑞利函数(英文)	2021—07	58.00	1351
广义膨胀和齐性:利用齐性构造齐次系统的李雅普诺夫函数和控制律(英文)	2021—06	48.00	1352
解析数论焦点问题(英文)	2021—07	58.00	1353
随机微分方程:动态系统方法(英文)	2021—07	58.00	1354
经典力学与微分几何(英文)	2021—07	58.00	1355
负定相交形式流形上的瞬子模空间几何(英文)	2021—07	68.00	1356
广义卡塔兰轨道分析:广义卡塔兰轨道计算数字的方法(英文)	2021—07	48.00	1367
洛伦兹方法的变分:二维与三维洛伦兹方法(英文)	2021—08	38.00	1378
几何、分析和数论精编(英文)	2021—08	68.00	1380
从一个新角度看数论:通过遗传方法引入现实的概念(英文)	2021—07	58.00	1387

刘培杰数学工作室
已出版(即将出版)图书目录——高等数学

书　　名	出版时间	定　价	编号
动力系统:短期课程(英文)	2021－08	68.00	1382
几何路径:理论与实践(英文)	2021－08	48.00	1385
广义斐波那契数列及其性质(英文)	2021－08	38.00	1386
论天体力学中某些问题的不可积性(英文)	2021－07	88.00	1396
对称函数和麦克唐纳多项式:余代数结构与 Kawanaka 恒等式	2021－09	38.00	1400
杰弗里·英格拉姆·泰勒科学论文集:第 1 卷.固体力学(英文)	2021－05	78.00	1360
杰弗里·英格拉姆·泰勒科学论文集:第 2 卷.气象学、海洋学和湍流(英文)	2021－05	68.00	1361
杰弗里·英格拉姆·泰勒科学论文集:第 3 卷.空气动力学以及落弹数和爆炸的力学(英文)	2021－05	68.00	1362
杰弗里·英格拉姆·泰勒科学论文集:第 4 卷.有关流体力学(英文)	2021－05	58.00	1363
非局域泛函演化方程:积分与分数阶(英文)	2021－08	48.00	1390
理论工作者的高等微分几何:纤维丛、射流流形和拉格朗日理论(英文)	2021－08	68.00	1391
半线性退化椭圆微分方程:局部定理与整体定理(英文)	2021－07	48.00	1392
非交换几何、规范理论和重整化:一般简介与非交换量子场论的重整化(英文)	2021－09	78.00	1406
数论论文集:拉普拉斯变换和带有数论系数的幂级数(俄文)	2021－09	48.00	1407
挠理论专题:相对极大值,单射与扩充模(英文)	2021－09	88.00	1410
强正则图与欧几里得若尔当代数:非通常关系中的启示(英文)	2021－10	48.00	1411
拉格朗日几何和哈密顿几何:力学的应用(英文)	2021－10	48.00	1412
时滞微分方程与差分方程的振动理论:二阶与三阶(英文)	2021－10	98.00	1417
卷积结构与几何函数理论:用以研究特定几何函数理论方向的分数阶微积分算子与卷积结构(英文)	2021－10	48.00	1418
经典数学物理的历史发展(英文)	2021－10	78.00	1419
扩展线性丢番图问题(英文)	2021－10	38.00	1420
一类混沌动力系统的分歧分析与控制:分歧分析与控制(英文)	2021－11	38.00	1421
伽利略空间和伪伽利略空间中一些特殊曲线的几何性质(英文)	2022－01	48.00	1422

刘培杰数学工作室
已出版(即将出版)图书目录——高等数学

书　　名	出版时间	定　价	编号
一阶偏微分方程:哈密尔顿—雅可比理论(英文)	2021—11	48.00	1424
各向异性黎曼多面体的反问题:分段光滑的各向异性黎曼多面体反边界谱问题:唯一性(英文)	2021—11	38.00	1425
项目反应理论手册.第一卷,模型(英文)	2021—11	138.00	1431
项目反应理论手册.第二卷,统计工具(英文)	2021—11	118.00	1432
项目反应理论手册.第三卷,应用(英文)	2021—11	138.00	1433
二次无理数:经典数论入门(英文)	2022—05	138.00	1434
数,形与对称性:数论,几何和群论导论(英文)	2022—05	128.00	1435
有限域手册(英文)	2021—11	178.00	1436
计算数论(英文)	2021—11	148.00	1437
拟群与其表示简介(英文)	2021—11	88.00	1438
数论与密码学导论:第二版(英文)	2022—01	148.00	1423
几何分析中的柯西变换与黎兹变换:解析调和容量和李普希兹调和容量、变化和振荡以及一致可求长性(英文)	2021—12	38.00	1465
近似不动点定理及其应用(英文)	2022—05	28.00	1466
局部域的相关内容解析:对局部域的扩展及其伽罗瓦群的研究(英文)	2022—01	38.00	1467
反问题的二进制恢复方法(英文)	2022—03	28.00	1468
对几何函数中某些类的各个方面的研究:复变量理论(英文)	2022—01	38.00	1469
覆盖、对应和非交换几何(英文)	2022—01	28.00	1470
最优控制理论中的随机线性调节器问题:随机最优线性调节器问题(英文)	2022—01	38.00	1473
正交分解法:涡流流体动力学应用的正交分解法(英文)	2022—01	38.00	1475
芬斯勒几何的某些问题(英文)	2022—03	38.00	1476
受限三体问题(英文)	2022—05	38.00	1477
利用马利亚万微积分进行 Greeks 的计算:连续过程、跳跃过程中的马利亚万微积分和金融领域中的 Greeks(英文)	2022—05	48.00	1478
经典分析和泛函分析的应用:分析学的应用(英文)	2022—05	38.00	1479
特殊芬斯勒空间的探究(英文)	2022—03	48.00	1480
某些图形的施泰纳距离的细谷多项式:细谷多项式与图的维纳指数(英文)	2022—05	38.00	1481
图论问题的遗传算法:在新鲜与模糊的环境中(英文)	2022—05	48.00	1482
多项式映射的渐近簇(英文)	2022—05	38.00	1483

联系地址:哈尔滨市南岗区复华四道街 10 号　哈尔滨工业大学出版社刘培杰数学工作室

网　　址:http://lpj.hit.edu.cn/

邮　　编:150006

联系电话:0451—86281378　　13904613167

E-mail:lpj1378@163.com